大规模风电并网运行调度和主动控制策略

System Integration of Large Scale Wind Power Operation, Dispatch and Active Control Strategies

叶 林 著

科 学 出 版 社

北 京

内 容 简 介

本书系统性地介绍大规模风电并网运行调度和主动控制策略的基本原理及实现方法。

本书共 11 章。第 1 章阐述模型预测控制理论的基础。第 2 章提出时空相关性的风电场/集群超短期功率组合预测方法。第 3 章提出风电场有功功率多目标分层递阶预测控制方法。第 4 章提出基于分布式预测控制理论的含风电集群自动发电控制方法。第 5 章提出基于随机预测控制理论的风电集群优化调度方法。第 6 章提出多时空尺度协调的风电集群有功功率分层预测控制方法。第 7 章提出含风电的电力系统不确定性区间优化调度方法。第 8 章提出多时间尺度协调的风电集群有功功率模型预测控制方法。第 9 章提出风电集群有功功率模型预测协调控制方法。第 10 章研究提出含风电集群的互联系统超前频率控制方法。第 11 章研究提出多时空尺度协调的分层分布式风电集群频率控制方法。

本书可作为电力系统及其自动化专业研究生的专业用书，也可供电气工程专业科研人员、高等院校教师和高年级学生参考。

图书在版编目（CIP）数据

大规模风电并网运行调度和主动控制策略 / 叶林著. --北京 : 科学出版社, 2024. 6. -- ISBN 978-7-03-078841-2

Ⅰ. TM614

中国国家版本馆 CIP 数据核字第 20240JZ379 号

责任编辑：范运年　王楠楠 / 责任校对：王萌萌
责任印制：师艳茹 / 封面设计：陈　敬

科学出版社 出版
北京东黄城根北街 16 号
邮政编码：100717
http://www.sciencep.com
北京中石油彩色印刷有限责任公司印刷
科学出版社发行　各地新华书店经销
*
2024 年 6 月第　一　版　开本：720 × 1000　1/16
2024 年 6 月第一次印刷　印张：18 1/4
字数：346 000

定价：158.00 元

（如有印装质量问题，我社负责调换）

序　一

新型电力系统是传统电力系统发展的新阶段，为我国的碳达峰碳中和目标的实现和能源转型提供强力支撑，而以风电为代表的新能源已成为新型电力系统的重要组成部分。我国独特的地理环境和风资源，造就了数个千万千瓦级风电基地投入运行。由于风电场站地理位置分散，气候和地域等自然特性的时空差异较大，使得各场站的入网节点、发电特性存在很大不同，面临数量多、协调难的局面。当风电等新能源集中式并入电力系统时，使得大规模风电并网的电力系统呈现出多层级、多目标、强时空不确定性等特征，风电的强不确定性和随机性易引发输电线路越限、频率偏移等问题，对电力系统安全运行带来潜在威胁。

大规模风电以集群式并入电力系统，呈现出空间分布广、层级结构明显等特点，而有效利用风电集群内各个风电场之间的时空相关性信息，以及风电集群与电力系统交互信息，可提升电力系统安全稳定运行和大规模风电消纳能力。在大规模风电并网的电力系统有功功率调度中纳入多时空高精度预测信息，可以使电力系统提前获得预判能力，避免电力系统运行在潜在危险边界中。此外，频率控制也将是本专著关注的重点，当大规模风电主动参与电力系统频率控制时，将减少电力系统失稳运行的风险。综合上述风电集群有功功率预测、有功功率优化调度及频率控制三个方面，大规模风电并网将使得电力系统的运行控制趋于多层级化、复杂化以及难以协调控制，该专著旨在通过不同层级(风电场-风电集群-电力系统)预测信息、不同控制对象(有功功率和频率)的模型预测控制理论(包含预测模型、滚动优化、反馈校正三项核心建模环节)研究，有望成为攻克大规模风电并网的电力系统优化调度与控制难题的最佳方法。

大规模风电并网的电力系统控制已成为国内外学术界的研究热点，也是新型电力系统非常关注的领域，而有功功率预测和控制是其核心，提升大规模风电有功功率预测精度和控制准确性对保障电力系统安全运行和风电消纳都具有深远意义。《大规模风电并网运行调度和主动控制策略》著作凝聚了作者团队历时 20 余年研究成果的结晶，从大规模风电并网的电力系统“预”和“控”视角出发，全面性系统性地研究介绍了风电场/集群有功功率组合预测方法、多目标分层预测控制、多时空尺度协调优化调度控制、区间优化调度和频率控制方法等内容，涵盖了组合预测建模、有功功率优化控制和频率控制等核心内容，为新型电力系统安全运行和大规模风电高效消纳提供理论支撑。该专著主题突出、系统性好，前沿理论和实际工程问题紧密结合，具有很高的学术价值和工程应用参考价值。

作者团队在国内最早提出模型预测控制理论在规模风电并网的电力系统运行控制研究，该书是团队这些年在这方面理论研究成果的集成，富于理论创新和工程实践，相信该专著的出版将推动新型电力系统运行控制技术的发展，对广大高校、科研院所研究人员和工程技术人员也是一部有益的参考书。

中国科学院院士
华中科技大学教授
IEEE Life Fellow
2023 年 10 月于武汉

序　　二

随着大规模风电集群并网，其固有的间歇性、波动性及强不确定性给电力系统安全稳定运行带来严峻挑战。一是风力发电受气候、地形、天气等多种因素影响，随机性较强，波动规律难以把握，预测精度亟需提升；二是随着风电的大规模开发和高比例并网，电力系统电源侧、电网侧及负荷侧均呈现出极大的不确定性，电力系统调控方式正在由确定性调度向不确定性调度转变；三是大规模风电集群内部风电场数量众多、分布范围广泛、时空差异性大，导致风电集群不同层级之间协调配合困难，多尺度预测信息和反馈信息难以实时交互，有功功率协调控制难度加大。因此，亟需提升含大规模风电集群的电力系统有功功率精细化调度与主动控制水平。

作者从风电集群有功功率预测、多尺度分层精细化调度、有功-频率主动协同控制角度着手，紧密围绕大规模风电并网的有功功率优化调度与主动控制这一难题，深入研究电力系统有功功率主动控制理论体系，为大规模新能源并网带来的电力系统电力电量平衡挑战提供更为全面的解决方案。

作者所带领的团队主要从事新能源电力系统运行控制研究，主持承担了国家自然科学基金研究项目、北京市自然科学基金、国家电网公司总部科技项目、国家重点研发计划课题等60余项国家级科研项目，构建了大规模风电集群有功功率预测、多时空尺度协调优化调度和精细化主动控制理论体系。该书系统性地总结了团队在该领域潜心研究的学术成果，主要包括以下三方面：(1)从风电有功功率组合预测方面：提出了考虑风电场时空相关性的风电场/集群有功功率组合预测方法，实现了风电有功功率预测精度的提升，多时空高精度的风电有功功率预测信息将为电力系统的调度运行提供有力支撑。(2)在风电有功功率优化调度方面：提出了考虑预测信息的风电场/集群有功功率协调调度分配方法，实现了集群内各风电场有功功率指令的精细化分配，促进了风电功率消纳。(3)在风电调频方面：将风电纳入调频资源体系，提出了大规模风电主动参与电力系统频率控制的理论方法，降低了电力系统频率失稳的风险。

《大规模风电并网运行调度和主动控制策略》一书主题突出、理论性强、内容丰富、系统性好，将前沿理论和实际工程问题紧密结合，对于从事电力系统领域学术研究的科研工作者，具有很高的学术价值和工程应用参考价值。该书在大规模新能源功率预测及调度运行控制技术的基础上，拓展并完善了大规模风电并网运行有功功率预测理论、调度方法和主动控制技术体系。相信该书的出版能推进高比例新能源电力系统功率预测和调度控制领域的理论研究和技术发展。

周孝信

中国科学院院士
美国国家工程院外籍院士
中国电力科学研究院有限公司名誉院长
IEEE Life Fellow
2024 年 5 月于北京

前　言

随着清洁可再生能源的大力发展，风电已成为目前世界上技术最成熟和发展最迅速的可再生能源发电技术之一。21 世纪以来，风力发电在我国能源转型中发挥了至关重要的作用。根据风能资源分布情况，我国风电主要以大规模风电集群的方式并网，同时兼顾分布式风力发电和海上风力发电，目前已建设了多个千万千瓦级风电基地，提升风电消纳能力的需求日益突出。由于风电具有波动性、随机性和间歇性等不确定特性，大规模风电并网后，给电力系统调度运行控制带来了影响，主要体现在风电功率预测、有功优化分配、调频等方面。针对大规模风电并入电网面临的挑战，本书提出了风电场-风电动态分群-风电集群的有功功率控制和频率控制策略，主要内容聚焦于以下三方面：①从风电功率预测角度出发，提出基于时空相关性的风电功率超短期组合预测方法，提高风电功率预测的精度，为大规模风电并网的电力系统运行控制提供数据基础；②从有功功率优化分配角度出发，深度利用风电功率预测信息判断风电场实时控制能力，实现风电集群内各风电场有功功率指令的精细化分配，从而充分利用风电集群送出通道能力，提高风电消纳水平；③分析风电的波动性对电网调度控制的影响，将风电纳入调频资源体系，提出了大规模风电主动参与电力系统频率控制的理论方法，降低了电力系统频率失稳的风险，为电网调度运行优化提供辅助决策支撑。

本书共 11 章。第 1 章阐述模型预测控制理论的基础。第 2 章提出时空相关性的风电场/集群超短期功率组合预测方法。第 3 章提出风电场有功功率多目标分层递阶预测控制方法。第 4 章提出基于分布式预测控制理论的含风电集群自动发电控制方法。第 5 章提出基于随机预测控制理论的风电集群优化调度方法。第 6 章提出多时空尺度协调的风电集群有功功率分层预测控制方法。第 7 章提出含风电的电力系统不确定性区间优化调度方法。第 8 章提出多时间尺度协调的风电集群有功功率模型预测控制方法。第 9 章提出风电集群有功功率模型预测协调控制方法。第 10 章研究提出含风电集群的互联系统超前频率控制方法。第 11 章研究提出多时空尺度协调的分层分布式风电集群频率控制方法。

本书是作者及团队在电力系统运行与控制领域长期研究成果的结晶。本书研究工作得到了国家自然科学基金项目支持，包括国家自然科学基金新型电力系统联合基金重点项目“基于源网荷预测信息的高比例新能源电力系统的电力电量平衡理论研究”（U22B20117）、国家自然科学基金研究项目“基于时空间相关性的风电集群功率预测的主动控制策略研究”（51977213）、“大规模风电并网的有功功率模型预测控制策略研究”（51711530227）、“考虑功率预测的风电场有功功率预测控制策略研究”（51477174）、“基于组合预测模型的并网风电场短期风电功率预测研究”（51077126），以及北京市自然科学基金研究项目“基于空间相关性的短期风电功率预测方法研究”（3113029）和国家重点研发计划项目课题“多能源电力系统互补优化调度技术研究”（2017YFB0902203）等项目的支持，另外，研究工作还得到国家电网公司总部科技项目支持，包括“含大规模风电集群并网的有功功率模型预测控制策略研究”（XT71-19-005）“风电送出系统功率波动轨迹预测和控制技术研究”（5201011600TS）和揭榜挂帅科技项目“基于大数据的电网趋势预测及操作智能预演技术研究”（5108-202155037A-0-0-00）等项目，在此表示诚挚的感谢。

除署名作者之外，参与相关研究的研究生还有赵永宁、路朋、任成、张慈杭、李智、陈超宇和孙舶皓等人。参与图形、文字编辑校对工作的包括研究生李卓、王凯丰、裴铭、杨建宾、张宇轩、程文丁、李奕霖、金忆非、施媛媛、王启亨、张步昇和苗信辉等人。

本书先后得到了中国科学院院士、IEEE Life Fellow、华中科技大学程时杰教授以及中国科学院院士、美国国家工程院外籍院士、中国电力科学研究院名誉院长、IEEE Life Fellow 周孝信教授的指导和推荐。

限于作者的学术水平，书中难免存在不足之处，敬请读者批评指正。

叶　林　谨识

2023 年 10 月

目　录

序一
序二
前言
第 1 章　模型预测控制理论基础 …… 1
1.1　引言 …… 1
1.2　大规模风电有功功率并入大电网面临的挑战 …… 3
1.2.1　风电集群有功功率预测的准确性和协调性 …… 3
1.2.2　计及风电不确定性的有功频率控制策略 …… 3
1.2.3　快速求解包含风电有功功率高维决策变量的方法 …… 3
1.3　风电有功功率模型预测控制方法基本架构 …… 4
1.3.1　预测模型 …… 4
1.3.2　滚动优化 …… 5
1.3.3　反馈校正 …… 6
1.4　模型预测控制方法分类 …… 7
1.4.1　随机模型预测控制 …… 7
1.4.2　分布式模型预测控制 …… 12
1.4.3　鲁棒模型预测控制 …… 17
1.5　基于模型预测控制方法的风电有功功率和频率控制现状及分析 …… 18
1.5.1　含风电电力系统有功功率控制 …… 18
1.5.2　含风电电力系统频率控制 …… 19
1.6　基于 MPC 方法的分解协调策略和求解效率分析 …… 21
1.6.1　基于 MPC 的大系统分解协调策略 …… 21
1.6.2　基于 MPC 的优化求解效率分析 …… 23
参考文献 …… 23
第 2 章　时空相关性的风电场/集群超短期功率组合预测方法 …… 25
2.1　引言 …… 25
2.1.1　风电场/集群超短期有功功率预测的新要求 …… 26
2.1.2　当前风电场/集群超短期有功功率预测的局限性 …… 28
2.1.3　本章研究内容 …… 29
2.2　风电场/集群超短期功率组合预测方法 …… 29

2.2.1 非线性数据预处理策略……30
2.2.2 核函数转换的风电场功率预测模型……38
2.2.3 时空信息的风电集群功率预测模型……42
2.2.4 预测模型参数优化算法与策略……44
2.2.5 风电场/集群预测模型求解过程……45
2.3 算例仿真分析……47
2.3.1 误差评价指标……47
2.3.2 结果分析与讨论……48
参考文献……72
第 3 章 风电场有功功率多目标分层递阶预测控制方法……74
3.1 引言……74
3.2 风电场有功功率控制多目标协调优化模型……74
3.2.1 动态分群建模……76
3.2.2 多目标分层等值建模……79
3.3 风电场有功功率模型预测控制方法……81
3.3.1 风电功率递阶滚动优化方法……82
3.3.2 误差分析与反馈校正……83
3.4 算例分析……84
3.4.1 系统参数设定……84
3.4.2 风电场控制效果分析……84
参考文献……87
第 4 章 基于分布式预测控制理论的含风电集群自动发电控制方法……89
4.1 引言……89
4.2 风电集群并网对电网调频的影响……89
4.2.1 传统自动发电控制模型……89
4.2.2 风电集群参与自动发电控制模型……90
4.3 含风电集群区域互联系统频率控制模型……90
4.3.1 区域互联系统频率控制模型……91
4.3.2 区域互联系统状态空间模型……94
4.4 含风电集群的电力系统自动发电控制策略……96
4.4.1 自动发电控制系统状态预测环节……99
4.4.2 分布式模型预测控制滚动优化环节……100
4.4.3 预测误差分析与反馈校正环节……102
4.5 算例分析……102
4.5.1 系统参数设定……102
4.5.2 频率控制效果分析……104

4.5.3 风电场参与自动发电控制效果分析……105
参考文献……107
第5章 基于随机预测控制理论的风电集群优化调度方法……109
5.1 引言……109
5.2 风电集群功率波动建模……111
5.2.1 日内风电集群滚动功率预测模型及误差模型……111
5.2.2 日内风电集群功率波动多元场景数据生成……113
5.3 计及波动相关性的随机预测控制方法……116
5.3.1 日内电力系统优化调度模型……116
5.3.2 日内电力系统优化调度约束条件……117
5.3.3 风电场功率实时控制模型……118
5.4 算例分析……119
5.4.1 风电集群功率波动时间相关性验证……119
5.4.2 随机模型预测控制方法验证……121
5.4.3 实时控制效果验证……125
参考文献……126
第6章 多时空尺度协调的风电集群有功功率分层预测控制方法……127
6.1 引言……127
6.2 多层级滚动优化环节建模……130
6.2.1 日内调度层和实时调度层……130
6.2.2 集群优化层……133
6.2.3 单场调整层……136
6.3 预测模型与反馈校正环节建模……138
6.4 算例分析……141
6.4.1 系统参数设定……141
6.4.2 反馈校正效果分析……142
6.4.3 风电控制效果分析……144
参考文献……150
第7章 含风电的电力系统不确定性区间优化调度方法……152
7.1 引言……152
7.2 含多时间尺度风电集群的有功功率区间优化调度方法……157
7.2.1 区间优化调度方法整体思路……157
7.2.2 风电集群有功功率区间预测建模……158
7.2.3 多时间尺度滚动优化建模……162
7.2.4 反馈校正策略建模……167

7.3 算例仿真分析……168
7.3.1 模型讨论及求解过程……168
7.3.2 多时空风电集群调度结果分析……169
参考文献……190
第 8 章 多时间尺度协调的风电集群有功功率模型预测控制方法……192
8.1 引言……192
8.2 滚动优化环节建模……192
8.2.1 动态分群策略……195
8.2.2 区域分群调度层优化建模……197
8.2.3 群内优化分配层优化建模……199
8.2.4 单场自动执行层优化建模……200
8.3 预测模型与反馈校正环节建模……202
8.3.1 超短期风电功率组合预测模型……202
8.3.2 反馈校正方法……203
8.4 算例分析……205
8.4.1 动态集群划分结果分析……205
8.4.2 日前优化调度结果分析……205
8.4.3 预测精度与平稳性分析……208
参考文献……210
第 9 章 风电集群有功功率模型预测协调控制方法……212
9.1 引言……212
9.2 风电集群有功功率预测控制方法……212
9.2.1 风电集群有功功率预测模型……213
9.2.2 考虑预测信息的风电场动态分群策略……216
9.2.3 风电集群有功功率滚动时域优化控制策略……218
9.2.4 反馈校正策略……222
9.3 风电集群有功功率预测控制系统平台……224
9.3.1 系统架构……224
9.3.2 功能展示……224
9.3.3 系统通信……224
9.4 算例分析……225
9.4.1 多步递推策略结果分析……225
9.4.2 动态分群结果分析……227
9.4.3 误差校正结果分析……228
9.4.4 风电场/集群有功功率控制结果分析……229
9.4.5 风电集群功率波动响应结果分析……234

参考文献……236
第 10 章　含风电集群的互联系统超前频率控制方法……237
10.1　引言……237
10.2　含风电集群的多区互联系统频率响应模型……237
10.2.1　多区域状态空间建模……237
10.2.2　非线性约束条件处理……240
10.2.3　多区域状态空间矩阵表征……241
10.3　分布式模型预测控制策略……241
10.4　考虑纳什均衡的分解-协调控制算法……244
10.4.1　纳什均衡优化方法……244
10.4.2　分解-协调控制方法……245
10.5　算例分析……245
10.5.1　系统参数设定……245
10.5.2　考虑负荷突增扰动的结果分析……247
10.5.3　考虑负荷随机扰动的结果分析……250
参考文献……253
第 11 章　多时空尺度协调的分层分布式风电集群频率控制方法……254
11.1　引言……254
11.2　多时空尺度协调风电集群频率控制方法……254
11.2.1　分层分布式模型预测控制原理……254
11.2.2　综合频率控制因素分析……256
11.3　分层分布式模型预测控制器建模……257
11.3.1　全区三次调频控制器建模……257
11.3.2　分区二次调频控制器建模……260
11.3.3　分类一次调频控制器建模……262
11.4　预测模型及反馈校正环节建模……265
11.4.1　超短期风电功率组合预测方法……265
11.4.2　预测误差校正及运行状态反馈……266
11.5　算例分析……266
11.5.1　系统参数设定……266
11.5.2　频率控制效果分析……269
参考文献……273
附录……275
附表　IEEE-39 节点系统数据……275

第 1 章　模型预测控制理论基础

1.1　引　　言

风电具有随机性和间歇性的特点，大规模、集中式的风电开发与并网给电力系统运行控制带来了巨大的挑战，这对大电网运行的安全稳定性、可调度性以及可控性等各个方面都产生了深远影响。

在大规模、集中式风电并网的电力系统中，风电并网增加了电力系统的不确定性。因此，为了降低这种影响，风电有功功率的可控性需要加强，以满足系统更严格的技术要求。通常，在风电机组级别，基于功率参考值计算桨距角参考值和风电机组扭矩参考值并且将其提供给动力系统，面临单台机组最佳输出功率曲线与结构控制动作之间的矛盾；在风电场级别，要求指定不同类型的风电场有功功率控制，包括绝对功率限制、增量限制、平衡控制等[1]，面临跟踪调控指令与收益之间的矛盾；在风电集群级别，要求联络线功率不越限和合理利用输电通道，功率增幅或者降幅满足要求，面临风电场之间合理分配控制指令与大电网安全运行的矛盾。由于中国风资源丰富区远离负荷中心，这种分布特性决定风电采用集中式的模式(风电基地)，形成了“远距离输送风电为主、本地消纳为辅”的态势[2]，当风电并网比重持续增加时，风电集群输电断面功率越限的概率将会增加，增大系统运行安全隐患。因此，需要从空间维度(包括系统级的风电和火电协调控制、风电场/集群间的协调控制以及风电机组的控制)层面解决大规模风电并网优化控制难题，从而降低风电不确定性对大电网安全的影响，制定合理的控制策略，使风电具有“友好性”。

为了应对风电并网给电力系统调控带来的不确定性以及计算应对不确定性付出的成本，一些学者进行了积极有益的探索，从风电不确定性增量成本和调度成本出发，建立了概率预测和时变方差相关向量机模型，将传统的调控模型扩展到具有高比例新能源的新型低碳系统。然而，风电系统是一个包含多变量且高维的复杂系统，难以建立精确的数学模型，所处环境具有不确定性、时变性、非线性，对于电力调控部门而言难以获得最优解，尤其是在风电集群式并网中。此外，为了进一步校正风电功率预测误差给电力调控部门带来的额外成本，一些学者将模型预测控制(model predictive control，MPC)方法逐渐引入含新能源的电力系统有功控制领域，在控制策略上采用滚动优化策略，以局部优化取代全局最优，利用实测信息反馈校正，增强控制的鲁棒性[3]。MPC 的优势主要体现在以下三个方面：①对参与电力系统控制的风电有功功率进行滚动多步预测，提高预测数据的可靠性；②在有限时域内对目标函数进行优化，滚动式地实时求解调度值，仅下发下一时段的控制命令给各个风电场，而不是所有时段；③保持某控制时段内目标函数最优(局部最优)，适应不确定性环境。基于 MPC 理论，从多时间协调的角度，制定小时级-分钟级的风电集群输出功率调控策略。进一步，针对风电集群有功功率分配不均问题，制定多工况下风电集群有功功率滚动时域优化控制策略，实现了风电集群的上调节控制、预警控制、下调节控制和紧急控制[4]。为实现提高有功调度指令的追踪精度、降低调度的波动次数和优化风机的发电状态等多目标控制，考虑风电场实时有功功率数据并对预测值误差进行反馈校正，实现风电场鲁棒控制[5]。此外，为了协调大规模风电并网下电力系统复杂调度与快速实时控制相矛盾的问题，在 MPC 与大系统分层策略相结合的基础上，建立多时间尺度的 MPC 滚动优化模型，采取 MPC 前反馈与实时后反馈机制相结合的方法，有效地提升省级电网消纳能力和系统经济性。MPC 方法用于大规模风电并网系统中，能够保证电网稳定运行，对促进新能源的消纳有积极意义。

综上所述，大规模风电并网带来的不确定性影响电力系统安全经济运行，如何降低风电不确定性以及计算处理不确定性所消耗的代价将是一个亟待解决的问题，已经成为含风电电力系统控制的一个研究热点。国内外学术界和工业界对风电不确定性研究做了大量工作，提出了很多具有积极意义的方法，进行了验证分析。由于风电可预测性差、调度可控性不理想，风电场/集群有功功率控制效果难以令人满意，为此，本章梳理了将 MPC 引入含风电电力系统控制领域中的研究的现状，特别是对目前三大主流模型预测控制方法在应对风电不确定性建模问题方面进行了深入的分析，总结其在风电控制中的优缺点并加以评述。

聚焦大规模风电并入大电网面临的挑战，本章首先引入解决方案——模型预测控制方法，并详细阐述模型预测控制方法的核心三要素(预测模型、滚动优化和反馈校正)，分析模型预测控制方法在应对不确定性方面建模的特殊性能。进一步，按照控制结构对模型预测控制方法进行分类和对比分析，重点阐述随机模型预测控制、分布式模型预测控制以及鲁棒模型预测控制三类预测控制方法。然后，在应用控制对象方面，围绕模型预测控制方法在风电机组-风电场-风电集群以及风电和火电之间的有功功率控制和频率控制方面分别进行综述和分析，总结基于模型预测控制方法的分解协调策略和求解效率，最后，总结若干个 MPC 的关键科学问题，并展望 MPC 未来可能的研究方向，为后面章节技术内容的介绍做铺垫。

1.2　大规模风电有功功率并入大电网面临的挑战

1.2.1　风电集群有功功率预测的准确性和协调性

传统的风电功率预测模型主要针对单个风电场输出功率进行预测，所采用的数据信息也较单一，一般局限于本地风电场的气象预测数据和历史功率数据。这种预测机制存在两种局限性：①由于气象系统的惯性，一个风电场的输出功率不仅在时间上有一定的自相关性，而且在空间上与其他位置的风电场具有互相关性，传统预测模型未能充分考虑风电功率空间分布信息，使得预测精度仍有进一步提高的空间；②在大规模风电并网环境下，一个区域风电集群所包含的风电场多达几十个甚至上百个，风电机组甚至达到数千台，而传统的风电功率预测模型多局限于单个风电场，忽略了不同区域之间风电场信息的协调性问题，致使不同空间层次的预测精度无法取得令人满意的效果。

因此，迫切需要研究在时间上考虑历史功率与未来功率之间的自相关性、在空间上考虑不同风电场之间的互相关性的风电集群有功功率预测模型，通过预测误差反馈，修正预测模型，提高预测精度。

1.2.2　计及风电不确定性的有功频率控制策略

与火电、水电不同，风电在很大程度上易受到气象因素的影响，大气运动的无规律特性使得风电具有较强的随机性，这就造成了风电功率的波动性，控制难度显著增加。一方面，风电有功功率控制从空间层级可以划分为风电机组-风电场-风电集群，控制对象的空间范围在不断扩大，约束条件进一步复杂，控制的目标函数不同，单台风电机组有功功率控制以降低机组结构疲劳为目标，风电场有功功率控制以最小化跟踪调控指令为目标，风电集群有功功率控制以输电断面安全为目标，因此，在制定控制策略时需要考虑不同空间对象。另一方面，随着高比例风电注入大电网，传统火电占比降低，同步电网的惯性将大幅度下降，由于惯性的降低而出现频率控制问题的概率将会大幅度增加。

因此，迫切需要研究考虑风电不确定性信息且保障不同层级的风电有功功率和频率控制策略，协调风电机组-风电场-风电集群以及风电与火电之间的友好控制，通过滚动优化和反馈校正弥补模型精度不高的不足，抑制扰动，提高鲁棒性。

1.2.3　快速求解包含风电有功功率高维决策变量的方法

大规模风电的开发使得风电优化调控成为当下研究的热点，然而，间歇式的风电输出功率使得大电网运行方式变得更加复杂多变，不仅预测结果将影响调控方案的可行性，而且风电与风电之间以及风电与火电之间的协调运行都将直接影响大电网的安全性。优化模型涉及的决策变量从几百个至上千个，计算所消耗的时间急剧增长，在求解上“维数灾难”问题不可回避；此外，如果同时考虑风电功率时空特性的复杂运行限制，决策变量的个数将会进一步增加。大规模风电并网给电力系统优化调控带来一系列难题，含风电电力系统的建模与求解变得极为棘手。以工程实际问题为出发点，过度地追求严格意义上数学模型全局最优解的现实性无法保障，因此，应该将重点放在实际工程运行中优化调度模型的建立与求解是否满足需求。然而，现有的理论优化调控方法在某些情况下忽略了实际工程情况。因此，构建满足实际工程要求、兼顾求解精度和计算速度的优化调控策略，确保电网安全经济运行，对大规模风电系统安全运行具有重要的理论与工程意义。

综上所述，有功功率控制和频率调节问题将在高比例新能源注入大电网时变得异常严峻，如何在预测信息不准的情况下制定符合实际工程的控制策略，通过滚动优化和反馈校正，调控更多新能源资源，有效提升安全稳定控制是当前以及未来面临的重要挑战。

1.3 风电有功功率模型预测控制方法基本架构

MPC 是一种基于预测模型并结合实际信息反馈的有限时域滚动优化控制方法，在含大规模风电的电力系统优化过程中，可以对电力系统的输入、输出以及状态约束等进行直接处理。MPC 核心观点是：在每一个采样时刻，设定有限时域内的优化性能指标，在线求解一组优化的控制序列并将第一个控制序列作用于实际系统；当进入下一个采样时刻时，循环完成这一工作，这一特殊的求解控制序列方法区别于一般优化控制方法。MPC 三大核心建模环节可以归纳为预测模型、滚动优化和反馈校正，其中，滚动优化及反馈校正环节降低了风电功率波动性，增强了风电预测数据的可信度，能够在降低系统不确定性的基础上，对风电波动进行合理的分析并制定最佳决策方案。

1.3.1 预测模型

预测模型是对未来一段时间内实际风电系统中(风电机组/风电场/风电集群)的输出功率进行预测，为实施后续滚动优化和反馈校正提供先验知识。

MPC 以各种不同形式的预测模型为基础，不限制预测模型的具体形式及其演变形式，通常预测模型形式包括微分方程、差分方程、状态方程和传递函数等，该类预测模型用于配电网电压预测、潮流预测等。此外，在风电功率预测领域，一些学者采用的预测模型方法包括物理方法、数理统计方法、人工神经网络方法和空间相关性方法[6]。然而，这些方法都有各自的适用性和局限性：物理方法通过数值天气预报数据(包括风速、温度、湿度、地形条件等)计算实际输出功率，当风电场周围环境保持稳定时，模型具有较好的预测性能，目前预测结果适用于短期风电功率预测；数理统计方法采用数值天气预报数据或风电历史数据，建立系统固有特性与实测数据之间的关系，常用于超短期或短期风电预测，但是不能进行具有高噪声、不规则和非线性趋势的功率预测；人工神经网络方法能够成功地捕获历史数据之间的隐藏非线性关系，但是容易陷入局部最优、过拟合现象且收敛速度低；空间相关性方法需要考虑收集不同空间风电场的运行数据信息，随着数据增加，冗余性问题也将制约预测精度和计算效率的提高。

上述不同形式的预测模型方法均具有预测未来输出信息的能力，在实施 MPC 策略时，预测模型不需要设置固定的表现形式，这为系统数学建模提供了便利条件。考虑到 MPC 的稳定性及计算效率，进一步研究 MPC 中预测模型的特性及其差异，构建适用于分钟级和实时级的预测模型，是当前研究的热点和难点。

1.3.2　滚动优化

滚动优化是模型预测控制的核心元素之一，最大的优点是：以某性能指标(如运行成本最小或者控制偏差最小)为目标函数，在约束下进行二次规划求解，在每一个采样时刻，根据该时刻的优化性能指标，获取未来有限时域内的最优控制序列。不同于传统最优控制算法，滚动优化仅选取序列中的第一个指令值作用于实际系统。因此，滚动优化不是采用一个不变的全局优化目标，而是采用滚动式的有限时域优化策略，与最优控制中的全局优化相比，预测控制的滚动优化得到的是全局次优解，但它能够有效克服电力系统中模型参数不确定、时变等不确定性的影响。

图 1-1 展示了滚动优化原理，从 t 时间段起，优化问题是基于对未来时间区间的风电功率预测，但是只实施本时间区间的指令。接下来，时间窗向前移动一个时间区间。因此，MPC 又可以称为有限时域滚动控制算法，该算法既纳入了未来有功功率信息，又能对当前的控制做出最佳决策，使控制效果达到最优，保证了系统的鲁棒性。

考虑到 MPC 滚动优化在应对不确定性建模的优势，一些学者提出了在电力领域中应用 MPC 解决优化问题。文献[7]建立了含风电滚动调度模型，利用内点法等凸优化算法对滚动调度的标准二次规划问题进行求解。结合时间序列分析和卡尔曼滤波算法预测可再生能源和负载的有功功率，并将滚动优化模型表示为混合整数规划问题，将当前时刻最新的预测信息作为下一次优化的初始时刻信息，并将最小化调整量用于补偿超短期预测误差。上述方法在每个决策周期将风电输出功率视作确定值，并通过滚动求解运行控制问题，消除风电功率随机性的影响。

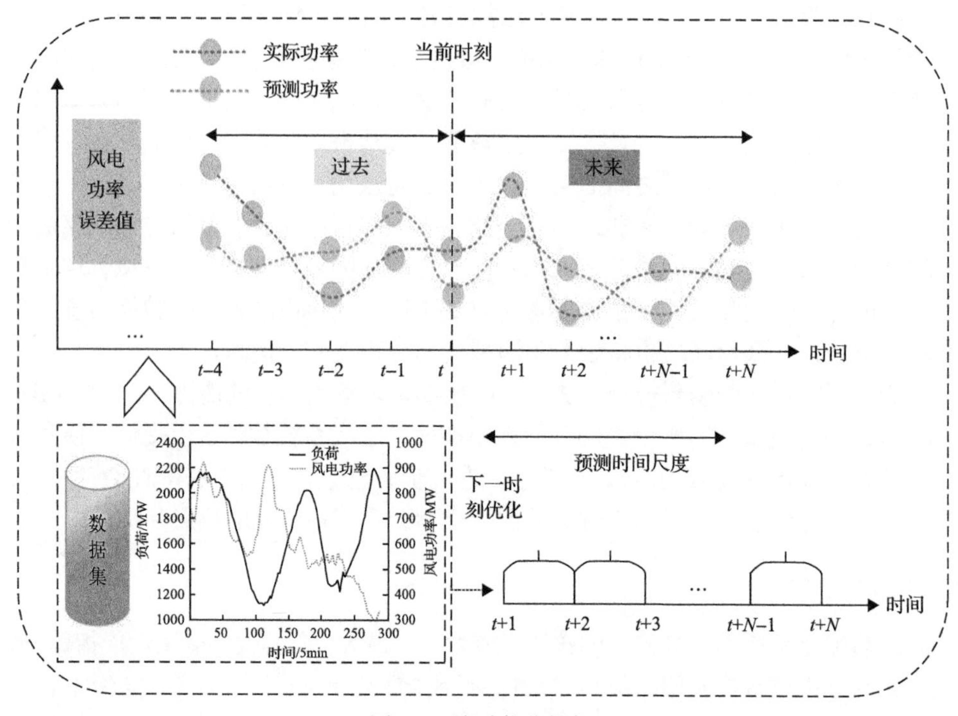

图 1-1 滚动优化框架

1.3.3 反馈校正

不论采用何种预测方法得出的有功功率预测值均会带来一定的误差，而在实际系统中也不可避免地存在模型失配、不可知扰动等因素的影响造成风电功率预测出现偏差，预测模型无法准确地反映未来系统的输出结果。因此，MPC 引入反馈机制补偿各种不确定因素对系统的影响，降低系统对预测模型准确性的依赖程度，通过预测误差反馈，修正预测模型，提高预测精度，这一过程称为反馈校正。

预测误差校正是针对风电功率预测的误差校正，可以视为“初始校正环节”，当进行风电功率预测时，由于预测模型固有预测能力有限，预测精度难以满足要求。一些学者从风电功率预测误差数值特性、误差趋势和相关性关系入手进行预测误差分析及校正，从数理统计的角度分析了风电功率预测误差分布的数值特性，并计算不同风电功率误差水平之间的状态转移概率，得出下一时刻的预测误差水平与当前时刻趋于一致的结论，将计算出的误差添加到下一个时间点的风电功率预测值，以得到修正后的风电功率预测，其原理如式(1-1)所示。

$$
\begin{cases}
P_{t+k|t}^{\text{for}} = P_t \\
\tilde{e}_{t+k|t} = e_t \\
e_t = P_t - P_{t|t-1}^{\text{for}} \\
\tilde{P}_{t+k|t}^{\text{for}} = P_{t+k|t}^{\text{for}} + e_t
\end{cases}
\tag{1-1}
$$

式中，$P_{t+k|t}^{\text{for}}$ 为 t 时刻预测的 $t+k$ 时刻的风电功率值；P_t 为 t 时刻的风电功率实际值；$\tilde{e}_{t+k|t}$ 为 t 时刻预测的 $t+k$ 时刻风电功率值产生的误差；e_t 为 t 时刻的误差；$\tilde{P}_{t+k|t}^{\text{for}}$ 为在 t 时刻预测的 $t+k$ 时刻的风电功率预测修正值。

滚动优化校正为 MPC 中的反馈校正环节，基于预测信息作用到风电场控制对象时，每时每刻均要保持系统性能最优，可以将滚动优化校正视为“终极环节”。最常用的形式是以当前时刻 t 可控对象的实际有功出力作为新一轮滚动优化调度模型的初始值，将每一时刻都进行滚动优化，以最新采样有功功率量测值作为下一时刻滚动优化的初始值，即

$$
P_0(t+1) = P_{\text{real}}(t+1) \tag{1-2}
$$

式中，$P_{\text{real}}(t+1)$ 为在 t 时刻下发控制指令后，实际量测系统在 $t+1$ 时刻的输出有功功率；$P_0(t+1)$ 为 $t+1$ 时刻进行下一轮滚动优化的有功功率初始值。在 $t+1$ 时刻以最新系统有功功率真实值修正预测模型。

1.4　模型预测控制方法分类

国内外学者对基于 MPC 的含风电电力系统有功控制进行了一些有意义的探索，基于 MPC 的滚动优化和反馈校正机制降低了随机电源对大电网的不利影响。近几年，MPC 方法用于风电优化方面的研究逐渐开展起来，并取得了一定的研究进展。本节对随机模型预测控制（stochastic model predictive control，SMPC）、分布式模型预测控制（distributed model predictive control，DMPC）和鲁棒模型预测控制（robust model predictive control，RMPC）这三类 MPC 方法进行逐一介绍，分析其在应对含风电电力系统不确定性建模方面的优势和劣势并加以评述。

1.4.1　随机模型预测控制

数学规划是运筹学的一个重要分支，并且已经被广泛地用于管理学、经济学以及各领域中。数学规划也被称为最优化理论，最优化理论是生产和计划的重要

组成部分，用于研究对象解决相应目标的最优化问题。常见的最优化方法包括线性规划、非线性规划、多目标规划、目标规划、整数规划、多层规划、动态规划以及随机规划和模糊规划等。其中最优化的求解方法包括单纯形法、线性规划的对偶原理、黄金分割法、加步探索法、牛顿法和拟牛顿法等。

最优化问题一般可以用如下的数学模型来表示：

$$\begin{aligned} \max \quad & [f_1(x), f_2(x), \cdots, f_m(x)] \\ \text{s.t.} \quad & g_j(x) \leqslant 0, \quad j = 1,2,\cdots,l \end{aligned} \tag{1-3}$$

式中，$f_i(x)$ $(i=1,2,\cdots,m)$ 为普通实值的目标函数；$g_j(x)$ $(j=1,2,\cdots,l)$ 为普通实值的约束条件；$x=(x_1,x_2,\cdots,x_n)^{\mathrm{T}} \in X \subset \mathbf{R}^n$ 为 n 维决策向量。当目标函数为单目标时，式(1-3)中的目标函数变为 $f(x)$，以下介绍的重点和研究均为单目标最优化问题，因此最优化问题式(1-3)变为如下的形式：

$$\begin{aligned} \max \quad & f(x) \\ \text{s.t.} \quad & g_j(x) \leqslant 0, \quad j = 1,2,\cdots,l \end{aligned} \tag{1-4}$$

最优化按照所研究问题是否是“确定的”划分为“确定性优化”与“不确定性优化”。确定性优化中，式(1-4)的目标函数 $f(x)$ 和约束条件 $g_j(x)$ 中的系数往往是确定性的已知数。但是在现实生活中，人们制定决策时总是会碰到两类不确定性现象：一类是随机现象，另一类是模糊现象。其中把描述随机现象的量称为随机变量，而把描述模糊现象的量称为模糊集。含随机变量和模糊集的最优化问题分别称为随机规划和模糊规划。

随机规划是最优化的重要分支，是处理数据中带有显式或隐式随机变量的一类最优化模型。随机规划与确定性优化最大的区别在于随机优化的目标函数 $f(x)$ 或约束条件 $g_j(x)$ 中的系数含有随机变量。随机规划的目标函数如下：

$$\begin{aligned} \max \quad & f(\xi, x) \\ \text{s.t.} \quad & g_j(\xi, x) \leqslant 0, \quad j = 1,2,\cdots,l \end{aligned} \tag{1-5}$$

式中，ξ 为在 k 维实域空间 $\mathbf{R}^k$ 内的随机向量(参数)，存在于优化问题的目标函数与约束条件中；$f(\xi,x)$ 为目标函数；$g_j(\xi,x)$ 为该优化问题的第 j 个等式或者不等式约束条件。

在期望约束下，使目标函数的期望值达到最优的最优化模型称为期望值模型。假设 t 维随机向量 ξ 的概率密度函数为 $\phi(\xi)$，则随机向量 ξ 的期望值定义为

$$E(\xi)=\int_{\mathbf{R}^t}\xi\phi(\xi)\,\mathrm{d}\xi \tag{1-6}$$

设 f 为定义在 $\mathbf{R}^t$ 上的实函数，则 $f(\xi)$ 为一个随机量，其期望值 $E[f(\xi)]$ 可以通过式(1-7)来计算：

$$E[f(\xi)]=\int_{\mathbf{R}^t}f(\xi)\phi(\xi)\,\mathrm{d}\xi \tag{1-7}$$

由此可知式(1-7)可以转化为如下的单目标期望值模型：

$$\begin{aligned}&\max\quad E\left[f(\xi,x)\right]\\&\text{s.t.}\quad E[g_j(\xi,x)]\leqslant 0,\quad j=1,2,\cdots,l\end{aligned} \tag{1-8}$$

式(1-9)和式(1-10)为目标函数和约束条件的期望值形式：

$$E\left[f(\xi,x)\right]=\int_{\mathbf{R}^t}f(\xi,x)\phi(\xi)\mathrm{d}\xi=\sum_{i\in I}\theta_i f(\xi_i,x) \tag{1-9}$$

$$\begin{aligned}E[g_j(\xi,x)]&=\int_{\mathbf{R}^t}g_j(\xi,x)\phi(\xi)\,\mathrm{d}\xi\\&=\sum_{i\in I}\theta_i g_j(\xi_i,x),\quad j=1,2,\cdots,l\end{aligned} \tag{1-10}$$

当 ξ 为连续型随机变量时其目标函数和约束条件的期望值是积分的形式，如式(1-9)和式(1-10)的第一行所示，当 ξ 为离散型随机变量且分布式函数为 $\Pr(\xi=\xi_i)=\theta_i$ (Pr 表示概率，$i\in I$，其中 I 为序号集)时，其目标函数和约束条件的期望形式为连加的形式，如式(1-9)和式(1-10)的第二行所示。

期望值模型中的随机变量 ξ 的分布是已知的，当随机变量的分布是离散型时，随机变量 ξ 未来可能出现的随机数被称为“场景”。期望值模型对随机变量 ξ 的分布在决策前进行了充分的观察，因此随着随机变量取值的不同其决策也是不同的，在实际的生活中一般是追求利益的期望值最大化，期望值模型就是追求随机变量 ξ 下的目标函数的期望最大化或最小化。

机会约束规划(chance constrained programming，CCP)是第二种类型的随机规划方法，主要针对约束中含有随机变量，且必须在观察到随机变量的实现之前做出决策的情况。由于对随机变量没有充分的观察，最后的决策可能会不满足约束条件，因此采取一种原则：允许所做的决策在一定程度上虽然不满足约束条件，但是能够在一定的置信水平 α 之下使得约束条件成立。

可以将式(1-10)通过随机规划中的 CCP 转化为如下模型:

$$\max \quad \bar{f}$$
$$\text{s.t.}\begin{cases}\Pr\{f(\xi,x)\geqslant\bar{f}\}\geqslant\beta\\ \Pr\{g_j(\xi,x)\leqslant 0\}\geqslant\alpha,\quad j=1,2,\cdots,l\end{cases}\tag{1-11}$$

式中，$\Pr\{\cdot\}$为$\{\cdot\}$中的约束成立的概率；α 和 β 分别为实现给定的约束条件和目标函数的置信水平；$\bar{f}=\max\left\{f\middle|\Pr\left\{f\left(\xi,x\right)\geqslant f\right\}\geqslant\beta\right\}$ 为目标值，即 $\bar{f}$ 应该是目标函数 $f\left(\xi,x\right)$ 在保证置信水平至少是 β 时所取的最大值。

值得注意的是，式(1-11)虽然很好地描述了 CCP 模型，但是其求解仍是一个难题。这是由于其随机变量 ξ 是不确定的，一般地，需要利用随机变量 ξ 的累积概率分布函数，进行数学公式的演绎，得到确定性的常数约束，从而进行求解。

SMPC 由随机优化理论与标准 MPC 方法相结合形成。风电系统的随机性误差是指一类受到风电集群/场输出功率随机不确定性的干扰或者进行测量时导致的误差，而 SMPC 则利用风电功率信息噪声的统计特性来实现控制目标，能够有效地处理机会约束或者有界约束下的系统控制问题[8]。式(1-12)是 SMPC 模型的一般表达式。

$$\min_{\{\pi_{k+j}\}_{j=0}^{N-1}} E_{x_k}\left[\sum_{j=0}^{N-1}J(x_{k+j},\pi_{k+j})+J_N(x_{k+N})\right]$$
$$\text{s.t.}\begin{cases}x_{k+1}=Ax_k+Bu_k+Gw_k\\ \Pr(E_x x_{k+j}\leqslant 1)\geqslant 1-\varepsilon,\quad j\in\mathbf{N}_{[0,N-1]}\\ \Pr(E_u u_{k+j}\leqslant 1)\geqslant 1-\varepsilon,\quad j\in\mathbf{N}_{[0,N-1]}\\ T_\mathrm{f}(\cdot)\leqslant 0\end{cases}\tag{1-12}$$

式中，E_{x_k} 为目标函数期望；x_{k+j} 和 π_{k+j} 为状态变量；A、B 和 G 为合适维度的矩阵；u_k 为控制变量；w_k 为扰动变量；$J_N\left(x_{k+N}\right)$ 为终端代价函数；E_x 和 E_u 表示求期望；N 为预测时域；$\left\{\pi_{k+j}\right\}_{j=0}^{N-1}$ 为控制律；$T_\mathrm{f}(\cdot)\leqslant 0$ 为终值约束，当 $\varepsilon=0$ 时，为有界约束。各种算法可处理的约束和噪声类型如表 1-1 所示。

单一风电功率曲线无法刻画系统控制偏差，为此，随机生成大量符合功率波动相关性的风电功率场景，采用场景树重构技术筛选出有功功率典型场景集，充分利用已有统计信息模拟风电系统的不确定性，求出控制指令，同时，电力系统会实时反馈负荷状态重新生成新的随机场景，分析过程如图 1-2 所示。进一步，考虑风电场集群功率动态波动时间相关性，建立风电集群随机模型预测控制策略，

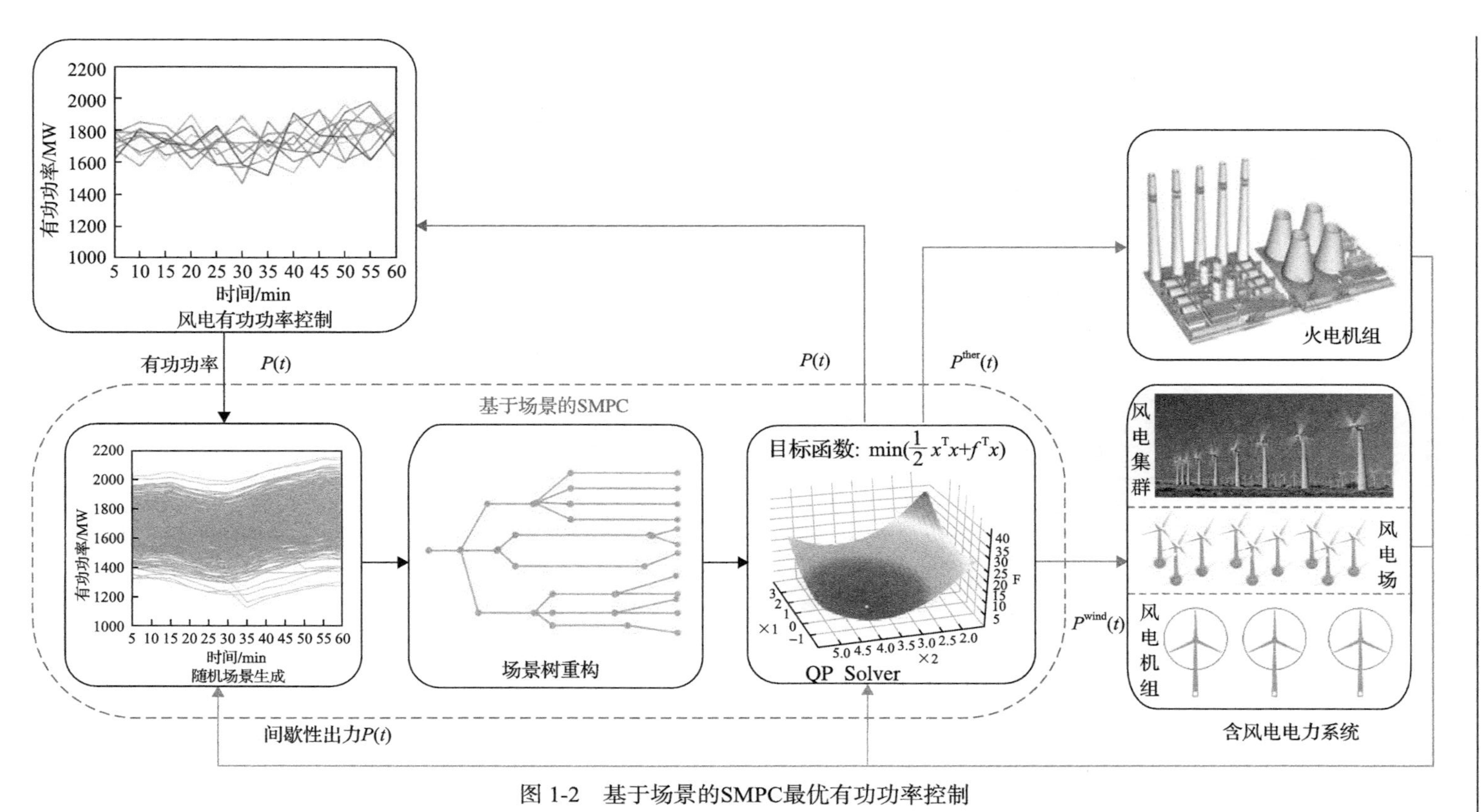

图 1-2　基于场景的SMPC最优有功功率控制

$P(t)$为有功功率；$P^{ther}(t)$为火电有功功率；$P^{wind}(t)$为风电有功功率；QP Solver为二次规划求解器

表 1-1 主要 SMPC 算法

算法	可处理的约束	噪声类型
基于情景生成法	机会状态和输入约束(概率<1)	无界或有界随机
基于随机 Tube	机会状态和输入约束(概率≤1)	有界随机
基于饱和函数	有界输入约束	无界随机
基于确定性等价式	机会状态和输入约束(概率<1)	无界或有界随机

以风电集群日内功率曲线为参考轨迹，构建以各风电场功率缺额期望最小为目标的实时控制模型。采用定时域方法进行滚动优化修正预测偏差，建立分布式能源随机模型预测控制策略，实现各类可调可控资源能量损耗最小。以概率形式刻画预测误差分布情况，采用概率密度函数表示热负荷预测的不确定性，将能源局域网能量优化问题转化为混合整数二次规划模型，运用 SMPC 框架实现在线优化。

综上，SMPC 中建立的目标函数以及约束均可以概率形式给出，风电功率的误差特性服从某些分布，允许约束条件在一定条件下被违反，使得 SMPC 算法的稳定性无法保证。

1.4.2 分布式模型预测控制

大规模多区互联电力系统由几个控制区域组成，每两个控制区域之间由区域联络线互联而成。任何一个区域的负荷变化或某些扰动的产生都会引起整个互联系统的频率暂态变化，需要各区内 AGC 电源接收控制器传来的发电控制信号进行频率及区域联络线频率稳定控制。在我国，AGC 功能大部分由传统火电承担，而在具有大规模风电集群的控制区域，区域内风电容量相对于火电容量较大，且风电具有随机性、间歇性与波动性的出力性质，在此场景下当区域负荷发生动态变化时，仅依靠本区传统电源调频将不利于系统安全稳定运行。

以 t_d 作为计算时步对状态方程进行离散化处理时，t_d 的选择应当大于 $T_{g1i}+T_{t1i}+2H_i+\mathrm{DMPC}_i$，也应当大于 $T_{\mathrm{WF1}i}+2H_i+\mathrm{DMPC}_i$，其中 T_{g1i} 为调速器时间常数，T_{t1i} 为联络点同步系数，H_i 为等效惯性时间常数，$T_{\mathrm{WF1}i}$ 为风电场惯性时间常数，DMPC_i 为 DMPC 控制器在线滚动优化计算所耗费的时间，这样才能形成当前计算时步内的预测效果以及超前频率控制作用效果。传统电源惯性时间常数比风电场要大，在频率跌落后需要 10～15s 完成稳定功率增发，系统等效惯性时间常数大约为 20s，因此本节中选定计算时步 t_d 为 1min，同时可以得出，DMPC 控制器在线滚动优化计算所耗费时间越短，频率超前控制效果也会越好。

在 DMPC 控制器设计中加入拉盖尔函数来近似控制序列 ΔU，可大幅减少系统参数，实现参数降维，从而减轻计算负担。对全部 N 个区进行合并，并进行 t_d 为 1min 的离散化处理，得到全区离散状态空间方程：

$$\begin{cases}\Delta x_m(k+1)=A_\mathrm{d}\Delta x_m(k)+B_\mathrm{d}\Delta u(k)+F_\mathrm{d}\Delta d(k)\\ y(k)=C_\mathrm{d}\Delta x_m(k)\end{cases} \tag{1-13}$$

式中，$\Delta x_m(k)$ 为 n_1 维列向量，$n_1=(m+2n+2)N$；$\Delta u(k)$ 为 n_2 维列向量，$n_2=(m+n)N$；$y(k)$ 为 N 维列向量；A_d、B_d、F_d、C_d 均为各相应连续矩阵，$A_\mathrm{d}=\mathrm{e}^{A_\mathrm{c}t_\mathrm{d}}$，$B_\mathrm{d}=\int_0^{t_\mathrm{d}}\mathrm{e}^{A_\mathrm{c}t_\mathrm{d}}B_\mathrm{c}\mathrm{d}t$，$F_\mathrm{d}=\int_0^{t_\mathrm{d}}\mathrm{e}^{A_\mathrm{c}t_\mathrm{d}}F_\mathrm{c}\mathrm{d}t$，$C_\mathrm{d}=C_\mathrm{c}$，$A_\mathrm{c}$、$B_\mathrm{c}$、$F_\mathrm{c}$、$C_\mathrm{c}$ 为离散化得到的离散矩阵。

为了统筹考虑 $\Delta x_m(k)$ 和 $y(k)$，且便于 DMPC 控制器设计，建立新的状态变量 $x(k)$：

$$x(k)=[\Delta x_m(k)\quad y(k)]^\mathrm{T} \tag{1-14}$$

形成离散增广状态空间方程：

$$\begin{cases}x(k+1)=Ax(k)+B\Delta u(k)+F\Delta d(k)\\ y(k)=Cx(k)\end{cases} \tag{1-15}$$

式中，A、B、F、C 为系数矩阵。

定义预测控制时域为 N_C，预测时域为 N_P，以 t_d 为计算时步建立输出序列 Y 和控制序列 ΔU：

$$\begin{cases}Y=[y(k+1|k)\quad\cdots\quad y(k+N_\mathrm{P}|k)]^\mathrm{T}\\ \Delta U=[\Delta u(k)\quad\cdots\quad\Delta u(k+N_\mathrm{C}-1)]^\mathrm{T}\end{cases} \tag{1-16}$$

式中，Y 为 N_P 维列向量；ΔU 为 $N_\mathrm{C}\times n_2$ 维矩阵，在任一时刻 k，需要求取从该时刻起的 N_C 个控制变量 $\Delta u(k),\cdots,\Delta u(k+N_\mathrm{C}-1)$，在其控制作用下被控模型的未来 N_P 个时刻的输出预测值 $y(k+1|k),\cdots,y(k+N_\mathrm{P}|k)$ 趋近于期望值，因此控制序列 ΔU 是 DMPC 在线滚动优化计算的待求量，在优化函数中需要在每个时步内求取最优控制序列 ΔU 并将其第一个元素施加于当前时步，属于有约束多变量系统高维在线优化问题，当全区控制变量 n_2 较多且定义的控制时域 N_C 较大时，计算负担重。

ΔU 中任一元素用拉盖尔函数表示：

$$\begin{cases}\Delta u_s(k+s')=L_s(s')^\mathrm{T}\eta_s,\quad s=1,2,\cdots,n_2\\ s'=0,1,\cdots,N_\mathrm{C}-1\end{cases} \tag{1-17}$$

式中，$L_s(s')^{\mathrm{T}}$ 为一组标准正交基拉盖尔函数序列，$L_s(s')^{\mathrm{T}}=\left[l_1^s(s')\ \ l_2^s(s')\ \cdots\ l_y^s(s')\right]$；$\eta_s$ 为拉盖尔系数，$\eta_s=\left[c_1^s\ \ c_2^s\ \ \cdots\ \ c_y^s\right]^{\mathrm{T}}$。每个控制变量中拉盖尔函数的个数 s 为代替控制时域 N_{C} 的常数，通常仅为 N_{C} 的 1/4，因此加入拉盖尔函数后系统参数个数可减少约 75%，大幅减轻计算负担。

由于 $\Delta u(k)$ 为 n_2 维列向量，因此将式(1-15)中的 B 矩阵分块为 $B=\left[B_1\ \ B_2\ \ \cdots\ \ B_{n_2}\right]$，并根据式(1-17)导出针对输出变量在 k 时步的预测模型：

$$y(k+\alpha|k)=CA^{\alpha}x(k)+C\phi(\alpha)^{\mathrm{T}}\eta+CA^{\alpha-1}F\Delta d(k) \tag{1-18}$$

式中，$\alpha=1,2,\cdots,N_{\mathrm{P}}$；$\phi(\alpha)^{\mathrm{T}}=\sum\limits_{\beta=0}^{n_2-1}A^{\alpha-\beta-1}\left[B_1L_1(\beta)^{\mathrm{T}}\cdots B_{n_2}L_{n_2}(\beta)^{\mathrm{T}}\right]$；$\eta^{\mathrm{T}}=\left[\eta_1^{\mathrm{T}}\ \ \eta_2^{\mathrm{T}}\ \ \cdots\ \ \eta_{n_2}^{\mathrm{T}}\right]$。

优化目标为从 k 时步起预测时域 N_{P} 内输出变量趋于 0 且控制时域 N_{C} 内控制变量加权抑制。

$$\min_{\eta} J=\|Y-0\|_Q^2+\|\eta\|_{R_{\mathrm{L}}}^2=\sum_{\alpha=1}^{N_{\mathrm{P}}}[y(k+\alpha|k)^{\mathrm{T}}Qy(k+\alpha|k)]+\eta^{\mathrm{T}}R_{\mathrm{L}}\eta \tag{1-19}$$

式中，Q 和 R_{L} 分别为由权系数构成的误差权对角阵和拉盖尔函数下控制权对角阵。

将式(1-18)代入式(1-19)展开为

$$\min_{\eta} J=\eta^{\mathrm{T}}\varOmega\eta+2\eta^{\mathrm{T}}\varPhi \tag{1-20}$$

式中，η为待求最优控制拉盖尔系数序列；$\varOmega=\sum\limits_{\alpha=1}^{N_{\mathrm{P}}}\phi(\alpha)C^{\mathrm{T}}QC\phi(\alpha)^{\mathrm{T}}+R_{\mathrm{L}}$ 为对称正定阵，$\varPhi=\left[\sum\limits_{\alpha=1}^{N_{\mathrm{P}}}\phi(\alpha)C^{\mathrm{T}}QCA^{\alpha}\right]x(k)+\left[\sum\limits_{\alpha=1}^{N_{\mathrm{P}}}\phi(\alpha)C^{\mathrm{T}}QCA^{\alpha-1}F\right]\Delta d(k)$ 在一个计算时步初始时刻可求，随着仿真时域内计算时步的滚动 $x(k)$ 和$\Delta d(k)$ 会发生变化。

约束条件分为固定部分和可变部分。

(1)固定部分包括三方面。式(1-21)是对状态变量的约束。

$$\begin{cases}-\Delta P_{tri,\min}\leqslant\Delta P_{tri}\leqslant\Delta P_{tri,\max}\\-\Delta P_{\mathrm{WF}Ri,\min}\leqslant\Delta P_{\mathrm{WF}Ri}\leqslant\Delta P_{\mathrm{WF}Ri,\max}\end{cases} \tag{1-21}$$

式中，$r=1,2,\cdots,n$；$R=1,2,\cdots,m$；$i=1,2,\cdots,N$；$\Delta P_{tri,\min}$ 和 $\Delta P_{tri,\max}$ 分别为发电

机负方向和正方向调节速率上限；$\Delta P_{\mathrm{WF}Ri,\min}$ 和 $\Delta P_{\mathrm{WF}Ri,\max}$ 分别为风电场负方向和正方向调节速率上限。

式(1-22)是对控制变量的约束。

$$\begin{cases}-\Delta P_{\mathrm{c}ri,\min} \leqslant \Delta P_{\mathrm{c}ri} \leqslant \Delta P_{\mathrm{c}ri,\max} \\ -\Delta P_{\mathrm{ref}Ri,\min} \leqslant \Delta P_{\mathrm{ref}Ri} \leqslant \Delta P_{\mathrm{ref}Ri,\max}\end{cases} \tag{1-22}$$

式中，$\Delta P_{\mathrm{c}ri,\min}$ 和 $\Delta P_{\mathrm{c}ri,\max}$ 分别为 DMPC 控制器对发电机负方向和正方向控制速率上限；$\Delta P_{\mathrm{ref}Ri,\min}$ 和 $\Delta P_{\mathrm{ref}Ri,\max}$ 分别为 DMPC 控制器对风电场负方向和正方向控制速率上限。

式(1-23)是对控制幅值的约束。

$$\begin{cases}-P_{\mathrm{c}ri,\min} \leqslant P_{\mathrm{c}ri} \leqslant P_{\mathrm{c}ri,\max} \\ -P_{\mathrm{ref}Ri,\min} \leqslant P_{\mathrm{ref}Ri} \leqslant P_{\mathrm{ref}Ri,\max}\end{cases} \tag{1-23}$$

式中，$P_{\mathrm{c}ri,\min}$ 和 $P_{\mathrm{c}ri,\max}$ 分别为发电机负方向和正方向控制容量上限；$P_{\mathrm{ref}Ri,\min}$ 和 $P_{\mathrm{ref}Ri,\max}$ 分别为风电场负方向和正方向控制容量上限。

(2)可变部分包括考虑超短期风电功率预测信息及当前时步状态而对 $\Delta P_{\mathrm{ref}Ri}$ 施加的附加约束，每个时步根据具体情况发生变化。

将附加约束加入式(1-23)中，根据拉盖尔函数将式(1-21)～式(1-23)联立得到

$$\begin{cases}M_1\eta \leqslant \Delta U_{\max} \\ -M_1\eta \leqslant \Delta U_{\min} \\ M_2\eta \leqslant U_{\max} - u(k-1) \\ -M_2\eta \leqslant U_{\min} + u(k-1)\end{cases} \tag{1-24}$$

式中，M_1 和 M_2 为辅助大数；$U_{\max}$ 和 $U_{\min}$ 为控制量的上下限。

将约束条件式(1-24)与优化函数式(1-20)联立得到一个带约束条件的二次规划问题。求得最优序列 η 后，在滚动优化机制下得到当前时步 k 的最优控制量 $\Delta u(k)$ 为

$$\Delta u(k) = \begin{bmatrix} L_1(0)^{\mathrm{T}} & O_2^{\mathrm{T}} & \cdots & O_{n_2}^{\mathrm{T}} \\ O_1^{\mathrm{T}} & L_2(0)^{\mathrm{T}} & \cdots & O_{n_2}^{\mathrm{T}} \\ \vdots & \vdots & & \vdots \\ O_1^{\mathrm{T}} & O_2^{\mathrm{T}} & \cdots & L_{n_2}(0)^{\mathrm{T}} \end{bmatrix}\eta \tag{1-25}$$

在当前计算时步 k 对系统施加了当前最优控制量 $\Delta u(k)$ 后，在当前计算时步

末，DMPC 控制器将通过状态检测设备的反馈，根据实测风电数据以及 N 区互联系统实际运行状态来校正式(1-25)得到下一计算时步 $k+1$ 的系统离散状态空间方程，即每隔 1min 进行一次全区状态反馈校正，在下一计算时步 $k+1$ 中基于反馈校正后的系统离散状态空间方程求得该时步 DMPC 预测模型及进行相应滚动优化计算，得到 $k+1$ 时步的最优控制量 $\Delta u(k+1)$，以此循环滚动进行直至遍历整个仿真时域，可减少因风电功率预测误差而给控制策略制定带来的影响，体现了控制器的鲁棒性。

区别于传统的电力系统，风电功率具有较大的随机性与波动性，风电系统中有功功率的调控需要兼顾安全性、可靠性和经济性等各方面要求，无法像常规电源那样具有“稳健性”，面对多个区域风电场组成的大规模风电系统，若完全按照集中式进行控制，给控制算法、信息交互和优化求解手段均会带来新的要求，原有的优化调控架构也面临巨大挑战。为此，本节提出了基于 DMPC 的风电场/集群优化控制架构，如图 1-3 所示。

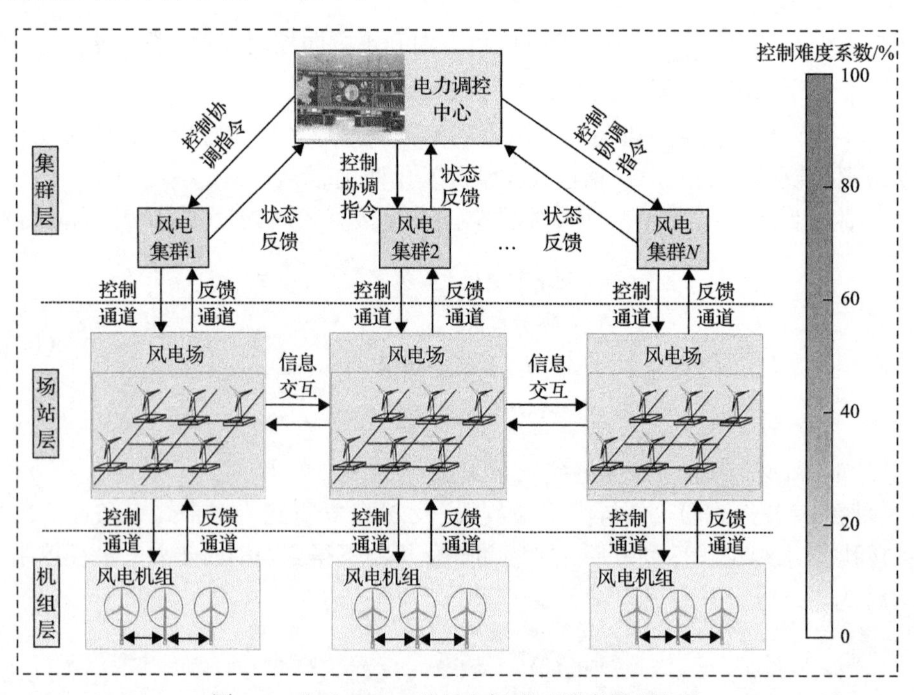

图 1-3　基于 DMPC 的风电场/集群优化控制架构

DMPC 方法在一定程度上克服了常规集中式方法的缺点，可以把大规模风电有功功率约束优化控制问题分解为多个小规模问题，不仅可以大大降低计算负担，而且能提高整体系统的鲁棒性[7]。基于 DMPC 的风电场/集群优化控制架构模式以“分解-协调”的原则将风电控制问题根据调度对象、区域大小和时间尺度等进行分解，以满足计算效率要求。电力调控中心扮演着全局协调的“仲裁者”角色，将整个电力系统分解为若干子系统，在每个子系统控制中均制定属于自己的 MPC 策略，子系统以迭代方式协同工作，同时需要兼顾各“参与者”所拥有的可控制能力。为了实现精细控制，电力调控中心与风电场/集群间需要控制协调指令和状态反馈的交互。

综上，DMPC 是实现风电集群协调控制的有效方法，对于风电系统中的风电机组级别和风电场级别，目前都有很深入的研究。然而，大规模风电集群系统相比风电场级别的不同之处在于风电集群内各风电场输出有功功率差异性大、各风电场组成了一个“大风电系统”，既要协调本地风电和邻近风电场的输出功率，还要协调风电与火电的输出功率，如何对其不确定性建模并进行分解协调控制，是当前研究的重点和难点。DMPC 的研究重点包括各子系统之间耦合关联的处理、子系统的优化决策及相互间的信息交换机制、全局稳定性的保证及最优性的评估等。

1.4.3　鲁棒模型预测控制

实际风电系统控制过程存在于不确定环境(如气象条件、人为条件、控制模型和噪声)中，总会受到预先未知的各种不确定性的影响，建立的模型和风电输出功率之间也不可避免地存在失配。基于模型设计的最优控制律应用于实际对象时可能导致系统性能变差，而鲁棒控制的要求是设计一种控制器使得在闭环系统中仍能保持控制指标的稳定。

RMPC 最常用的一种方式是最小-最大(min-max)方法。min-max RMPC 方法考虑电力系统运行的“最坏”情况，如果电力系统在这种“最坏”的情况下仍然能安全稳定运行，则对于由不确定性引起的“最糟糕”状态，电力系统仍然可以稳定运行。min-max RMPC 的优化控制问题(OCP)可以表示成如下一般形式：

$$\min_{u_{k+j}} \max_{x_{k+j}} : \sum_{j=0}^{N-1} x_{k+j}^{\mathrm{T}} Q x_{k+j} + u_{k+j}^{\mathrm{T}} R u_{k+j} + J_N(x_{k+N})$$
$$\text{s.t.} \begin{cases} x_{k+1} = Ax_k + Bu_k + Gw_k \\ x_{k+j} \in X, \quad \forall w_{k+j} \in W, j \in \mathbf{N}_{[0,N-1]} \\ u_{k+j} \in U, \quad \forall w_{k+j} \in W, j \in \mathbf{N}_{[0,N-1]} \\ x_{k+N} \in X_N \end{cases} \tag{1-26}$$

式中，$x_k \in \mathbf{R}^n$ 为系统状态；$u_k \in \mathbf{R}^m$ 为系统控制输入；$w_k \in \mathbf{R}^r$ 为外部噪声，而外部噪声 w 的值为在时刻 k 的未测量的扰动向量，只知道它的取值范围；A、B 和 G 为合适维度的矩阵；X_N 为终端约束；$J_N(x_{k+N})$ 为终端代价函数；N 为预测时域；Q 和 R 分别为相关权重。为了处理这种形式的优化问题，通常需要将 min-max

优化问题转化成标准的优化问题。

RMPC 模型分析不确定性(外界扰动、参数扰动)灵敏度最小确保系统的原有性能，鲁棒控制对不确定性因素具有一定免疫能力，能够在一定扰动范围内保证电力系统安全、稳定运行，并尽量实现调度的预定目标。已有研究提出具有可调不确定集的 RMPC 策略，与已知不确定集的标准 RMPC 策略结合，将不确定集视为附加的决策变量，给定一个调整不确定集的度量，解决了确定这些不确定集的最优大小和形状的问题，同时确保鲁棒约束满足。鲁棒双模滚动时域控制策略可用于具有状态和控制约束以及模型误差的各类非线性系统。利用多端鲁棒预测滑模控制策略，将多变量非线性 MPC 和滑模控制组合使用，采用粒子群算法获得最优控制参数，实现了控制终端直流电压、有功功率和无功功率的目标，提高了系统动态性能。

目前，RMPC 方法由于无法考虑概率分布的信息，其计算结果通常较为保守。基于随机优化的方法由于要生成大量场景则面临计算量大的问题，难以达到计算量和计算效果之间的有效平衡。因此，在之后的研究中可以考虑如何协调风电机组-风电场-风电集群建模的准确性与大规模系统计算时效性问题，设计出符合实际工程的 RMPC 模型，实现高效化、准确化的求解。

1.5　基于模型预测控制方法的风电有功功率和频率控制现状及分析

1.4 节详细介绍了目前主流的 MPC 方法，根据不同预测模型制定不同的滚动优化方法，结合含风电电力系统的分布特点，制定控制策略。本节将逐一对比分析 MPC 方法在风电机组-风电场-风电集群以及协调火电有功功率和频率控制的现状，总结 MPC 方法的优势和劣势。

1.5.1　含风电电力系统有功功率控制

风电的协调控制在于火电机组与风电集群的协调、风电集群内风电场之间的协调、单个风电场内机组之间的协调。通过多源协调充分利用现有消纳空间，可以提高风电集群有功功率控制效率。因此，多空间尺度分层协调控制方法可以有效解决有序调控的难题[9]。一般而言，纵向层面分为风电机组级别、风电场级别、风电集群级别以及区域级别，横向上按照控制目标划分，在每一个级别分别建立相应的目标函数，将求得的指令值由上到下逐级别下发，实现风电在空间层面的控制。

不同层次的功率控制目标不同，在风电机组层面，采用 MPC 策略旨在缓解风电机组结构疲劳，延长机组使用寿命。利用激光雷达预测风轮迎风面的有效风速，基于扩展卡尔曼滤波算法重建风电机组非线性模型的未知状态，实时处理预测时域状态值。此外，制定气动弹性风机叶片非线性模型预测桨距控制策略，可以采用风电机组的分段仿射状态空间模型，从而构造出了风电场的聚合模型[10]。

在风电场层面，需要考虑风电厂商运行成本和最小化风电场输出功率跟踪控制指令以及机组磨损等多目标情况，例如，可以通过构造具有尾流相互作用的风电场模型和执行器感知风电场可靠性，进而建立基于机器学习和启发式优化的风电场多目标预测控制策略，从而降低了计算成本，提高了效率。文献[11]构建了电池储能和风电场协调控制模型，利用对偶分解的快速梯度下降法求解 DMPC 滚动优化目标，进一步，制定了基于一致性 DMPC 的风电场分布式有功和无功协调控制策略，实现同时优化风电场的有功功率分配和电压调节。

在风电集群层面，考虑到多个风电场输出功率通过联络线输送到大电网，面临风电外送断面越限和调峰压力等挑战，需要协调风电场间以及风电与火电之间的输出功率。为此，文献[12]提出了以功率变化趋势与风电场运行状态为准则的风电场动态分群方法，制定了多时空尺度协调的风电集群有功分层预测控制方法，在满足集群调度目标的前提下，使得风电场输出功率分配合理。进一步，文献[11]在空间上逐层细分和时间上逐级递减，以某风电集群为例，采取区域层-集群层-单场层的空间递减模式和小时级-分钟级的时间递减形式，建立了多时空尺度协调的风电集群有功分层预测控制模型，有效地解决了风电预测功率不确定性引起的功率不平衡问题。

综上，从不同层次控制对象来看，风电机组桨距控制技术最为成熟，相关理论算法和控制手段的研究也居多；从风电场层次来看，主要面临因风电功率预测精度不满足要求，致使风电场输出功率超过调控指令，造成惩罚性成本增大的问题；从风电集群层次来看，风电外送断面越限是首要考虑因素，但受限于风电集群功率预测精度以及计算效率，如何在保证风电外送断面不越限的同时又能增加风电输出功率，是当前面临的重要挑战。

1.5.2　含风电电力系统频率控制

大量风电注入电网会增加系统运行状态复杂多样性，其频率特性也将面临诸多挑战。随着大规模风电装机容量增加，风电参与电网频率控制将由被动模型变为主动模型。

频率控制可以按照横向和纵向划分。横向以时间轴为划分依据，分为频率响应、一次调频、二次调频和三次调频，目的是协调频率在各个时间尺度的控制。例如，基于大系统控制论中分层递阶控制理论，构造了多时空尺度协调的分层分布式模型预测控制（H-DMPC）频率控制策略，在三次调频层以电网拓扑结构及全区经济性最优为目标，在二次调频层以平均系统频率增广模型及分区安全性最优为目标，在一次调频层考虑分区风电集群内单场动态分类来实时平抑系统负荷扰动。在时间和空间尺度上每一层级逐级细化，实现多层级频率闭环控制[13]。

纵向以控制对象为划分依据，分为风电机组-风电场/集群-火电机组等之间的协调控制。在风电机组级别，以双馈异步风力发电机为例，在频率控制过程中，风场中的各个风电机组可能由于过度减速而趋于不稳定，采用非线性 MPC 策略可以避免上述情况发生，通过将每个风电机组的非线性动力学纳入 MPC 策略中，实现最佳频率动态响应[14]。利用 MPC 策略可以支撑风电机组对电力系统的一次频率调节，例如，以风电场为单位，详细建立单个风电机组和整个风电场的控制模型，给出了基于中央和本地卡尔曼滤波组成的控制策略，中央卡尔曼滤波预测负载变化，而本地卡尔曼滤波预测风速和每个风电机组的发电状态。而一旦将多台风电机组接入到区域互联电力系统，由于负荷扰动和风速变化，频率控制会变得越来越难，基于协调方案的 DMPC 策略可以解决一系列局部优化问题，以协调每个区域的控制性能。

将多台风电机组等效为风电场共同参与频率控制，考虑风速高低对风电场参与调频的影响，制定不同风况下的 DMPC 策略，当处于高风速时，风电场按额定功率运行，当处于低风速时风电场按跟踪功率运行，此外，考虑外界风速和负荷扰动情况，常规 AGC 机组与风电场协调优化，弥补功率偏差。进一步，结合构建的风电场模型和已知的火电机组模型，构建风电-火电机组混合动力系统的集成模型，基于 MPC 策略，同时优化多区域混合动力系统的频率响应性能，提高电力系统的频率性能。为了平抑风电波动对频率控制的影响，尝试采用电池储能辅助频率控制，利用灰色理论构建频率预测模型，以最大化收益为滚动优化目标。基于 MPC 方法，构建风储联合调频策略，在考虑风电场和储能各自约束条件的前提下，在线求解滚动时域最优功率分配，并使用滚动时域估计方法来实时估计电网的有功功率不平衡量，从而根据系统状态信息来计算最优控制量，提高电网的调频性能。

在分析单一风电机组以及规模化风电场有功输出特点的基础上，可以将若干个在地理位置上相近的风电场整合在一起，以风电集群的视角，建立计及风电场/集群有功输出的互联电网负荷频率控制模型。以广域相量测量系统为技术平台，建立基于 DMPC 的含规模化风电场/集群互联电网的负荷频率控制模型，可以维持系统频率及区域间交换功率在较小的范围内变化，控制效果明显优于常规比例-积分(PI)型负荷频率控制器。例如，考虑非线性约束条件，建立包含大规模风电集群及传统电源的多区互联系统频率响应模型，基于超短期风电功率预测信息，建立了基于拉盖尔函数的 DMPC 策略，采用纳什均衡分解协调控制算法，实现在线滚动优化求解[15]。

一旦高比例风电注入大电网时，常规电源因惯性降低导致调频性能降低，需要风电集群主动参与系统调频。目前，一些学者根据风电集群并网特点，建立含风电的多区域互联系统 AGC 模型，依据集群功率预测值判断风电参与调频的备用容量，利用 DMPC 协调风电参与 AGC 和火电机组控制[16]。此外，考虑到调频带来的成本问题，双层 MPC 的跨区域 AGC 机组协同控制策略可以实现经济最优，上层采用经济性 MPC 实现跨区域 AGC 机组稳态功率优化分配，下层采用 DMPC 实现多区域 AGC 机组动态频率优化控制。

上述研究中，MPC 方法均基于确定性优化方法，面对风电的随机性以及波动性，需要考虑随机优化理论，为此，研究人员提出基于 SMPC 和功率波动时间相关性的风电集群优化方法，建立各场景弃风电量期望最小的模型，实现各风电场功率缺额期望最小的实时控制，基于此思路，将随机优化、分层思想与 DMPC 相结合，研究人员提出一种基于随机分层分布式 MPC 的风电集群频率控制机会约束目标滚动规划策略，有效提高风电集群参与系统调频的准确性[17]。

综上所述，对于单台风电机组或者风电场而言，将 MPC 方法应用到含风电电力系统频率控制，基于状态空间的预测模型可以预测未来的频率信息，以调频经济性最优和区域控制偏差最小为滚动优化，采用二次规划方法进行求解。然而，考虑到高比例风电注入电力系统需要协调风电和火电机组，进一步研究 DMPC 方法的适应性和高效求解算法是当前研究的热点和难点。

1.6　基于 MPC 方法的分解协调策略和求解效率分析

随着新能源装机容量的增加，需要协调控制的对象(如风电机组-风电场-风电集群)也在增加，需要协调的控制变量也在增加，对于大规模含风电电力系统来说，直接求解复杂电网有功功率控制模型效率低下。因此，需要重点研究大系统分解协调策略和优化求解效率。

1.6.1　基于 MPC 的大系统分解协调策略

风电集群有功功率的优化调度复杂且维数高，存在大量的变量和约束。借助 MPC 可以处理变量间复杂耦合关系的优点，将分解协调原理与 MPC 算法结合可以使电力系统整体的优化分解效果好，计算复杂度低。

图 1-4 展示了物理-仿真分解协调框架，包含物理结构层面和仿真计算层面。在物理结构层面，考虑到风电机组与风电机组之间、风电场与风电场之间、风电与火电之间信息交互对计算量的影响(计算量直接或间接影响仿真速率)，因此在计算过程中首要考虑大系统分解；在仿真计算层面，利用 Benders 分解方法将大系统分解成若干子系统，可以根据调控对象所需时间尺度选择不同的仿真步长(如

提前 15min、提前 4h 或者提前 24h 等)，对不同中央处理器(CPU)采用多步长方式进行并行计算，从而实现系统间的数据交互与协调。

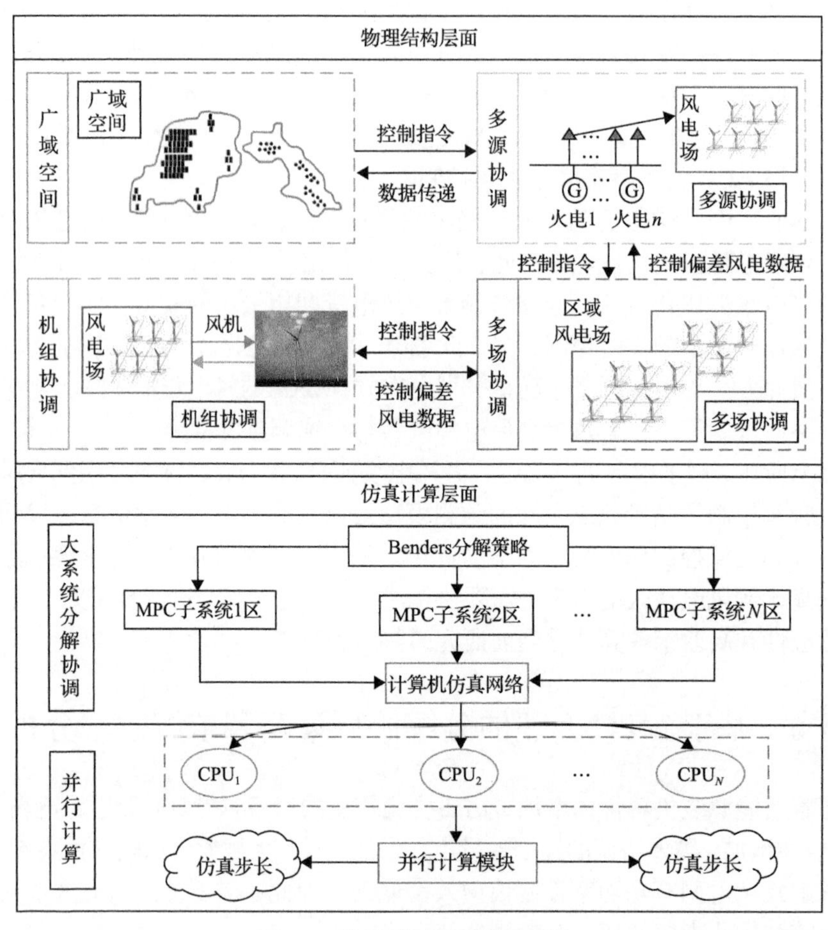

图 1-4　物理-仿真分解协调框架

分解协调策略的原理是根据规划论中的对偶理论，将建立的在线有约束优化模型等价为对偶问题的无约束最优解，将对偶问题利用两级优化算法进行描述求解，通过第一步得出给定协调因子下的最优解，在第二步中更改协调因子，使得子问题的解满足全局要求。

针对 SMPC 滚动优化决策变量多、结构复杂等问题，采用拉格朗日分解法和 Schur 分解法对 SMPC 优化函数进行分解，按照风电场功率预测场景数对全局问题进行分解，利用拉格朗日系数作为协调因子，来协调全局问题最优解和子问题最优解之间的矛盾。进一步，提出双线性变体 Benders 分解方法，可以求解大规模风电和负荷不确定性问题，该方法在处理大量随机场景方面相比使用常规专业求解器在计算效率上快了一个数量级，这为提升多区域协同调度提供了收敛性和计算效率的保障[18]。

综上，分解协调算法在处理风电集群系统耦合约束时，无须借助复杂的启发式算法便可以求解出可行解，从而简化了原问题的计算，缩减迭代次数，达到“化繁为简”的效果。未来，将继续围绕模型复杂性并结合并行计算技术进一步提高分解协调的求解效率和收敛性。

1.6.2　基于 MPC 的优化求解效率分析

风电集群有功功率具有明显的非线性特征，如联络线汇集输出功率的非线性、电力系统潮流约束非线性等使得所建立的优化模型通常具有非凸性质。在单目标求解方面，文献[18]将基于 MPC 的单目标成本函数和约束数学模型转化为标准的二次规划(quadratic programming，QP)问题，并用成熟的商业软件求解。文献[19]应用 MPC 策略控制配备有储能系统的能量流，将跟踪网络节点之间的潮流计划问题转化为二次规划问题，使用 barrier 算法求解。进一步，双层 MPC 方法应用到微电网优化控制，上层基于未来功率谱的实时预测用于计算最优能量分配，优化问题的目标是使混合能源系统的运行成本最小化，将包含条件状态能量系统的非线性模型转化为非线性混合整数优化问题(nonlinear mixed integer optimization problem，NMIOP)；下层转化为功率调整的边值问题。进一步采用 MPC 框架自适应预测算法的权值。结果表明，该控制策略在计算可行性、准确性、鲁棒性和降低成本等方面均满足要求。

在多目标求解方面，基于多目标优化的 MPC 方案，在每个采样时间，基于时变的状态相关决策准则在帕累托(Pareto)最优解的集合中选择 MPC 动作。文献[20]提出一种包括系统损耗、超级电容电压、电池电流波动与电池内阻变化的多目标模型预测控制策略，将模糊控制-粒子群算法用于求解多目标函数权重系数。然而，粒子群算法(启发式算法)是一种基于直观或经验构造的算法，只能给出一个近似最优解，无法保证求得最优解。另外，启发式算法的寻优依赖于随机搜索，即使针对同一个问题，多次重复计算得到的解也未必是相同的，优化结果的可解释性和可重复性不高。因此，这类算法尚难以在实际的电力系统调度问题中实现在线应用。

参 考 文 献

[1] Ye L, Zhang C H, Xue H, et al. Study of assessment on capability of wind accommodation on regional power grids[J]. Renewable Energy, 2019, 133: 647-662.

[2] 舒印彪，张智刚，郭剑波，等. 新能源消纳关键因素分析及解决措施研究[J]. 中国电机工程学报，2017，37(1)：1-9.

[3] 路朋，叶林，汤涌，等. 基于模型预测控制的风电集群多时间尺度有功功率优化调度策略研究[J]. 中国电机工

程学报, 2019, 39(22)： 6572-6583.

[4] 路朋，叶林，裴铭，等. 风电集群有功功率模型预测协调控制策略[J]. 中国电机工程学报，2021，41(17)：5887-5900.

[5] 叶林，任成，李智，等. 风电场有功功率多目标分层递阶预测控制策略[J]. 中国电机工程学报，2016，36(23)：6327-6336, 6597.

[6] Ye L, Zhao Y N, Zeng C, et al. Short-term wind power prediction based on spatial model[J]. Renewable Energy, 2017, 101: 1067-1074.

[7] Zhao H, Wu Q W, Guo Q L, et al. Distributed model predictive control of a wind farm for optimal active power control part Ⅱ: implementation with clustering-based piece-wise affine wind turbine model[J]. IEEE Transactions on Sustainable Energy, 2015, 6(3): 840-849.

[8] 叶林，李智，孙舶皓，等. 基于随机预测控制理论和功率波动相关性的风电集群优化调度[J]. 中国电机工程学报, 2018, 38(11)： 3172-3183.

[9] 仲悟之, 李梓锋, 肖洋, 等. 高渗透联网风电集群有功分层递阶控制策略[J]. 电网技术, 2018, 42(6)： 1868-1875.

[10] El-Baklish S K, El-Badawy A A, Frison G, et al. Nonlinear model predictive pitch control of aero-elastic wind turbine blades[J]. Renewable Energy, 2020, 161: 777-791.

[11] Ye L, Zhang C H, Tang Y, et al. Hierarchical model predictive control strategy based on dynamic active power dispatch for wind power cluster integration[J]. IEEE Transactions on Power Systems, 2019, 34(6): 4617-4629.

[12] 叶林，张慈杭，汤涌，等. 多时空尺度协调的风电集群有功分层预测控制方法[J]. 中国电机工程学报，2018，38(13): 3767-3780,4018.

[13] 孙舶皓，汤涌，叶林，等. 基于分层分布式模型预测控制的多时空尺度协调风电集群综合频率控制策略[J]. 中国电机工程学报, 2019, 39(1): 155-167, 330.

[14] Kou P, Liang D L, Yu L B, et al. Nonlinear model predictive control of wind farm for system frequency support[J]. IEEE Transactions on Power Systems, 2019, 34(5): 3547-3561.

[15] 孙舶皓，汤涌，叶林，等. 基于分布式模型预测控制的包含大规模风电集群互联系统超前频率控制策略[J]. 中国电机工程学报, 2017, 37(21)： 6291-6302.

[16] 叶林，陈超宇，张慈杭，等. 基于分布式模型预测控制的风电场参与 AGC 控制方法[J]. 电网技术, 2019, 43(9)：3261-3270.

[17] 孙舶皓，汤涌，叶林，等. 基于随机分层分布式模型预测控制的风电集群频率控制规划方法[J]. 中国电机工程学报, 2019, 39(20): 5903-5914, 6171.

[18] Zhang Y, Wang J X, Zeng B, et al. Chance-constrained two-stage unit commitment under uncertain load and wind power output using bilinear benders decomposition[J]. IEEE Transactions on Power Systems, 2017, 32(5): 3637-3647.

[19] Di G A, Liberati F, Lanna A, et al. Model predictive control of energy storage systems for power tracking and shaving in distribution grids[J]. IEEE Transactions on Sustainable Energy, 2017, 8(2): 496-504.

[20] 林泓涛, 姜久春, 贾志东, 等. 权重系数自适应调整的混合储能系统多目标模型预测控制[J]. 中国电机工程学报, 2018, 38(18): 5538-5547.

第2章 时空相关性的风电场/集群超短期功率组合预测方法

2.1 引言

风能是可再生能源，在缓解传统能源危机、减少环境污染等方面发挥着至关重要的作用。近十年来，风电开发受到各国大力鼓励，其发电量逐年增加。尤其在中国，风电装机容量累年高速增加。一方面，大规模风电并网发电为用户侧提供可持续供应能源的潜力；另一方面，风电的波动性会导致功率不平衡和运行稳定性问题，严重时会威胁到大电网的运行安全[1]。风电功率预测可以提供前瞻信息，在为调控机构提供决策信息方面起着重要决策作用。因此，开发强大而有效的风电功率预测模型对于确保电力系统的安全运行和提高风电并入规模至关重要[2]。

超短期风电功率常采用时间序列预测模型，本质上是一种历史时间序列与未来时间序列的自回归统计模型，在应用到风电功率预测领域时则反映为用过去若干风电功率线性或者非线性特征来外推未来风电功率，即获得未来时段的风电功率预测值[3]。在这种理论指导下，研究人员建立了很多风电场/集群功率预测模型，其目的是给电力调度机构提供可靠的预测信息，供其制定未来一段时间的调度计划。风电场级别的功率预测主要考虑运营商的效益，提升预测精度可以避免调度机构因误差过大而面临的处罚，风电集群级别的功率主要考虑风电送出通道安全问题，关系到整个大电网的安全。目前，所有并网的风电场均要求安装风电功率预测系统，并按要求上报预测信息，但在天气突变时，或者在大风期，功率预测误差普遍超过规范的要求，这给风电厂商和调度机构带来不小的压力[4]。

因此，有必要对风电场和风电集群功率进行预测，以提升风电厂商运行效益和规避电力系统运行安全隐患。本章通过对风电场和风电集群的时序功率进行分析，在风电场级别提出“数据预处理-预测模型-优化算法”的组合模式，构建基于核函数转换机制的风电场超短期功率预测模型，采用非线性距离相关系数分析风电功率与数值天气预报(NWP)数据之间的非线性相关性，筛选出对输出功率影响最大的气象因素，采用自适应噪声完全集成经验模态分解技术对风电功率进行分解，消除数据中的噪声，根据权重排列熵值的大小，将分解后的风电功率重构为新的序列。基于此，将新的序列和关键气象因素构造成新的输入变量，利用改进的算法优化基于核函数转换机制的预测模型，从而实现风电场超短期功率预测。在风电集群级别，拓展风电场级别的预测模型输出通道，改变原有一次仅能输出单个风电场预测结果的模式，利用预测通道扩展技术，使其可以实现风电集群内各个风电场功率的同时预测。

2.1.1 风电场/集群超短期有功功率预测的新要求

根据电力系统现有的风电功率预测规范，将风电功率预测分为超短期预测、短期预测和中长期预测，其中，超短期预测时间尺度为未来 0～4h，短期预测时间尺度为次日零点起至未来 3 天，短期预测又可细分为日前一天、日前两天、日前三天预测，其中日前一天预测时间尺度为次日零时起未来 24h。在此，为方便表述，后文研究所述日前预测均指日前一天预测。图 2-1 展示的风电功率预测时间尺度与调度的关系，基于风电功率预测信息，结合 AGC 机组制定短期调度计划、日前调度计划、日内滚动计划、实时调度计划和 AGC 环节，关于常规机组的调度计划可以参见文献[5]，风电短期调度计划主要侧重检修以及市场交易，日前调度计划主要侧重日前风电输出功率情况，日内滚动计划和实时调度计划侧重风电场/集群有功功率分配，AGC 环节侧重场站间的指令控制。

图 2-1 表明，随着高比例风电并入大电网，以预测信息为支撑的含风电电力系统调控将会面临严峻挑战，对风电功率预测技术提出如下要求。

(1) 风电场级别功率预测。风电场级别的功率预测可以视为最小单元预测对象，从风电厂商的角度出发，风电功率预测信息是提升经营效益的基础信息，风电厂商将风电功率预测信息上报给调度机构，之后获得发电计划曲线，并严格跟踪计划曲线，一旦功率预测误差偏大，还会出现输出功率超过计划曲线的情况，风电厂商面临成本处罚。由于当前风电场功率预测多采用物理和统计的组合方法，对风电场输出功率进行预测时，面临预测误差偏大以及无法处理分解功率信号等缺点，从风电厂商收益最大化角度出发，新的风电场功率预测方法需要包含能够处理功率分解信号的技术，无论面对平稳功率还是波动功率，均能给出满足调度的预测信息[6]。然而，当前的风电场级别的功率预测仍无法满足上述的需求。

(2) 风电集群级别功率预测。目前，我国已经形成若干装机容量大、并网集中程度高的千万千瓦级别的风电基地，相比于单个风电场功率预测，风电集群功率预测在同等预测误差指标下的误差绝对值偏差大，风速变化非平稳时，尤其在超短期范围内风速的大幅度波动引发功率的陡然上升或下降时，就造成了调度机构在应对风电集群并网时，输电通道面临安全隐患[7]。在既要提高风电消纳又要保证电力系统安全运行的前提下，风电集群功率预测扮演着重要角色。现有方法中，一方面，缺乏对于区域内各个风电场之间的时间相关性和空间相关性进行时空关联信息的挖掘，致使预测误差整体偏大；另一方面，在同时预测各个风电功率，之后累计相加的计算方法下，对风电集群功率预测模型的计算效率提出了更高要求[8]。因此，有必要在现有风电集群预测方法上开展考虑时空信息相关性的功率预测研究。

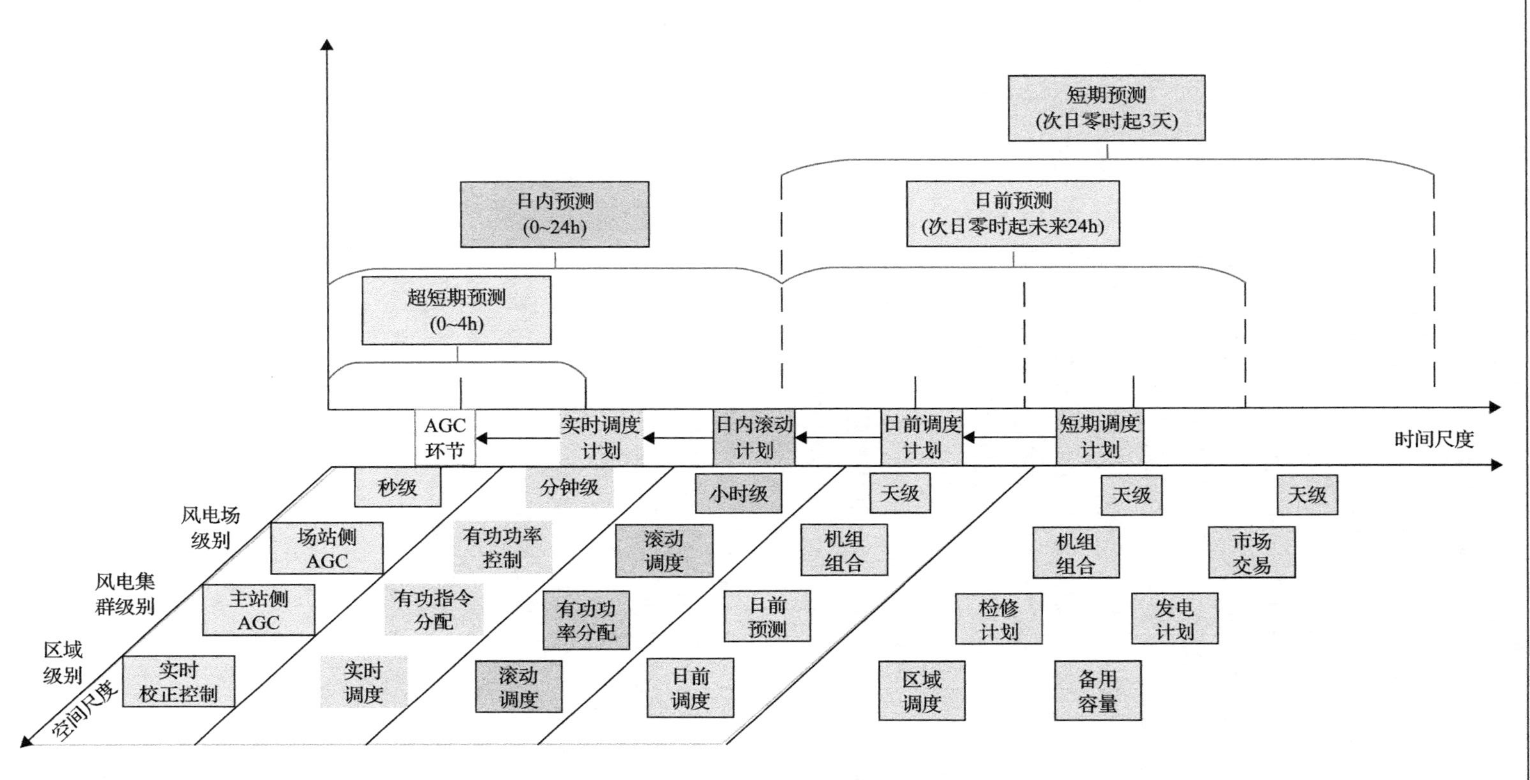

图2-1　风电功率预测时间尺度与调度的关系图

2.1.2 当前风电场/集群超短期有功功率预测的局限性

无论是风电场级别还是风电集群级别的超短期功率预测，其预测结果精度均对电力系统调控至关重要，一个区域中，风电场的数量少则几个多则数十个乃至上百个。气象因素对风电输出功率有着重要影响，因此，风电场的输出功率或者风电集群的输出功率的间歇性和随机性显著，由此造成的不确定性给电力系统运行带来隐患，为了降低不确定性，提高风电功率预测精度成为切实可行的方法之一[9]。然而，现有功率预测方法在应对风电场/集群超短期功率预测时面临如下问题：在风电场方面，常常采用组合预测模型，遵循着“数据预处理+预测模型+参数优化+误差后处理”的组合建模思路，在每一个环节通过引入新的处理手段或者优化技术构建组合预测模型，其中建立预测模型和选择参数优化方法对于提升预测精度起着重要作用[10]。然而，在建立上述组合预测模型时，常常忽略风电功率时间序列对预测模型自身的影响，选择参数优化技术时，往往仅依靠经验，致使预测精度难以满足要求。在风电集群方面，常常采用两种升尺度模式对风电集群功率进行预测，一种升尺度是对区域内各个风电场先进行功率预测，然后将各个风电场预测值相加，组成风电集群功率预测值，另外一种升尺度是在一个风电集群区域内，通过数值天气预报信息，结合风电集群功率历史信息，预测未来风电集群功率。第一种模式由于预测模型对各个风电场数据很敏感，同一个预测模型分别预测各个风电场会出现有的风电场预测精度低，有的风电场预测精度高的问题，若将各个风电场功率预测相加，总的预测精度会偏低，第二种模式由于缺乏对于区域数值天气预报中时空关联信息的挖掘，预测误差整体偏大。为了提高风电场/集群功率超短期预测精度，组合预测模型成为最有潜能的方法[11]。然而，基于组合预测理论的风电场/集群功率预测仍面临如下迫切需要解决的问题。

(1)如何建立适应不同数据特性的风电场功率预测组合模型。数据分解是目前最常使用的分析风电功率的技术之一，依据分解指标将风电功率分解为不同频率段的功率信号，然后针对不同频率段功率信号建立预测模型，最后将各个频率预测信号相加，计算出最终的风电功率组合预测值。然而，在这一类型组合预测模型构建中，常常使用同一个预测模型分别预测不同频率的分解信号，忽略了不同分解功率信号的特性，使得预测结果偏差较大，尤其是在使用带有核函数的预测模型时，现有的研究中，仅用一种核函数预测模型分别去预测不同频率的风电功率信号，由于核函数种类复杂以及每种核函数预测性能差异性大，在充分考虑不同功率分解信号频率特性的同时挖掘核函数的特性，实现风电场功率超短期预测，是保障场站调控顺利进行的重要决策。

(2)如何构建适用于风电集群级别超短期功率预测的模型。在区域风电集群接入大电网时，需要整个风电集群提供功率预测信息，提前制定调度策略以保障风电送出通道安全运行。区别于单个风电场超短期功率预测，风电集群功率预测需要考虑以下两方面：一是在现行预测框架下，使用同一个预测模型分别预测不同风电场功率，产生的预测结果难以满足集群调控要求，计算效率难以满足仿真要求；二是考虑风电集群内各个场站之间的时空相关性，利用风电功率过去与未来之间的时间相关性以及各个风电场之间的空间相关性。因此，如何在保障预测精度的前提下，构建一种包含风电集群内部各个风电场时空信息挖掘的预测模型，是保障大电网在应对间歇性风电注入时的重要支撑手段。

2.1.3　本章研究内容

为了实现风电场和风电集群有功功率超短期预测，本章主要聚焦于基于组合理论的风电场/集群有功功率超短期预测模型方法，具体研究工作如下。

首先，提出基于核函数转换机制的风电场超短期功率预测方法。风电场超短期功率预测方法目前还没有一个完整的范式表达式，一般可以归纳为物理方法、统计方法和组合方法，每一种方法都有各自的优缺点。为了扩展现有组合理论，本章提出“数据预处理-预测模型-优化算法”的组合模式，具体包括非线性数据分析、数据分解重构和参数优化，以提高超短期风电功率预测的准确性。采用非线性距离相关系数分析风电功率与数值天气预报数据之间的非线性相关性，筛选出对输出功率影响最大的气象因素，采用自适应噪声完全集成经验模态分解技术对风电功率进行分解，消除数据中的噪声，根据权重排列熵值的大小，将分解后的风电功率重构为新的序列。通过上述方法，改进后的优化算法能够很好地实现以新序列和关键气象因素为输入量的基于核函数变换的风电场超短期功率预测。

其次，提出了时空信息相依的风电集群超短期功率预测方法。基于风电场级别预测模型，在分析风电集群功率时空信息的基础上，将风电场级别的预测模型进行拓展，改变原有一次仅能输出单个风电场预测结果的模式，利用预测通道扩展技术，使其可以实现风电集群内各个风电场功率同时预测。

最后，以西北某省和冀北地区实际风电场/集群有功功率数据为实验样本，验证非线性相关性分析和数据分解和重构结果，证明核函数转换机制方法对于提高风电场功率预测精度的有效性，随后，还测试了风电集群超短期功率预测效果，证明了考虑风电功率时空相关性对于提升风电集群功率预测的使用价值，以及预测通道拓展技术对于风电集群功率预测的重要意义。

2.2　风电场/集群超短期功率组合预测方法

在组合理论的指导下，本节拓展现有理论体系，提出一种包括非线性数据分析、数据分解和重建以及预测模型参数优化的组合预测方法，其中，组合策略采用不同形式的预测模型等权重策略。风电输出功率与历史风电功率与 NWP 数据具有强烈的相关性，分析历史风电功率和 NWP 数据之间的非线性相关性对确定输入变量的最佳数量至关重要。首先，引入距离相关系数分析风电场输出功率、NWP 数据之间的关联特性以及非线性相关性，进而筛选出影响风电场输出功率的关键气象因素，摒弃非关键气象因素。然后，分析风电功率的频域特性，基于“时频分解”思想，建立基于风电功率自适应噪声的完整集合经验模态分解模型，将时域上的单条风电功率曲线分解到频域空间的若干条曲线，进一步，在频域空间引入权重排列熵，分析每一条分解的功率曲线时序复杂性，将熵值相似的功率曲线重构为新的子序列，从而减少分解功率曲线过多带来的数据冗余性。最后，提出基于核函数转换机制的风电场有功功率预测模型，以往研究中，核函数是凭借经验选择的，当面临不同样本数据时，可能造成预测结果可靠性不高，为此，以数据特性为基准，不同数据选择不同的核函数，从而提升预测精度，为了保证预测结果的可靠性，采用改进智能优化算法预测模型的关键参数，从而提升了组合预测模型的精度和结果的可靠性。

2.2.1　非线性数据预处理策略

1) 风电功率数据的时间特性分析

风电功率时间相关性信息体现在历史风电功率变量对未来风电功率的影响，即基于时间序列的预测本质上是数据线性或者非线性外推的一种表现，而决定功率预测精度的必要条件之一就是确定输入变量个数相对于输出变量个数的多少。因此，可以选择时间序列分析技术——偏自相关函数[12]，事实上，该技术首先用于确定自回归(AR)模型的阶数，当偏自相关函数计算得出功率时间序列的滞后项(阶数)之后，也就确定了历史功率变量的个数，具体公式如下：

$$p_j = \theta_{k1} p_{j-1} + \cdots + \theta_{k(k-1)} p_{j-k+1} + \theta_{kk} p_{j-k},\quad k = 1,2,\cdots \tag{2-1}$$

式中，p_j 为 j 时刻的功率值；θ_{kj} 为 k 阶滞后项的 j 时刻系数；θ_{kk} 为最后滞后项的系数。

采用矩阵形式表示可以获得尤尔-沃克(Yule-Walker)方程：

$$\begin{bmatrix} 1 & p_1 & p_2 & \cdots & p_{k-1} \\ p_1 & 1 & p_1 & \cdots & p_{k-2} \\ \vdots & \vdots & \vdots & & \vdots \\ p_{k-1} & p_{k-2} & p_{k-3} & \cdots & 1 \end{bmatrix} \begin{bmatrix} \theta_{k1} \\ \theta_{k2} \\ \vdots \\ \theta_{kk} \end{bmatrix} = \begin{bmatrix} p_1 \\ p_2 \\ \vdots \\ p_k \end{bmatrix} \tag{2-2}$$

式(2-2)可以简化为

$$P_k q_k = r_k \tag{2-3}$$

取特殊例子解释说明，当 k=1 时，求解得到

$$\theta_{11} = p_1 \tag{2-4}$$

当 k=2 时，求解得到

$$\theta_{22} = \frac{\begin{vmatrix} 1 & p_1 \\ p_1 & p_2 \end{vmatrix}}{\begin{vmatrix} 1 & p_1 \\ p_1 & 1 \end{vmatrix}} = \frac{p_2 - p_1^2}{1 - p_1^2} \tag{2-5}$$

当 k=3 时，求解得到

$$\theta_{33} = \frac{\begin{vmatrix} 1 & p_1 & p_1 \\ p_1 & 1 & p_2 \\ p_2 & p_1 & p_3 \end{vmatrix}}{\begin{vmatrix} 1 & p_1 & p_2 \\ p_1 & 1 & p_1 \\ p_2 & p_1 & 1 \end{vmatrix}} \tag{2-6}$$

式(2-4)～式(2-6)说明，θ_{kk} 为 k 阶滞后的函数，定义为偏自相关函数，用来衡量存在 $p_{t-1}, p_{t-2}, \cdots, p_{t-k+1}$ 时间序列时，p_t 与第 k 滞后项 p_{t-k} 时间序列的相关性，即 p_t 与 p_{t-k} 之间的相关程度。在风电功率预测领域，需要采集风电场历史功率数据对偏自相关函数值进行估计，不妨设 $p = (p_1, p_2, p_3, \cdots, p_n)$ 是实际运行风电场的历史功率值，则功率估计表达式如下：

$$\hat{\theta}_{kk} = \begin{cases} \hat{p}_1, & k = 1 \\ \dfrac{\hat{p}_k - \sum\limits_{j=1}^{k-1} \hat{\theta}_{k-1,j} \cdot \hat{p}_{k-j}}{1 - \sum\limits_{j=1}^{k-1} \hat{\theta}_{k-1,j} \cdot \hat{p}_j}, & k = 2,3,\cdots \end{cases} \tag{2-7}$$

式中，$\hat{\theta}_{k,j} = \hat{\theta}_{k-1,j} - \hat{\theta}_{kk} \cdot \hat{\theta}_{k-1,k-j}$。

通过偏自相关函数计算得出滞后项阶数 k，当 $k>K$ 时，即视作 K 步截尾，也就是 θ_{kk} 的值均可落在置信区间内，即可确定滞后项阶数。也可以通过偏自相关分析图观察截尾特性，如果滞后 k 阶的值不超过给定的置信区间，则置信区间

取为$(-2/\sqrt{n}, 2/\sqrt{n})$，其中$n$是功率样本数，即可视为滞后项阶数。

2)风电功率数据的空间特性分析

分析风电集群的空间信息对提高预测精度至关重要，研究其空间功率分布情况的变化规律是保障预测精度的首选任务，通过挖掘风电集群内各个风电场输出功率之间的关系，可以更好地为集群预测模型提供良好的数据[13]。分析空间特性一般从以下几个方面入手。

实体地理空间位置：区域风电场内包含若干风电场，而每个风电场所在地理位置各不相同，经纬度只能表明物理上的位置含义以及风电场所在地区的面积。

抽象数据空间位置：根据现实世界的地理信息数据，通过数字化表示或者符号化描述，使用计算分析软件，按照现实世界-虚拟世界之间的数据映射，分析风电集群在空间上的变化规律。

空间位置相关性：风电集群内各个风电场之间的输出功率线性相关或者非线性相关，通过分析彼此之间的相关性，可以观察空间相关性在数值上的变化，观测输出功率强弱情况，为制定调控策略提供支持。

在描述多个风电场彼此间输出功率的空间相关性时，常采用如下技术，如皮尔逊相关系数法[14]、斯皮尔曼相关系数法[15]和肯德尔秩相关系数法[16]，这些方法用线性空间相关性描述，事实上，大部分实际风电系统往往是非线性系统，如果采用线性定量分析，往往会给制定的策略带来偏差。

皮尔逊相关系数定义为两个变量的协方差和其标准偏差乘积的商。通用表示公式如下[17]：

$$\rho_{x,y} = \frac{\mathrm{Cov}(x,y)}{\sigma_x \sigma_y} \tag{2-8}$$

式中，$\rho_{x,y}$为样本x与y之间的皮尔逊相关系数；$\mathrm{Cov}(\cdot)$为协方差；σ_x为样本x的标准偏差；σ_y为样本y的标准偏差。

$$\mathrm{Cov}(x,y) = E[(X-\mu_x)(Y-\mu_y)] \tag{2-9}$$

式中，μ_x为样本x的平均值；μ_y为样本y的平均值；E为样本的期望。

因此，式(2-8)也可以简化为

$$\rho_{x,y} = \frac{E[(X-\mu_x)(Y-\mu_y)]}{\sigma_x \sigma_y} \tag{2-10}$$

式(2-10)也可以采用非中心距表示：

$$\begin{cases} \mu_x = E(x) \\ \mu_y = E(y) \\ \sigma_x^2 = E[x - E(x)^2] = E(x^2) - [E(x)]^2 \\ \sigma_y^2 = E[y - E(y)^2] = E(y^2) - [E(y)]^2 \end{cases} \tag{2-11}$$

$$\begin{aligned} E[(X-\mu_x)(Y-\mu_y)] &= E[(x - E[x])(y - E[y])] \\ &= E(xy) - E(x)E(y) \end{aligned} \tag{2-12}$$

因此，皮尔逊相关系数可以用式(2-13)表示：

$$\rho_{x,y} = \frac{E(xy) - E(x)E(y)}{\sqrt{E(x^2) - [E(x)]^2}\sqrt{E(y^2) - [E(y)]^2}} \tag{2-13}$$

式(2-13)表明，对于所选样本，如风电场间的输出功率样本，计算出的皮尔逊相关系数仅能表示线性相关。

斯皮尔曼相关系数定义为两个等级变量之间的皮尔逊相关系数，描述两组样本变量之间的相关性，具体公式表述如下[12]：

$$r_{\mathrm{s}} = \rho_{\mathrm{rg}_x,\mathrm{rg}_y} = \frac{\mathrm{Cov}(\mathrm{rg}_x, \mathrm{rg}_y)}{\sigma_{\mathrm{rg}_x}\sigma_{\mathrm{rg}_y}} \tag{2-14}$$

式中，rg_x 和 rg_y 分别为样本变量 x 和 y 的等级；$\rho_{\mathrm{rg}_x,\mathrm{rg}_y}$ 为皮尔逊相关系数，依然适用于等级变量；$\mathrm{Cov}(\mathrm{rg}_x,\mathrm{rg}_y)$ 为等级变量的协方差；σ_{rg_x} 和 σ_{rg_y} 为等级变量的标准偏差。

特殊地，仅当所有 n 个等级变量是不同的整数时，才可以使用式(2-15)进行计算：

$$r_{\mathrm{s}} = 1 - \frac{6\sum d_i^2}{n(n^2-1)} \tag{2-15}$$

式中，$d_i^2 = \mathrm{rg}(x_i) - \mathrm{rg}(y_i)$ 为每一个观察样本两个等级变量之间的差异；n 为观察样本的数量。

肯德尔秩相关系数定义：在统计学中，肯德尔秩相关系数称为肯德尔 τ 系数，被用于表征两个样本量之间的序数关联的统计量[16]。在使用该系数时，当每个统计量排序时，可以度量排序在数据方面的相似性。从数据统计的角度说，当选用的样本实际值具有相似(或相关性为 1)的等级时，两组样本变量之间肯德尔秩相关性最高，反之亦然。

假设$(x_1, y_1),\cdots,(x_n, y_n)$是随机变量$x$和$y$的一组实际观测值，这些值($x_i$和$y_i$)都具有唯一性，任何一对变量$(x_i, y_i)$和$(x_j, y_j)$，在$i < j$的条件下，如果两者中的$x_i > x_j$、$y_i > y_j$或者$x_i < x_j$、$y_i < y_j$，则可以称之为一致。

两个样本之间的肯德尔秩相关系数为

$$\tau = \frac{n_c - n_d}{\begin{pmatrix} n \\ 2 \end{pmatrix}} \tag{2-16}$$

式中，n_c为同序对的数量；n_d为异序对的数量；$\begin{pmatrix} n \\ 2 \end{pmatrix} = \frac{n(n-1)}{2}$为总对数。

式(2-16)表明，如果随机变量x和y在排名上相同，计算值$\tau = 1$，表明x和y正相关；如果随机变量x和y在排名上相反，计算值$\tau = -1$，表明x和y负相关；如果随机变量x和y在排名上完全独立，计算值$\tau = 0$，表明x和y不相关。

距离相关系数定义[17]：基于统计原理，距离相关性可以表征任意维度的两个成对随机变量之间的相关性，当且仅当随机变量完全独立时，总体距离相关系数为零。因此，距离相关性可以表征两个随机变量之间的非线性关联，这与线性相关性的表示方法形成了鲜明对比。

假设$(x_k, y_k)(k=1,2,\cdots,n)$是样本风电功率，计算包含所有成对距离的$n \times n$距离矩阵$a_{j,k}$和$b_{j,k}$，计算公式如下：

$$\begin{cases} a_{j,k} = \left\| x_j - x_k \right\| \\ b_{j,k} = \left\| y_j - y_k \right\| \end{cases} \tag{2-17}$$

式中，$\|\cdot\|$表示欧几里得范数。

风电功率中所有双中心距离表示如下：

$$\begin{cases} A_{j,k} = a_{j,k} - \overline{a}_{j.} - \overline{a}_{.k} + \overline{a}_{..}, \\ B_{j,k} = b_{j,k} - \overline{b}_{j.} - \overline{b}_{.k} + \overline{b}_{..}, \end{cases} \tag{2-18}$$

式中，$\overline{a}_{j.}$、$\overline{b}_{j.}$为第j行的平均值；$\overline{a}_{.k}$、$\overline{b}_{.k}$为第k列的平均值；$\overline{a}_{..}$、$\overline{b}_{..}$为样本的距离矩阵的总平均值。在中心距离矩阵$A_{j,k}$和$B_{j,k}$中，所有行与列相加为 0，距离协方差可以表示如下：

$$\mathrm{dCov}_n^2(x,y)=\frac{1}{n^2}\sum_{j=1}^{n}\sum_{k=1}^{n}A_{j,k}B_{j,k} \tag{2-19}$$

距离协方差总体值定义方式如下：设 X 为概率分布为 μ 的 p 维欧几里得空间中的随机变量，Y 为概率分布为 v 的 q 维欧几里得空间中的随机变量，不妨设 X 和 Y 符合有限期望，具体公式如下：

$$\begin{cases} a_\mu(X):=E\left[\|X-X'\|\right] \\ D(\mu):=E\left[a_\mu(X)\right] \\ d_\mu(X,X'):=\|X-X'\|-a_\mu(X)-a_\mu(X')+D(\mu) \end{cases} \tag{2-20}$$

因此，距离协方差可以表示为

$$\mathrm{dCov}_n^2(X,Y):=E[d_\mu(X,X')d_v(Y,Y')] \tag{2-21}$$

也可以写成式(2-22)：

$$\begin{aligned}\mathrm{dCov}^2(X,Y):=&E\left[\|X-X'\|\|Y-Y'\|\right]\\&+E\left[\|X-X'\|\right]E\left[\|Y-Y'\|\right]\\&-2E\left[\|X-X'\|\|Y-Y'\|\right]\end{aligned} \tag{2-22}$$

式中，E 为期望值；(X,Y)、(X',Y') 具有独立同分布。

距离相关性的通用公式可以用式(2-23)表示：

$$\mathrm{dCor}(X,Y)=\frac{\mathrm{dCov}(X,Y)}{\sqrt{\mathrm{dVar}(X)\mathrm{dVar}(Y)}} \tag{2-23}$$

式中，Var 表示求方差。

3) 风电功率数据非线性分解

经验模态分解(empirical mode decomposition, EMD)在处理非平稳及非线性数据上具有非常明显的优势，尤其是针对可再生能源的随机性和波动性特征[18]。经验模态分解依据数据自身的时间尺度特征来进行信号分解，可以得到有限个数的本征模态函数(intrinsic mode function，IMF)，它们都包含了原信号的不同时间尺度的局部特征信号。对大量历史数据进行经验模态分解可以提取可再生能源随机变化中的一些典型特征，在概率预测的过程中结合这些典型特征对历史数据进行判定，得出可再生能源的变化趋势，以此进行超短期概率预测[19]。

经验模态分解作为风电功率预测领域的数据预处理技术，可以分解非线性和不稳定的风电功率时间序列，并且当满足时间序列稳定条件时，可以获得分解结果。由于风电功率时间序列在分解中会产生一些复杂的模态混叠，即相邻的 IMF 在波形上相似，造成难以区分的现象[20]，因此，本节提出具有自适应噪声的完备经验模态分解(complete ensemble empirical mode decomposition with adaptive noise，CEEMDAN)技术，可以进一步减小模态效应。将风电功率 $P(t)$ 添加 i 次白噪声，构造分解系列 P_i：

$$P_i = P(t) + \varepsilon_0 \omega_i(t) \tag{2-24}$$

式中，ε_0 为白噪声的标准表示；$\omega_i(t)$ 为满足标准正态分布的高斯白噪声信号。

第一个 IMF 可以由式(2-25)表示：

$$\mathrm{IMF}_1'(t) = \frac{1}{I}\sum_{i=1}^{I}\mathrm{IMF}_1^i \tag{2-25}$$

第一个残差信号由原始风电功率与第一个 IMF 值相减，数学公式如下表示：

$$r_1(t) = P(t) - \mathrm{IMF}_1'(t) \tag{2-26}$$

第二个 IMF 可以由式(2-27)表示：

$$\mathrm{IMF}_2'(t) = \frac{1}{I}\sum_{i=1}^{I}E_1\{[r_1(t)] + \varepsilon_0 E_1[\omega_i(t)]\} \tag{2-27}$$

以此类推，第 k 个残差值的数学公式如下：

$$r_k(t) = r_{k-1}(t) - \mathrm{IMF}_k'(t),\quad k = 2,3,\cdots,K \tag{2-28}$$

式中，K 为本征模态分量个数。

第 k+1 个 IMF 可以由式(2-29)表示：

$$\mathrm{IMF}_{k+1}'(t) = \frac{1}{I}\sum_{i=1}^{I}E_k\{[r_k(t)] + \varepsilon_k E_k[\omega_i(t)]\} \tag{2-29}$$

重复以上过程。当残差变为一个单调函数时，表明风电功率的 IMF 无法再进行分解，这时风电功率 $P(t)$ 表示为

$$P(t) = \sum_{k=1}^{K}\mathrm{IMF}_k + r_k(t) \tag{2-30}$$

式(2-30)表明，原始风电功率信息可以由若干个被分解的 IMF 信号和一个残差信息表征，当风电功率预测结果无法满足要求时，可以不用直接预测原始功率曲线，而是通过预测分解的信号和残差信号，从而间接实现功率预测。

4) 分解数据复杂性度量

原始风电功率被分解后，生成若干个分解信号，理想情况下，分解的信号的频率特性以及曲线波形图各不相同。然而，以往的研究中，EMD 方法处理这些信号时，没有分析各个分解信号的复杂度，这就导致在预测环节消耗过多的计算资源。为了定量分析各个分解信号的复杂度，引入权重排列熵（weight permutation entropy，WPE）方法分析分解信号和残差信号的复杂性[21]。假设分解后的风电序列信号为 $\mathrm{IMF}_j^m=\left\{\mathrm{imf}_j,\mathrm{imf}_{j+1},\cdots,\mathrm{imf}_{j+m-1}\right\}$，其中 m 为嵌入维数，时间间隔为 σ，以 N 个样本点进行相空间重构，计算公式如下：

$$Y=\begin{bmatrix}\mathrm{IMF}(1)\\\mathrm{IMF}(2)\\\vdots\\\mathrm{IMF}(j)\\\vdots\\\mathrm{IMF}(K)\end{bmatrix}=\begin{bmatrix}\mathrm{imf}(1) & \mathrm{imf}(1+\sigma) & \cdots & \mathrm{imf}(1+(m-1)\sigma)\\\mathrm{imf}(2) & \mathrm{imf}(2+\sigma) & \cdots & \mathrm{imf}(2+(m-1)\sigma)\\\vdots & \vdots & & \vdots\\\mathrm{imf}(j) & \mathrm{imf}(j+\sigma) & \cdots & \mathrm{imf}(j+(m-1)\sigma)\\\vdots & \vdots & & \vdots\\\mathrm{imf}(K) & \mathrm{imf}(K+\sigma) & \cdots & \mathrm{imf}(K+(m-1)\sigma)\end{bmatrix} \tag{2-31}$$

式中，$K=N-(m-1)$；Y 为分解信号 IMF 序列的矩阵。

构建全零矩阵：设 $M_{1\times K}$ 和 $C_{1\times m!}$ 分别为全零矩阵：

$$M=[m(1),m(2),\cdots,m(K)] \tag{2-32}$$

$$C=[c(1),c(2),\cdots,c(m!)] \tag{2-33}$$

设分解信号 IMF 的长度为 m，按照排列序号组合的方式共有 $m!$ 种。则对应的向量表示为

$$W=[w(1),w(2),\cdots,w(m!)] \tag{2-34}$$

升序组合：分解后的风电功率信号 IMF(i) 按照升序排列方式重新构造各个元素：

$$\mathrm{imf}(i+(j_1-1)\sigma)\leqslant\mathrm{imf}(i+(j_2-1)\sigma)\leqslant\cdots\leqslant\mathrm{imf}(i+(j_m-1)\sigma) \tag{2-35}$$

并得到向量中各元素位置的列索引，构成一组符号序列：$S=\{j_1,j_2,\cdots,j_m\}$。

如果 $\mathrm{imf}(i+(j_{i_1}-1)\sigma)=\mathrm{imf}(i+(j_{i_2}-1)\sigma)$，则依照 j 的升序排列，如果 $i_1<i_2$，则依照 $\mathrm{imf}(i+(j_{i_1}-1)\sigma)<\mathrm{imf}(i+(j_{i_2}-1)\sigma)$ 排列。

排序：对式 (2-35) 中重构的信号进行排序，依照一个重构信号对应一种排序方式，直至遍历 IMF(i) 所有信息，如果重构的信号 IMF(i) 排序和 W 中的 $w(j)$ 相同，则以均值的方式更新全零矩阵 $M_{1\times K}$ 和 $C_{1\times m!}$，计算公式如下：

$$\begin{cases} m(i) = \text{mean}\left\{\text{IMF}(i) - \text{mean}\left[\text{IMF}(i)\right]^2\right\} \\ c(j) = c(j) + m(i) \end{cases} \tag{2-36}$$

式中，mean 表示求均值。

按照此方式更新两个全零矩阵后，原来矩阵已经不全为零。特殊地，由于风电功率的间歇性和不确定性，产生了若干个重构向量的升序组合方式可能和同一个排序方式相同，这就造成了矩阵 $C_{1\times m!}$ 包含零元素信息。

摒弃零元素：在出现零元素的矩阵 $C_{1\times m!}$ 中，摒弃零元素，在前述顺序的基础上重新编号获得新的矩阵：

$$C' = [c'(1), c'(2), \cdots, c'(l)] \tag{2-37}$$

式中，$l \leqslant m!$。

计算概率：由式(2-37)可知，共计有 l 种排序，每一种排序出现的概率计算如下：

$$P = \left[P_1 = \frac{c'(1)}{\text{sum}(M)}, P_2 = \frac{c'(2)}{\text{sum}(M)}, \cdots, P_l = \frac{c'(l)}{\text{sum}(M)}\right] \tag{2-38}$$

式中，$\text{sum}(M)=m(1)+m(2)+\cdots+m(K)$。

则分解后的风电功率信号 $\text{IMF}(j)$ 权重排列熵计算公式如下：

$$H_{\text{p}}(m) = -\sum_{i=1}^{l} P_i \ln P_i \tag{2-39}$$

归一化处理：式(2-39)中的权重排列熵 $H_{\text{p}}(m)$ 可以采用 $\ln(m!)$ 归一化，从而得到最终的权重排列熵值：

$$H_{\text{p}} = H_{\text{p}}(m)/\ln(m!) \tag{2-40}$$

由式(2-40)可知，分解信号子序列样本的均值被引入排序方式，计算所得的概率不仅由序列顺序决定，而且还加入了分解信号均值大小的影响，可以更好地表征信号的复杂性。

2.2.2 核函数转换的风电场功率预测模型

风电场级别的功率预测，尤其时间尺度限定在超短期时，需要考虑历史功率序列对滞后项(未来功率)的影响，在众多已建立的预测模型中，支持向量机预测模型由于在处理非线性拟合方面具有优越的性能[22]，被越来越多的学者认可。使用该模型时，其本质上是应用的回归原理。基本原理可以表述为：假设存在一维风电功率 $p = (p_1, p_2, p_3, \cdots, p_n)^{\text{T}}$，该模型将风电功率通过核函数的方式从低维空间映射到高维空间，之后，在高维空间采用线性手段表征低维空间的非线性问题，定义决策函数如下：

$$f(p)=[\omega,\varphi(p)]+b \tag{2-41}$$

式中，$f(\cdot)$ 为输出风电功率；ω 为权重；b 为偏差，是一个非线性映射函数；$\varphi(p)$ 为非线性映射函数，将实验样本映射到高维特征空间。

使用结构化最小原理求解式(2-41)中的 ω 和 b，此过程可以看作优化过程，满足如下条件：

$$\begin{aligned}&\min_{\omega,\xi_i}\frac{1}{2}\omega^{\mathrm{T}}\omega+C\cdot\frac{1}{l}\sum_{i=1}^{l}(\xi_i+\xi_i^*)\\&\text{s.t.}\begin{cases}\omega\cdot c_i+b_i-p_i\leqslant\varepsilon+\xi_i\\p_i-\omega\cdot c_i+b_i\leqslant\varepsilon+\xi_i^*\\\xi_i,\xi_i^*\geqslant 0,\quad i=1,2,\cdots,l\end{cases}\end{aligned} \tag{2-42}$$

式中，ξ_i 和 ξ_i^* 为上下松弛变量；C 为误差的惩罚参数；c_i 为 $\varphi(p)$ 的结果；b_i 为第 i 个偏差；p_i 为一维功率 p 内的元素；ε 为损失函数因子。

式(2-42)可以通过拉格朗日乘数进行求解，可以将有约束的优化问题转化为无约束的问题，求解公式如下：

$$L(\omega,b,\xi,\alpha)=\frac{1}{2}\|\omega\|_2+\frac{1}{2}C\sum_{i=1}^{l}\xi_i^2+\sum_{i=1}^{l}\alpha_i\left[\omega^{\mathrm{T}}\cdot\varphi(p_i)+b+\xi_i-p_i\right] \tag{2-43}$$

式中，α_i 为拉格朗日乘子。

根据 KKT (Karushe Kuhne Tucker) 条件，将上述优化问题转换为线性问题：

$$\begin{bmatrix}0 & 1 & \cdots & 1\\1 & K(p_1,p_1)+1/C & \cdots & K(p_1,p_1)\\\vdots & \vdots & & \vdots\\1 & K(p_l,p_1) & \cdots & K(p_l,p_1)+1/C\end{bmatrix}\begin{bmatrix}b\\\alpha_1\\\vdots\\\alpha_l\end{bmatrix}=\begin{bmatrix}0\\\tilde{p}_1\\\vdots\\\tilde{p}_l\end{bmatrix} \tag{2-44}$$

之后，该模型的回归问题可以用式(2-45)表示：

$$f(p)=\sum_{i=1}^{l}\alpha_i K(p,p_i)+b \tag{2-45}$$

式(2-45)是基本的支持向量机(SVM)模型，当用于风电功率预测时，本质上是一个回归问题。在训练阶段，该模型会遇到计算效率低的问题，为此，改变上述模型的部分结构，用于提升训练效率。SVM 和最小二乘支持向量机(least squares support vector machine，LSSVM)之间的区别在于目标函数，前者的目标函数可能出现负误差，采用不等式约束，而后者在目标函数中使用平方误差，避免出现负误差，并且采用等式约束[23]，具体数学表述如下：

$$
\begin{aligned}
&\min_{\omega,\xi}\ \frac{1}{2}\left(\omega^{\mathrm{T}}\omega+\gamma\sum_{i=1}^{N}\xi_i^2\right)\\
&\text{s.t.}\begin{cases}p_i=\omega^{\mathrm{T}}\varphi(x_i)+b+\xi_i\\ \gamma>0\\ i=1,2,\cdots,N\end{cases}
\end{aligned}
\tag{2-46}
$$

式中，γ为控制惩罚程度的正则化参数。

常规方法求解上面的目标函数很难，为此，引入拉格朗日乘数，转换求解思路，从而便于求解：

$$
L(\omega,b,\xi,\lambda)=\frac{1}{2}\omega^{\mathrm{T}}\omega+\gamma\sum_{i=1}^{t}\xi_i^2-\sum_{i=1}^{t}\lambda_i(\omega\varphi(S_i)+\xi_i+b-p_i)
\tag{2-47}
$$

式中，t为样本数；S_i为与预测量相关的影响因子；λ_i为拉格朗日乘子。

$$
\begin{cases}
\dfrac{\partial L}{\partial\omega}=0\to\omega=\displaystyle\sum_{i=1}^{N}\beta_i\varphi(x_i)\\
\dfrac{\partial L}{\partial b}=0\to\omega=\displaystyle\sum_{t=1}^{N}\lambda_i\\
\dfrac{\partial L}{\partial\xi_i}=0\to\beta_i=\gamma\xi_i\\
\dfrac{\partial L}{\partial\beta_i}=0\to\omega^{\mathrm{T}}\varphi(x_i)+b+\xi_i-p_i
\end{cases}
\tag{2-48}
$$

式(2-48)可以替换为

$$
\begin{pmatrix}0 & E^{\mathrm{T}}\\ E & \varOmega+\gamma^{-1}E\end{pmatrix}\begin{pmatrix}b\\ \beta\end{pmatrix}=\begin{pmatrix}0\\ p\end{pmatrix}
\tag{2-49}
$$

式中，$E=[1,1,\cdots,1]^{\mathrm{T}}$为单位向量；$\beta=[\beta_1,\beta_2,\cdots,\beta_N]^{\mathrm{T}}$和$b$为 LSSVM 的参数；$p=[p_1,p_2,\cdots,p_N]$为训练样本的输出风力。如果$\varPhi=\varPsi+2\gamma^{-1}$，$\varPsi_{ij}$为核函数对称矩阵，则式(2-49)可以表示为

$$
\begin{pmatrix}0 & E^{\mathrm{T}}\\ E & \varPhi\end{pmatrix}\begin{pmatrix}b\\ \beta\end{pmatrix}=\begin{pmatrix}0\\ p\end{pmatrix}
\tag{2-50}
$$

LSSVM 预测模型的样本训练过程可以通过求解式(2-50)确定，而模型中相应的参数可以写成式(2-51)、式(2-52)：

$$\begin{cases} \beta = \dfrac{E^{\mathrm{T}}\Phi^{-1}p}{E^{\mathrm{T}}\Phi^{-1}E} \\ b = \Phi^{-1}(P - E\cdot\beta) \end{cases} \tag{2-51}$$

$$\Phi = \begin{bmatrix} K(c_1,c_1)+\dfrac{1}{2\gamma} & K(c_1,c_2) & \cdots & K(c_1,c_N) \\ K(c_2,c_1) & K(c_2,c_2)+\dfrac{1}{2\gamma} & \cdots & K(c_2,c_N) \\ \vdots & \vdots & & \vdots \\ K(c_N,c_1) & K(c_N,c_2) & \cdots & K(c_N,c_N)+\dfrac{1}{2\gamma} \end{bmatrix}_{N\times N} \tag{2-52}$$

单个风电场功率预测模型可以写成如下表达式：

$$\begin{aligned} P^{\mathrm{pre}} &= \omega^{\mathrm{T}}\varphi(c_i)+b \\ &= \sum_{i=1}^{N}\beta_i K(c_i,c)+b \end{aligned} \tag{2-53}$$

以往研究中，核函数 $K(c_i,c)$ 是凭借经验选择的，当面临不同样本数据时就造成了预测结果可靠性不高，为此，本节提出核函数转换的预测模型，对于重建的风电数据集，根据权重排列熵值的大小使用性能不同的核函数，而不是使用默认的单个核函数。基于 LSSVM 的高斯核函数用于新的 $\mathrm{IMF_I}$ 子序列预测，基于 LSSVM 的径向基函数(radial basis function，RBF)用于新的 $\mathrm{IMF_{II}}$ 子序列预测，基于 LSSVM 的 Sigmoid 核函数用于新的 $\mathrm{IMF_{III}}$ 子序列预测，基于 LSSVM 的多项式核函数用于新的 $\mathrm{IMF_{IV}}$ 子序列预测，可以表示为[24]

$$K(c_i,c_j) = \begin{cases} \exp\left(-\dfrac{\left\|c_i - c_j\right\|^2}{\sigma^2}\right), & \mathrm{IMF_I} \\ \exp\left(-\dfrac{\left\|c_i - c_j\right\|^2}{2\sigma^2}\right), & \mathrm{IMF_{II}} \\ \tanh(a\cdot c_i\cdot c_j + r), & \mathrm{IMF_{III}} \\ (c_i\cdot c_j + r)^d, & \mathrm{IMF_{IV}} \end{cases} \tag{2-54}$$

式中，c_i 和 c_j 为第 i 和第 j 重构样本数据集；σ 为内核参数；a 为可调整参数的斜率；r 为常数项；d 为多项式内核函数的次数。

2.2.3 时空信息的风电集群功率预测模型

2.2.2 节介绍了在经典的 SVM 模型基础上，通过改变模型结构以及约束条件构建的风电场级别的预测模型，该模型用于风电功率预测时，仅能一次对单个风电场进行功率预测，无法同时输出多个风电场功率的预测值，不适合用于风电集群的功率预测。为此，本节基于 SVM 原理，在超球空间内引入损失函数因子 ε，通过扩展 Vapnik 的不敏感损失函数，将多个输出端口同时模型化，利用等权重法求解响应输出的对偶问题，从而实现多个风电场的功率预测。多输出 SVM(multioutput SVM，MSVM)与标准 SVM 的区别在于，MSVM 可以通过灵活的多输出结构解决多变量的风电功率预测问题。单个风电场功率预测模型可以简化为式(2-55)[25]：

$$\begin{cases} \min f(\omega,\xi) = \dfrac{1}{2}(\omega^{\mathrm{T}}\omega + \gamma\xi^{\mathrm{T}}\xi) \\ P^{\mathrm{pre}}(t+l) = \sum\limits_{i=1}^{N}(\omega_i \cdot K(z,z_i) + b_i) + \xi \end{cases} \tag{2-55}$$

式中，$f(\cdot,\cdot)$ 为风电场功率预测目标函数；$P^{\mathrm{pre}}(t+l)$ 为风电场功率预测值；z、z_i 为功率预测的输入特征。

在式(2-55)风电场功率预测模型基础上，考虑相同的模型输入条件，建立多输入变量到多输出变量的映射关系，即只需要建立一个 MSVM 即可输出多个预测值，具体的数学表示如下：

$$\begin{cases} P_1^{\mathrm{pre}}(t+l) = \sum\limits_{i=1}^{N}((\omega_0 + v_{1,i}) \cdot K(z,z_i) + b_{1,i}) \\ P_2^{\mathrm{pre}}(t+l) = \sum\limits_{i=1}^{N}((\omega_0 + v_{2,i}) \cdot K(z,z_i) + b_{2,i}) \\ P_3^{\mathrm{pre}}(t+l) = \sum\limits_{i=1}^{N}((\omega_0 + v_{3,i}) \cdot K(z,z_i) + b_{3,i}) \\ \qquad\vdots \\ P_M^{\mathrm{pre}}(t+l) = \sum\limits_{i=1}^{N}((\omega_0 + v_{M,i}) \cdot K(z,z_i) + b_{M,i}) \end{cases} \tag{2-56}$$

$$\omega_0 = \frac{\lambda}{M}\sum_{m=1}^{M} v_m \tag{2-57}$$

式中，$P_1^{\mathrm{pre}}(t+l)$、$P_2^{\mathrm{pre}}(t+l)$、$P_3^{\mathrm{pre}}(t+l)$ 和 $P_M^{\mathrm{pre}}(t+l)$ 为在时间 $t+l$ 的情况下，第

1 个、第 2 个、第 3 个和第 M 个输出变量预测值，即第 1～M 个风电场的功率预测值；$v_m=[v_{m,1},v_{m,2},v_{m,3},\cdots,v_{m,N}]$ 为第 m 个输出变量的权重系数；$v_{1,i},v_{2,i},v_{3,i},\cdots,v_{M,i}$ 和 $b_{1,i},b_{2,i},b_{3,i},\cdots,b_{M,i}$ 分别为第 i 个输入变量对第 1～M 个多输出变量的权重参数和偏差参数。

式(2-56)在满足最小化目标函数和约束条件下，可以搜寻权重向量 $V=(v_{1,i},v_{2,i},\cdots,v_{m,i},\cdots,v_{M,i})$ 和偏差向量 $B=(b_{1,i},b_{2,i},\cdots,b_{m,i},\cdots,b_{M,i})$，目标函数表述如下：

$$\min F(\omega_0,V,\xi)=\frac{1}{2}\left(\omega_0{}^{\mathrm{T}}\omega_0+\frac{\lambda}{M}V^{\mathrm{T}}V+\gamma\xi^{\mathrm{T}}\xi\right) \tag{2-58}$$

$$\text{s.t.}\begin{cases}P_1^{\text{pre}}(t+l)=\sum\limits_{i=1}^{N}((\omega_0+v_{1,i})\cdot K(z,z_i)+b_{1,i})+\xi_1\\ P_2^{\text{pre}}(t+l)=\sum\limits_{i=1}^{N}((\omega_0+v_{2,i})\cdot K(z,z_i)+b_{2,i})+\xi_2\\ \qquad\vdots\\ P_m^{\text{pre}}(t+l)=\sum\limits_{i=1}^{N}((\omega_0+v_{m,i})\cdot K(z,z_i)+b_{m,i})+\xi_m\\ \qquad\vdots\\ P_M^{\text{pre}}(t+l)=\sum\limits_{i=1}^{N}((\omega_0+v_{M,i})\cdot K(z,z_i)+b_{M,i})+\xi_M\end{cases} \tag{2-59}$$

式中，$F(\cdot,\cdot,\cdot)$ 为多输出功率预测模型的目标函数；$\xi=(\xi_1,\xi_2,\cdots,\xi_M)$ 为约束条件的松弛变量。

式(2-59)可以用一个线性矩阵方程组表述，具体数学公式如下：

$$\begin{bmatrix}S & 0\\ 0 & H\end{bmatrix}\begin{bmatrix}B\\ H^{-1}EB+\omega_0\end{bmatrix}=\begin{bmatrix}E^{\mathrm{T}}H^{-1}Y\\ P^{\text{pre}}\end{bmatrix} \tag{2-60}$$

$$S=E^{\mathrm{T}}H^{-1}E \tag{2-61}$$

$$H=\left[Z^{\mathrm{T}}Z,M,M\right]+\frac{1}{\gamma}I+\frac{M}{\lambda}Z^{\mathrm{T}}Z \tag{2-62}$$

式中，S 为一个正定矩阵；E 为 M 列单位矩阵；H 为变换矩阵；I 为 M 列 M 行单位矩阵；Z 为输入变量的矩阵；P^{pre} 为多输出矩阵，即多个风电场功率组成的矩阵，$P^{\text{pre}}=[P_1^{\text{pre}}(t+l),P_2^{\text{pre}}(t+l),\cdots,P_M^{\text{pre}}(t+l)]$。

MSVM 模型在选择参数时常常依靠优化技术，如梯度下降算法和共轭梯度算法，这些方法都易陷入局部最小值，使得全局解难以求出。也就是说，MSVM 模型不仅拥有更复杂的模型结构，而且参数也比标准 SVM 模型多得多，这意味着 MSVM 模型需要更复杂的技术来极大地提升模型的稳定性和泛化性。

2.2.4 预测模型参数优化算法与策略

预测模型参数的选择直接决定着预测精度，而风电场功率预测模型和风电集群功率预测模型的参数寻优则需要优化策略和算法，本节在基准启发式优化算法(布谷鸟搜索算法)的基础上优化求解参数[26,27]。布谷鸟的行为是：在不被发现的情况下，布谷鸟在别的巢产卵，如果被发现，就会再找别的巢产卵，以此周而复始，该行为可以被视为优化环节寻找全局最优解的迭代行为。在寻找最优解(最佳巢)方面，为了防止布谷鸟产的卵被破坏，采用若干策略，以规避被发现的可能，如模仿宿主产的蛋的颜色，选择不被发现的巢，如果引申到优化问题，即采用多种策略，规避陷入局部最优。优化算法的寻找能力可以用莱维飞行表示：

$$\begin{cases} X_{g+1,i} = X_{g,i} + \mu \otimes \text{levy}(\lambda) \\ \text{levy}(\lambda) = t^{-\lambda}, \quad 1 < \lambda \leqslant 3 \end{cases} \tag{2-63}$$

式中，g 为当前的代数，$g = 1, 2, \cdots, M$；$X_{g,i}$ 为第 i 个点第 g 代的位置；μ 为步长控制参数；$\otimes$ 为乘积符号；$\text{levy}(\lambda)$ 为莱维飞行，表示通过随机游走的方式产生新卵，即可以视为搜索能力；t 为迭代次数。

在莱维飞行模式下，新产生的巢可以用式(2-64)表示：

$$\begin{aligned} X_{i,\text{new}} = {} & \bar{\omega}_{\max} - ((\bar{\omega}_{\max} - \bar{\omega}_{\min}) / \text{iter}_{\max}) \cdot \text{iter} \cdot X_i \\ & + \text{stepsize} \cdot \text{randa} \end{aligned} \tag{2-64}$$

式中，$\bar{\omega}_{\max}$ 为最大惯性权重；$\bar{\omega}_{\min}$ 为最小惯性权重；X_i 为第 i 个点的位置；iter 为迭代次数；$\text{iter}_{\max}$ 为最大迭代次数；stepsize 为步长；randa 为随机比例因子。

标准偏差为 $\sigma(\mu)$，如式(2-65)所示：

$$\sigma(\mu) = \left\{ \frac{\Gamma(1+\mu) \cdot \sin(\pi \cdot \mu / 2)}{\Gamma\left[\left(\frac{1+\mu}{2} \right) \cdot \mu \cdot 2^{\frac{\mu-1}{2}} \right]} \right\}^{1/\mu} \tag{2-65}$$

式中，$\Gamma(\cdot)$ 为伽马函数；μ 为步长控制参数。

新的解决方案(求解结果)用式(2-66)表示：

$$X_{g+1,i} = X_{g,i} + \text{rand}(0,1)(X_{g,i} - X_{g,k}) \tag{2-66}$$

式中，rand(·)为均匀分布的随机比例因子；$X_{g,i}$ 和 $X_{g,k}$ 分别为第 g 代的两个随机解。

尽管可以通过标准布谷鸟优化算法来寻找预测模型的关键参数，但是，由于莱维飞行的随机行走行为，其搜索能力面临计算困难问题。如式(2-67)所示，参数 μ 控制莱维飞行的规模大小。如果 μ 太小，则搜索效率低；如果 μ 太大，将超出搜索范围。为了平衡计算效率和搜索精度带来的差距，依靠经验常常设置 μ 为 1。

在风电功率预测模型参数选择方面，固定步长方式将使预测模型难以获得最佳参数，因此，为了提高搜索范围，在本节中，提出自适应变步长控制策略，以便适应参数的变化。假设自适应控制步长表达式如下：

$$\mu=\begin{cases}\mu_{\mathrm{L}}+\dfrac{(\mu_{\mathrm{U}}-\mu_{\mathrm{L}})(f_j-f_{\min})}{f_{\mathrm{mean}}-f_{\min}}, & f_j\leqslant f_{\mathrm{mean}}\\ \dfrac{\mu_{\mathrm{U}}}{\sqrt{t}}, & f_j>f_{\mathrm{mean}}\end{cases} \tag{2-67}$$

式中，$f_j=\sum\limits_{i=1,q_i\in \mathrm{CL}_j}^{Q}D(q_i,x_j)$ 为模式 q_i 到布谷鸟产蛋位置 x_j 的欧几里得距离的总和，q_i 为分配给第 j 个布谷鸟蛋簇的模式，最接近簇中心 CL_j，Q 为布谷鸟蛋簇分配模式总数；μ_{L} 和 μ_{U} 分别为步长的最小和最大值；$f_{\min}$ 和 f_{mean} 分别为目标函数的最小适应度值和平均适应度值。

2.2.5　风电场/集群预测模型求解过程

风电场/集群预测模型求解过程如图 2-2 所示，可以将此图分为三部分，左边图为风电场有功功率预测模型，中间图为参数寻优策略和算法，右边图为风电集群有功功率预测模型，将本节改进的优化策略和算法分别用于单个风电场预测模型参数寻优和风电集群预测模型参数寻优，以风电场有功功率预测模型所在的左图为例，主要实现步骤如下。

(1)采用距离相关系数分析 NWP 数据和风电功率之间的非线性关系，选出与风电功率相关性系数最大的气象因素变量，作为关键特征，同时，采用自适应噪声的完整集成经验模态分解方法将风电功率序列分解成若干频率不等的分解信号，即 IMF。

(2)通过权重排列熵分析 IMF 值，按照数值相似性原则，将 IMF 值大小相似的值重构为新的子序列，命名为重构序列，此方式避免了相似 IMF 值对预测结果的影响。

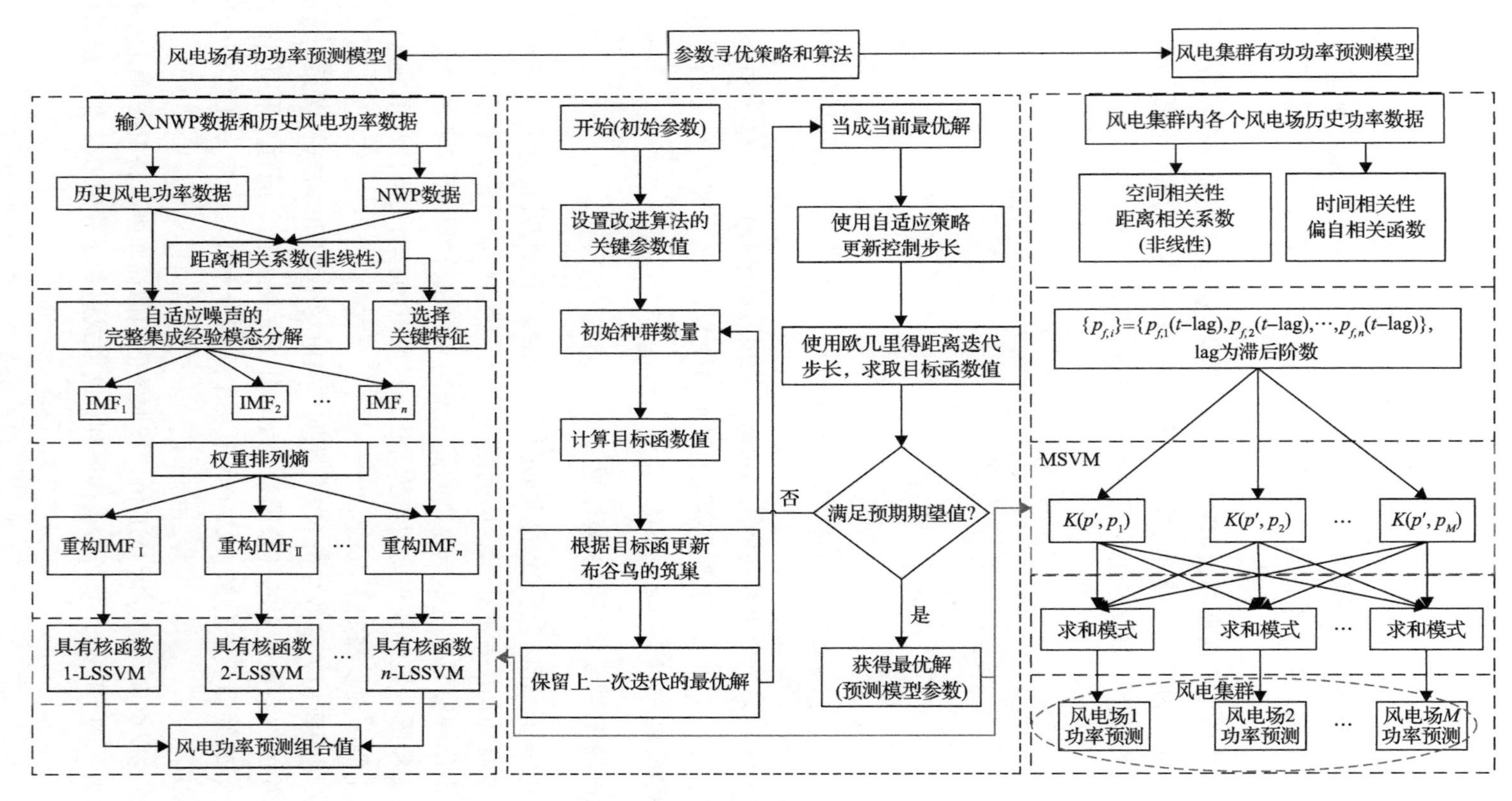

图2-2　风电场/集群预测模型求解过程

(3)构建基于不同核函数的预测模型，采用核函数转换策略，即分别采用高斯核函数、径向基函数、Sigmoid 核函数和多项式核函数预测重构的序列，以预测值和实际值之间的均方误差最小为目标函数，求解预测模型的最佳参数。目标函数如下：

$$\min \frac{1}{N}\sum_{i=1}^{N}(p_{\mathrm{f}i}-p_{\mathrm{a}i})^2 \tag{2-68}$$

式中，$p_{\mathrm{a}i}$ 为风电功率实际值；$p_{\mathrm{f}i}$ 为预测值；N 为训练样本数。

(4)采用自适应变步长控制策略寻找预测模型参数，避免固定步长造成寻优参数困难问题。

图 2-2 的中间图为参数寻优策略和算法的计算步骤，基准优化方法为布谷鸟优化算法，在此基础上，改变步长控制策略，提升寻优效果。该算法在本节实施过程中，分别用于寻找风电场功率依存模型和风电集群功率预测模型参数。

以风电集群有功功率预测模型所在的右图为例，其步骤包括如下。

(1)类似风电场有功功率预测步骤(1)，按空间尺度分析，采用距离相关系数分析各个风电场有功功率之间的非线性关系，按照相关性强弱水平，把各个风电场划分为强相关、中等相关和弱相关风电集群；按时间尺度分析，采用偏自相关函数分析风电功率时间延迟特性，即当前时刻功率受到历史若干时刻功率影响的情况，选出最佳输入变量个数。

(2)依据上述分析，选择风电集群数据，构建包含时间和空间信息的风电功率数据集。

(3)依据数据集的大小建立多输出通道的功率预测模型，多输出通道解释为多个风电场输出预测值。基准预测模型为支持向量机模型，在此基础上，拓展该预测模型的输出通道，从原来的单通道(单个风电场)拓展到多通道(多个风电场)。

(4)展示风电集群内各个风电场功率预测的结果。

2.3　算例仿真分析

2.3.1　误差评价指标

在仿真实验中，依据《风电功率预测功能规范》(Q/CDW 10588—2015)[27]和数理统计原则，常采用归一化平均绝对误差(normalized mean absolute error，NMAE)和归一化均方根误差(normalized root mean square error，NRMSE)以及决定系数等三种误差指标评估预测模型的优劣，其基本表达式如下：

$$\mathrm{NMAE}=\frac{1}{\mathrm{Cap}\cdot N}\sum_{i=1}^{N}\left|P_{i,t}^{\mathrm{real}}-P_{i,t}^{\mathrm{pre}}\right|\times 100\% \tag{2-69}$$

$$\mathrm{NRMSE}=\frac{1}{\mathrm{Cap}}\sqrt{\frac{1}{N}\sum_{i=1}^{N}(P_{i,t}^{\mathrm{real}}-P_{i,t}^{\mathrm{pre}})^2}\times 100\% \tag{2-70}$$

$$R^2=\frac{\sum_{i=1}^{n}(P_{i,t}^{\mathrm{pre}}-\overline{P}_{i,t}^{\mathrm{pre}})^2}{\sum_{i=1}^{n}(P_{i,t}^{\mathrm{real}}-\overline{P}_{i,t}^{\mathrm{real}})^2} \tag{2-71}$$

式中，$P_{i,t}^{\mathrm{pre}}$ 为风电场 i 在时间 t 时的风电功率预测值；$\overline{P}_{i,t}^{\mathrm{pre}}$ 为风电场 i 在时间 t 时的风电功率预测平均值；Cap 为风电场的装机容量；$P_{i,t}^{\mathrm{real}}$ 为风电场 i 在时间 t 时的风电功率实际值；$\overline{P}_{i,t}^{\mathrm{real}}$ 为风电场 i 在时间 t 时的风电功率实际平均值；N 为预测风电功率的长度。

为了定量比较每个预测模型之间的性能优劣，引入提升性能百分比指标，$\varDelta_{\mathrm{NMAE}}$、$\varDelta_{\mathrm{NRMSE}}$ 分别是 NMAE 和 NRMSE 的提升性能百分比，$\varDelta_{R^2}$ 是 R^2 的提升性能百分比。基准模型为常用的预测模型，可以作为风电功率预测实验的对照组。具体公式描述为[28,29]

$$\begin{cases}\varDelta_{\mathrm{NMAE}}=\dfrac{\mathrm{NMAE}_{\text{基准模型}}-\mathrm{NMAE}_{\text{本章方法}}}{\mathrm{NMAE}_{\text{基准模型}}}\times 100\% \\ \varDelta_{\mathrm{NRMSE}}=\dfrac{\mathrm{NRMSE}_{\text{基准模型}}-\mathrm{NRMSE}_{\text{本章方法}}}{\mathrm{NRMSE}_{\text{基准模型}}}\times 100\% \\ \varDelta_{R^2}=\dfrac{R^2_{\text{基准模型}}-R^2_{\text{本章方法}}}{R^2_{\text{基准模型}}}\times 100\%\end{cases} \tag{2-72}$$

2.3.2 结果分析与讨论

1）风电场有功功率数据描述

使用来自吉林省的四个典型风电场的数据全面评估所提方法的优越性。考虑季节等因素，将 3 月、4 月和 5 月的数据作为样本，时间分辨率为 15min。特别地，从 2019 年 3 月 1～31 日的风电场 A 和 B 的样本数据具有相似的总体趋势。由于当月风电波动很大，因此要获得相对稳定的风能时间序列并不容易。风电场 C 的样本数据是从 2019 年 4 月 1～30 日的数据，风电场 D 的样本数据是从 2019 年 5 月 1～31 日的数据。实验中所用到的风电功率时间序列如图 2-3 所示。风电场有功功率数据描述如表 2-1 所示。这四个风电场可以表征不同时空尺度上输出风电的波动，从而可以验证所提方法的有效性。因此，对于上述四个风电场，将 2300 个样本用于

训练，其余样本用于预测。

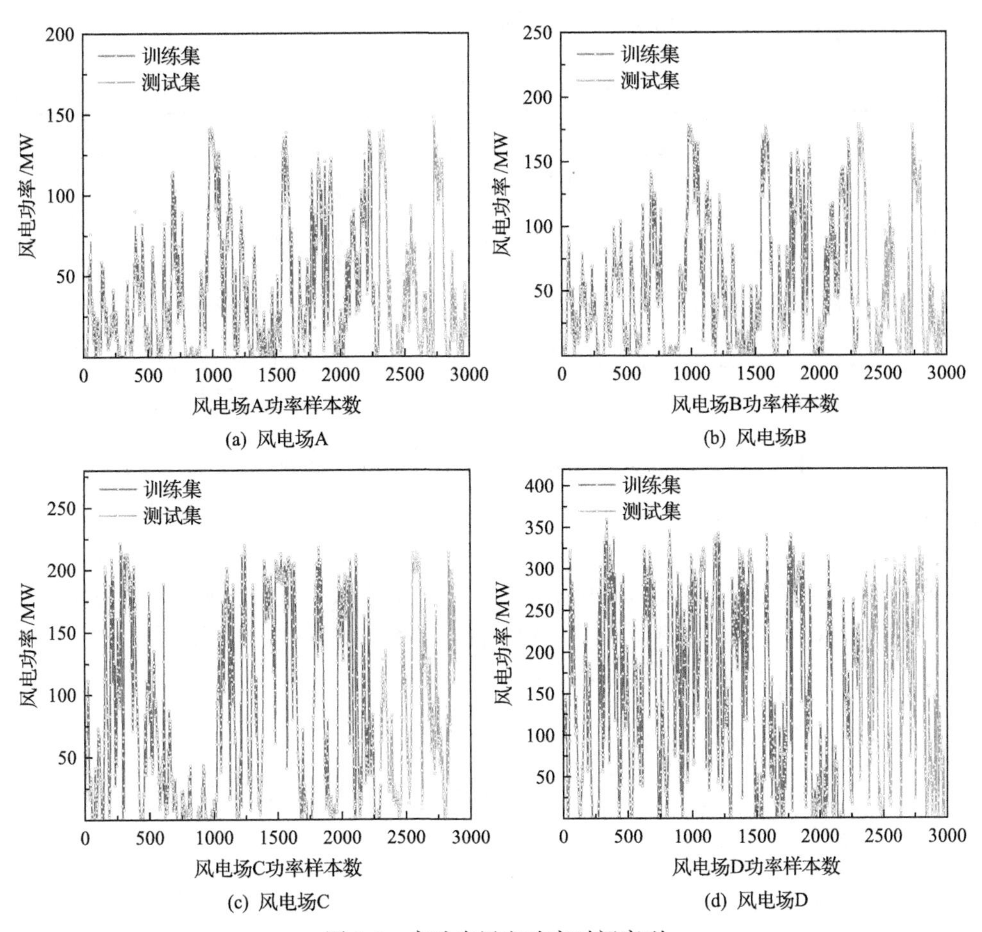

(a) 风电场A　(b) 风电场B

(c) 风电场C　(d) 风电场D

图 2-3　实验中风电功率时间序列

表 2-1　风电场有功功率数据统计　（单位：MW）

场站	平均值	标准差	最大值	最小值	装机容量
风电场 A	40.20	39.03	148.00	0	249.90
风电场 B	54.75	50.10	178.76	0	200.50
风电场 C	84.15	71.20	221.34	0	240.00
风电场 D	153.67	107.00	359.00	0	400.00

2) 风电集群有功功率数据描述

为了验证风电集群的有效性，使用的风电功率时间序列数据来源于实际运行的风电场群，其中包含 15 个风电场。各个风电场的装机容量如表 2-2 所示。各个风电场数据的采集时间为 2016 年 6 月 1～30 日，分辨率为 15min。共有 43200 个样本数据被用于模型训练和测试。风电集群预测模型的训练和验证分别使用各个风电场的 1500 个数据和 1000 个数据，风电场的剩余数据用于预测。

表 2-2　风电集群内各风电场的装机容量　(单位：MW)

风电场	装机容量	风电场	装机容量	风电场	装机容量
风电场 1	49.50	风电场 6	98.00	风电场 11	99.00
风电场 2	49.50	风电场 7	48.00	风电场 12	99.00
风电场 3	198.50	风电场 8	150.00	风电场 13	49.50
风电场 4	99.00	风电场 9	49.50	风电场 14	49.50
风电场 5	148.50	风电场 10	298.00	风电场 15	250.00

2.3.2.1　非线性相关分析结果

使用距离相关系数分析风电功率和 NWP 之间的非线性相关性，然后获得非线性相关系数，数值越大，输入变量和风电之间的相关性越强；数值越小，输入变量与风电功率之间的相关性越弱。皮尔逊相关系数、肯德尔秩相关系数和斯皮尔曼相关系数这三种常用的表征风电功率之间相关性的方法均为线性相关分析方法，它们可以表征风电功率和 NWP 的线性相关性。非线性相关分析结果如图 2-4 所示。

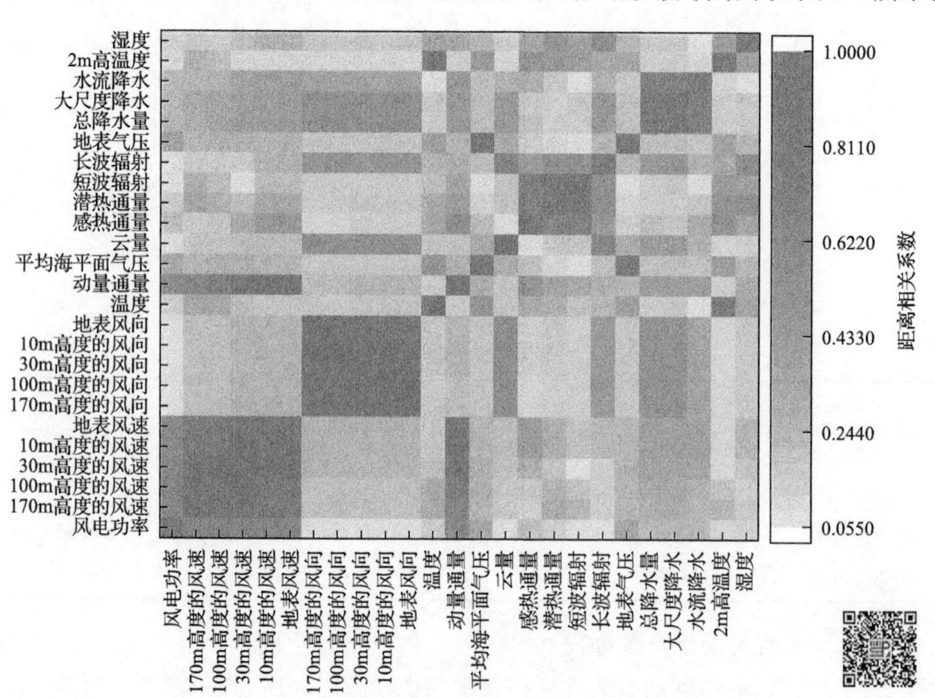

图 2-4　非线性相关分析的结果(彩图扫二维码)

颜色越深，相关性越强。可以看出，与其他变量相比，100m 高度的风速变量具有与风电功率最强的非线性相关性。因此，在本节实验中，100m 高度的风速变量作为 NWP 数据的首选气象因素，用于预测模型的输入变量。

2.3.2.2　数据分解与重构结果

使用 CEEMDAN 和 WPE 技术对所有风电场进行数据处理，并将这些非线性和非平稳的风电功率转化为几种相对稳定的 IMF。CEEMDAN 通过添加自适应噪声来降低模态混态效果，具有良好的收敛性。基于相似熵值的原理，WPE 技术将若干 IMF 重建为新序列(如 $IMF_{Ⅰ}$、$IMF_{Ⅱ}$、$IMF_{Ⅲ}$和 $IMF_{Ⅳ}$)。为了减少分解序列的数量，WPE 用于评估每个 IMF 的复杂性。可以发现 WPE 值随着 IMF 从高到低而降低，这就意味着 WPE 值越小，时间序列复杂度越低。为了减少模型训练时间，将相似的 WPE 值叠加在一起以形成新序列。可以观察到，与用 CEEMDAN 分解相比，IMF 的数量显著降低，并且可以降低整个预测模型的计算成本。

风电的间歇性和非平稳性导致风电功率预测精度低。因此，CEEMDAN 技术用于将风电功率转化为相对稳定的序列。如图 2-5 所示，风电功率被分解为许多 IMF。如果每个 IMF 作为输入样本输入到由改进布谷鸟搜索(ICS)算法优化的组合预测模型，则计算效率将降低。为了提高风电功率预测的准确性，WPE 用于评估风电功率分解信号的时间复杂性。

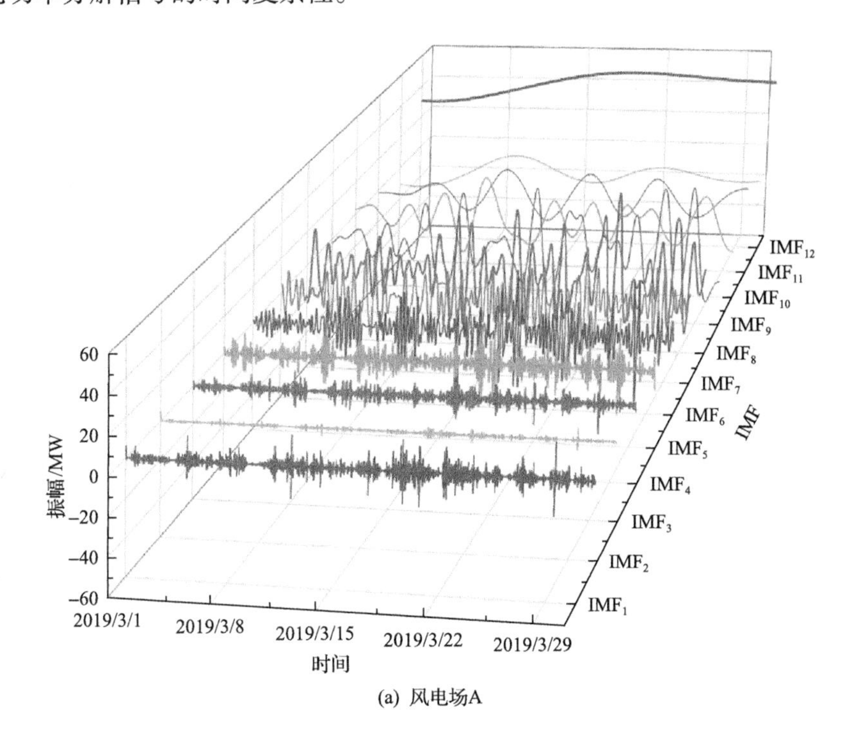

(a) 风电场A

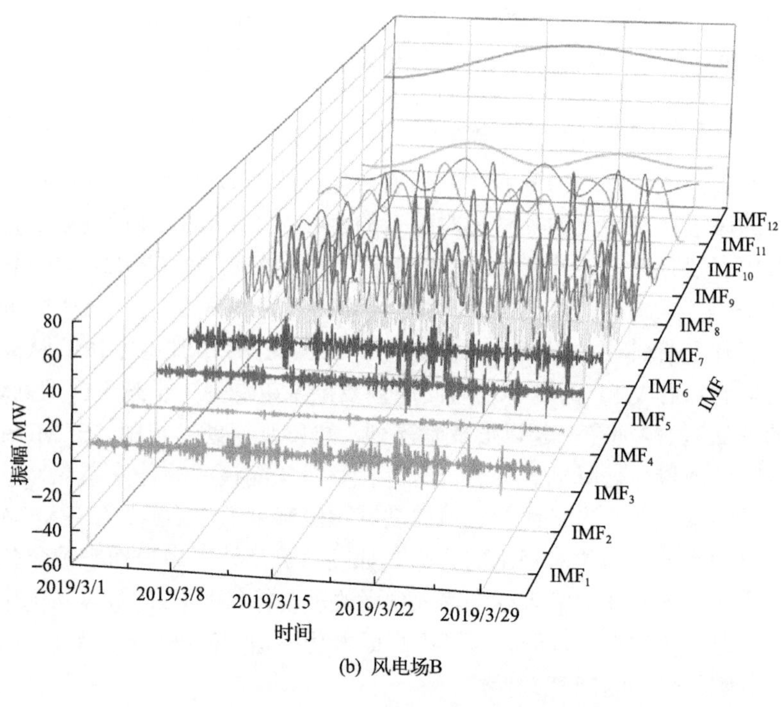
80
60
40
20
0
−20
−40
−60
振幅/MW
2019/3/1
2019/3/8
2019/3/15
2019/3/22
2019/3/29
时间
IMF
IMF1
IMF2
IMF3
IMF4
IMF5
IMF6
IMF7
IMF8
IMF9
IMF10
IMF11
IMF12

(b) 风电场B

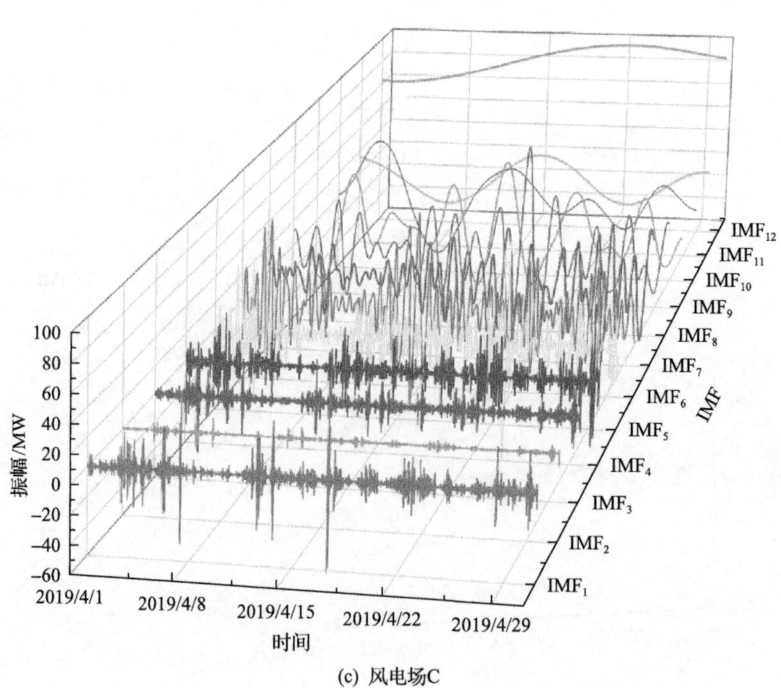
100
80
60
40
20
0
−20
−40
−60
振幅/MW
2019/4/1
2019/4/8
2019/4/15
2019/4/22
2019/4/29
时间
IMF
IMF1
IMF2
IMF3
IMF4
IMF5
IMF6
IMF7
IMF8
IMF9
IMF10
IMF11
IMF12

(c) 风电场C

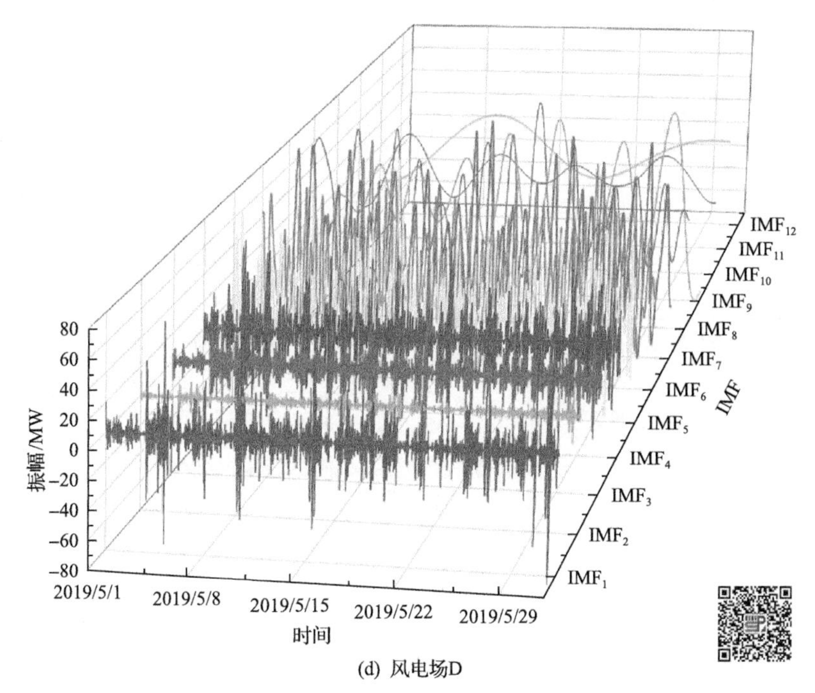

(d) 风电场D

图 2-5 四个风电场的有功功率分解结果(彩图扫二维码)

从图 2-6 中看出，WPE 值随着 IMF 频率的降低而降低，它还表明 WPE 值越小，风电功率时间序列复杂性越低。为了减少模型训练时间，类似的 WPE 值叠加在一起形成新序列，并且由 WPE 重建新的子序列，如图 2-7 所示，表 2-3 给出了不同 IMF 的 WPE。可以发现，通过 WPE 减少了大量的 IMF，可以降低输入变量的复杂性和减少模型训练时间。

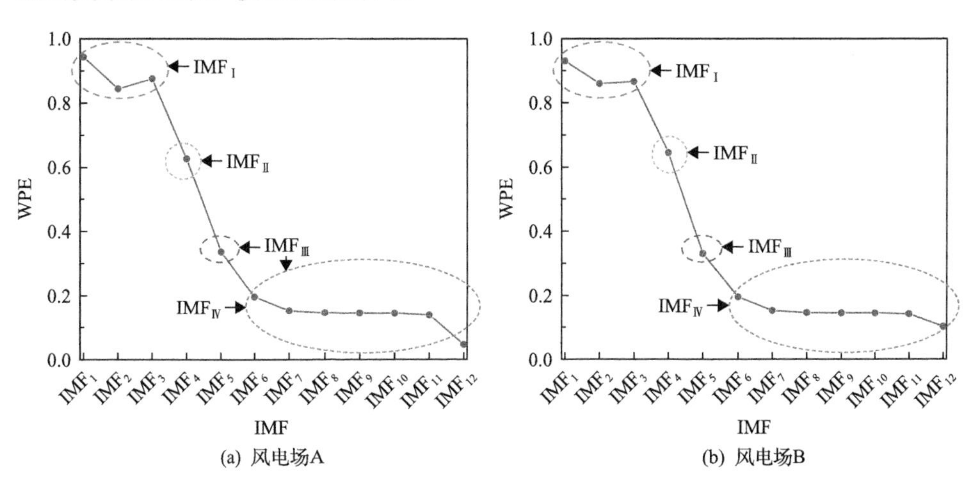

(a) 风电场A　　(b) 风电场B

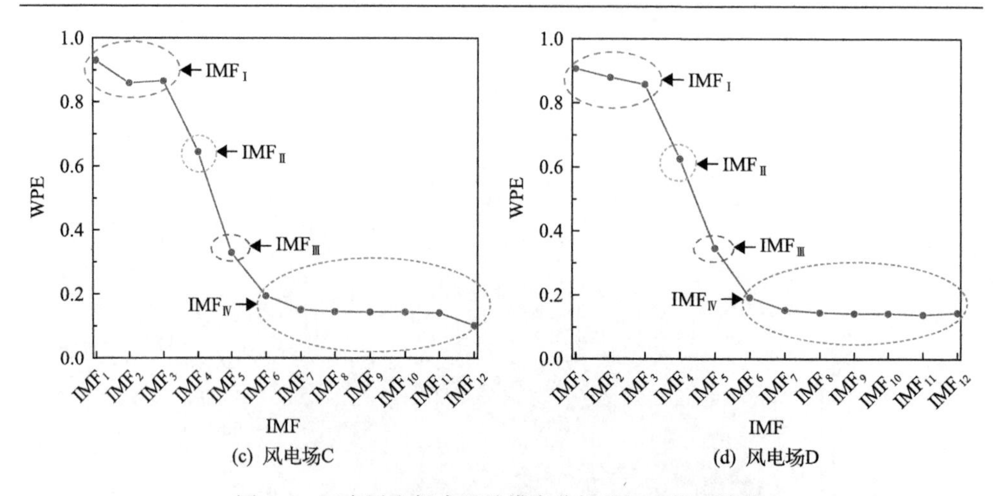

(c) 风电场C　　(d) 风电场D

图 2-6　四个风电场中经验模态分解的权重排列熵值

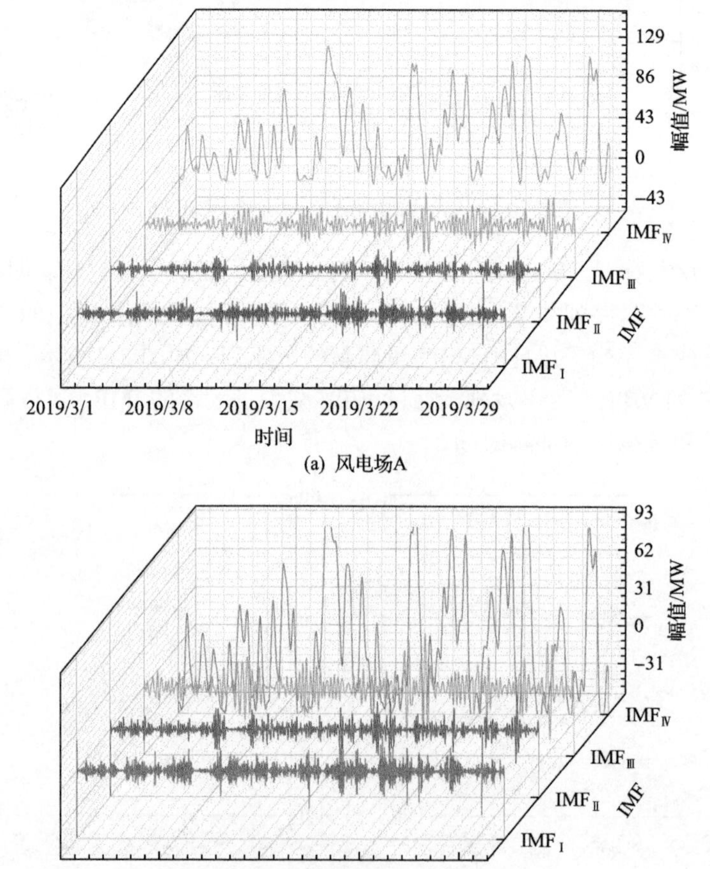

(a) 风电场A

(b) 风电场B

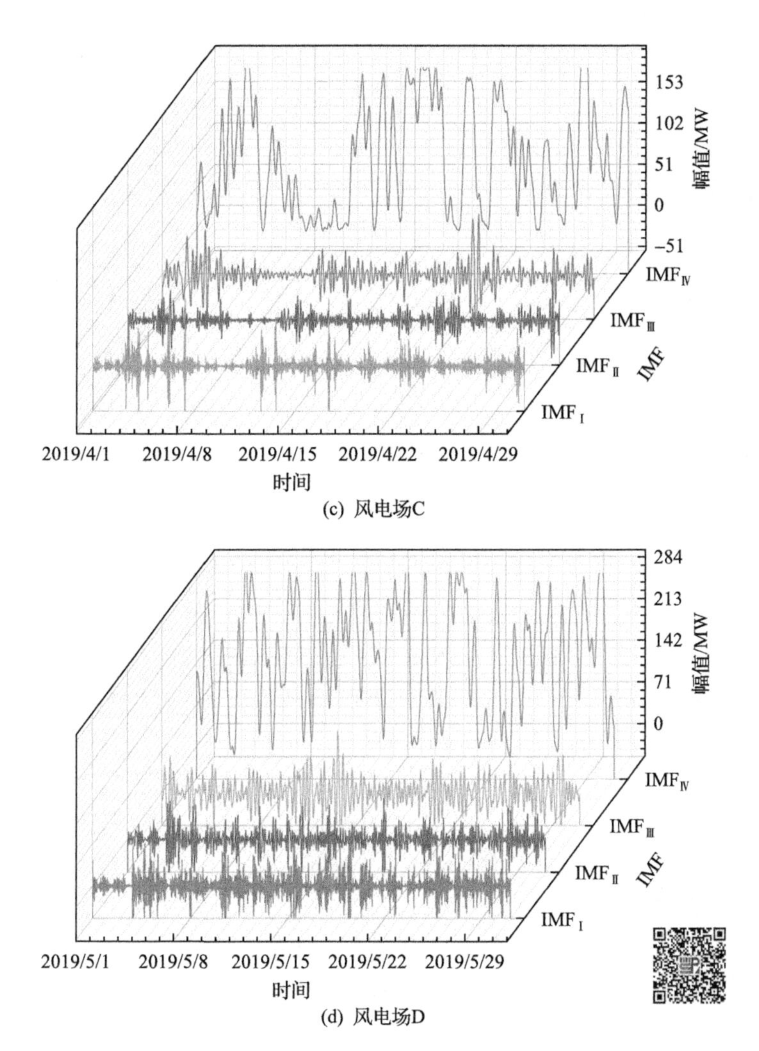

图 2-7　四个风电场的 WPE 数据重构(彩图扫二维码)

表 2-3　不同 IMF 的 WPE

场站	IMF$_{\mathrm{I}}$			IMF$_{\mathrm{II}}$	IMF$_{\mathrm{III}}$	IMF$_{\mathrm{IV}}$				
	IMF$_1$	IMF$_2$	IMF$_3$	IMF$_4$	IMF$_5$	···	IMF$_9$	IMF$_{10}$	IMF$_{11}$	IMF$_{12}$
风电场 A	0.943	0.844	0.876	0.627	0.336	···	0.145	0.145	0.140	0.047
风电场 B	0.930	0.859	0.866	0.645	0.330	···	0.145	0.145	0.142	0.103
风电场 C	0.890	0.873	0.846	0.613	0.342	···	0.145	0.145	0.145	0.084
风电场 D	0.907	0.879	0.857	0.625	0.346	···	0.143	0.143	0.139	0.145

2.3.2.3 不同核函数的性能分析

核函数对 LSSVM 模型的预测性能有显著影响，采用高斯核函数、径向基核函数、Sigmoid 核函数和多项式核函数对 LSSVM 模型进行测试。然后，利用 ICS 对参数进行优化，最佳参数的结果如表 2-4 所示。

表 2-4 最佳参数的结果

核函数类型	惩罚因子	核函数参数
高斯核函数	$\gamma = 734.19$	$\sigma = 0.293$
径向基核函数	$\gamma = 3.16$	$\sigma = 0.572$
Sigmoid 核函数	$\gamma = 593.68$	$a = 7.535, r = 6.371$
多项式核函数	$\gamma = 4.63$	$r = 3.156, d = 8.439$

表 2-5 中列出了 $IMF_{Ⅰ}$、$IMF_{Ⅱ}$、$IMF_{Ⅲ}$和 $IMF_{Ⅳ}$等新子序列的性能差异。为了验证不同核函数的性能，利用风电场 A 的数据预测未来 15min 的风电功率，并对不同核函数的不同序列进行测试。从表 2-5 可以看出，核函数在不同的序列中有不同的性能。在新的 $IMF_{Ⅰ}$子序列中，基于高斯核函数的 LSSVM 预测模型的 NMAE 和 NRMSE 均小于其他核函数。在新的 $IMF_{Ⅱ}$子序列中，基于径向基函数的 LSSVM 预测模型的 NMAE 均小于其他核函数。在新的 $IMF_{Ⅲ}$子序列中，基于高斯核函数的 LSSVM 预测模型的 NMAE 小于其他核函数。在新的 $IMF_{Ⅳ}$子序列中，基于多项式核函数的 LSSVM 预测模型的 NMAE、NRMSE 为 2.28、3.27，小于其他核函数，而 R^2 为 0.8451，大于其他核函数。基于上述分析，不同核函数的预测模型产生的预测结果也不同。因此，在本书研究中，基于不同核函数的预测性能，开发了具有核函数转换机制的 LSSVM 预测模型，用于提高预测精度。

表 2-5 不同核函数的预测结果

误差指标	$IMF_{Ⅰ}$	$IMF_{Ⅱ}$	$IMF_{Ⅲ}$	$IMF_{Ⅳ}$	平均值
高斯核函数					
NMAE	1.59	2.73	1.94	2.43	2.17
NRMSE	3.15	3.54	3.65	4.32	3.67
R^2	0.8342	0.8253	0.8216	0.8169	0.8245
径向基核函数					
NMAE	2.41	2.17	2.59	3.26	2.61
NRMSE	3.97	3.59	3.86	4.16	3.90
R^2	0.8425	0.8548	0.8259	0.8156	0.8347

续表

误差指标	$IMF_{Ⅰ}$	$IMF_{Ⅱ}$	$IMF_{Ⅲ}$	$IMF_{Ⅳ}$	平均值
Sigmoid 核函数					
NMAE	2.41	2.73	2.69	2.84	2.67
NRMSE	3.72	3.85	3.63	3.92	3.78
R^2	0.8245	0.8152	0.8327	0.8132	0.8214
多项式核函数					
NMAE	2.52	2.31	2.47	2.28	2.40
NRMSE	3.76	3.66	3.42	3.27	3.53
R^2	0.8301	0.8428	0.8287	0.8451	0.8367

2.3.2.4　风电场功率预测结果分析

在风电场和风电集群有功功率预测实验中，本节设置 5 个案例，分别验证数据分解与重构、改进优化算法、核函数转换机制、增加气象参数以及时空信息等的有效性，前 4 个案例是为了验证风电场超短期功率预测，最后 1 个案例验证风电集群超短期功率预测，具体实验安排如下。

案例 1：验证 CEEMDAN 和 WPE 的有效性，与常用的经验模态分解(EMD)、总体经验模态分解(EEMD)、CEEMDAN、EMD-WPE、EEMD-WPE 的 EMD-WPE 相比，风电功率预测时间尺度为提前 1h。

案例 2：为了验证改进优化算法的有效性，LSSVM 预测模型的惩罚因子和核函数参数由 ICS 来优化，设置四个基准预测模型，分别为预测模型 1(CEEMDAN-WPE-LSSVM-GSA)、预测模型 2(CEEMDAN-WPE-LSSVM-PSO)、预测模型 3(CEEMDAN-WPE-LSSVM-CS)和预测模型 4(CEEMDAN-WPE-LSSVM-ICS)，时间尺度为提前 15min～4h。

案例 3：为了验证基于核函数转换机制预测方法的有效性，选择选择 EMD、EEMD 和 CEEMDAN 等分解技术来对风电场 B 的有功功率进行分解，分解的结果分别用于训练上述基准预测模型。

案例 4：在选择最佳气象参数 100m 高度的风速(V100)的基础上，增加气象变量 100m 高度的风向(D100)，验证其对预测准确性的影响。

案例 5：选择区域风电集群功率的时空信息，验证时空信息对预测精度的影响。

1. 验证数据分解与重构结果分析

案例 1 中使用了无优化策略的基准模型，如 EMD-LSSVM、EEMD-LSSVM、CEEMDAN-LSSVM、EMD-WPE-LSSVM、EEMD-WPE-LSSVM 和 CEEMDAN-

WPE-LSSVM。从图 2-8 中可以看出，与其他基准模型相比，所提出的模型的预测曲线可以更好地贴近实际曲线，这表明所提方法的预测值与实际值有更小的偏差，即所提方法有更高的精度。还可以发现，随着时间范围的增加，所有基于分解的预测模型的 NRMSE 值都增加。NRMSE 和 NMAE 性能评价指标显示，

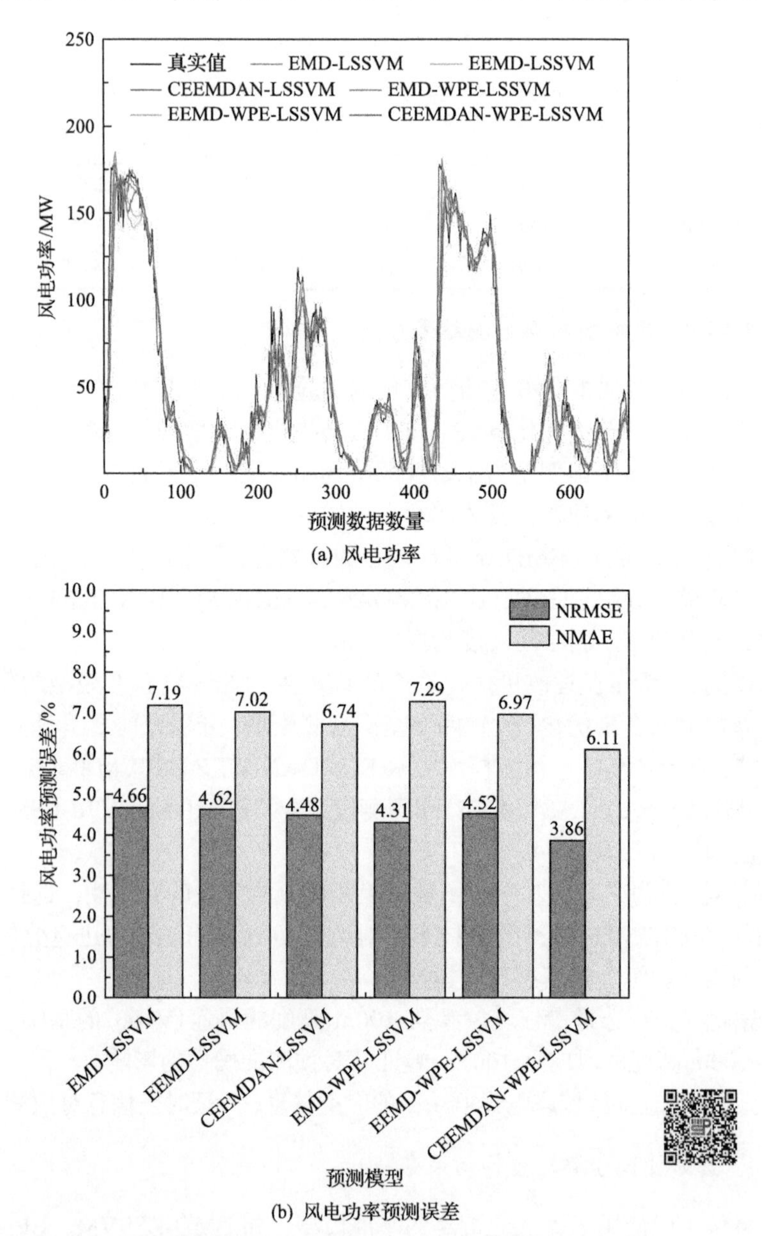

(a) 风电功率

(b) 风电功率预测误差

图 2-8　未经优化策略的预测模型的提前 1h 预测结果(彩图扫二维码)

CEEMDAN 和 WPE 可以减小预测模型的误差。从上述分析中可以得出结论，CEEMDAN-WPE-LSSVM 的预测曲线可以更好地近似于实际曲线。

从图 2-8(b)可以看出，CEEMDAN-WPE-LSSVM 的 NMAE 值是 3.86%，远低于 EEMD-WPE-LSSVM、EMD-WPE-LSSVM、CEEMDAN-LSSVM、EEMD-LSSVM 和 EMD-LSSVM 等基准模型的 NMAE 值(4.52%、4.31%、4.48%、4.62%和 4.66%)。EMD-LSSVM 的误差增长速度高于其他基准模型，CEEMDAN-WPE-LSSVM 的误差增长速度低于其他方法。使用 NRMSE 和 NMAE 指标进行性能评估，结果表明，CEEMDAN 和 WPE 能够降低预测模型的误差。

2. 改进优化算法结果分析

为了评估优化策略在预测过程中的重要性，本节提出了一种 ICS 算法来优化预测模型的关键参数。将典型的优化算法，如粒子群优化(particle swarm optimization，PSO)算法、引力搜索算法(gravitational search algorithm，GSA)和布谷鸟搜索(cuckoo search，CS)算法作为基准优化算法，分别采用 EMD、EEMD 和 CEEMDAN 对风电序列进行分解，并将 LSSVM 作为基准预测模型。在实验中，风电场 C 作为测试对象，不同预测模型下 NRMSE 和 NMAE 的变化趋势如图 2-9 所示。基于 ICS 算法的预测模型(如 CEEMDAN-WPE-LSSVM-ICS)具有比其他优化算法更高的预测精度。但随着预测时间尺度的增加，预测精度增长缓慢，而其他组合模型的误差增长迅速。由图 2-9 可知，CEEMDAN-WPE-LSSVM-ICS 模型的 NRMSE 和 NMAE 在不同预测时间尺度下均小于其他基准预测模型。

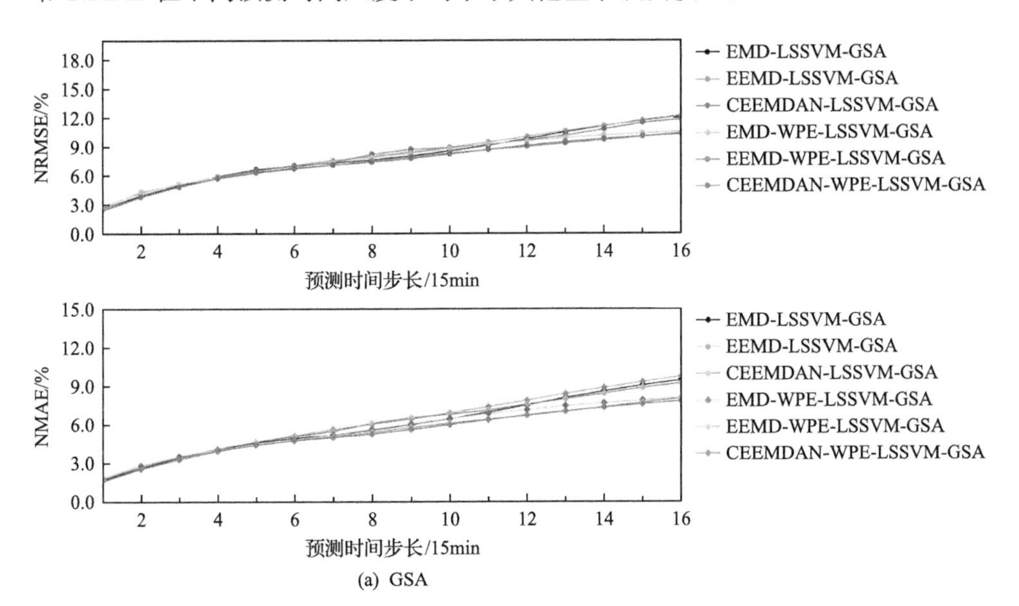

(a) GSA

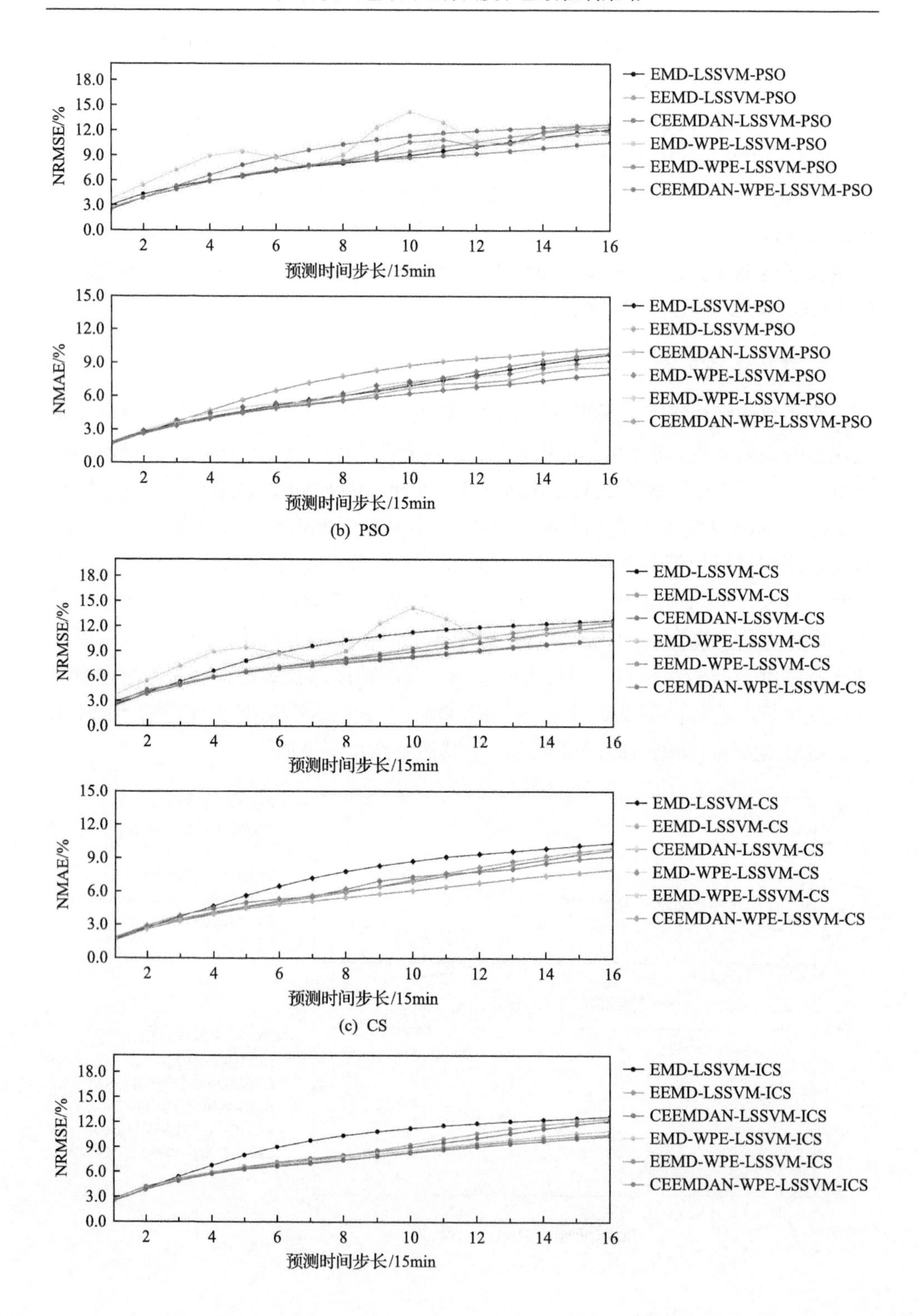
NRMSE/%
18.0
15.0
12.0
9.0
6.0
3.0
0.0
2
4
6
8
10
12
14
16
预测时间步长/15min
EMD-LSSVM-PSO
EEMD-LSSVM-PSO
CEEMDAN-LSSVM-PSO
EMD-WPE-LSSVM-PSO
EEMD-WPE-LSSVM-PSO
CEEMDAN-WPE-LSSVM-PSO
NMAE/%
15.0
12.0
9.0
6.0
3.0
0.0
预测时间步长/15min
EMD-LSSVM-PSO
EEMD-LSSVM-PSO
CEEMDAN-LSSVM-PSO
EMD-WPE-LSSVM-PSO
EEMD-WPE-LSSVM-PSO
CEEMDAN-WPE-LSSVM-PSO
(b) PSO
NRMSE/%
预测时间步长/15min
EMD-LSSVM-CS
EEMD-LSSVM-CS
CEEMDAN-LSSVM-CS
EMD-WPE-LSSVM-CS
EEMD-WPE-LSSVM-CS
CEEMDAN-WPE-LSSVM-CS
NMAE/%
预测时间步长/15min
EMD-LSSVM-CS
EEMD-LSSVM-CS
CEEMDAN-LSSVM-CS
EMD-WPE-LSSVM-CS
EEMD-WPE-LSSVM-CS
CEEMDAN-WPE-LSSVM-CS
(c) CS
NRMSE/%
预测时间步长/15min
EMD-LSSVM-ICS
EEMD-LSSVM-ICS
CEEMDAN-LSSVM-ICS
EMD-WPE-LSSVM-ICS
EEMD-WPE-LSSVM-ICS
CEEMDAN-WPE-LSSVM-ICS

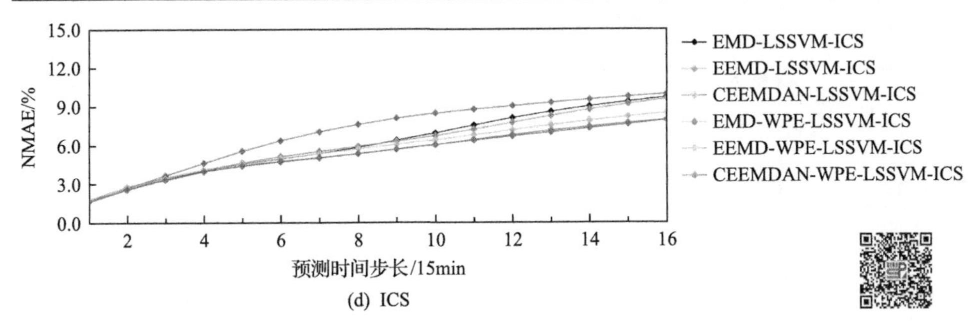

(d) ICS

图 2-9　NRMSE 和 NMAE 在不同预测模型下的变化趋势(彩图扫二维码)

3. 验证核函数转换机制预测方法的有效性

下面使用四个风电场的数据来测试本节提出的方法和基准模型。基于 LSSVM 的基准模型的核函数默认为径向基核函数，而基于核函数切换机制的新策略，在新的 IMF_{I}子序列中采用基于 LSSVM 的高斯核函数。在新的 IMF_{II}子序列中，采用基于 LSSVM 的径向基函数。在新的 IMF_{III}子序列中，采用基于 LSSVM 的 Sigmoid 核函数。在新的 IMF_{IV}子序列中，采用基于 LSSVM 的多项式核函数。最后，将重构后的序列进行集成，得到最终的风电功率预测结果。

在算例中所有组合预测模型的时间尺度均为提前 1h。预测结果如图 2-10～图 2-13 所示。如图 2-10 所示，基于核函数切换机制的预测模型(以下简称本章模型)的 R^2 值为 0.8636，高于风电场 A 的基准模型，另外，从风电场 B、C 和 D 中也可以得出本章模型在 R^2 方面优于其他基准模型的结论。NRMSE、NMAE 和 R^2 用于评估所有预测模型。详细的评价指标如表 2-6 所示。对于风电场 A，本章模型的 NRMSE、NMAE 和 R^2 分别为 6.94%、7.86%和 0.8636。预测模型 1 的 NRMSE、NMAE 和 R^2 分别为 7.39%、9.93%和 0.8440，预测模型 2 的 NRMSE、NMAE 和 R^2 分别为 7.59%、9.77%和 0.7299，预测模型 3 的 NRMSE、NMAE 和 R^2 分别为 8.69%、10.00%和 0.8276，预测模型 4 的 NRMSE、NMAE 和 R^2 分别为 7.21%、8.16%和 0.8107。结果表明，本章提出的基于核函数切换机制的方法可以大大提高超短期风电功率预测精度。

表 2-6　风电场 A 中不同模型的误差

模型	NMAE/%	NRMSE/%	R^2
预测模型 1	9.93	7.39	0.8440
预测模型 2	9.77	7.59	0.7299
预测模型 3	10.00	8.69	0.8276
预测模型 4	8.16	7.21	0.8107
本章模型	7.86	6.94	0.8636

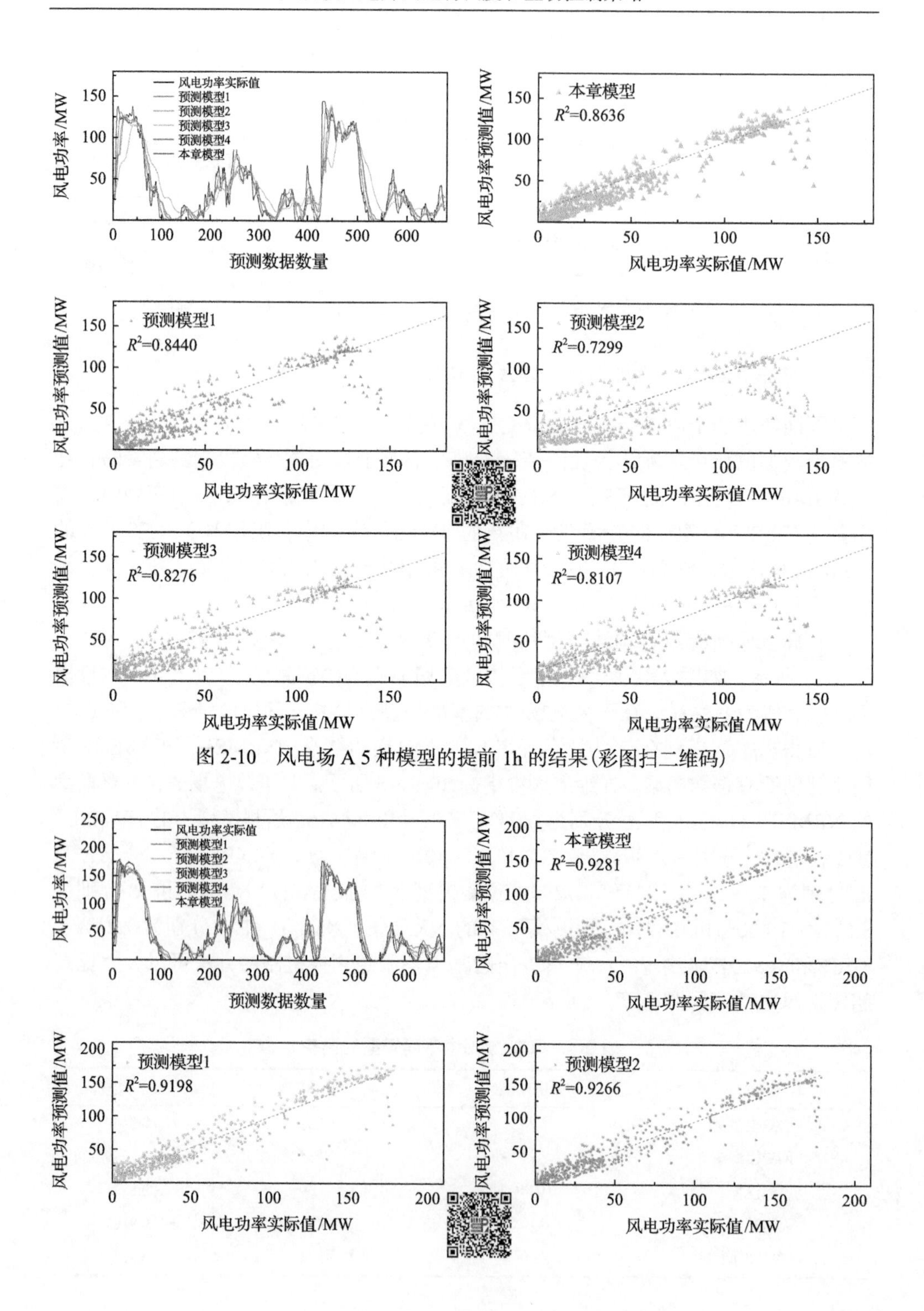

图 2-10　风电场 A 5 种模型的提前 1h 的结果(彩图扫二维码)

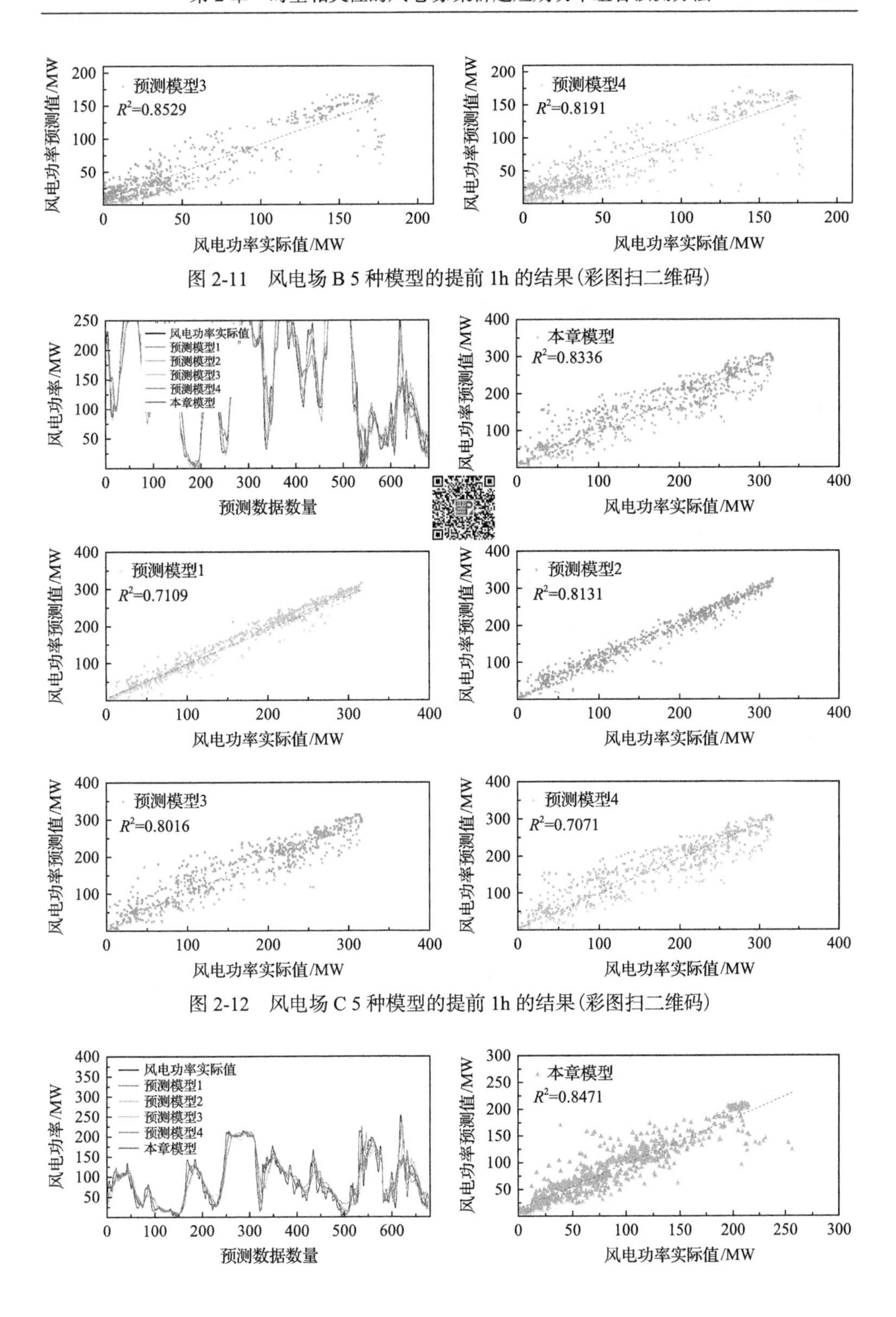

图 2-11　风电场 B 5 种模型的提前 1h 的结果(彩图扫二维码)

图 2-12　风电场 C 5 种模型的提前 1h 的结果(彩图扫二维码)

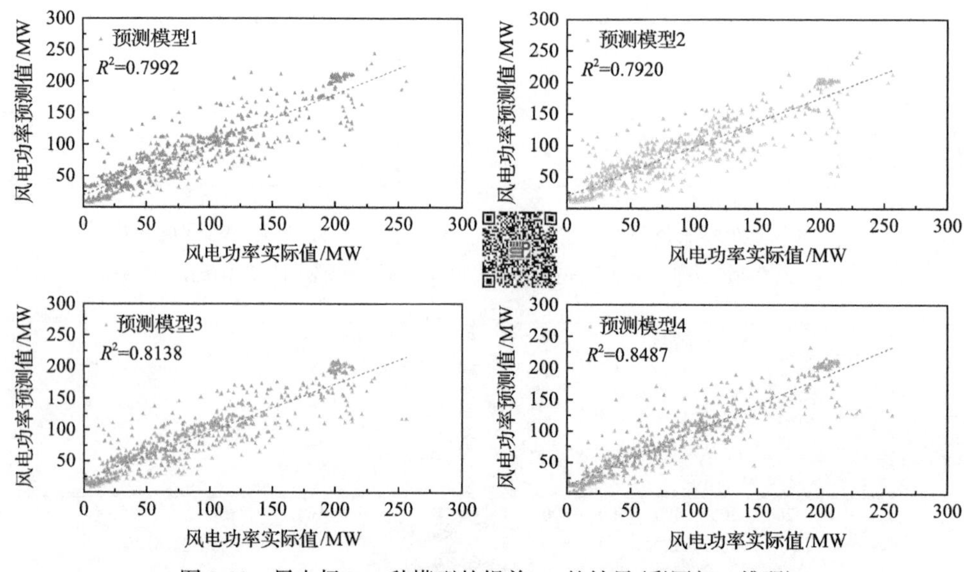

图 2-13　风电场 D 5 种模型的提前 1h 的结果(彩图扫二维码)

表 2-7～表 2-9 列出了风电场 B、C 和 D 的误差评估指标，可以得到类似的结论。在 NRMSE 方面，预测模型 1 在风电场 B、C 和 D 的值分别为 5.05%、8.30%和 2.69%。预测模型 2 在风电场 B、C 和 D 的 NRMSE 分别为 4.55%、8.16%和

表 2-7　风电场 B 不同模型的误差

模型	NMAE/%	NRMSE/%	R^2
预测模型 1	7.67	5.05	0.9198
预测模型 2	7.33	4.55	0.9266
预测模型 3	10.34	7.04	0.8529
预测模型 4	11.52	7.70	0.8191
本章模型	7.25	4.62	0.9281

表 2-8　风电场 C 不同模型的误差

模型	NMAE/%	NRMSE/%	R^2
预测模型 1	11.39	8.30	0.7109
预测模型 2	11.59	8.16	0.8131
预测模型 3	11.69	8.36	0.8016
预测模型 4	10.21	6.81	0.7071
本章模型	9.94	6.57	0.8336

表 2-9　风电场 D 不同模型的误差

模型	NMAE/%	NRMSE/%	R^2
预测模型 1	3.81	2.69	0.7992
预测模型 2	4.22	3.13	0.7920
预测模型 3	8.40	6.23	0.8138
预测模型 4	9.12	6.85	0.8487
本章模型	9.43	7.15	0.8471

3.13%。预测模型 3 在风电场 B、C 和 D 的 NRMSE 分别为 7.04%、8.36%和 6.23%。预测模型 4 在风电场 B、C 和 D 的 NRMSE 分别为 7.70%、6.81%和 6.85%。本章模型在风电场 B、C 和 D 的 NRMSE 值分别为 4.62%、6.57%和 7.15%。

在 NMAE 方面，预测模型 1 在风电场 B、C 和 D 的 NMAE 值分别为 7.67%、11.39%和 3.81%。预测模型 2 在风电场 B、C 和 D 的 NMAE 值分别为 7.33%、11.59%和 4.22%。预测模型 3 在风电场 B、C 和 D 的 NMAE 值分别为 10.34%、11.69%和 8.40%。预测模型 4 在风电场 B、C 和 D 的 NMAE 值分别为 11.52%、10.21%和 9.12%。本章模型在风电场 B、C 和 D 的 NMAE 值分别为 7.25%、9.94%和 9.43%。

在 R^2 方面，预测模型 1 在风电场 B、C 和 D 的 R^2 值分别为 0.9198、0.7109 和 0.7992。预测模型 2 在风电场 B、C 和 D 的 R^2 值分别为 0.9266、0.8131 和 0.7920。预测模型 3 在风电场 B、C 和 D 的 R^2 值分别为 0.8529、0.8016 和 0.8138。预测模型 4 在风电场 B、C 和 D 的 R^2 值分别为 0.8191、0.7071 和 0.8487。本章模型在风电场 B、C 和 D 的 R^2 值分别为 0.9281、0.8336 和 0.8471。

以上 4 个风电场的结果表明，本章模型比其他基准预测模型具有更好的性能，本章模型对 NMAE、NRMSE 和 R^2 基本能给出最优值，保证了算例的精度。

风电场 A、B、C 和 D 中不同预测模型的误差指标箱线图如图 2-14 所示，观察到本章模型的误差较其他基准预测模型小。大部分误差集中在 10%以内，少数误差点超过 10%。超过 10%的数据可视为异常错误数据。这可能是由于训练数据中风力减少(风电输出功率为 0)。

4. 验证其他重要气象参数对预测精度的影响

本案例验证了增加气象变量(如 D100)对预测精度的影响，将变量 D100 和重构的功率序列($IMF_{Ⅰ}$、$IMF_{Ⅱ}$、$IMF_{Ⅲ}$和 $IMF_{Ⅳ}$)作为预测模型输入。为了更清晰地描述不同方法在加入气象变量(如 D100)后的预测效果，图 2-15 给出了不同预测模型风电功率和实际风电功率的对比结果。可以观察到，本章模型能够有效跟踪实际曲线，限制了极端误差的发生。相比之下，四个基准预测模型预测偏差较大。

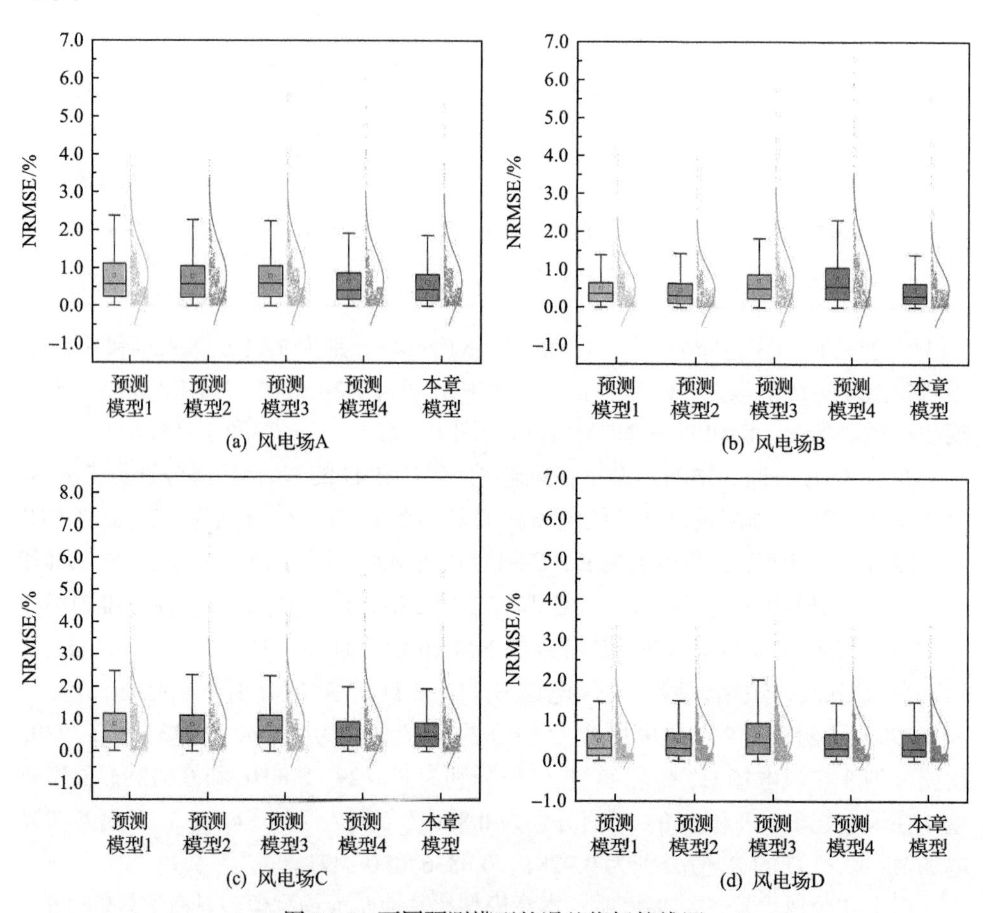

图 2-14　不同预测模型的误差指标箱线图

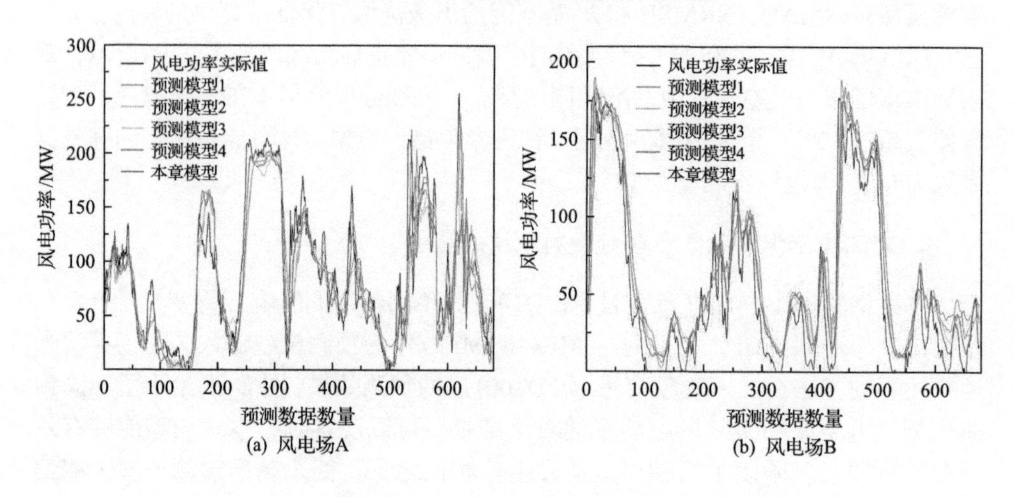

(a) 风电场A　　(b) 风电场B

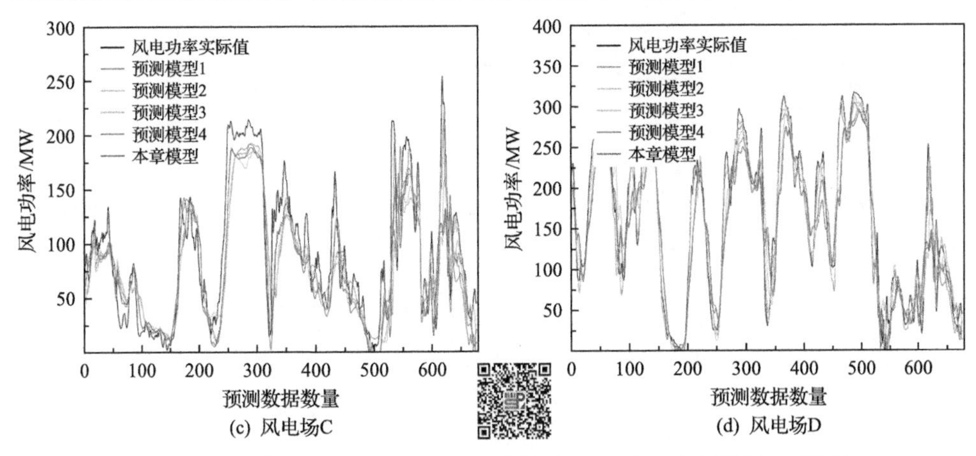

图 2-15　不同预测模型风电功率和实际风电功率的对比(彩图扫二维码)

为进一步验证所提模型的适用性和优越性，采用 NMAE、NRMSE 和 R^2 对预测值和实际值进行对比。对于 A、B、C 和 D 风电场，本章模型的 NRMSE 分别为 6.81%、5.14%、6.73%和 7.17%；本章模型的 NMAE 分别为 7.83%、7.59%、9.97%和 9.44%；本章模型的 R^2 分别为 0.9157、0.9026、0.8327 和 0.8481。

从表 2-10 可以看出，增加更多的气象变量(如 D100)并不一定能提高所有风电场的预测精度。特别地，在 NRMSE 和 NMAE 方面，风电场 A、B 和 C 的误差均高于仅有一个气象变量(如 V100)的预测模型；对于风电场 D，与仅有一个气象变量(如 V100)的预测模型相比，误差几乎没有变化。造成这种现象的原因是 NWP 数据本身存在预测误差，由于风速与风电功率的三次关系，NWP 误差较小可能会导致风电功率预测出现较大误差。如果采用包括风速、风向、气温、气压等在内的采集数据，也会对风电功率预测精度产生影响，因为这些变量与风电的相关性较强。

表 2-10　不同方法中的多个误差统计值

风电场	预测模型	NMAE/%	NRMSE/%	R^2
风电场 A	预测模型 1	9.96	7.71	0.7217
	预测模型 2	10.31	8.52	0.8183
	预测模型 3	9.34	8.16	0.8211
	预测模型 4	8.06	6.87	0.8644
	本章模型	7.83	6.81	0.9157
风电场 B	预测模型 1	7.72	5.21	0.9012
	预测模型 2	7.65	4.835	0.9031
	预测模型 3	9.41	7.37	0.8342
	预测模型 4	11.73	7.89	0.8012
	本章模型	7.59	5.14	0.9026

续表

风电场	预测模型	NMAE/%	NRMSE/%	R^2
风电场 C	预测模型 1	12.41	9.76	0.7025
	预测模型 2	11.89	8.34	0.8045
	预测模型 3	11.73	8.52	0.7952
	预测模型 4	10.89	6.95	0.7032
	本章模型	9.97	6.73	0.8327
风电场 D	预测模型 1	3.82	2.70	0.7847
	预测模型 2	4.27	3.23	0.7816
	预测模型 3	8.49	6.27	0.8116
	预测模型 4	9.14	7.12	0.8326
	本章模型	9.44	7.17	0.8481

上述四个案例的结果表明，本章模型具有比其他基准预测模型更好的性能。四个风电场的预测结果还表明：所提出的预测模型可以提供最佳 NMAE、NRMSE 和 R^2，这保证了预测精度。

以 Δ_{NMAE}、Δ_{NRMSE} 和 Δ_{R^2} 作为提升性能百分比指标，进一步比较不同预测模型的性能差异。表 2-11 给出了四个风电场不同预测方法之间的性能比较值，通过四个案例的比较可以证明结论的可靠性，结果表明，本章模型的预测精度高于其他基准预测模型。

表 2-11　本章模型相对于基准模型的提升性能百分比值　（单位：%）

预测模型	指标	风电场 A	风电场 B	风电场 C	风电场 D
预测模型 4 对比本章模型	Δ_{NMAE}	3.68	9.72	2.64	37.07
	Δ_{NRMSE}	3.74	14.06	3.52	40.00
	Δ_{R^2}	−11.65	0.19	−17.89	−13.31
预测模型 3 对比本章模型	Δ_{NMAE}	21.40	54.64	14.97	29.88
	Δ_{NRMSE}	20.14	56.82	21.41	34.38
	Δ_{R^2}	−11.67	−4.09	−3.99	−8.82
预测模型 2 对比本章模型	Δ_{NMAE}	19.55	58.22	14.24	1.09
	Δ_{NRMSE}	8.56	60.73	19.49	−1.54
	Δ_{R^2}	−26.62	−6.96	−2.52	−0.16
预测模型 1 对比本章模型	Δ_{NMAE}	20.85	59.60	12.73	5.48
	Δ_{NRMSE}	6.09	62.38	20.84	8.51

以风电场 A、B、C 和 D 为例，与预测模型 4 相比，本章模型的 Δ_{NRMSE} 分别

为 3.74%、14.06%、3.52%和 40.00%；与预测模型 3 相比，本章模型的 Δ_{NRMSE} 分别为 20.14%、56.82%、21.41%、34.38%；与预测模型 2 相比，本章模型的 Δ_{NRMSE} 分别为 8.56%，60.73%，19.49%，–1.54%；与预测模型 1 相比，本章模型的 Δ_{NRMSE} 分别为 6.09%、62.38%、20.84%、8.51%。特殊地，表 2-11 中 Δ_{NMAE} 和 Δ_{NRMSE} 大多数为正值，Δ_{R^2} 大多数为负值，这说明 NRMSE 和 NMAE 越小、R^2 越大，预测模型的精度越高。从上述指标来看，本章模型的参数调整能力优于其他基准预测模型，这也表明该方法在所有案例研究中都优于其他基准预测模型。

通过对不同预测模型之间性能差异的比较分析，本章模型比其他基准预测模型具有更低的误差。研究结果表明，所提出的数据分解、重构和参数优化方法可以提高预测精度，并且基于核函数转换机制可以进一步提高预测模型的性能和适应性。随着风能渗透率的增加，风电功率与气象因素之间的相互依赖性变得很重要。一方面，气象因素为风电预测提供了有用的信息；另一方面，高精度的预测模型为风电的调度和控制提供了决策支持。因此，所提出的预测方法可以使有用的气象信息最大化，从而为风电有功功率控制提供准确的预测值。

5. *风电集群超短期功率预测精度*

这里假设所有风电场都通过风电送出通道连接到大电网。对 15 个风电场的累计风电输出进行预测，采用 2880 个风电样本进行训练和测试，并将风电时间样本分为训练集（1500 个样本）、验证集（1501～2500 个样本）和测试集（2501～2880 个样本）。图 2-16 为风电集群级别有功功率数据样本。

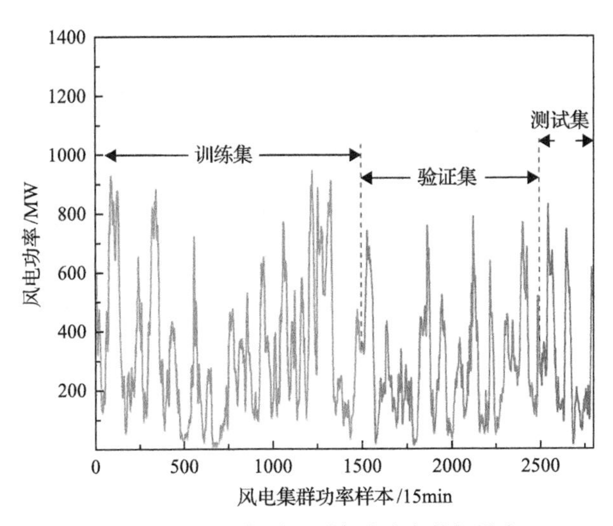

图 2-16　风电集群级别有功功率数据样本

预测精度是衡量预测模型性能的重要指标，在风电集群级别有功功率预测实验中给出了九种典型预测方法的性能，如图 2-17 所示。在图 2-17(a)中，从提前 4 步预测(提前 1h 预测)到提前 16 步预测(提前 4h 预测)，基于本章模型的风电集群预测模型均优于所有基准预测模型。可以看到，Persistence 模型(跟随模型)和 RBF 在提前多步风电集群有功功率预测中仍然表现不佳，原因是 Persistence 模型只是简单地提前若干步复制之前的有功功率数据，这将导致 NMAE 值变大。而 SVM、MSVM 和 PSO-MSVM 在提前 1h 预测中结果趋势平缓。其中，GSA-MSVM 在提前 1h 和提前 3h 预测中的值高于 CS-SVM，而 CS-SVM 在提前 2h 预测中的 NRMSE

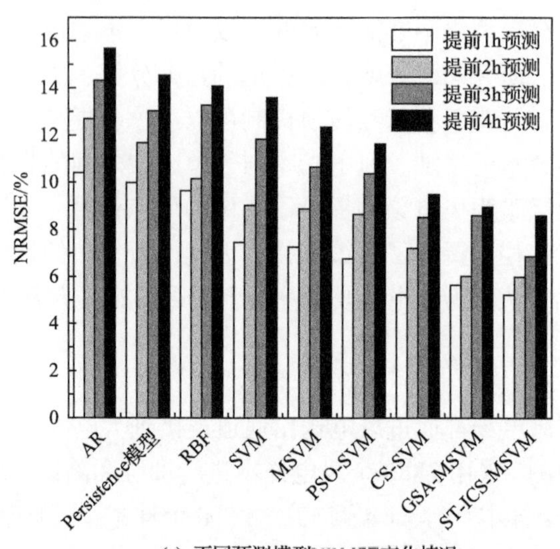

(a) 不同预测模型NRMSE变化情况

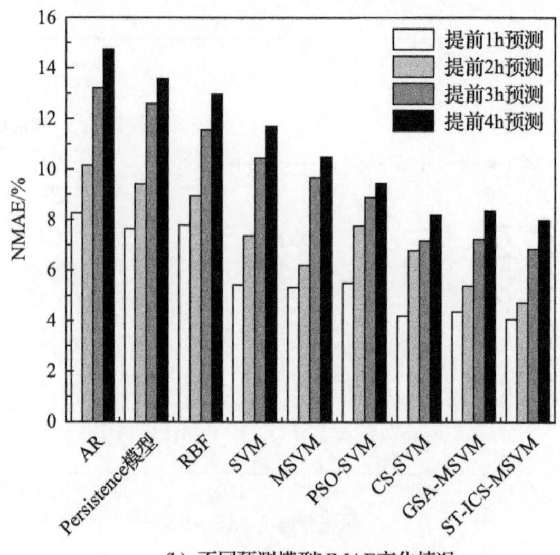

(b) 不同预测模型NMAE变化情况

图 2-17 风电集群有功功率预测误差结果

ST 表示时空

值高于 GSA-MSVM。这表明，在采用 GSA 和 CS 对预测模型的核函数(如 SVM 和 MSVM)进行参数优化时，尚不清楚哪种组合预测模型适用于多时间尺度的风电功率预测。当存在过拟合问题时，也会使得预测性能变差。如果没有正确选择优化算法，可能无法获得预期的结果。

如图 2-17 所示，就总体预测性能而言，通过将风电集群功率预测模型与其他基准预测模型进行比较发现，风电集群功率预测模型获得了更小的误差指标，也间接地避免了较大预测误差的出现。最重要的是，将风电集群内各个风电场功率的时空信息纳入预测模型中，然后结合基于多输出通道机制的预测模型，可以提升风电集群预测精度。

此外，将两个重要指标 Δ_{NMAE} 和 Δ_{NRMSE} 用于评价风电集群功率预测，其代表了风电集群功率预测模型相对于其他基准预测模型性能提升百分比。相对于单个预测模型、组合预测模型，风电集群功率预测模型的性能提升百分比结果见表 2-12 和表 2-13。在 Δ_{NMAE} 方面，风电集群功率预测模型比 AR 模型在提前 1h 预测时减小了 50.97%。通过对比风电集群功率预测模型相对于其他组合预测模型(如 MSVM、PSO-SVM、CS-SVM、GSA-MSVM)的性能提升百分比，可以看出 Δ_{NMAE}

表 2-12　风电集群功率预测模型与单个预测模型的性能提升百分比　(单位：%)

预测尺度	AR		Persistence 模型		RBF		SVM	
	Δ_{NMAE}	Δ_{NRMSE}	Δ_{NMAE}	Δ_{NRMSE}	Δ_{NMAE}	Δ_{NRMSE}	Δ_{NMAE}	Δ_{NRMSE}
提前 1h 功率预测	50.97	49.95	46.92	47.74	47.94	45.84	25.41	30.07
提前 2h 功率预测	53.40	52.80	49.68	48.72	47.03	40.93	35.65	33.52
提前 3h 功率预测	48.15	52.23	45.59	47.45	40.68	48.40	34.35	42.22
提前 4h 功率预测	45.82	45.25	41.24	40.99	38.43	39.06	31.74	36.87

表 2-13　风电集群功率预测模型相对于组合预测模型的性能提升百分比　(单位：%)

预测尺度	MSVM		PSO-SVM		CS-SVM		GSA-MSVM	
	Δ_{NMAE}	Δ_{NRMSE}	Δ_{NMAE}	Δ_{NRMSE}	Δ_{NMAE}	Δ_{NRMSE}	Δ_{NMAE}	Δ_{NRMSE}
提前 1h 功率预测	23.87	28.14	26.23	22.93	3.34	0.76	6.90	7.46
提前 2h 功率预测	23.83	32.47	38.97	30.51	30.24	16.92	12.08	0.66
提前 3h 功率预测	29.07	35.73	22.80	34.03	4.44	19.62	5.28	20.32
提前 4h 功率预测	23.85	30.47	15.47	26.35	2.56	9.49	4.43	4.03

和 Δ_{NRMSE} 均得到了优化，说明风电集群功率预测模型在不同预测时间区间内优于其他基准模型。

综上分析，通过以 NRMSE 和 NMAE 为核心指标评价预测模型自身优劣，以及 Δ_{NMAE} 和 Δ_{NRMSE} 评价预测模型之间的优劣，可以发现，在涉及风电集群功率预测，尤其时间尺度为超短期时，其他基准预测模型具有较大的误差，尤其是 AR 预测模型和 Persistence 模型，由于其不具备强大的拟合能力以及非线性外推能力，获得了较差的预测结果，而其他基准预测模型，如 RBF 预测模型、SVM 预测模型和 MSVM 模型，因关键参数依靠人为经验设置，所以获得的结果也不太令人满意，当涉及优化算法时，本章提出的改进优化算法可以便捷准确地获得最佳参数，因此可以获得较小的误差，这也说明，构建风电集群功率预测模型时，考虑时空信息以及优化模型关键参数可以提升预测精度。

参 考 文 献

[1] 卓振宇, 张宁, 谢小荣, 等. 高比例可再生能源电力系统关键技术及发展挑战[J]. 电力系统自动化, 2021, 45(9): 171-191.

[2] Khodayar M, Wang J. Spatio-temporal graph deep neural network for short-term wind speed forecasting[J]. IEEE Transactions on Sustainable Energy, 2019, 10 (2): 670-681.

[3] Ma J, Yang M, Lin Y. Ultra-short-term probabilistic wind turbine power forecast based on empirical dynamic modeling[J]. IEEE Transactions on Sustainable Energy, 2020, 11 (2): 906-915.

[4] Dowell J, Pinson P. Very-short-term probabilistic wind power forecasts by sparse vector autoregression[J]. IEEE Transactions on Smart Grid, 2016, 7 (2): 763-770.

[5] 李志刚, 吴文传, 张伯明, 等. 计及风电考虑离散化发电调节约束的在线滚动调度方法[J]. 电力系统自动化, 2014, 38(10): 36-42.

[6] Mahoney W P, Parks K, Wiener G, et al. A wind power forecasting system to optimize grid integration[J]. IEEE Transactions on Sustainable Energy, 2012, 3 (4): 670-682.

[7] Ezzat A A, Jun M, Ding Y. Spatio-temporal asymmetry of local wind fields and its impact on short-term wind forecasting[J]. IEEE Transactions on Sustainable Energy, 2018, 9 (3): 1437-1447.

[8] 赵永宁, 叶林. 区域风电场短期风电功率预测的最大相关－最小冗余数值天气预报特征选取策略[J]. 中国电机工程学报, 2015, 35(23): 5985-5994.

[9] Liu H, Chen C. Data processing strategies in wind energy forecasting models and applications: a comprehensive review[J]. Applied Energy, 2019, 249: 392-408.

[10] Wang J, Song Y, Liu F, et al. Analysis and application of forecasting models in wind power integration: a review of multi-step-ahead wind speed forecasting models[J]. Renewable & Sustainable Energy Reviews, 2016, 60: 960-981.

[11] Okumus I, Dinler A. Current status of wind energy forecasting and a hybrid method for hourly predictions[J]. Energy Conversion and Management, 2016, 123: 362-371.

[12] Dégerine S, Lambert-Lacroix S. Characterization of the partial autocorrelation function of nonstationary time series[J]. Journal of Multivariate Analysis, 2003, 87 (1): 46-59.

[13] Ahmadpour A, Farkoush G S. Gaussian models for probabilistic and deterministic wind power prediction: wind farm and regional[J]. International Journal of Hydrogen Energy, 2020, 45 (51): 27779-27791.

[14] Zhou H, Deng Z, Xia Y, et al. A new sampling method in particle filter based on Pearson correlation coefficient[J]. Neurocomputing, 2016, 216: 208-215.

[15] Kumar A J, Abirami S. Aspect-based opinion ranking framework for product reviews using a Spearman's rank correlation coefficient method[J]. Information Sciences, 2018, 460: 23-41.

[16] van Doorn J, Ly A, Marsman M, et al. Bayesian inference for Kendall's rank correlation coefficient[J]. American Statistician, 2018, 72 (4): 303-308.

[17] 张璐, 孔令臣, 陈黄岳. 基于距离相关系数的分层聚类法[J]. 计算数学, 2019, 41(3): 320-334.

[18] Huang N E, Shen Z, Long S R, et al. The empirical mode decomposition and the Hilbert spectrum for nonlinear and non-stationary time series analysis[J]. Proceedings of the Royal Society a-Mathematical Physical and Engineering Sciences, 1998, 454 (1971): 903-995.

[19] Wang S, Zhang N, Wu L, et al. Wind speed forecasting based on the hybrid ensemble empirical mode decomposition and GA-BP neural network method[J]. Renewable Energy, 2016, 94: 629-636.

[20] Ren Y, Suganthan P N, Srikanth N. A comparative study of empirical mode decomposition-based short-term wind speed forecasting methods[J]. IEEE Transactions on Sustainable Energy, 2015, 6 (1): 236-244.

[21] Fadlallah B, Chen B, Keil A, et al. Weighted-permutation entropy: a complexity measure for time series incorporating amplitude information[J]. Physical Review E, 2013, 87 (2): 022911.

[22] Burges C J C. A tutorial on support vector machines for pattern recognition[J]. Data Mining and Knowledge Discovery, 1998, 2 (2): 121-167.

[23] Suykens J A K, Vandewalle J. Least squares support vector machine classifiers[J]. Neural Processing Letters, 1999, 9(3): 293-300.

[24] Lu P, Ye L, Tang Y, et al. Ultra-short-term combined prediction approach based on kernel function switch mechanism[J]. Renewable Energy, 2021, 164: 842-866.

[25] Lu P, Ye L, Zhong W Z, et al. A novel spatio-temporal wind power forecasting framework based on multi-output support vector machine and optimization strategy[J]. Journal of Cleaner Production, 2020, 254: 119993.

[26] Rajabioun R. Cuckoo optimization algorithm[J]. Applied Soft Computing, 2011, 11 (8): 5508-5518.

[27] 国家电网公司. 风电功率预测功能规范: Q/GDW 10588—2015[S]. 北京: 中国电力出版社, 2016.

[28] Liu Z, Jiang P, Zhang L, et al. A combined forecasting model for time series: application to short-term wind speed forecasting[J]. Applied Energy, 2020, 259: 114137.

[29] Safari N, Mazhari S M, Chung C Y. Very short-term wind power prediction interval framework via bi-level optimization and novel convex cost function[J]. IEEE Transactions on Power Systems, 2019, 34 (2): 1289-1300.

第 3 章 风电场有功功率多目标分层递阶预测控制方法

3.1 引 言

分层递阶控制理论主要是针对复杂系统，解决复杂系统分析困难的问题，克服了集中控制和分散控制的缺点，同时兼具两者的优点，在工业生产中广泛应用。其基本思想非常简单，就是“两步走”，首先将复杂问题分解成多个简单问题来处理，进而由一个统一控制器协调各个简单问题之间的耦合关系，最终实现整体目标函数的最优[1-4]。由于针对每个简单问题可以使用之前成熟快速的解法进行处理，而且复杂问题的分解可以实现风险均摊，每个控制器只要对自己控制的简单问题负责，明确责任，提高了系统的可靠性[5-7]。分层递阶控制的核心是控制响应速度由下而上逐层递减，智能程度由下而上逐层增加。组织级控制系统具有最高的智能水平。协调级为组织级和执行级之间的连接装置，涉及决策方式。执行级是智能控制系统的底层，具有最高控制响应速度，采用常规控制理论实现。随着电力系统风电渗透率的不断增加，系统调度侧对风电场有功功率的运行调度控制能力提出了更高的要求[8]。为了实现提高风电场有功功率调度指令追踪精度、限制风机调度波动次数和根据风机发电状态进行调度优化等多个目标，本章从风电场分层递阶预测控制和风机分群控制管理两个角度制定运行控制策略。首先，将风电场有功功率调度分为场站优化分配层、风机分群控制层和单机有功功率管理层三个层次。然后，在建立超短期风电功率预测组合模型为场站优化分配层模型预测控制提供整场有功预测值的基础上，按照风机发电状态对风机进行分群。在整场、机群和单机层面分别建立滚动优化模型对有功功率进行在线滚动优化控制，并通过风电场监测设备向各层反馈实时有功发电状态，实现系统的自动反馈校正，从而实现风电场有功功率的多目标协调优化控制。

3.2 风电场有功功率控制多目标协调优化模型

大型风电场内部往往由于风机数量较多、分布范围广、风机尾流效应和地形地貌差异等因素而使得风机发电状态存在一定程度的差异。

在上述背景下，如图 3-1 所示，本章通过在超短期风电功率预测的基础上对场内控制时序进行分解，构建分层预测控制策略，经过递阶滚动优化和分层反馈校正提高有功功率调度计划追踪精度。此外，为了避免风机数量较多带来的优化计算过于复杂和风电场有功调度值波动影响过大等问题，本章通过 DMPC 思想根据风机负荷和未来发电状态对风机进行分群，并在各机群内建立独立而有针对性的滚动优化模型，从而降低计算复杂程度和风机调度指令波动次数。

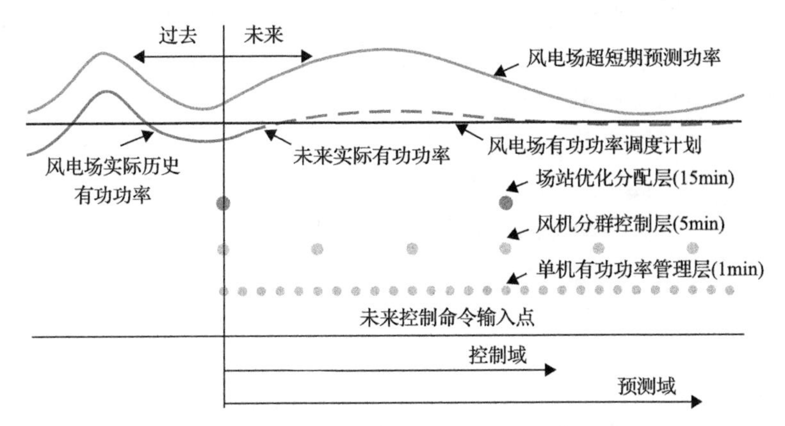

图 3-1　风电场有功功率多目标递阶预测控制时序

图 3-2 显示了本章提出的有功功率多目标分层递阶 MPC 流程。在风机分群的基础上针对各层控制分工和有功功率控制目标分别建立数学模型，并将系统和风机对有功功率的约束进行模型化表示。

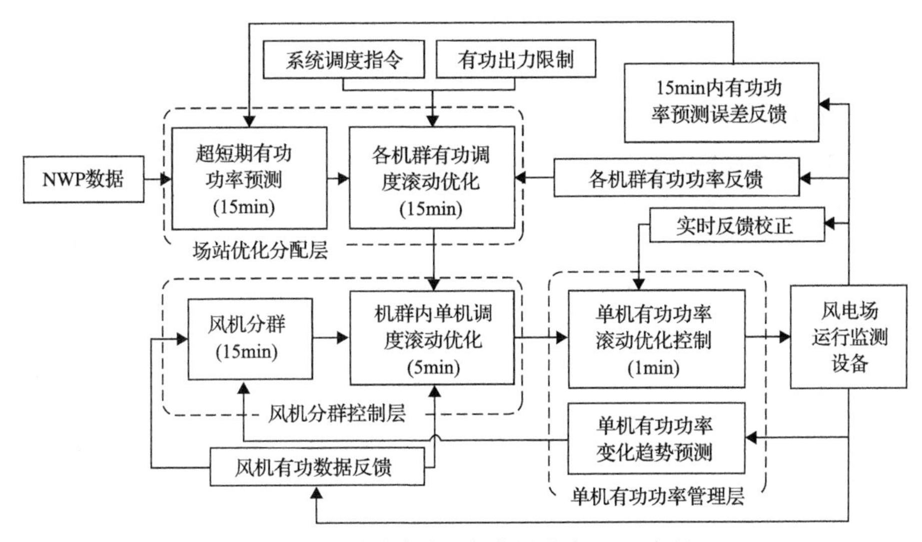

图 3-2　有功功率多目标分层递阶 MPC 流程

场站优化分配层根据超短期风电功率组合预测模型的预测结果，以 15min 一次的频率滚动优化计算各机群有功功率分配调度值。风机分群控制层根据风机负荷及未来发电状态每 15min 进行一次风机机群的重新划分，并以 5min 一次的频率计算本机群内风机的有功功率分配指标。单机有功功率管理层根据风机分群控制层下发的风机负荷指标每 1min 对风机进行一次调度指令追踪滚动优化和实时反馈校正[9-14]。

在风电场有功功率预测环节，根据文献[15]～[22]的研究成果，本章选取在线序贯极限学习机(online sequential extreme learning machine，OSELM)和 LSSVM 建立超短期风电功率预测模型组合预测。在场站优化分配层、风机分群控制层和单机有功功率管理层均引入滚动优化环节，对各层有功功率进行不同时间尺度的优化计算。在场站优化分配层，在风电场超短期功率预测数据的基础上，以系统有功调度指令、有功功率变化率限制和机群有功功率变化趋势为约束条件，对各机群有功功率控制目标进行滚动优化。在风机分群控制层，以本群风机实际有功功率和单机有功功率预测值为输入数据，以场站层下发的本群有功控制目标和风机有功变化限制值为约束条件进行群内单机有功功率控制目标优化。在单机有功功率管理层以单机有功功率控制目标为约束条件进行滚动优化。

此外，在三个递阶控制层级中，引入风电场实际有功功率反馈校正环节，修正系统误差并提高有功功率实时控制精度。在场站优化分配层，由风电场运行监测设备汇总整场实际有功功率计算预测误差及其权重矩阵，从而提高超短期有功功率预测精度。在风机分群控制层，以风机实际有功功率反馈作为机群有功功率优化控制校正参考。在单机有功功率管理层，通过单机有功功率对风机控制系统的反馈实现有功功率实时校正。

3.2.1 动态分群建模

为了提高风电场系统有功功率调度计划追踪控制的精度，并且在考虑风机发电状态的基础上尽量减少调度指令波动次数，提高风电场风能利用能力，本节考虑根据风机发电状态和有功功率预测值进行风机分群，从而实现有功功率的精准调控。在此基础上，针对多个风电场有功功率控制目标建立数学模型，实现多目标协调优化。

在大型风电场内部往往存在风机数量较多、分布范围较广、风机型号不一致等情况，因而出现风机额定容量、负荷率和未来发电能力的不同。这些为风电场对系统有功功率调度计划追踪和调度波动次数限制带来了困难，不利于风电场降低运行控制和维护成本。

为了综合考虑这些问题，借助 DMPC 分布式滚动优化思想，本节尝试以负荷率和下一时刻有功功率预测值为衡量标准对风机进行分群，从而在有功调度指令变化时可以防止负荷分配不平衡，提高滚动优化的准确性和针对性，减小调度指令波动范围，降低风机损耗。

在风机分群控制层，如图 3-3 所示，以风机负荷状态和发电潜力作为分群目标，将场内风机划分为高负荷升功率、高负荷功率稳定、高负荷降功率、中负荷升功率、中负荷功率稳定、中负荷降功率、低负荷升功率、低负荷功率稳定和低负荷降功率 9 种机群。

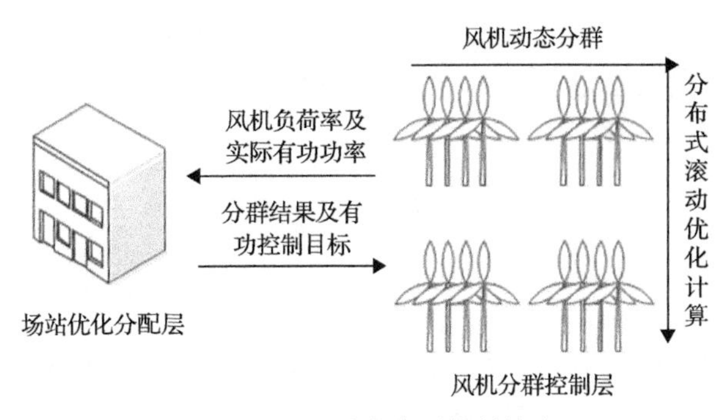

图 3-3　风机动态分群控制策略

首先，根据风电场风机负荷状态确定分群标准。根据风机装机容量和负荷值计算得到风机平均负荷率 $\overline{\beta}$：

$$\overline{\beta}=\frac{P_{\text{load}}}{P_{\text{N}}}\times 100\% \tag{3-1}$$

式中，P_{load} 为风电场有功负荷；P_{N} 为风电场有功额定容量；$\overline{\beta}$ 为整个风电场风机有功负荷的平均水平，因此将其作为中负荷机群的中间值，并将其作为分群的依据之一。

在对风机进行高、中、低负荷划分时，两个负荷区之间的功率变化间隔应参照国家标准中的风电场爬坡限制值确定，这样可以防止风机在风机分群控制层的优化周期(5min)内出现从低到高或从高到低的跨区变化，从而可以降低风机分群后的滚动优化计算复杂度。根据风电场有功功率变化限制，计算得到了表 3-1 中不同装机容量风电场的风机分群负荷区间隔。

表 3-1　风机分群负荷区间隔

风电场装机容量 P_c/MW	分群间隔	分群间隔上限
＜30		$5/P_c\times 100\%$
30～150	$\frac{\beta_{\max}-\beta_{\min}}{3}$	15%
＞150		$25/P_c\times 100\%$

表 3-1 中，$\beta_{\max}$ 为风电场运行状态下单机最大负荷率；$\beta_{\min}$ 为同时刻单机最

小负荷率。分群间隔跟随风机分群控制层滚动优化计算进行更新。

由于风机分群控制层可以每分钟从单机有功功率管理层获得一次风机有功功率实际数据，因此可以选用自回归积分滑动平均(autoregressive integrated moving average，ARIMA)模型预测得到单机未来 5min 风速值 V_{t+m}，分辨率为 1min。再通过风机功率曲线拟合计算这 5 个点的单机有功功率理论值 $P_{ij0,t+m}$，ij 代表第 i 个机群中的第 j 台风机。为了防止因风速的随机性和波动性产生的有功功率下跌或者突发的负荷上调情况，取这 5 个点的有功功率值最小值再乘以安全裕度系数 α，作为风机在 t+5 时刻的有功功率可靠值 $P_{ij,t+5}$，即

$$P_{ij0,t+m} = g(V_{t+m}),\quad m=1,2,\cdots,5 \tag{3-2}$$

$$P_{ij,t+5} = \alpha \min(P_{ij0,t+m}),\quad m=1,2,\cdots,5 \tag{3-3}$$

式中，$g(\cdot)$ 为风机功率曲线函数，由风机自身 P-V(有功功率-风速)特性决定，该函数因风机类型、装机容量等因素而存在差异。根据计算时间间隔和风电功率波动情况，本节将安全裕度系数 α 取作 0.85，这样既可以保证风机有功功率的可靠性，又可以促进风电场最大限度地利用风机发电潜力。

根据风机监测设备上传的 t–5 时刻的有功功率值 $P_{ij,t-5}$、t 时刻有功功率 $P_{ij,t}$ 和预测得到的未来 5min 的有功功率可靠值 $P_{ij,t+5}$ 进行风机有功功率变化趋势判断。

采用最小二乘法对上述三个有功功率值进行线性拟合得到拟合斜率 φ_{ij}，则定义场站优化分配层滚动优化周期(15min)内的风机有功功率变化趋势判断因子：

$$\gamma_{ij} = \frac{\varphi_{ij}}{P_{ij\mathrm{N}}} \tag{3-4}$$

式中，$P_{ij\mathrm{N}}$ 为风机装机容量；实际上，γ_{ij} 为风机在 15min 之内的有功功率变化率与装机容量的比值。

根据弱风季节风机有功功率数据和目前国内风电场单机容量，本节选用 $\gamma_{ij}=\pm0.008$ 作为有功功率变化判定边界条件。表 3-2 中给出了以此作为判定条件的风机有功功率变化趋势判定方法。γ_{ij} 过小容易导致单机调度目标频繁变化，从而导致风机的机械损耗过大；γ_{ij} 过大则导致风电场有功功率调整的灵活度降低。

表 3-2　风机有功功率变化趋势判定方法

有功功率变化趋势判断因子 γ_{ij}	有功功率变化趋势判定结果
＞0.008	升功率
[–0.008,0.008]	功率稳定
＜–0.008	降功率

通过每 15min 进行一次风机动态分群，可以利用 DMPC 方法的分布式滚动优化思想，实现单机有功功率实时滚动优化和风机发电潜力信息汇总，并为场站优化分配层风电有功功率调度提供条件，从而使场站优化分配层可以在较少的风机调节数量和较小的调节幅度的情况下，实现有功功率的快速准确调控。

3.2.2　多目标分层等值建模

场站优化分配层既是在风电场根据有功调度计划在整场角度进行综合考虑的层级，也包含了对风电场整场实际有功功率的误差分析和反馈校正部分，因此以 15min 为控制周期实现提高风电场有功功率调度控制精度目标是这一层级的重要任务。

由此可以确定各机群 15min 后的有功功率值调度控制目标。其中，控制目标不变的机群有功功率为 $P_{\mathrm{GN}i,t+15}$，即 $P_{\mathrm{GN}i,t+15}=P_{\mathrm{GN}i,t}$。有功功率控制目标变化的机群有功功率为 $P_{\mathrm{GA}i,t+15}$。

则场站优化分配层滚动优化目标计算模型为

$$
\begin{aligned}
\min Z_1 = & \left[P_{\mathrm{sys},t} - \left(\sum_{i=1}^{9-s} P_{\mathrm{GN}i,t+15} + \sum_{i=1}^{s} P_{\mathrm{GA}i,t+15}\right)\right]^2 \\
& + \sum_{i=1}^{s} \left(P_{\mathrm{GA}i,t+15} - P_{\mathrm{GA}i,t}\right)^2
\end{aligned}
\tag{3-5}
$$

式中，$P_{\mathrm{sys},t}$ 为 t 时刻系统调度计划有功功率值；s 为风电场数量；$P_{\mathrm{GA}i,t}$ 为有功功率变化机群 t 时刻有功功率值。

在场站优化分配层，调度控制需要满足风电场有功负荷之和小于或等于风电场装机容量且小于或等于风电场超短期风电功率预测值、机群有功负荷值小于或等于该机群装机容量、有功变化率小于或等于风电场有功功率爬坡率限制等约束条件。则有

$$
\text{s.t.}\begin{cases}
\displaystyle\sum_{i=1}^{9-s} P_{\mathrm{GN}i,t+15} + \sum_{i=1}^{s} P_{\mathrm{GA}i,t+15} \leqslant P_{\mathrm{wfN}} \\
\displaystyle\sum_{i=1}^{9-s} P_{\mathrm{GN}i,t+15} + \sum_{i=1}^{s} P_{\mathrm{GA}i,t+15} \leqslant P_{\mathrm{pre},t+15} \\
0 \leqslant P_{\mathrm{GA}i,t+15} \leqslant P_{\mathrm{GA}i\mathrm{N}} \\
\left|\dfrac{P_{\mathrm{GA}i,t+15} - P_{\mathrm{GA}i,t}}{P_{\mathrm{GA}i,t}}\right| \leqslant C_{\mathrm{N}}
\end{cases}
\tag{3-6}
$$

式中，P_{wfN} 为风电场装机容量；$P_{\text{pre},t+15}$ 为 t+15 时刻风电场超短期风电功率预测值；$P_{\text{GA}i\text{N}}$ 为有功功率变化机群装机容量；C_{N} 为风电场有功功率爬坡率限制。

根据风机负荷率和未来功率变化趋势进行风机分群后，可以更有针对性地对风电场有功功率分配进行优化调整，从而降低调度指令波动给风电场带来的运行维护成本的增加。

在风机分群控制层，经过风机分群之后，机群本身有功功率总和为

$$P_{\text{G}i,t} = \sum_{j=1}^{J} P_{ij,t}, \quad i = 1,2,\cdots,9 \tag{3-7}$$

式中，J 为本群内风机台数；$P_{ij,t}$ 为 t 时刻第 i 机群第 j 台风机的有功功率值。

此外，当场站优化分配层为每个群下发调度分配指令 $P_{\text{G}i,t+15}$ 之后，本机群内将每 5min 进行一次滚动优化计算，并将机群调度指标下发至风机。

则 15min 内本机群 3 次滚动优化的有功控制变化量为

$$\Delta P_{\text{G}i,t+m} = P_{\text{G}i,t+15} - P_{\text{G}i,t+m-5}, \quad m = 5,10,15 \tag{3-8}$$

式中，$P_{\text{G}i,t+m-5}$ 为 5min 前本机群有功功率值。

本层优化计算目标为在满足功率变化约束的情况下，综合考虑本群内各风机发电状态和功率变化趋势进行有功负荷分配，降低风电场总体风机调度指令波动次数。则本层滚动优化控制目标计算方程如下：

$$\min Z_2 = \sum_{j=1}^{J} (P_{ij,t+5} - P_{ij,t})^2 \tag{3-9}$$

式中，$P_{ij,t+5}$ 为 t+5 时刻第 i 机群第 j 台风机的有功功率控制目标。

在风机分群控制层，滚动优化控制目标需要满足风机有功变化值之和等于机群有功调度控制变化目标、风机爬坡率在许可范围内、风机有功功率调度控制目标小于或等于风机装机容量等约束条件。则有如下约束公式：

$$\text{s.t.} \begin{cases} \sum_{j=1}^{J} (P_{ij,t+5} - P_{ij,t}) = \Delta P_{\text{G}i,t+5} \\ \left| \dfrac{P_{ij,t+5} - P_{ij,t}}{P_{ij,t}} \right| \leqslant C_{\text{PN}} \\ 0 \leqslant P_{ij,t+5} \leqslant P_{ij\text{N}} \end{cases}, \quad i = 1,2,\cdots,9; \quad j = 1,2,\cdots,J \tag{3-10}$$

式中，$P_{ij\text{N}}$ 为单机装机容量；C_{PN} 为单机爬坡率限制约束。

在分群之后的 5min 内，风机分群控制层将利用式(3-10)进行 3 次滚动优化计算，得到各机群中每台风机的有功功率调度计划调节目标 $P_{ij,t+5}$，并下发至单机。然后，单机有功功率管理层将根据这个调节目标在 5min 内对单机有功功率进行 1min 频率的滚动优化控制。

在单机有功功率管理层，单台风机以风机分群控制层下发的本机有功功率调度指令为控制目标，每分钟通过风机自身的有功功率控制系统进行有功功率调节，从而实现单机有功功率控制的滚动优化和反馈校正。该调度值由风机分群控制层每 5min 下发一次，即 $P_{ij,t+5}$。

同时，该层还负责上传风机有功功率可靠值至风机分群控制层。在此基础上，风机自身控制系统将根据风机有功功率数据和有功功率调度指标对风机有功功率进行实时反馈校正，则下一分钟风机有功功率调整值为

$$\Delta P_{ij,t+1} = P_{ij,t+1} - P_{ij,t} \tag{3-11}$$

在单机有功功率管理层，其控制目标为风机有功功率输出与机群分群控制层下发的控制目标之间的误差最小。则其每分钟滚动优化控制目标计算方程如下：

$$\min E = (P_{ij,t+1} - P_{ij,t})^2 \tag{3-12}$$

式中，$P_{ij,t+1}$ 为下一分钟风机有功功率目标值；$P_{ij,t}$ 为风机实时有功功率值。

其约束条件为风机有功功率爬坡率限制、风机有功功率调整值以及风机装机容量。则式(3-12)的约束公式如下：

$$\text{s.t.}\begin{cases} \left|\dfrac{P_{ij,t+1} - P_{ij,t}}{P_{ij,t}}\right| \leqslant C_i \\ P_{ij,t+1} - P_{ij,t} = \Delta P_{ij,t+1} \\ 0 \leqslant P_{ij,t+1} \leqslant P_{ij\text{N}} \end{cases},\quad i = 1,2,\cdots,n;\quad j = 1,2,\cdots,J \tag{3-13}$$

式中，n 为风电场风机数量。

3.3　风电场有功功率模型预测控制方法

从风电场的整体角度看，数值天气预报数据为输入数据，系统调度计划为控制目标，系统所计算得到的风机负荷分配控制目标为输出变量。为了发挥模型预测控制方法在控制稳定性和处理多约束条件的能力，在进行超短期风电功率预测的基础上，本节提出在控制分层的基础上实现三级递阶滚动优化，并在各层级实现了实际数据的实时反馈和单机终端反馈校正，从而提高系统的控制稳定性和精

确度。

3.3.1 风电功率递阶滚动优化方法

针对 3.2 节所列出的风电场有功功率控制的多个目标，本节提出采用基于动态矩阵控制的分层递阶滚动优化的方式实现有功功率控制的实时优化。其原理如图 3-4 所示。

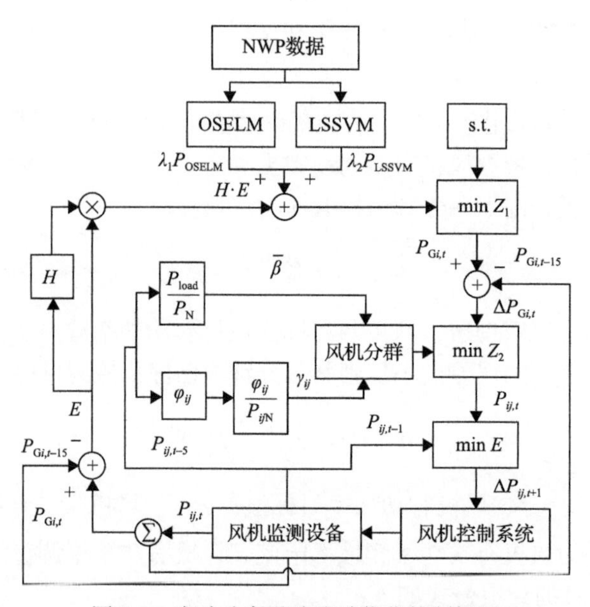

图 3-4 有功功率递阶滚动优化控制框图

在场站优化分配层，经过调控后的风机群有功输出应该为

$$P_{\text{G},t+5} = P_{\text{G},t} + A\Delta P_{\text{G},t+5} \tag{3-14}$$

式中，$P_{\text{G},t}$ 为 t 时刻各机群有功功率实际值矩阵；$\Delta P_{\text{G},t}$ 为各机群有功控制增量矩阵；A 为有功控制目标变化判定矩阵。根据 3.2 节所述机群调度顺序，控制目标改变的机群对应的元素为 1，否则为 0。

$$A = \begin{bmatrix} a_{11} & \cdots & a_{19} \\ \vdots & & \vdots \\ a_{51} & \cdots & a_{59} \end{bmatrix} \tag{3-15}$$

将式(3-15)根据动态矩阵控制方法进行向量化变换，可以得到

$$\min Z(t) = \left\| P_{\text{sys},t} - P_{\text{G},t} \right\|_Q^2 + \left\| \Delta P_{\text{G},t+5} \right\|_R^2 \tag{3-16}$$

$$P_{\text{sys},t}=\left[P_{\text{sys},t+1}\ \cdots\ P_{\text{sys},t+5}\right]^{\mathrm{T}} \tag{3-17}$$

式中，Q为误差权矩阵；R为控制权矩阵。则有

$$Q=\text{block-diag}\left[q_1\ \cdots\ q_5\right] \tag{3-18}$$

$$R=\text{block-diag}\left[r_1\ \cdots\ r_5\right] \tag{3-19}$$

式中，$q_1,q_2,\cdots,q_5$和$r_1,r_2,\cdots,r_5$分别为未来5个时刻误差和控制变量的权重，可以按照时间距离越近权重越大的原则进行分配；block-diag表示对角矩阵函数。

控制增量矩阵可由式(3-20)得出

$$\Delta P_{\text{G},t}=D(P_{\text{sys},t}-P_{\text{G},t}) \tag{3-20}$$

$$D=(A^{\mathrm{T}}QA+R)^{-1}A^{\mathrm{T}}Q \triangleq \begin{bmatrix} d_{11} & \cdots & d_{19} \\ \vdots & & \vdots \\ d_{51} & \cdots & d_{59} \end{bmatrix} \tag{3-21}$$

则由式(3-20)和式(3-21)可得

$$\Delta P_{\text{G},t+5}=(A^{\mathrm{T}}QA+R)^{-1}A^{\mathrm{T}}Q\cdot(P_{\text{sys},t+5}-P_{\text{G},t+5}) \tag{3-22}$$

将式(3-21)代入式(3-15)中，并结合3.2节所述的约束条件进行二次规划求解，可以得到各风机群5min后的有功负荷分配值$P_{\text{G},t+5}$。

应用上述方法同样可以得到风机分群控制层和单机有功功率管理层的有功滚动优化方法，从而通过三个层级的有功递阶滚动优化提升整场有功功率调度分配的合理性，实现多个控制目标的协调优化。

3.3.2　误差分析与反馈校正

由于风电功率预测方法本身所具有的系统误差、系统控制精度以及风能波动性和随机性带来的有功功率变化均可能为风电场有功负荷的调度控制带来不同程度的误差，因此为了平衡误差反馈与计算复杂程度之间的矛盾，本节从风电场和风机两个角度进行误差分析以及反馈校正。

从风电场角度，针对功率预测方法本身和系统控制精度带来的误差，通过风电场汇总的实际误差对预测模型进行反馈校正。则经校正之后的预测模型为

$$P_{\text{pre},t+15}=P_{\text{pre},t}+H\cdot E \tag{3-23}$$

式中，H为误差校正矩阵；E为过去15min的误差矩阵。

$$H = \left[h_{t+1} \ \cdots \ h_{t+15}\right] \tag{3-24}$$

$$h_{t+m} = \frac{e_{t+m}}{\frac{1}{15}\sum_{m=1}^{15} e_{t+m}}, \quad m = 1,2,\cdots,15 \tag{3-25}$$

$$E = \left[e_{t+1} \ e_{t+2} \ \cdots \ e_{t+15}\right]^{\mathrm{T}} \tag{3-26}$$

$$e_{t+m} = P_{\mathrm{real},t+m} - P_{\mathrm{pre},t}, \quad m = 1,2,\cdots,15 \tag{3-27}$$

在风机角度，风机自身的反馈校正是实时校正，相对于整场反馈而言，风机自身反馈反应速度更快，控制过程也更加简单。由于风机自身反馈校正周期较短，可以将风机有功功率实际数据直接反馈至式(3-11)～式(3-13)中，从而通过自身的滚动优化过程即刻达到校正的目的。

3.4 算例分析

3.4.1 系统参数设定

本节建立包含 120 台风机的风电场模型对所提出的方法进行验证。风电场总装机容量为 252MW，包含 1.5MW 风机 18 台、2MW 风机 60 台和 2.5MW 风机 42 台。以相近装机容量风电场数值天气预报数据作为超短期风电功率组合预测模型的输入数据。

3.4.2 风电场控制效果分析

当风电场有功功率调度曲线发生明显爬升或者下降时，风电场有功功率往往容易产生波动性误差。此时，风电场为了满足有功功率要求需要对有功功率进行重新调度分配。目前，多数风电场实际应用的场内有功调度算法主要为固定比例分配(fixed proportional allocation，FPA)算法和变比例分配(changing proportional allocation，CPA)算法两种[2]。固定比例分配是指所有机组按照统一的负荷比例进行负荷分配。变比例分配是指按照负荷高的机组多发、负荷低的机组少发进行负荷分配。下面将对比本节所提出的方法与这两种算法在调度计划追踪方面的表现。

图 3-5 和表 3-3 显示了算例中风电场超短期风电功率预测模型精度对比。为了验证本节所提出的方法有效性，分别利用固定比例分配算法、变比例分配算法和本节所提出的多目标分层 MPC 方法对算例风电场进行 24h 的有功功率优化控制。其中，固定比例分配算法和变比例分配算法均根据 15min 前风电场有功

功率和风电场有功调度计划指标进行有功功率分配，滚动计算周期为 15min。

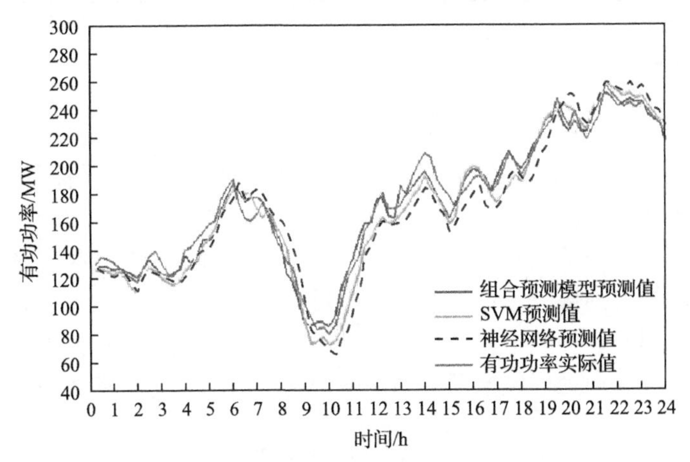

图 3-5 超短期风电功率预测模型精度对比

表 3-3 三种预测模型的预测误差

误差指标	组合预测模型	SVM	神经网络
RMSE/%	8.23	10.58	12.76

注：均方根误差(root mean squared error，RMSE)。

图 3-6 和表 3-4 给出了采用上述三种有功分配策略的算例风电场 24h 的场内有功功率调度控制结果。从表 3-4 中结果可以看出三种方法在实际有功功率与调度控制目标之间的均方根误差对比方面，本节所提出的多目标分层 MPC 方法优于

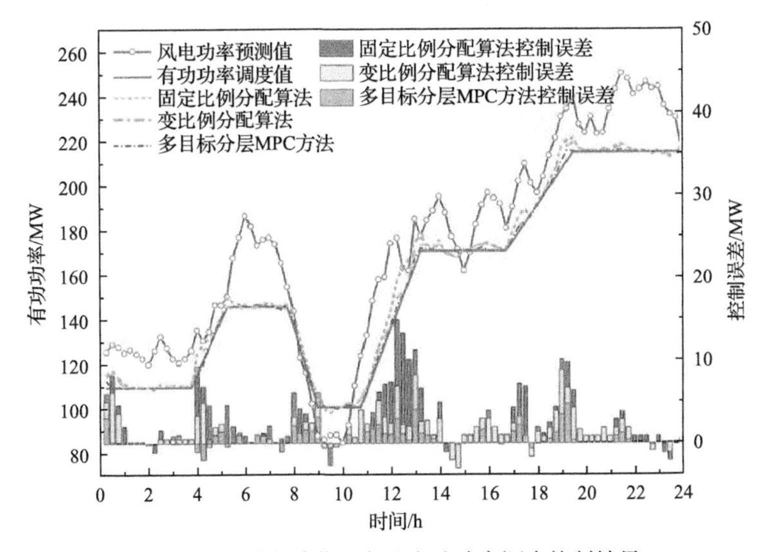

图 3-6 三种有功分配方法有功功率调度控制结果

表 3-4 24h RMSE 和风机调度波动次数控制结果

项目	固定比例分配算法	变比例分配算法	多目标分层 MPC 方法
RMSE/%	6.37	6.04	4.85
风机调度波动次数/台次	118	104	83

其他两种方法，而在风机调度波动次数方面，本节所提出的多目标分层 MPC 方法明显优于其他两种方法。

图 3-7 显示了以调度计划追踪精度优先的三种方法控制结果中超短期风电功率预测值波动较大的部分。可以看出，多目标分层 MPC 方法可以较好地抑制有功功率波动。因此，在风电具有明显波动的区间内，本节所提出的方法通过滚动优化控制可以较好地处理风电场有功功率的连续波动，提高有功功率稳定性。

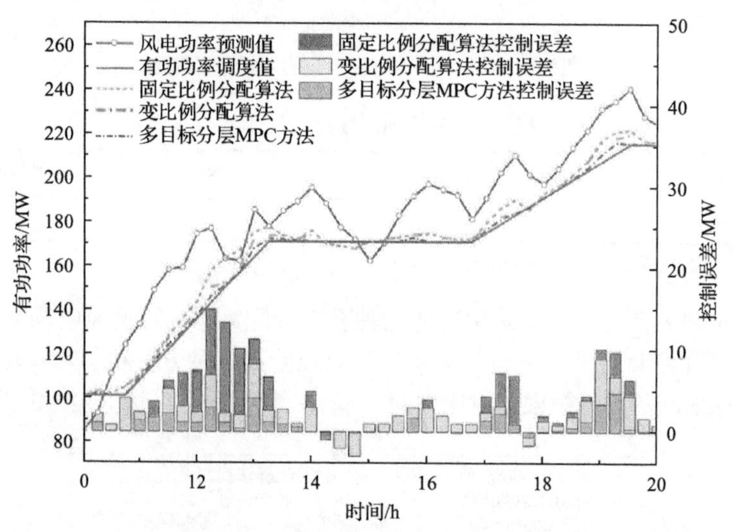

图 3-7 三种有功功率分配方法针对有功功率波动性的应对效果对比

为了验证本节提出的多目标分层 MPC 方法的有效性，选取了在风机分群控制层 5min 内的 9 个风电机群有功功率变化曲线进行说明。表 3-5 中显示了 5min 内的有功调度计划和风电场的实际有功功率值。其中，有功调度计划取自分辨率为 15min 的日内滚动计划，从而对一次分群后的风机分群控制层调度进行说明。从图 3-8 中可以看出，在 0～2min 内根据风电场调度指标进行功率抬升，此时低负荷升功率机群优先动作，其他机群有功功率不变；2～3min 内功率继续抬升，此时只调整低负荷升功率机群无法满足调度指标，按照优先顺序低负荷升功率机群和中负荷升功率机群同时动作；3min 后系统开始降功率，根据场站优化分配层计算结果高负荷降功率机群和中负荷降功率机群调整控制目标开始降低有功功率。4～5min 内，系统调度计划继续下降，但高负荷降功率机群达到降功率限值，此时中负荷降功率机群和低负荷降功率机群同时动作。此外，由表 3-5 中的风机调度波动次数可以看出，本节所提出的多目标分层 MPC 方法中的风机分群控制层可以在较好地跟踪有功调度计划指标的同时，尽量少地减少风机调整台次，从而降低风机机械损耗。

表 3-5　5min 内风电场有功调度计划指标及实际有功功率

时间/min	有功调度计划/MW	实际有功功率/MW	风机调度波动次数/台次
1	101.17	101.02	2
2	103.49	103.23	3
3	107.95	108.08	4
4	105.27	104.39	5
5	102.86	101.05	4

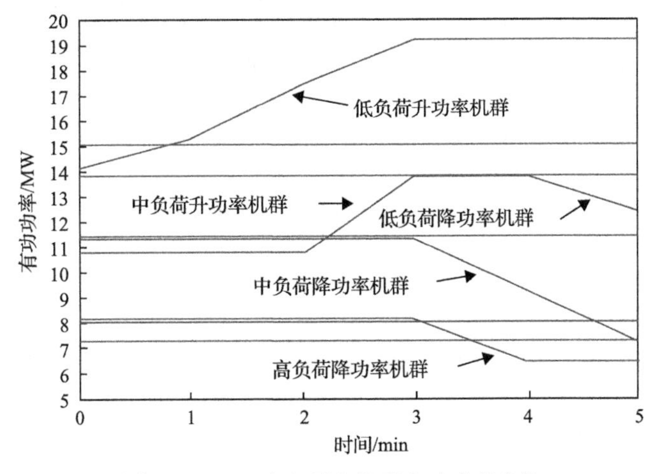

图 3-8　5min 内各风电机群有功功率变化

参 考 文 献

[1] 刘兴杰, 李聪, 梅华威. 基于机组动态分类的风电场有功控制策略研究[J]. 太阳能学报, 2011, 8: 1349-1354.

[2] 汤奕, 王琦, 陈宁, 等. 采用功率预测信息的风电场有功优化控制方法[J]. 中国电机工程学报, 2012, 34: 1-8.

[3] 薛禹胜, 郁琛, 赵俊华, 等. 关于短期及超短期风电功率预测的评述[J]. 电力系统自动化, 2015, 6: 111-151.

[4] 张伯明, 吴文传, 郑太一, 等. 消纳大规模风电的多时间尺度协调的有功调度系统设计[J]. 电力系统自动化, 2011, 1: 1-6.

[5] 行舟, 陈永华, 陈振寰, 等. 大型集群风电有功智能控制系统控制策略(一)风电场之间的协调控制[J]. 电力系统自动化, 2011, 20: 20-23, 102.

[6] 邹见效, 李丹, 郑刚, 等. 基于机组状态分类的风电场有功功率控制策略[J]. 电力系统自动化, 2011, 24: 28-32.

[7] Yan J, Zhang J, Liu Y, et al. Unit commitment in wind farms based on a glowworm metaphor algorithm[J]. Electric Power Systems Research, 2015, 129: 94-104.

[8] 席裕庚, 李德伟, 林姝. 模型预测控制——现状与挑战[J]. 自动化学报, 2013, 3: 222-236.

[9] Ebrahimi F M, Khayatiyan A, Farjah E. A novel optimizing power control strategy for centralized wind farm control system[J]. Renewable Energy, 2016, 86: 399-408.

[10] Pathak A K, Sharma M P, Mahesh B. A critical review of voltage and reactive power management of wind farms[J]. Renewable and Sustainable Energy Reviews, 2015, 51: 460-471.

[11] Khalid M, Savkin A V. A model predictive control approach to the problem of wind power smoothing with controlled battery storage[J]. Renewable Energy, 2010, 35: 1520-1526.

[12] Sami Y D S, David A R, Gary K Y, et al. The impact of land use constraints in multi-objective energy-noise wind farm layout optimization[J]. Renewable Energy, 2016, 85: 359-370.

[13] Ganesh K, Rohrig K, Erlich I. One step ahead: short-term wind power forecasting and intelligent predictive control based on data analytics[J]. IEEE Power and Energy Magazine, 2012, 10(5): 71-78.

[14] Guo Y, Wang W, Tang C, et al. Model predictive and adaptive wind farm power control[C]. Proceedings of the American Control Conference, Washington D C, 2013.

[15] 李立成, 叶林. 采用虚拟调节算法的风电场有功功率控制策略[J]. 电力系统自动化, 2013, 37(10): 41-47.

[16] 林俐, 谢永俊, 朱晨宸, 等. 基于优先顺序法的风电场限出力有功控制策略[J]. 电网技术, 2013, 4: 960-966.

[17] Mayne D Q, Rawlings J B, Rao C V, et al. Constrained model predictive control: stability and optimality[J]. Automatica, 2000, 36(16): 789-811.

[18] 叶林, 朱倩雯, 赵永宁. 超短期风电功率预测的自适应指数动态优选组合模型[J].电力系统自动化, 2015, 39(20): 12-18.

[19] 王焱, 汪震, 黄民翔, 等. 基于 OS-ELM 和 Bootstrap 方法的超短期风电功率预测[J]. 电力系统自动化, 2011, 6: 11-19, 122.

[20] 张伯明, 陈建华, 吴文传. 大规模风电接入电网的有功分层模型预测控制方法[J]. 电力系统自动化, 2011, 9: 6-11. .

[21] Xing H J, Cheng H Z, Zhang L B. Demand response based and wind farm integrated economic dispatch[J]. CSEE Journal of Power and Energy Systems, 2015, 1(4): 37-41.

[22] 叶林, 刘鹏. 基于经验模态分解和支持向量机的短期风电功率组合预测模型[J]. 中国电机工程学报, 2011, 31(31): 102-108.

第 4 章　基于分布式预测控制理论的含风电集群自动发电控制方法

4.1　引　　言

风力发电作为当今发展前景好、技术成熟的可再生清洁能源发电技术，已成为我国发展新能源发电的重要方向之一[1-4]。风能具有间歇性、波动性和不确定性的特点，随着风电并网规模的不断增加，常规电源频率控制难以满足系统稳定性要求，需要风电参与系统调频[5-10]。首先，本章分析风电发展的现状与并网的规模，考虑风电的波动性与不确定性，总结风电场参与 AGC 的意义，从电力系统 AGC、风电场频率控制和模型预测控制在电力系统中的应用三个角度归纳了国内外相关领域的研究现状，并介绍 AGC 和模型预测控制算法的基础理论。然后，根据风电集群并网特点，以及风电场超短期有功功率预测信息，从电力系统的角度分析在每个控制时段内风电场参与 AGC 的可行性与条件，在此基础上，结合目前的电力系统 AGC 的结构，以 AGC 火电机组和风电场的状态信息、系统频率和联络线交换功率为状态变量，以 AGC 火电机组和风电场的有功控制指令为控制变量，以风电功率波动和系统负荷波动为扰动变量，建立风电参与的多区域互联 AGC 系统状态空间模型；根据 AGC 风电场功率预测信息，以多个判断依据综合判断未来一段时间内的各 AGC 风电场的有功功率变化趋势，对风电场进行动态分群，不同风电场群将按照不同的目标进行有功分配，结合 AGC 火电机组的状态信息，以尽可能地利用风电、减少火电机组调频压力为目标，提出一种风电场与火电机组共同参与的有功功率协调控制策略。最后，基于 DMPC 原理，在上述协调控制策略所给出的各 AGC 电源优化目标和约束条件下，提出一种风电参与的多区域互联系统 AGC 方法。

4.2　风电集群并网对电网调频的影响

4.2.1　传统自动发电控制模型

电力系统稳定运行的前提是发电和用电的实时平衡，否则会引起系统电能质量下降，甚至会发生系统不稳定[11-15]。因此，电力系统通常需要给电源配置一定的备用容量，以消除瞬时功率不平衡。但由于风电具有随机性，且目前的风电功率预测仍存在一定误差，风电功率波动将会加剧系统有功功率不平衡。

4.2.2 风电集群参与自动发电控制模型

随着风电并网规模的不断增加，电力系统对常规电源旋转备用的容量需求不断增加以实现电网可靠运行。然而，风电大规模并网就意味着未来电力系统中原有的部分常规电源将被替代，进一步增加了常规电源调频的压力。因此，受到负荷与风电场的扰动，系统频率变化率增加，频率最低点降低、稳态频率偏差增大，频率稳定性问题发生得更频繁，而且系统整体惯性和频率调节能力减弱。

4.3 含风电集群区域互联系统频率控制模型

AGC 系统是一个复杂的综合自动控制系统，风电集群的参与加大了 AGC 系统的复杂程度，传统的 AGC 方法难以满足要求。通常将复杂电力系统分成若干个子控制区域，本书控制方法基本思路框图如图 4-1 所示，负荷扰动和风电场有功功率波动扰动导致电力系统频率失稳，频率波动较大，AGC 控制器根据系统频率波动偏差以及联络线交换功率偏差计算该区域在本时刻所有 AGC 电源需要调

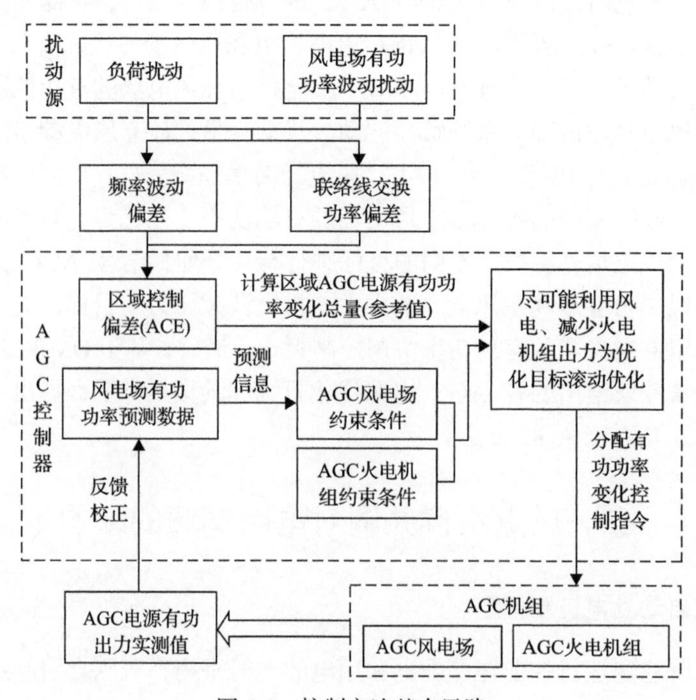

图 4-1 控制方法基本思路

频的有功功率变化总量；根据各 AGC 风电场有功功率预测值，判断未来一段时间内各风电场的备用容量，并考虑 AGC 火电机组的有功出力状态，将需要调频的有功功率变化总量按照尽可能地利用风电、减少火电机组出力的目标进行优化分配，并将分配的有功功率变化控制指令下发给各 AGC 机组，实现 AGC；同时，风电功率预测具有误差，导致 AGC 误差，根据各 AGC 之后的实测值，计算 AGC 误差，用于修正下一时刻风电功率预测值，从而减小 AGC 误差，提高 AGC 精度。

4.3.1　区域互联系统频率控制模型

假设区域 i 中有 m 个火电机组和 n 个风电场。图 4-2 为区域 i 系统控制框架，图 4-3 和图 4-4 分别为火电机组和风电场的控制框图，风电场的有功控制基本思路是将风电场内各风机的最大功率点跟踪(MPPT)发电模式替换为跟踪风电场控制器下发的有功控制指令，该有功控制指令主要受风电场可发功率和 AGC 控制器下发的有功控制指令影响，由于本文控制是从风电场层考虑的，为了简化计算，以风电场作为一个整体建立 AGC 系统模型，具体的 AGC 系统模型如下。

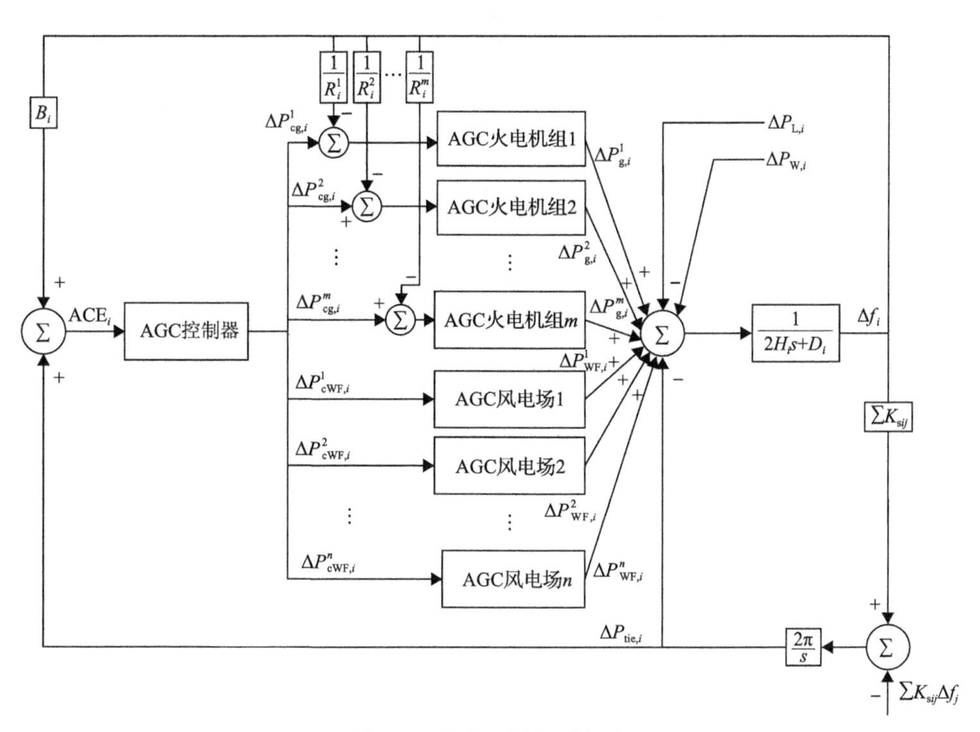

图 4-2　区域 i 系统控制框架

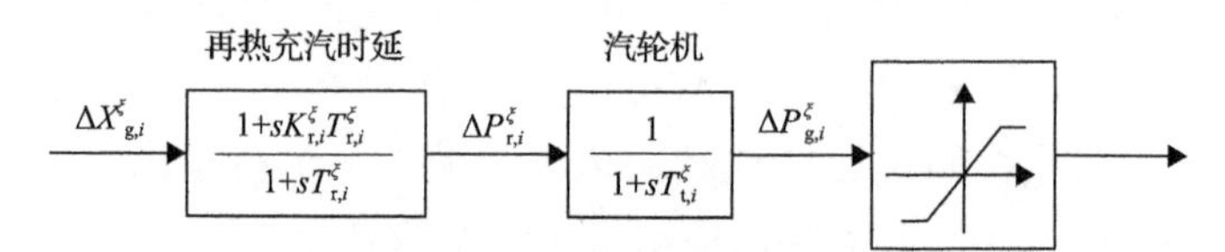

图 4-3　火电机组控制框图

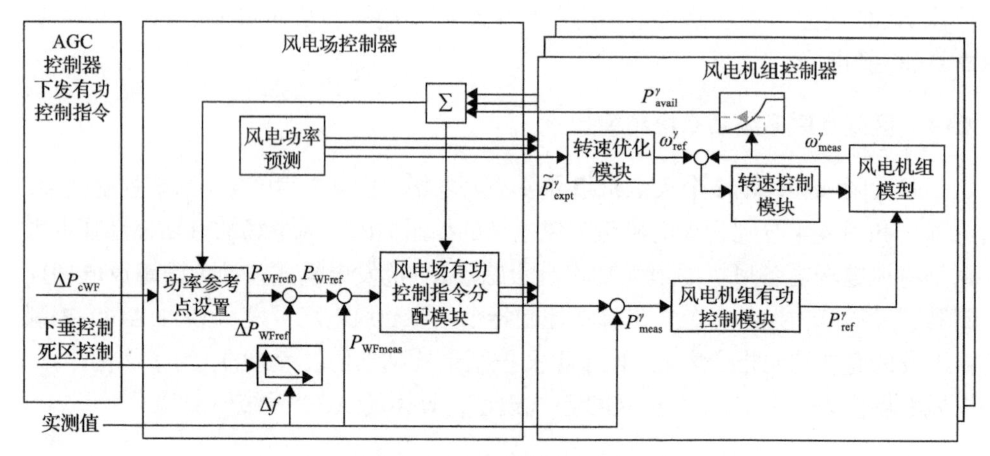

图 4-4　风电场控制框图

区域控制偏差(ACE)为

$$\mathrm{ACE}_i = B_i \Delta f_i + \Delta P_{\mathrm{tie},i} \tag{4-1}$$

式中，B_i 为区域 i 的频率偏差系数；Δf_i 为区域 i 的频率偏差；$\Delta P_{\mathrm{tie},i}$ 为区域 i 的联络线交换功率偏差。

$$\begin{cases} \Delta P^{\xi}_{\mathrm{r},i} = -\dfrac{K^{\xi}_{\mathrm{r},i}}{R^{\xi}_{j} T^{\xi}_{\mathrm{g},i}} \Delta f_i + \left(\dfrac{1}{T^{\xi}_{\mathrm{r},i}} - \dfrac{K^{\xi}_{\mathrm{r},i}}{T^{\xi}_{\mathrm{g},i}} \right) \Delta X^{\xi}_{\mathrm{g},i} - \dfrac{1}{T^{\xi}_{\mathrm{r},i}} \Delta P^{\xi}_{\mathrm{r},i} + \dfrac{K^{\xi}_{\mathrm{r},i}}{T^{\xi}_{\mathrm{g},i}} \Delta P^{\xi}_{\mathrm{cg},i} \\ \Delta P^{\xi}_{\mathrm{g},i} = \dfrac{\sigma^{\xi}_{\mathrm{g},i}}{T^{\xi}_{\mathrm{t},i}} P^{\xi}_{\mathrm{r},i} - \dfrac{1}{T^{\xi}_{\mathrm{t},i}} \Delta P^{\xi}_{\mathrm{g},i} \end{cases} \tag{4-2}$$

式中，$\Delta P^{\xi}_{\mathrm{r},i}$ 为区域 i 中第 ξ 个 AGC 机组的再热单元输出热功率变化；$K^{\xi}_{\mathrm{r},i}$ 为 AGC 机组的再热单元增益；$\Delta P^{\xi}_{\mathrm{g},i}$ 为区域 i 中第 ξ 个 AGC 机组的汽轮机输出功率变化；$\Delta P^{\xi}_{\mathrm{cg},i}$ 为区域 i 中第 ξ 个 AGC 火电机组输出功率变化；$P^{\xi}_{\mathrm{r},i}$ 为区域 i 中第 ξ 个 AGC 机组的再热单元输出热功率；$T^{\xi}_{\mathrm{t},i}$ 为汽轮机时间常数。

图 4-4 中，ΔP_{cWF} 为 AGC 控制器下发的风电场功率调节指令；P_{WFref0} 为风电场的初始参考功率；P_{WFref} 为风电场的参考功率；ΔP_{WFref} 为风电场实测有功功率与参考功率的偏差；P_{WFmeas} 为风电场功率的调整量；$\tilde{P}^{\gamma}_{\text{expt}}$ 为风电预测功率；P^{γ}_{ref} 为风电机组接收到的有功发电功率控制指令；P^{γ}_{meas} 为风电机组控制指令的调整量；$\omega^{\gamma}_{\text{ref}}$ 为风电机组接收到的转速控制指令；$\omega^{\gamma}_{\text{meas}}$ 为风电机组转速指令的调整量；$P^{\gamma}_{\text{avail}}$ 为风电机组的可发电功率。

区域 i 的 ACE_i 经 AGC 控制器计算后得到每台 AGC 机组的有功控制指令变化量 $\Delta P^1_{\text{cg},i},\Delta P^2_{\text{cg},i},\cdots,\Delta P^m_{\text{cg},i}$，令 $\xi=1,2,\cdots,m$ 为 AGC 火电机组的编号索引；$\Delta P^1_{\text{g},i}$，$\Delta P^2_{\text{g},i},\cdots,\Delta P^m_{\text{g},i}$ 为每台 AGC 机组接收有功控制指令变化量之后实际发出的有功功率变化量。将区域 i 所有电源发出的有功功率变化、负荷变化以及联络线交换功率变化相结合，根据有功功率供需的差值计算系统区域频率偏差 $\Delta\dot{f}_i$，即

$$\Delta\dot{f}_i=-\frac{D_i}{2H_i}\Delta f_i+\frac{1}{2H_i}\sum_{\xi=1}^{m}\Delta P^{\xi}_{\text{g},i}+\frac{1}{2H_i}\Delta P_{\text{W},i}-\frac{1}{2H_i}\Delta P_{\text{L},i}-\frac{1}{2H_i}\Delta P_{\text{tie},i} \tag{4-3}$$

式中，$\Delta P_{\text{W},i}$ 为区域 i 所有风电集群有功功率变化量之和，即总的风电有功功率变化量；$\Delta P_{\text{L},i}$ 为区域 i 负荷变化；H_i 为区域 i 的等效惯性时间常数；D_i 为区域 i 的等效阻尼系数。

相邻的区域 j 的频率变化将影响区域 i 的联络线交换功率偏差：

$$\Delta\dot{P}_{\text{tie},i}=2\pi\sum_{j\neq i}K_{sij}\left(\Delta f_i-\Delta f_j\right) \tag{4-3}$$

式中，K_{sij} 为区域 i 和区域 j 的联络线同步系数。

从控制的角度来说，无论哪一种调速器，其主要部分的数学模型都是相同的，如图 4-3 所示。调速器的传递函数可表示为

$$\Delta X^{\xi}_{\text{g},i}=-\frac{1}{R^{\xi}_i T^{\xi}_{\text{g},i}}\Delta f_i-\frac{1}{T^{\xi}_{\text{g},i}}\Delta X^{\xi}_{\text{g},i}+\frac{1}{T^{\xi}_{\text{g},i}}\Delta P^{\xi}_{\text{cg},i} \tag{4-4}$$

式中，$\Delta X^{\xi}_{\text{g},i}$ 为区域 i 中第 ξ 个 AGC 火电机组的调速器位置变化；R^{ξ}_i 为 AGC 火电机组的下垂系数；$T^{\xi}_{\text{g},i}$ 为 AGC 火电机组的调速器时间常数。

通常情况下，火电机组为了避免调速器系统在一次调频控制回路中频繁动作，需要设置一个调速器死区，当设置调速器死区时，AGC 系统将会引入一个非线性

约束环节，增加了 AGC 系统的复杂性。针对该非线性约束问题，采用 T-S(Takagi-Sugeno)模糊控制模型进行建模，若一个区域中有 m 个 AGC 火电机组，则状态方程有 2^m 种可能，T-S 模糊控制模型的优点在于只考虑这 2^m 个方程中最差的状态方程，并且可以把调速器死区的非线性约束转化为状态方程中的线性参数以便进行控制器离散化计算。

4.3.2　区域互联系统状态空间模型

根据上述区域互联系统频率控制模型，可建立区域 i 的状态空间模型：

$$\begin{cases}\dot{x}_i = A_i x_i + B_i u_i + F_i w_i + \sum\limits_{j \neq i}\left(A_{ij} x_j + B_{ij} u_j + F_{ij} w_j\right) \\ y_i = C_i x_i\end{cases} \tag{4-5}$$

式中，x_i、u_i、w_i、y_i 分别为区域 i 的状态变量、控制变量、扰动变量和输出变量；A_i、B_i、F_i、C_i 分别为区域 i 对应的状态矩阵、控制矩阵、扰动矩阵和输出矩阵；A_{ij} 为区域 i 和区域 j 之间的状态交互矩阵；B_{ij} 为区域 i 和区域 j 之间的控制交互矩阵；F_{ij} 为区域 i 和区域 j 之间的扰动交互矩阵。

区域 i 的状态变量 x_i 是一个 $(2+3m)\times 1$ 维的向量，由该区域的频率变化、联络线交换功率变化、AGC 机组的调速器输出量变化、再热单元输出热功率变化量以及汽轮机的发电功率输出变化量组成，即

$$x_i = \left[\Delta f_i \quad \Delta P_{\text{tie},i} \quad \Delta X_{\text{g},i}^1 \quad \cdots \quad \Delta X_{\text{g},i}^m \quad \Delta P_{\text{r},i}^1 \quad \cdots \quad \Delta P_{\text{r},i}^m \quad \Delta P_{\text{g},i}^1 \quad \cdots \quad \Delta P_{\text{g},i}^m\right]^{\text{T}} \tag{4-6}$$

区域 i 的控制变量 u_i 是一个 $m\times 1$ 维的向量，由所有 AGC 机组有功控制指令变化量组成，即

$$u_i = \left[\Delta P_{\text{cg},i}^1 \quad \cdots \quad \Delta P_{\text{cg},i}^m\right]^{\text{T}} \tag{4-7}$$

区域 i 的扰动变量 w_i 是一个 2×1 维的向量，由风电集群总功率波动变化和负荷波动变化组成，即

$$w_i = \left[\Delta P_{\text{W},i} \quad \Delta P_{\text{L},i}\right]^{\text{T}} \tag{4-8}$$

区域 i 的输出变量 y_i 是一个 3×1 维的向量，由区域频率偏差、联络线交换功率偏差和 ACE 组成，即

$$y_i = \begin{bmatrix} \Delta f_i & \Delta P_{\mathrm{tie},i} & \mathrm{ACE}_i \end{bmatrix}^{\mathrm{T}} \tag{4-9}$$

区域 i 的状态矩阵 A_i 是一个 $(2+3m)\times(2+3m)$ 维的矩阵，可表示为

$$A_i = \begin{bmatrix} -\dfrac{D_i}{2H_i} & -\dfrac{1}{2H_i} & 0 & \cdots & 0 & 0 & \cdots & 0 & \dfrac{1}{2H_i} & \cdots & \dfrac{1}{2H_i} \\ 2\pi\sum\limits_{j\neq i} K_{sij} & 0 & 0 & \cdots & 0 & 0 & \cdots & 0 & 0 & \cdots & 0 \\ -\dfrac{1}{R_i^1 T_{\mathrm{g},i}^1} & 0 & -\dfrac{1}{T_{\mathrm{g},i}^1} & \cdots & 0 & 0 & \cdots & 0 & 0 & \cdots & 0 \\ \vdots & \vdots & \vdots & & \vdots & \vdots & & \vdots & \vdots & & \vdots \\ -\dfrac{1}{R_i^m T_{\mathrm{g},i}^m} & 0 & 0 & \cdots & -\dfrac{1}{T_{\mathrm{g},i}^m} & 0 & \cdots & 0 & 0 & \cdots & 0 \\ -\dfrac{K_{\mathrm{r},i}^1}{R_i^1 T_{\mathrm{g},i}^1} & 0 & \dfrac{1}{T_{\mathrm{r},i}^1}-\dfrac{K_{\mathrm{r},i}^1}{T_{\mathrm{g},i}^1} & \cdots & 0 & -\dfrac{1}{T_{\mathrm{r},i}^1} & \cdots & 0 & 0 & \cdots & 0 \\ \vdots & \vdots & \vdots & & \vdots & \vdots & & \vdots & \vdots & & \vdots \\ -\dfrac{K_{\mathrm{r},i}^m}{R_i^m T_{\mathrm{g},i}^m} & 0 & 0 & \cdots & \dfrac{1}{T_{\mathrm{r},i}^m}-\dfrac{K_{\mathrm{r},i}^m}{T_{\mathrm{g},i}^m} & 0 & \cdots & -\dfrac{1}{T_{\mathrm{r},i}^m} & 0 & \cdots & 0 \\ 0 & 0 & 0 & \cdots & 0 & \dfrac{\sigma_{\mathrm{g},i}^1}{T_{\mathrm{t},i}^1} & \cdots & 0 & -\dfrac{1}{T_{\mathrm{t},i}^1} & \cdots & 0 \\ \vdots & \vdots & \vdots & & \vdots & \vdots & & \vdots & \vdots & & \vdots \\ 0 & 0 & 0 & \cdots & 0 & 0 & \cdots & \dfrac{\sigma_{\mathrm{g},i}^m}{T_{\mathrm{t},i}^m} & 0 & \cdots & -\dfrac{1}{T_{\mathrm{t},i}^m} \end{bmatrix} \tag{4-10}$$

式中，$T_{\mathrm{t},i}^m$ 为汽轮机的时间常数；R_i^m 为火电机组的下垂系数；$K_{\mathrm{r},i}^m$ 为再热单元增益；$\sigma_{\mathrm{g},i}^m$ 为 AGC 机组比例系数。

区域 i 的控制矩阵 B_i 是一个 $(2+3m)\times m$ 维的矩阵，可表示为

$$B_i=\begin{bmatrix} 0 & 0 & \dfrac{1}{T_{\mathrm{g},i}^{m}} & \cdots & 0 & \dfrac{K_{\mathrm{r},i}^{1}}{T_{\mathrm{g},i}^{1}} & \cdots & 0 & 0 & \cdots & 0 & 0 & \cdots & 0 \\ \vdots & \vdots & \vdots & & \vdots & \vdots & & \vdots & \vdots & \ddots & \vdots & \vdots & \ddots & \vdots \\ 0 & 0 & 0 & \cdots & \dfrac{1}{T_{\mathrm{g},i}^{m}} & 0 & \cdots & \dfrac{K_{\mathrm{r},i}^{m}}{T_{\mathrm{g},i}^{m}} & 0 & \cdots & 0 & 0 & \cdots & 0 \\ 0 & 0 & 0 & \cdots & 0 & 0 & \cdots & 0 & 0 & \cdots & 0 & \dfrac{1}{T_{\mathrm{WF},i}^{m}} & \cdots & 0 \\ \vdots & \vdots & \vdots & & \vdots & \vdots & & \vdots & \vdots & & \vdots & \vdots & & \vdots \\ 0 & 0 & 0 & \cdots & 0 & 0 & \cdots & 0 & 0 & \cdots & 0 & 0 & \cdots & \dfrac{1}{T_{\mathrm{WF},i}^{m}} \end{bmatrix} \tag{4-11}$$

式中，$T_{\mathrm{WF},i}^{m}$ 为风电场时间常数。

区域 i 的扰动矩阵 F_i 是一个 $(2+3m)\times 2$ 维的矩阵，可表示为

$$F_i=\begin{bmatrix} \dfrac{1}{2H_i} & 0 & 0 & \cdots & 0 & 0 & \cdots & 0 & 0 & \cdots & 0 \\ -\dfrac{1}{2H_i} & 0 & 0 & \cdots & 0 & 0 & \cdots & 0 & 0 & \cdots & 0 \end{bmatrix}^{\mathrm{T}} \tag{4-12}$$

区域 i 的输出矩阵 C_i 是一个 $3\times(2+3m)$ 维的矩阵，可表示为

$$C_i=\begin{bmatrix} 1 & 0 & 0 & \cdots & 0 & 0 & \cdots & 0 & 0 & \cdots & 0 \\ 0 & 1 & 0 & \cdots & 0 & 0 & \cdots & 0 & 0 & \cdots & 0 \\ B_i & 1 & 0 & \cdots & 0 & 0 & \cdots & 0 & 0 & \cdots & 0 \end{bmatrix} \tag{4-13}$$

区域 i 和区域 j 的状态交互矩阵 A_{ij} 的第 2 行第 1 列元素 $A_{ij}(2,1)$ 为 $-2\pi K_{\mathrm{s}ij}$，其余元素均为 0；控制交互矩阵 B_{ij} 和扰动交互矩阵 F_{ij} 的所有元素均为 0。

4.4　含风电集群的电力系统自动发电控制策略

1. 控制时间步长

火电机组由于具有较大的惯性时间常数，在系统频率跌落后需要 10～12s 的时间才能达到稳定的有功输出增发，而风电场内风机容量较小，且惯性时间常数小，因此风电场能够快速跟踪调频控制器给定的有功功率增量，系统的等效惯性

时间常数约为 20s，再考虑控制器计算时间，因此，本节以 1min 为 AGC 的控制时间步长。

2. AGC 策略

由于《风电场接入电力系统技术规定 第 1 部分：陆上风电》(GB/T 19963.1—2021) 明确指出并网风电场应具备参与电力系统调频、调峰和备用的能力，风电场具有有功控制能力，在正常运行时，为了留有一定的备用容量，风电场的有功控制指令往往低于可发功率。假设风电场在有功控制指令低于可发功率时，风电场的实际发电功率跟踪有功控制指令。但风电具有不确定性和波动性，可能在某一时间段内风电场的可发功率达不到有功控制指令，没有备用容量，此时风电场实际发电功率即为可发功率。如图 4-5 所示，某风电场一典型日的 5:00～17:00 时段，风电场有功控制指令为 18MW，在 5:00～6:00、7:12～11:10、11:40～14:12 时段内风电场可发功率高于有功控制指令，因此风电场实际发电功率跟踪有功控制指令；6:00～7:12、11:10～11:40、14:12～17:00 时段内，可发功率低于有功控制指令，风电场实际发电功率为可发功率。

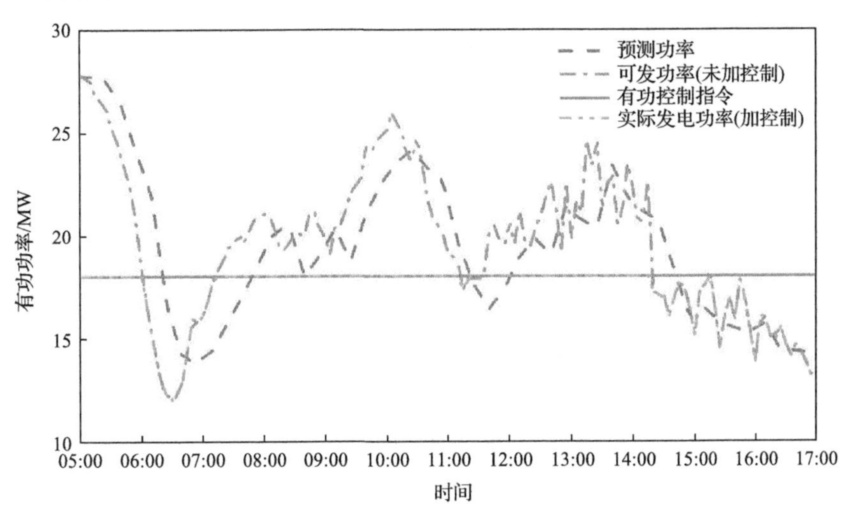

图 4-5　风电场有功功率

由图 4-5 可知，区域系统频率的扰动源不仅有负荷扰动，还有风电场有功出力扰动。本节假设火电机组出力能够跟踪有功控制指令，有备用容量的风电场也能够跟踪有功控制指令；而由于可发功率达不到有功控制指令的风电场实际发出的功率为可发功率，具有较高的波动性和不确定性，此时该风电场不参与 AGC，应将其视作区域系统频率的扰动源，当可发功率大于有功控制指令时再参与 AGC。将该类风电场作为负的负荷与区域负荷相加，得到的扰动即为该区域系统的总扰动，即净负荷扰动：

$$\Delta P_{\mathrm{d},i} = \Delta P_{\mathrm{L},i} - \sum \Delta P'_{\mathrm{WF},i} \tag{4-14}$$

式中，$\Delta P'_{\mathrm{WF},i}$ 为可发功率达不到有功控制指令的风电场发出的有功功率扰动。由于风电场在一部分时间段内作为扰动源，另一部分时间段又可作为可调电源，因此，系统在每一个控制时间步长内首先判断系统的净负荷与可调风电场，再进行动态优化控制。

模型预测控制作为工业控制过程的新型计算机控制算法含有灵活的预测模型、在线的滚动优化和实时的反馈校正三个环节，使其具有鲁棒性高、控制效果好、自适应能力强与对模型精度要求低等特点[16-20]，因此，本节的 AGC 控制器将基于 MPC 原理进行设计，AGC 控制器内部控制过程见图 4-6。

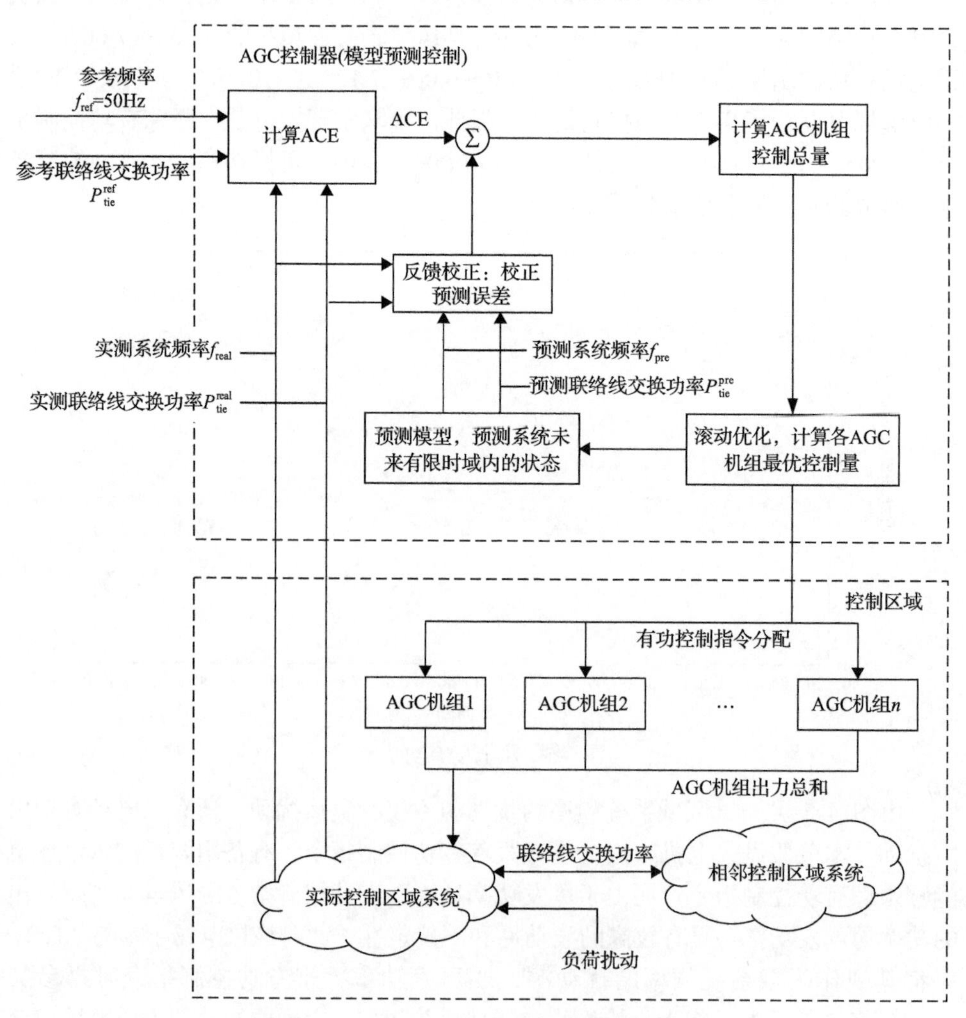

图 4-6　MPC 在 AGC 中的应用控制思路图

当确定可调的 AGC 风电场并算出该时刻的净负荷后，AGC 控制器对该区域所有 AGC 电源进行动态优化计算，当电网规模增大时，互联区域增多、网络时延、丢包以及非线性等问题使得整个互联系统越来越复杂[21-23]，因此，本节采用 DMPC 方法进行协调频率控制，DMPC 思路图如图 4-7 所示。DMPC 将一个系统整体分成多个子系统，再由每个子系统的控制器进行优化控制，各子系统之间通过一个信息交互网络实时共享各区域的状态信息，每个子控制器在计算中均考虑其余子系统的信息。本节按照区域划分子系统，将系统分成 N 个子系统，每个子系统均有一个子控制器，可将一个整体系统的优化计算分成多个子系统并行优化计算，能够在保证控制精确性的同时，有效地减少计算时间。

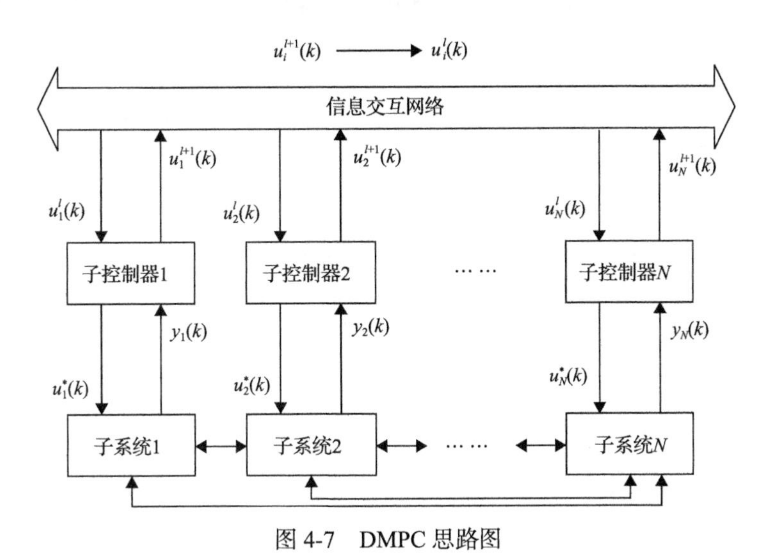

图 4-7　DMPC 思路图

图 4-7 中，$u_N^l(k)$ 为控制变量；$u_N^*(k)$ 为子控制器 N 的控制变量；$y_N(k)$ 为输出变量；$u_N^{l+1}(k)$ 为更新的控制变量。

4.4.1　自动发电控制系统状态预测环节

由于超短期风电功率预测数据最低的时间分辨率为 12min，对于以 1min 为步长的控制来说时间尺度仍然较粗糙，本节选用 ARIMA 模型将 12min 的风电功率预测数据生成时间分辨率为 1min 的风电功率预测值，并作为各风电场在 k 时刻的备用容量以及如何参与 AGC 的一个依据。

$$P_{\text{WFpre},i}^{\zeta}=\left[P_{\text{WFpre},i}^{\zeta}(k)\quad P_{\text{WFpre},i}^{\zeta}(k+1)\quad\cdots\quad P_{\text{WFpre},i}^{\zeta}(k+15)\right]\tag{4-15}$$

式中，$P_{\text{WFpre},i}^{\zeta}$ 为区域 i 中第 ζ 个风电场的风电功率预测序列。

由于式(4-15)为连续状态空间模型，而在 DMPC 计算中，预测模型应为离散状态空间模型，因此，需要对状态空间模型进行离散化处理，即可得到未来 N_U 时间段内的系统扰动情况以及各 AGC 电源备用情况，再根据各 AGC 电源的约束条件和状态空间模型，可预测系统未来 N_U 时间段内控制序列 $\tilde{u}_i(k+\tau|k)(\tau=1,2,\cdots,N_U)$ 作用下 N_P 时段的状态 $\tilde{x}_i(k+\tau|k)(\tau=1,2,\cdots,N_P)$，当 $N_U \leqslant \tau \leqslant N_P$ 时，系统控制序列维持控制量不变，即 $\tilde{u}_i(k+\tau|k)=\tilde{u}_i(k+N_U-1|k)$。

4.4.2 分布式模型预测控制滚动优化环节

区域 i 的控制目标为频率偏差、联络线交换功率偏差以及 ACE 均趋于 0，且控制变量加权抑制：

$$\min_{\tilde{u}_i(k+N_U|k)} J_i(k)=\sum_{\tau=1}^{N_P}\left[\left\|\tilde{y}_{\text{ref}}-\tilde{y}_i(k+\tau|k)\right\|_{\tilde{Q}_i}^2+\left\|\tilde{u}_i(k+\tau|k)\right\|_{\tilde{R}_i}^2\right] \tag{4-16}$$

式中，$\tilde{y}_{\text{ref}}$ 为控制变量；$\tilde{y}_i$ 为输出变量；$\tilde{Q}_i$ 和 $\tilde{R}_i$ 分别为输出变量和控制变量的对角加权矩阵，在本节的模型中，对角加权矩阵的表达式为

$$\tilde{Q}_i=\text{diag}\left[\tilde{Q}_i^{\Delta f_i} \quad \tilde{Q}_i^{\Delta P_{\text{tie},i}} \quad \tilde{Q}_i^{\text{ACE}_i}\right] \tag{4-17}$$

$$\tilde{R}_i=\text{diag}\left[\tilde{R}_i^{\Delta P_{\text{cg},i}^1} \quad \cdots \quad \tilde{R}_i^{\Delta P_{\text{cg},i}^m} \quad \tilde{R}_i^{\Delta P_{\text{cWF},i}^1} \quad \cdots \quad \tilde{R}_i^{\Delta P_{\text{cWF},i}^n}\right] \tag{4-18}$$

式中，$\tilde{Q}_i^{\Delta f_i}$ 为频率偏差；$\tilde{Q}_i^{\Delta P_{\text{tie},i}}$ 为联络线交换功率偏差；$\tilde{Q}_i^{\text{ACE}_i}$ 为 ACE 的输出变量；$\tilde{R}_i^{\Delta P_{\text{cg},i}^m}$ 为火电机组的控制变量；$\tilde{R}_i^{\Delta P_{\text{cWF},i}^n}$ 为风电场的控制变量。

区域 i 的约束条件如下。

系统有功功率平衡约束：

$$\sum_{\xi=1}^{m}\Delta P_{\text{g},i}^{\xi}+\sum_{\zeta=1}^{n}\Delta P_{\text{WF},i}^{\zeta}+\Delta P_{\text{W},i}-\Delta P_{\text{L},i}-\Delta P_{\text{tie},i}=0 \tag{4-19}$$

火电机组有功输出约束：

$$\underline{P}_{\text{g},i}^{\xi} \leqslant P_{\text{g},i}^{\xi}(k+\tau) \leqslant \overline{P}_{\text{g},i}^{\xi} \tag{4-20}$$

式中，$P_{\text{g},i}^{\xi}(k+\tau)$ 为火电机组的发电功率；$\overline{P}_{\text{g},i}^{\xi}$ 和 $\underline{P}_{\text{g},i}^{\xi}$ 分别为火电机组有功出力的上下限。

火电机组爬坡速率约束：

$$\Delta \underline{P}_{\mathrm{g},i}^{\xi} \leqslant \Delta P_{\mathrm{g},i}^{\xi}(k+\tau) \leqslant \Delta \overline{P}_{\mathrm{g},i}^{\xi} \tag{4-21}$$

式中，$\Delta P_{\mathrm{g},i}^{\xi}(k+\tau)$为火电机组有功功率变化值；$\Delta \overline{P}_{\mathrm{g},i}^{\xi}$和$\Delta \underline{P}_{\mathrm{g},i}^{\xi}$分别为火电机组爬坡速率的上下限。

风电场有功输出约束：

$$\underline{P}_{\mathrm{WF},i}^{\zeta} \leqslant P_{\mathrm{WF},i}^{\zeta}(k+\tau) \leqslant P_{\mathrm{WFpre},i}^{\zeta} \leqslant \overline{P}_{\mathrm{WF},i}^{\zeta} \tag{4-22}$$

式中，$P_{\mathrm{WF},i}^{\zeta}(k+\tau)$为风电场的发电功率；$\overline{P}_{\mathrm{WF},i}^{\zeta}$和$\underline{P}_{\mathrm{WF},i}^{\zeta}$分别为风电场有功出力的上下限。

风电场爬坡速率约束：

$$\Delta \underline{P}_{\mathrm{WF},i}^{\zeta} \leqslant \Delta P_{\mathrm{WF},i}^{\zeta}(k+\tau) \leqslant \Delta \overline{P}_{\mathrm{WF},i}^{\zeta} \tag{4-23}$$

式中，$\Delta P_{\mathrm{WF},i}^{\zeta}(k+\tau)$为风电场有功功率变化值；$\Delta \overline{P}_{\mathrm{WF},i}^{\zeta}$和$\Delta \underline{P}_{\mathrm{WF},i}^{\zeta}$分别为风电场爬坡速率的上下限。

联络线功率偏差约束：按照系统的联络线控制要求，$k+\tau$时刻的联络线交换功率偏差应该控制在允许范围内。

$$\Delta \underline{P}_{\mathrm{tie},i} \leqslant \Delta P_{\mathrm{tie},i}(k+\tau) \leqslant \Delta \overline{P}_{\mathrm{tie},i} \tag{4-24}$$

式中，$\Delta \overline{P}_{\mathrm{tie},i}$和$\Delta \underline{P}_{\mathrm{tie},i}$分别为区域$i$联络线交换功率偏差的上下限。

由于在求解最优控制序列时，DMPC 方法将整个系统的在线优化问题分解为多个控制区域的在线优化问题，每个控制区域在计算中不仅要考虑本控制区域的状态量和控制量，还需要考虑其余相连区域的状态量与控制量对本区域的影响。可以通过纳什均衡优化算法解决这种不同目标的分布控制问题，纳什均衡优化算法是一种非合作博弈算法，其基本思想是每个控制区域在假定其余区域的控制量为最优控制量的前提下，计算自己的最优控制序列，通过网络通信环境，与其余所有控制区域互通信息，并反复迭代，直到所有的控制区域的最优控制序列满足终端迭代条件，即迭代结果误差满足给定精度，则整个系统达到纳什均衡。首先对k时刻的初始最优解进行预估，在了解其他区域预估最优解的基础上求出自身纳什最优解，然后每个区域将新求出的最优解与上次计算的最优解进行比较，判断两次迭代最优解的误差是否满足一定精度，确定是否需要再次迭代，并通过网络相互通报各自新的最优解，若每个区域的迭代误差都能够满足给定的精度，则迭代结束。如果算法是收敛的，那在某一轮迭代后系统可达到纳什平衡，即每个区域求出的最优解均满足纳什最优性条件：

$$J_i\left(u_1^*(k),\cdots,u_i^*(k),\cdots,u_N^*(k)\right) \leqslant J_i\left(u_1^*(k),\cdots,u_i(k),\cdots,u_N^*(k)\right) \tag{4-25}$$

式中，$u_j^*(k)$ 为 k 时刻区域 j 的最优控制序列，$j \neq i$。

4.4.3　预测误差分析与反馈校正环节

通过上述分布式滚动求解，可将大规模系统的在线优化问题分为各区域的小规模分布式优化，从而降低计算成本。但风电功率预测存在误差，以及系统控制精度带来一定程度的误差，为了能够实时补偿误差，在滚动优化之后，对每个风电场的预测模型进行误差分析与反馈校正。

根据 1min 风电场实测功率（未加控制）来校正下一时刻的风电功率预测值，将 k 时刻对 $k+1$ 时刻的预测值和 $k+1$ 时刻的实测值的差作为 $k+2$ 时刻的风电场预测值的修正值，补偿到下一时刻的预测值上，从而实现实时补偿误差，减小风电功率预测误差对控制精度的影响。

4.5　算 例 分 析

4.5.1　系统参数设定

本节以 3 区域 IEEE-RTS96 系统为算例进行仿真验证。区域 1 和区域 2 中均含有风电集群，区域 1 中风电集群总装机容量为 1319.0MW，区域 2 中风电集群总装机容量为 1399.5MW，区域 3 中风电集群总装机容量为 568MW。每个区域中均有 AGC 火电机组，总装机容量为 2405MW。具体风电场个数及装机容量如表 4-1 所示。3 个区域的 AGC 系统参数如表 4-2 所示。以 2017 年 5 月某典型日数据对本章提出的方法进行验证，考虑调频电源响应时间，将 DMPC 时间步长设为 1min，预测时域 $N_{\text{P}}=15\,\text{min}$，控制时域 $N_{\text{C}}=5\,\text{min}$，优化函数中的 $\tilde{Q}_i$ 为半正定矩阵，且主对角线上频率和联络线交换功率的惩罚系数为 100，其余为 0，$\tilde{R}_i$ 为正定矩阵，对角线上元素为 1。

表 4-1　风电集群信息

区域	风电场编号	装机容量/MW	连接母线
区域 1	WF1_1	54.9	B118
	WF1_2	120.0	B118
	WF1_3	99.0	B118
	WF1_4	148.5	B118
	WF1_5	52.5	B121
	WF1_6	148.5	B121

续表

区域	风电场编号	装机容量/MW	连接母线
区域 1	WF1_7	99.0	B121
	WF1_8	99.0	B122
	WF1_9	300.0	B122
	WF1_10	197.6	B122
	总计	1319.0	—
区域 2	WF2_1	120.0	B201
	WF2_2	145.5	B201
	WF2_3	106.5	B201
	WF2_4	199.5	B201
	WF2_5	99.0	B201
	WF2_6	199.5	B207
	WF2_7	49.5	B207
	WF2_8	246.0	B207
	WF2_9	85.5	B207
	WF2_10	148.5	B207
	总计	1399.5	—
区域 3	WF3_1	148.5	B313
	WF3_2	197.5	B313
	WF3_3	222	B313
	总计	568	—

表 4-2　AGC 系统参数

参数	区域 1	区域 2	区域 3
B_i	0.425	0.347	0.316
R_i^{ξ}	2.4	3	3.3
$T_{g,i}^{\xi}$	0.08	0.1	0.08
$K_{r,i}^{\xi}$	0.25	0.375	0.3
$T_{r,i}^{\xi}$	10	10.5	10
$T_{t,i}^{\xi}$	0.3	0.3	0.4
$T_{WF,i}^{\zeta}$	2.4	2.7	—
H_i	9.5	9.8	9.2

续表

参数	区域 1	区域 2	区域 3
D_i	0.012	0.014	0.012
K_{sij}	$K_{s12}=0.5$	$K_{s21}=-0.5$	$K_{s31}=-0.545$
	$K_{s13}=0.545$	$K_{s23}=0.444$	$K_{s32}=-0.444$

4.5.2　频率控制效果分析

图 4-8 为仿真后的不同控制方式下区域 1 的频率偏差曲线，可知，通过风电参与 AGC 能够将各区域频率偏差保持在–0.08～0.08Hz。图 4-9 为区域 1 风电集群有功功率输出曲线，有功功率计划值为风电集群在参与 AGC 之前调度中心下发的各风电场有功控制指令之和，当风电场的可发功率高于有功控制指令时，风电场跟踪有功控制指令，留有一定的备用容量，根据集群内各风电场的有功功率预测信息，计算出各风电场有功控制增量并下发至各风电场，有功功率实际值即为各个风电场接收有功控制指令增量并实施控制后发出的有功功率总和，从图 4-9 中可看出，有功功率实际值在有功功率计划值上进行上下波动，平抑分钟级区域系统有功扰动，有效利用风电场的备用容量维持系统频率稳定。图 4-10 为区域 1 风电场参与 AGC 与不参与 AGC 时的火电机组有功功率输出，从图 4-10 中可知，由于各风电场能够快速响应有功控制指令，当风电场参与 AGC 时，火电机组有功控制幅值以及控制频率下降，风电场参与 AGC 很好地缓解了火电机组的调频压力。

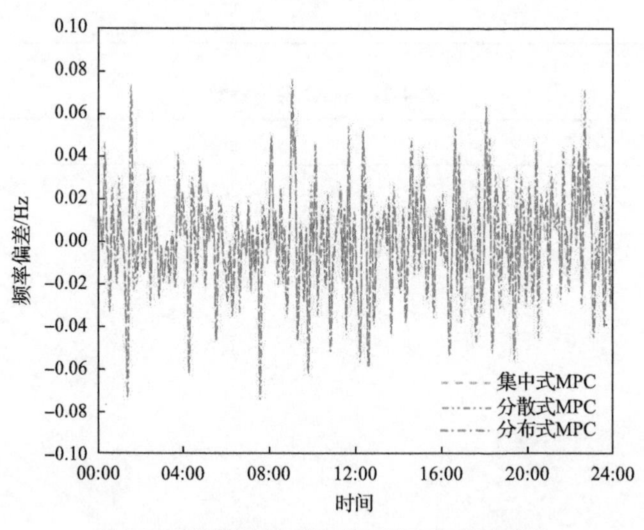

图 4-8　不同控制方式下的区域 1 的频率偏差

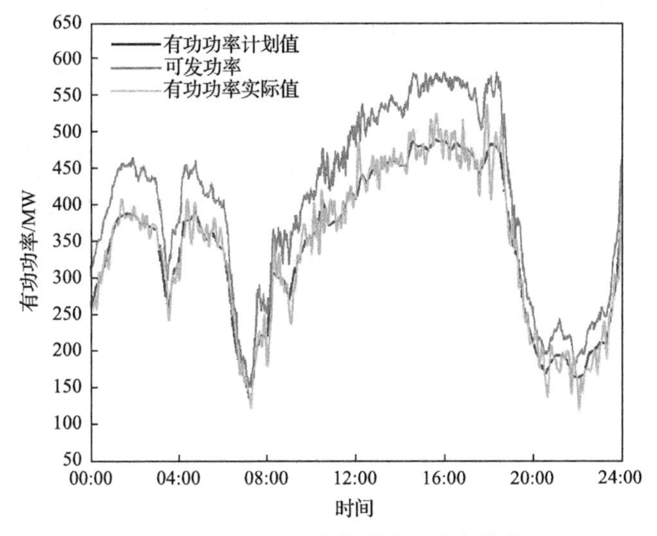

图 4-9　区域 1 风电集群有功功率输出

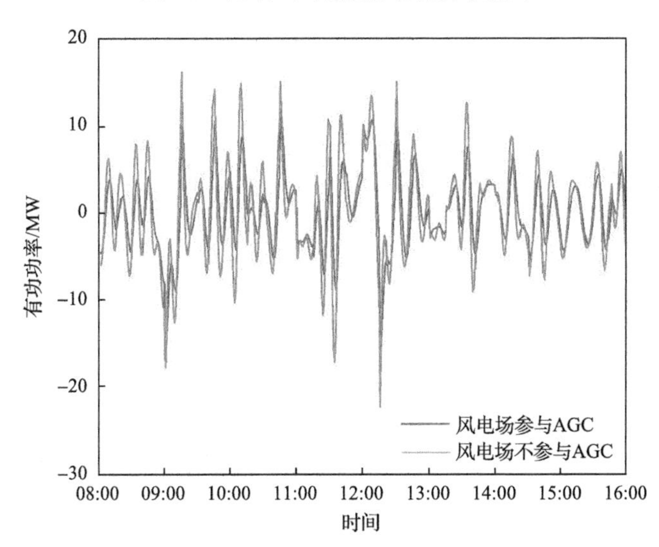

图 4-10　区域 1 风电场参与 AGC 与不参与 AGC 的火电机组有功功率输出

4.5.3　风电场参与自动发电控制效果分析

为了验证 DMPC 算法的优越性，本节将 DMPC 效果与集中式 MPC 和分散式 MPC 的调频效果进行对比验证，对比结果如表 4-3 所示。从对比结果可知，DMPC 的效果与集中式 MPC 的效果相差不大，均优于分散式 MPC 的效果，但集中式 MPC 计算的是所有区域的 AGC 电源控制指令，而 DMPC 只计算本区域的 AGC 电源控制指令，且 3 个区域并行计算，因此，计算速度为集中式 MPC 的 3～4 倍。

为了验证本章方法能够合理利用风电场备用容量，选取固定比例分配算法与变比例分配算法作为对比。以 WF1_7 号风电场为例，图 4-11 为 WF1_7 号风电场输出的有功功率，从图 4-11 中可知，相比固定比例分配算法和变比例分配算法的控制效果，DMPC 方法根据风电功率预测信息，让风电场更加合理地利用备用容量参与调频。表 4-4 为 WF1_7 号风电场在不同控制方法下的弃风率，可以看出，本章提出的基于 DMPC 的控制方法相对固定比例分配算法与变比例分配算法较好。

表 4-3　频率控制结果数据比较

控制算法	区域	频率偏差最大值/Hz	频率偏差平均值/Hz	频率偏差 RMSE/%
集中式 MPC	区域 1	0.0695	0.0120	1.55
	区域 2	0.0685	0.0116	1.53
	区域 3	0.0709	0.0141	1.83
分散式 MPC	区域 1	0.0801	0.0164	2.11
	区域 2	0.0800	0.0164	2.11
	区域 3	0.0821	0.0182	2.39
DMPC	区域 1	0.0682	0.0129	1.58
	区域 2	0.0688	0.0125	1.51
	区域 3	0.0719	0.0144	1.76

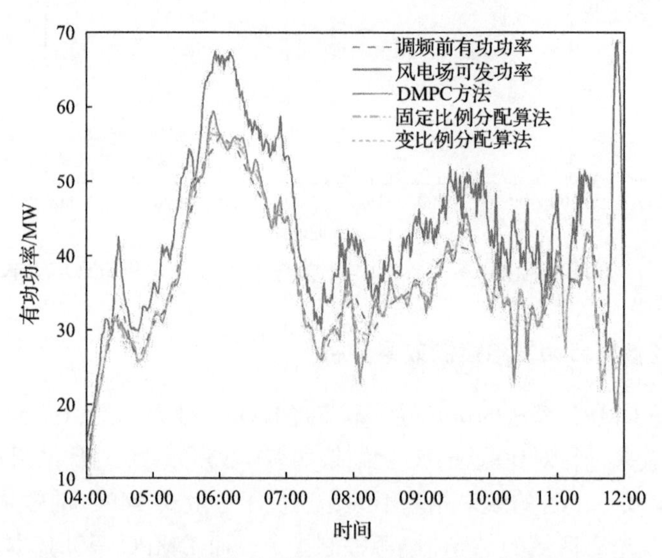

图 4-11　不同控制方法下 WF1_7 号风电场输出的有功功率

表 4-4　不同控制方法下 WF1_7 号风电场弃风率

控制方法	固定比例分配算法	变比例分配算法	DMPC
弃风率/%	6.59	6.63	4.57

参 考 文 献

[1] 张士宁, 杨方, 陆宇航, 等. 全球能源互联网发展指数研究[J]. 全球能源互联网, 2018, 1(5): 537-548.

[2] 刘振亚. 全球能源互联网跨国跨洲互联研究及展望[J]. 中国电机工程学报, 2016, 36(19): 5103-5110.

[3] WWEA.Global Wind power statistics by 2019. [EB/OL](2020-04-16)[2024-01-20]. https://library.wwindea.org/global-statistics.

[4] 国家能源局. 2018 年风电并网运行情况[EB/OL](2019-01-28)[2023-07-31]. https: //www. nea. gov. cn/2019-01/28/c_ 137780779. htm.

[5] 白建华, 辛颂旭, 刘俊, 等. 中国实现高比例可再生能源发展路径研究[J]. 中国电机工程学报, 2012, 35(14): 3699-3705.

[6] 孙舶皓, 汤涌, 叶林, 等. 基于分层分布式模型预测控制的多时空尺度协调风电集群综合频率控制策略[J]. 中国电机工程学报, 2019, 39(1): 125-167.

[7] 张丽英, 叶廷路, 辛耀中, 等. 大规模风电接入电网的相关问题及措施[J]. 中国电机工程学报, 2010, 30(25): 1-9.

[8] 范高锋, 赵海翔, 戴慧珠. 大规模风电对电力系统的影响和应对策略[J]. 电网与清洁能源, 2008, 7: 44-48.

[9] Shankar R, Pradhan S R, Chatterjee K, et al. A comprehensive state of the art literature survey on LFC mechanism for power system[J]. Renewable and Sustainable Energy Reviews, 2017, 76: 1185-1207.

[10] 杨德友, 蔡国伟. 含规模化风电场/群的互联电网负荷频率广域分散预测控制[J]. 中国电机工程学报, 2012, 35(3): 583-591.

[11] 刘永奇, 韩福坤. 华北电网自动发电控制综述[J]. 电网技术, 2005, 29(18): 1-5.

[12] 颜伟, 赵瑞锋, 赵霞, 等. 自动发电控制中控制策略的研究发展综述[J]. 电力系统保护与控制, 2013, 41(8): 149-155.

[13] 唐西胜, 苗福丰, 齐智平, 等. 风力发电的调频技术研究综述[J]. 中国电机工程学报, 2014, 34(25): 4304-4314.

[14] 高宗和, 滕贤亮, 张小白. 互联电网CPS标准下的自动发电控制策略[J]. 电力系统自动化, 2005, 19(29): 40-44.

[15] Golpîra H, Bevrani H, Golpîra H. Application of GA optimization for automatic generation control design in an interconnected power system[J]. Energy Conversion and Management, 2011, 52(5): 2247-2255.

[16] 丁立, 乔颖, 鲁宗相, 等. 高比例风电对电力系统调频指标影响的定量分析[J]. 电力系统自动化, 2014, 38(14): 1-8.

[17] Mohanty B, Panda S, Hota P K. Controller parameters tuning of differential evolution algorithm and its application to load frequency control of multi-source power system[J]. International Journal of Electrical Power & Energy Systems, 2014, 54: 77-85.

[18] 张彦, 张涛, 刘亚杰, 等. 基于随机模型预测控制的能源局域网优化调度研究[J]. 中国电机工程学报, 2016, 36(13): 3451-3462.

[19] Sahu R K, Panda S, Padhan S. A hybrid firefly algorithm and pattern search technique for automatic generation control of multi area power systems[J]. International Journal of Electrical Power & Energy Systems, 2012, 64: 9-23.

[20] Sahu R K, Panda S, Padhan S. A novel hybrid gravitational search and pattern search algorithm for load frequency

control of nonlinear power system[J]. Applied Soft Computing, 2012, 29: 310-327.

[21] 陈铭, 刘娆, 吕泉, 等. AGC 机组分群控制策略[J]. 电网技术, 2013, 37(3): 868-873.

[22] 叶林, 张慈杭, 汤涌, 等. 多时空尺度协调的风电集群有功分层预测控制方法[J]. 中国电机工程学报, 2018, 38(13): 3767-3780.

[23] 张伯明, 陈建华, 吴文传. 大规模风电接入电网的有功分层模型预测控制方法[J]. 电力系统自动化, 2014, 38(9): 6-14.

第 5 章　基于随机预测控制理论的风电集群优化调度方法

5.1　引　　言

传统的风电并网有功调度模式由日前或日内发电计划机组、实时协调机组和 AGC 机组在时间上相互衔接，构成一整套调度运行框架。为了克服风电场自身的运行特性并且降低风电不确定性造成的影响，通常需要旋转备用、AGC 机组以及风电机组辅助调频机制进行实时协调控制。在优化调度控制过程中，传统的调度模式在优化初始阶段对未来整个优化周期进行一次全局优化，并将未来各个时刻的计划指令全部下发并执行，这种开环调度模式在负荷预测精度高和风电预测精度高的情况下具有较大的优势。但随着风电并网规模的不断扩大，电力系统的不确定性增加，且风电场整体预测效果不理想，传统的风电调度模式已经难以适用。上述问题造成了风电场有功出力多目标优化控制难以协调，使得风电场风能利用效率降低、风电出力鲁棒性难以提高。因此，迫切需要寻求能够更好地应对风电出力不确定性的调度控制模式和方法。MPC 是解决大规模风电并网不确定性问题的有效方法，从以往的文献中可以看出，基于 MPC 的大规模风电并网的调度控制具有重要意义。而传统的 MPC 采用的是确定性优化策略，难以全面反映风电的随机性。对此，SMPC 成为传统 MPC 的有效补充和替代方法。相比于传统 MPC 方法，SMPC 方法采用随机场景集来描述风电功率预测出力，并利用不确定性方法进行建模和优化，从而可以提高风电调度的鲁棒性。本节提出一种考虑风电各个时间尺度功率波动相关性的风电集群随机预测控制方法，该方法能够随机生成符合风电功率波动相关性的场景集合，从而降低风电以及火电机组调度的波动性，提高系统的鲁棒性。

为了对含风电集群的电力系统进行准确控制，提出基于 SMPC 方法并考虑功率波动的时间相关性（stochastic model predictive control considering fluctuation temporal correlation，SMPC-FTC）方法，从风电集群和单风电场两个层面分别实现日内调度和实时控制。首先，建立单风电场各时间尺度功率预测误差的概率密度模型，叠加得到风电集群的风电功率预测结果和风电功率预测误差模型，在此基础上，建立多元高斯分布概率模型用于表征风电集群各个时间尺度风电功率数据波动的时间相关性。然后，在风电集群的误差模型的基础上，利用逆变换抽样随机生成大量风电集群功率场景数据，采取场景缩减技术选取典型风电集群功率波动场景集。然后，基于 SMPC 方法制定计及风电集群功率波动相关性的调度计划。最后，在实时控制阶段，按照各风电场误差的概率密度分布以系统功率缺额最小为目标进行功率分配和控制，整体上实现对含风电集群电力系统的准确调控。

类似于新能源调度支持系统，SMPC-FTC 的风电集群优化调度分为日内调度和实时控制两部分，日内调度先下发风电集群的日内出力计划曲线，实时控制阶段校正风电集群内部各个风电场的实时有功功率值，日内调度和实时控制相配合实现风电集群优化调度的研究。SMPC-FTC 方法的整体思路如图 5-1 所示。

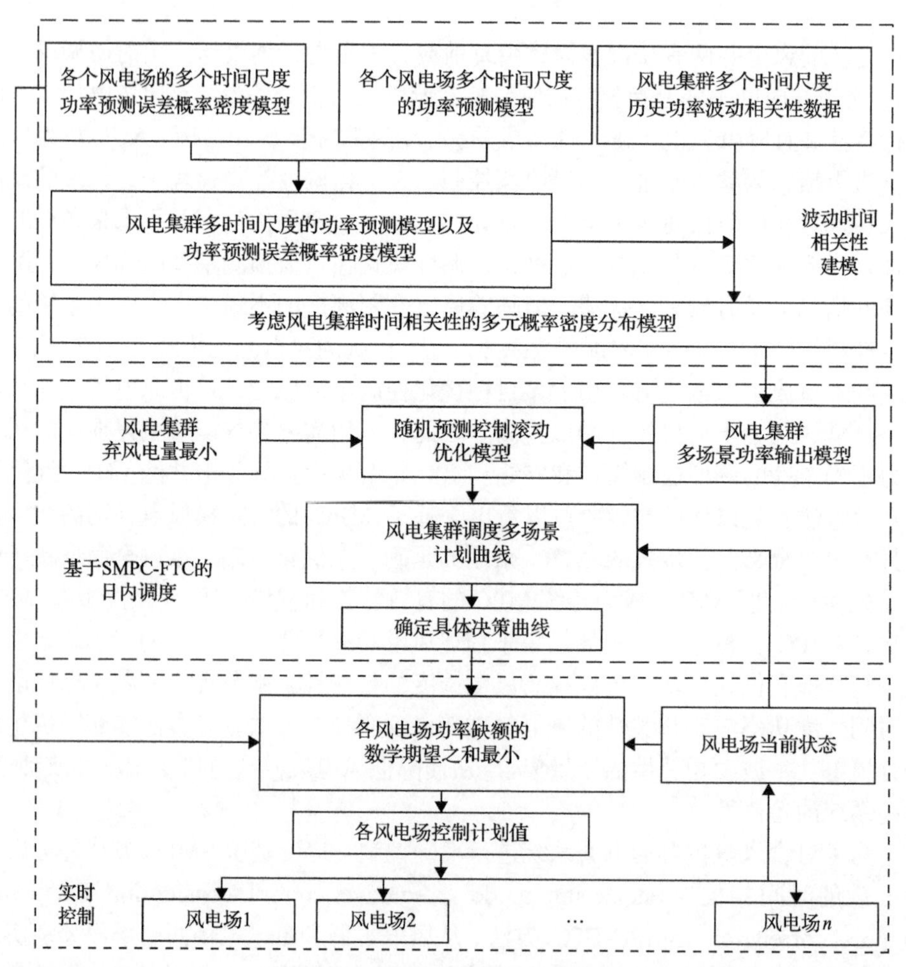

图 5-1　SMPC-FTC 方法的整体思路

直接以风电集群整体的功率时间序列数据作为研究对象不能准确地反映各个风电场对风电集群波动的影响。为了准确描述风电集群的变化规律，对集群内各个风电场的功率特性进行研究，首先，建立单风电场功率预测的自回归滑动平均模型，用于预测风电场未来 15min～4h 的风电功率，并且建立风电场在不同时间尺度下(15min～4h，时间间隔 15min，16 个时间尺度)的风电功率误差概率分布模型，将单风电场功率预测值和预测误差相叠加得到风电集群的功率预测及误差。

然后，以风电集群为研究对象，以优化时域内每个时间尺度作为单个随机变量，风电集群优化时域包含 16 个随机变量(优化时域为 4h，间隔 15min，共 16 个时间尺度)，在优化时域内风电集群的每个随机变量之间存在相关性，在集群的功率波动历史数据的基础上，建立多元高斯分布概率模型描述不同时间尺度随机变量之间的相关性，利用逆变换抽样技术将大量多元高斯分布模拟得到的场景数据映射到风电集群功率波动中，得到能够反映功率波动时间相关性的风电集群功率预测场景，利用场景缩减技术选取典型风电场景，在 SMPC 框架下，建立计及风电集群功率波动相关性的日内调度策略(即 SMPC-FTC)，以各场景下弃风量期望最小为目标实现风电集群的优化调度。

最后，在实时控制阶段，在单风电场功率预测误差概率分布的基础上，以风电集群的调度计划曲线为参考曲线，以单风电场有功功率预测最大值为限制约束，建立各风电场功率缺额数学期望之和最小的优化模型，优化分配风电集群调度指令，减小风电有功功率预测误差导致的风电场输出功率与集群调度要求之间的功率差额。

5.2　风电集群功率波动建模

5.2.1　日内风电集群滚动功率预测模型及误差模型

风电集群内部功率变化特性可以通过研究单风电场的功率预测模型以及功率预测误差模型得以反映。调度所采用的多时间尺度预测数据如图 5-2 所示，图中，调度周期是 3h，它包括了三个不同的风电功率预测时间尺度。时间尺度为 1h 意味着风电功率的预测值是提前 1h 的预测值，以此类推，时间尺度为 2h 意味着提前 2h 得到风电功率预测值，本章研究的调度周期是 4h，时间间隔是 15min，故有 16 个时间尺度。风电集群在同一调度周期内随着时间尺度的不同有着不同的误差分布。

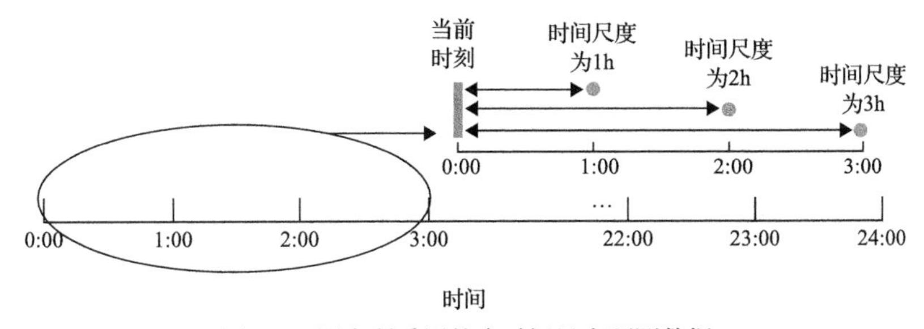

图 5-2　调度所采用的多时间尺度预测数据

以风电场 w_i 为研究对象，先将风电场历史功率数据归一化，对风电场出力时间序列 P_{t,w_i} 建立单风电场自回归滑动平均(autoregressive moving average，ARMA)模型用于风电场多时间尺度的功率预测，ARMA 模型不仅与过去相邻时刻的预测值有关，而且与过去时刻的预测噪声有关，ARMA(p,q)的模型如下：

$$p_{j,w_i,t}^* - \varepsilon_{j,w_j,t} = \sum_{i=1}^{p} \varphi_i p_{j-i,w_i} - \sum_{i=1}^{q} \theta_i \varepsilon_{j-i,w_j,t}, \quad j = t+1,\cdots,t+T \tag{5-1}$$

式中，p、q 为阶数；$p_{j,w_i,t}^*$ 为 t 时刻对风电场 w_i 第 j 时刻的功率预测值；p_{j-i,w_i} 为风电场 w_i 第 $j-i$ 时刻的实际功率值；T 为优化时域；φ_i 为自回归参数；θ_i 为滑动平均系数；$\varepsilon_{j-i,w_j,t}$ 为一组独立的白噪声，其均值为 0，方差为 σ_ε^2。

根据风电场各个时间尺度的预测值和实际值，计算得到各个时间尺度的功率预测误差数据，按照风电场功率预测的幅值大小对预测误差进行区间分类，得到各个功率预测区间的累积经验分布函数。式(5-2)为各个时间尺度的预测误差集合，并将功率预测误差按照风电场功率预测值的划分区间进行对应的分类，式(5-3)建立各个时间尺度的经验累积分布模型，式(5-4)将功率误差样本按照经验分布的规则进行筛选，具体表达式如下：

$$E_{j-t,w_i} = P_{j,w_i,t}^* - P_{j,w_i} = \begin{cases} E_{j-t,w_i,1}, & P_{j,w_i,t}^* \in [0,0.2) \\ E_{j-t,w_i,2}, & P_{j,w_i,t}^* \in [0.2,0.4) \\ E_{j-t,w_i,3}, & P_{j,w_i,t}^* \in [0.4,0.6) \\ E_{j-t,w_i,4}, & P_{j,w_i,t}^* \in [0.6,0.8) \\ E_{j-t,w_i,5}, & P_{j,w_i,t}^* \in [0.8,1] \end{cases} \tag{5-2}$$

$$F_{l,w_i,m}(x) = p\left(E_{j-t,w_i,m} \leqslant x\right) = \frac{1}{l}\sum_{i=1}^{l} \theta\left(E_{j-t,w_i,m} - x\right), \quad m = 1,2,\cdots,5 \tag{5-3}$$

$$\theta\left(E_{j-t,w_i,m} - x\right) = \begin{cases} 0, & E_{j-t,w_i,m} \geqslant x \\ 1, & E_{j-t,w_i,m} < x \end{cases} \tag{5-4}$$

式中，P_{j,w_i} 为风电场 w_i 第 j 时刻的实际功率值；θ 为经验分布规则函数；E_{j-t,w_i} 为风电场 w_i 时间尺度为 $j-t$ 的功率预测误差数据；$E_{j-t,w_i,m}$ 为风电场 w_i 在功率预测值处于 m 区间且时间尺度为 $j-t$ 下的功率预测误差数据集；$F_{l,w_i,m}(x)$ 为风电场 w_i 功率预测值处于 m 区间的功率误差累积经验分布函数，其中 l 为 $E_{j-t,w_i,m}$ 中样本的总量；$p\left(E_{j-t,w_i,m} \leqslant x\right)$为功率预测误差小于 x 的概率。

将各风电场的功率预测模型和各个时间尺度的预测误差值进行累加得到风电集群的功率预测模型，表达式如下：

$$P_{j,\mathrm{ws},t}^{*}=\frac{1}{N}\sum_{i=1}^{N}P_{j,w_i,t}^{*} \tag{5-5}$$

$$E_{j-t,\mathrm{ws}}=P_{j,\mathrm{ws},t}^{*}-P_{j,\mathrm{ws}} \tag{5-6}$$

式中，$P_{j,\mathrm{ws},t}^{*}$为 t 时刻对风电集群 ws 第 j 时刻的功率预测值；$P_{j,\mathrm{ws}}$为风电集群 ws 第 j 时刻的实际功率值；N 为风电场总数；$E_{j-t,\mathrm{ws}}$为风电集群 ws 时间尺度为 $j-t$ 的功率预测误差数据的集合，其中风电集群各个时间尺度的功率误差分段数据集以及预测误差分段累积分布函数可类比式(5-2)～式(5-4)得到。

5.2.2　日内风电集群功率波动多元场景数据生成

电力系统调度中的风电集群数据是多时间尺度的数据集[1]，风电集群功率数据在时间上存在相关性。

以风电集群为研究对象，连续多时段的风电功率时间序列具有相关性，这种相关性表现在风电功率波动与相邻时刻的波动在幅值上有规律可循。每个时间尺度风电集群功率预测值的相关性如图 5-3 所示，其刻画了相关系数最大和相关系数最小的散点图，其余时间尺度的相关性在最大最小散点图之间波动，各个时间尺度呈现强相关性。相关系数计算如下：

$$\mathrm{corr}(X,Y)=\frac{\mathrm{Cov}(X,Y)}{\sigma_X\sigma_Y} \tag{5-7}$$

式中，X、Y分别为两个时间尺度的风电集群功率预测序列；$\mathrm{Cov}(X,Y)$为 X 与 Y 的协方差值；σ_X、σ_Y为 X 与 Y 序列各自的标准差。

一天内多时间尺度风电功率预测曲线如图 5-4 所示。可以看出，每一个时间点对应有不同时间尺度功率预测的值，且预测时间尺度越长，预测的误差越大。优化时段内每个时间尺度都存在历史预测和历史实际数据，在每一个时间尺度内，风电功率预测值对应有风电功率预测误差的分布曲线，为了避免风电功率大小的影响，将风电功率均标准化至[0, 1]区间内，为了对风电功率进行更好的概率曲线拟合，将功率预测值划分为五个区间，分别为[0, 0.2)、[0.2, 0.4)、[0.4, 0.6)、[0.6, 0.8)、[0.8, 1.0]，每一个功率预测区间内对应着功率预测误差的分布曲线，通过式(5-8)～式(5-10)得到不同时间尺度的风电集群功率预测误差概率密度模型。

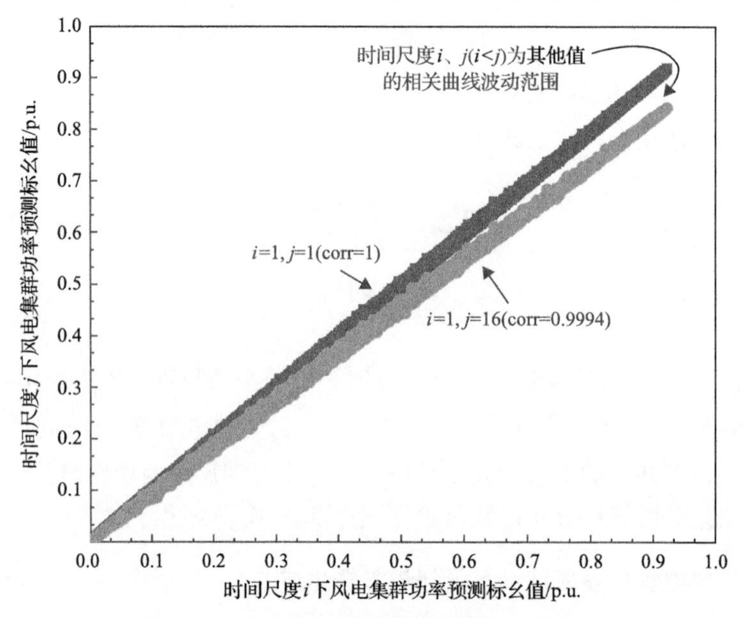

图 5-3　各个时间尺度的相关性曲线变化情况

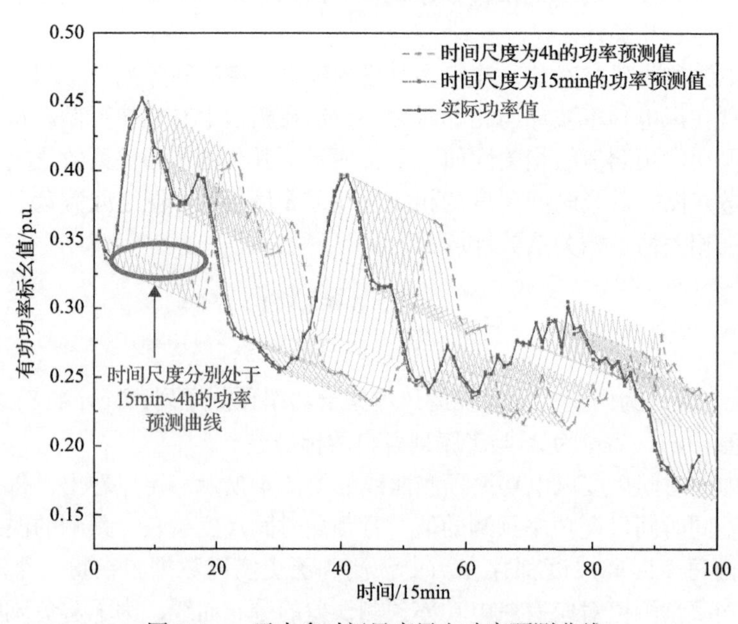

图 5-4　一天内多时间尺度风电功率预测曲线

风电集群功率预测误差输出变量 $E=\left[e_1,e_2,\cdots,e_g\right]^{\mathrm{T}}$ 可以被视为随机向量 $Z=\left[z_1,z_2,\cdots,z_g\right]^{\mathrm{T}}$，需要寻找反映风电集群功率波动相关性的多元高斯概率分布函数。假设随机变量 Z 服从高斯分布 $Z\sim N(0,\Sigma)$，期望 μ_0 是 g 维零向量，协方差矩

阵 Σ 满足[2,3]

$$\Sigma = \begin{bmatrix} \sigma_{1,1} & \sigma_{1,2} & \cdots & \sigma_{1,g} \\ \sigma_{2,1} & \sigma_{2,2} & \cdots & \sigma_{2,g} \\ \vdots & \vdots & & \vdots \\ \sigma_{g,1} & \sigma_{g,2} & \cdots & \sigma_{g,g} \end{bmatrix} \tag{5-8}$$

$$\rho_{z_n,z_m} = \mathrm{corr}(z_n, z_m) = \frac{\mathrm{Cov}(z_n, z_m)}{\sigma_{z_n}\sigma_{z_m}} = \frac{\sigma_{n,m}}{\sigma_{z_n}\sigma_{z_m}} \tag{5-9}$$

式中，$\sigma_{n,m}$ 为随机变量 z_n 和 $z_m(0 \leqslant n,m \leqslant g)$ 之间的协方差；ρ_{z_n,z_m} 为随机变量 z_n 和 $z_m(0 \leqslant n,m \leqslant g)$ 之间的相关系数。

多元高斯分布的协方差需要通过实际的蒙特卡罗抽样来进行确定，通过式(5-10)指数型的协方差函数对协方差进行估计：

$$\sigma_{n,m} = \mathrm{Cov}(z_n, z_m) = \exp\left(-\frac{|n-m|}{\varepsilon}\right), \quad 0 \leqslant n,m \leqslant g \tag{5-10}$$

式中，ε 为范围参数，用于控制不同时间尺度的随机变量 z_n 的相关性强度。

协方差必须满足风电集群功率波动相关性，首先，通过式(5-11)定义风电集群功率的波动性并得到历史功率波动数据，采用式(5-12)确定拟合风电集群功率波动性的预测误差的多元高斯概率密度函数(multivariate Gaussian probability density function，MGPDF)。然后，逆变换映射到实际的风电集群的误差累积分布函数 F_l 中，通过式(5-13)得到逆变换抽样的风电集群预测功率数据。式(5-14)通过风电集群预测功率 $\tilde{P}^*$，得到 MGPDF 建模下的预测功率波动数据，式(5-15)是选取 ε 的标准，即使得在概率密度区间 D 上，MGPDF 逆变换得到的功率波动 $\tilde{P}^*_{\mathrm{ramp}}$ 概率密度函数的各点概率密度值均能跟实际的风电集群功率波动 P_{ramp} 的概率密度函数最接近。

$$P_{\mathrm{ramp}} = P_{t+1} - P_t \tag{5-11}$$

$$\Phi(Z) = \int_{-\infty}^{z_1}\int_{-\infty}^{z_2}\cdots\int_{-\infty}^{z_g} \frac{1}{(2\pi)^{k/2}|\Sigma|^{1/2}} \exp\left[-\frac{1}{2}(x-\mu)' \Sigma^{-1}(x-\mu)\right] \mathrm{d}z_1 \mathrm{d}z_2 \cdots \mathrm{d}z_g \tag{5-12}$$

$$\tilde{P}^* = P^* + F_l^{-1}(\Phi(Z)) \tag{5-13}$$

$$\tilde{P}^*_{\text{ramp}} = \tilde{P}^*_{t+1} - \tilde{P}^*_t \tag{5-14}$$

$$\min_{\varepsilon} I_{\varepsilon} = \frac{1}{N} \sum_{d \in D} \left| \text{pdf}(d) - \text{pdf}'(d) \right| \tag{5-15}$$

式中，P_{ramp} 为风电集群功率波动值，用于表征风电集群相邻时段间的功率波动；P_t 为风电集群 t 时刻的历史实际功率值；$\Phi(Z)$ 为随机变量的累积分布函数；$P^*=\begin{bmatrix} p_1^* & p_2^* & \cdots & p_g^* \end{bmatrix}$ 为风电集群预测功率向量；μ 为数学期望；$\tilde{P}^*=\begin{bmatrix} \tilde{p}_1^* & \tilde{p}_2^* & \cdots & \tilde{p}_g^* \end{bmatrix}$ 为考虑误差相关性的风电集群预测功率向量；$F_l^{-1}(\cdot)$ 为实际的风电集群的误差累积分布反函数；$\tilde{P}^*_{\text{ramp}}$ 为逆变换得到的风电集群功率波动数据；$\text{pdf}(d)$ 为风电集群功率波动 P_{ramp} 的概率密度函数；$\text{pdf}'(d)$ 为逆变换得到的风电集群功率波动 $\tilde{P}^*_{\text{ramp}}$ 的概率密度函数。

风电波动多元多场景数据生成的流程如下。

步骤一：通过历史风电集群功率波动序列统计得到风电集群功率波动 P_{ramp} 的概率密度函数 $\text{pdf}(d)$ 、逆变换得到的风电集群功率波动 $\tilde{P}^*_{\text{ramp}}$ 的概率密度函数 $\text{pdf}'(d)$ 。

步骤二：采用协方差估计，对比 I_{ε} 确定范围参数 ε ，得到风电集群功率多元高斯分布概率模型。

步骤三：采用多元高斯概率密度函数随机生成大量符合风电集群功率波动时间相关性的场景。

步骤四：通过逆变换抽样得到风电集群功率波动场景集，其中逆变换既能保证风电集群功率时间尺度层面的波动性，又使得边缘分布符合风电集群功率各个时间尺度的密度分布。

步骤五：利用场景缩减技术[1]筛选出风电集群功率的典型场景集，最终，这些风电集群典型场景集将作为 SMPC 日内调度的决策依据。

5.3 计及波动相关性的随机预测控制方法

5.3.1 日内电力系统优化调度模型

基于 SMPC 方法的电力系统调度是将随机优化与 MPC 相结合，以风电集群典型场景集作为输入，建立考虑优化时域内风电集群典型场景下弃风量期望最小的调度模型，滚动下发优化时域第一时刻的计划值。

定义优化时域内各场景下风电集群弃风量的期望水平最小为目标函数：

$$\min F\left(P_{\mathrm{G}}^{s}, P_{\mathrm{ws},t}^{s}\right)=\sum_{s=1}^{S} \pi^{s}\left[\lambda \cdot \sum_{j=t+1}^{t+T}\left(\tilde{P}_{j,\mathrm{ws},t}^{*,s}-P_{j,\mathrm{ws},t}^{s}\right)\right] \tag{5-16}$$

式中，P_{G}^{s} 为火电计划功率值；$P_{\mathrm{ws},t}^{s}$ 为 t 时刻风电集群 ws 的功率调度计划值；S 为风电集群功率的典型场景集合；π^{s} 为场景 s 对应的概率值；T 为优化和预测时域的时段数；λ 为弃风惩罚系数；$\tilde{P}_{j,\mathrm{ws},t}^{*,s}$ 为 t 时刻对场景 s 下风电集群第 j 时刻的功率预测值；$P_{j,\mathrm{ws},t}^{s}$ 为 t 时刻对场景 s 下风电集群第 j 时刻的功率调度计划值。

5.3.2　日内电力系统优化调度约束条件

功率平衡约束：

$$\sum_{i=1}^{N_{\mathrm{G}}} P_{G_{i,t+k}}^{s}+P_{t+k,\mathrm{ws},t}^{s}=L(t+k), \quad \forall k \in T, \forall s \in S \tag{5-17}$$

式中，N_{G} 为火电机组的数量；$P_{G_{i,t+k}}^{s}$ 和 $P_{t+k,\mathrm{ws},t}^{s}$ 分别为在 $t+k$ 时刻场景 s 下火电机组 i 和风电集群的功率计划值；$L(t+k)$ 为 $t+k$ 时刻下的负荷预测值。式(5-17)表示在任何场景、任何时段内电力系统都需要保持功率平衡。

电源的输出功率约束：

$$\begin{aligned} & P_{G_i}^{\min} \leqslant P_{G_{i,t+k}}^{s} \leqslant P_{G_i}^{\max} \\ & 0 \leqslant P_{t+k,\mathrm{ws},t}^{s} \leqslant P_{t+k,\mathrm{ws},t}^{\max,s}, \quad \forall k \in T, \forall s \in S \end{aligned} \tag{5-18}$$

式中，$P_{G_i}^{\min}$ 和 $P_{G_i}^{\max}$ 分别为火电机组 i 的功率下限和上限；$P_{t+k,\mathrm{ws},t}^{\max,s}$ 为 $t+k$ 时刻场景 s 下风电集群功率上限。

火电机组爬坡率：

$$\Delta P_{\mathrm{d},i} \leqslant P_{G_{i,t+k}}^{s}-P_{G_{i,t+k-1}}^{s} \leqslant \Delta P_{\mathrm{u},i}, \quad \forall k \in T, \forall s \in S \tag{5-19}$$

式中，$\Delta P_{\mathrm{d},i}$、$\Delta P_{\mathrm{u},i}$ 分别为火电机组 i 爬坡率的下限和上限。

旋转备用约束：

$$\sum_{i=1}^{N_{\mathrm{G}}} P_{G_{i,t+k}}^{\max,s} \geqslant L(t+k) \cdot\left(1+R_{t}\right), \quad \forall k \in T, \forall s \in S \tag{5-20}$$

式中，$P_{G_{i,t+k}}^{\max,s}$ 为 $t+k$ 时刻火电机组 i 在场景 s 下的最大允许出力值；R_t 为系统预留的旋转备用率。

5.3.3 风电场功率实时控制模型

为了最大限度地减小风电场功率调度缺额，考虑各个风电场的预测误差的概率密度曲线进行风电场的功率分配。将风电场功率预测标幺值进行区间划分，并且分别建立风电场功率预测区间内的误差概率密度分布函数，该方法基于分区建模准确反映误差的分布特征。将风电场功率预测标幺值按式(5-2)～式(5-4)进行区间划分，并且分别建立风电场功率预测区间内的误差概率密度分布函数。风电场 w_j 的风电功率预测值 $P_{t+1,w_j,t}^{*}$ 所在的区间为 $m=\left[a_{w_j},b_{w_j}\right]$，当风电场 w_j 的计划调度值为 $P_{t+1,w_j,t}^{\mathrm{p}}$ 时，风电场 w_j 功率缺额可以记为 $P_{t+1,w_j,t}^{\mathrm{p}}-\left(P_{t+1,w_j,t}^{*}+E_{1,w_j,m}\right)$，建立风电场 w_j 功率缺额期望函数：

$$\mathrm{PS}_{w_j}=\int_{a_{w_j}}^{P_{t+1,w_j,t}^{\mathrm{p}}}\mathrm{Pro}\left(P_{t+1,w_j,t}^{\mathrm{p}}-P\right)\cdot\left(P_{t+1,w_j,t}^{\mathrm{p}}-P\right)\mathrm{d}P \tag{5-21}$$

式中，$P_{t+1,w_j,t}^{\mathrm{p}}$ 为风电场 w_j 分配的调度值计划值；$\mathrm{Pro}\left(P_{t+1,w_j,t}^{\mathrm{p}}-P\right)$ 为风场 w_j 在 $t+1$ 时刻出力为 P 的概率值。

风电集群内部 N 个风电场整体功率缺额期望最小的目标函数如下：

$$\min\sum_{j=1}^{N}\mathrm{PS}_{w_j} \tag{5-22}$$

约束条件：

$$\begin{cases}\sum\limits_{j=1}^{N}P_{t+1,w_j,t}^{\mathrm{p}}=P_{t+1,\mathrm{ws},t}^{\mathrm{p}}\\ 0\leqslant P_{t+1,w_j,t}^{\mathrm{p}}\leqslant P_{t+1,w_j,t}^{*}\end{cases} \tag{5-23}$$

式中，$P_{t+1,\mathrm{ws},t}^{\mathrm{p}}$ 为 t 时刻风电集群日内优化调度下发的下一时刻的调度决策值；$P_{t+1,w_j,t}^{*}$ 为风电场 w_j 在 t 时刻对 $t+1$ 时刻的预测值。

基于 SMPC-FTC 的风电集群优化调控框图 5-5 所示。

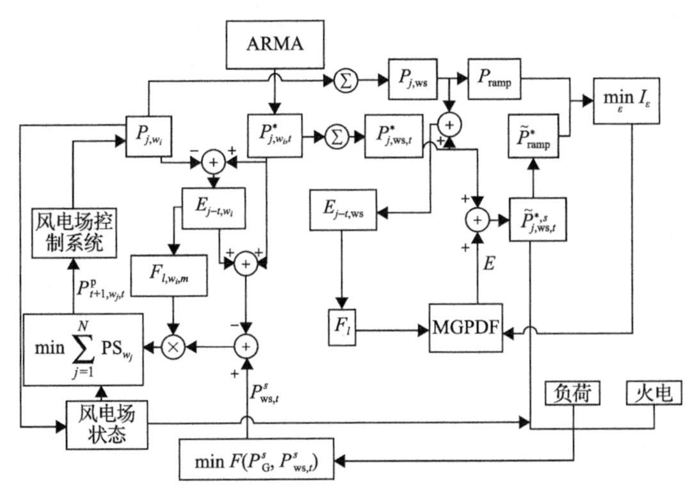

图 5-5　基于 SMPC-FTC 的风电集群优化调控框图

Σ 表示多个风场的相应量累加得到风电场集群的相应量

5.4　算 例 分 析

本算例的实验数据来自于国外某区域电力系统，选取 4 年风电场的出力数据(分辨率是 15min，约 140160 个点)来模拟风电的波动性，电力系统由 6 个火电机组和 10 个陆上风电场组成，单风电场装机容量均在 100MW 以上，风电集群总装机容量为 1986.9MW，风电集群的实际出力占区域负荷的 30%左右，符合高比例风电的要求[4]。每个时段的时长是 15min，优化时域 T 为 4h，总仿真时长是 24h，每次优化完成仅将下一时刻的调度决策下发。R_t 取为 0.05，主要考虑风电输出曲线的多场景符合实际风电的情况，备用容量需求不强。该地区每一时段风电集群有功功率、负荷的实际数据如图 5-6 所示。其中风电集群的多时间尺度滚动预测曲线见图 5-4。将风电场集中接入电网中，多风电场作为一个风电集群进行考虑，随机生成 500 个符合风电集群功率波动的相关性场景。

5.4.1　风电集群功率波动时间相关性验证

图 5-7 为风电集群时间尺度为 15min 的误差分区图，由图可见，不同的功率预测值对应的预测误差曲线的累积分布曲线有显著的区别，将预测误差按照功率预测值进行分区建立模型能够准确地反映误差的分布特征。

分析历史风电波动的概率分布曲线，认为历史风电功率波动近似可以用 t location-scale 分布来拟合[5]，选取最贴合历史风电波动的 ε 来建立多元高斯分布模型，其中参数 ε 取自[0,1000]，选取最小的 I_ε 来确定最佳的 ε 。图 5-8 给出了 ε 和

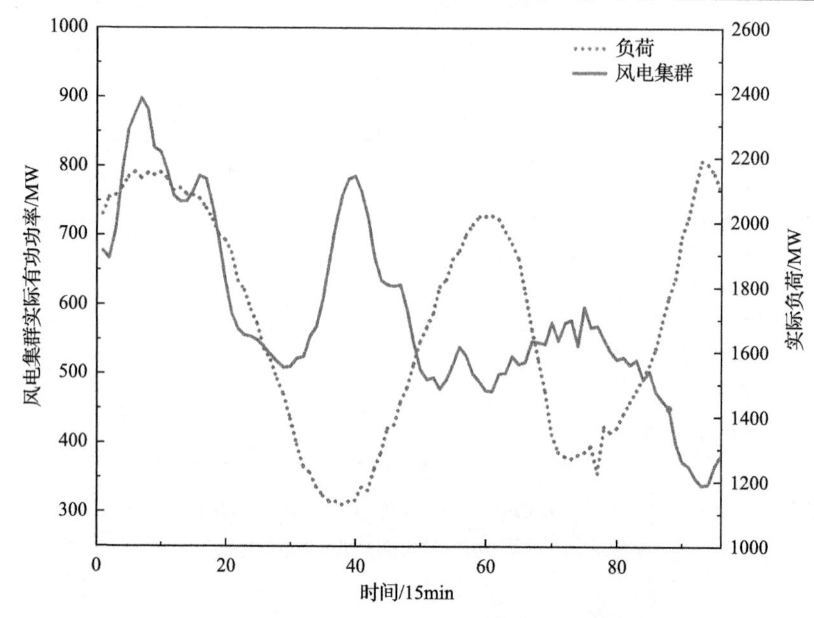

图 5-6 实际负荷和风电集群实际有功功率曲线图

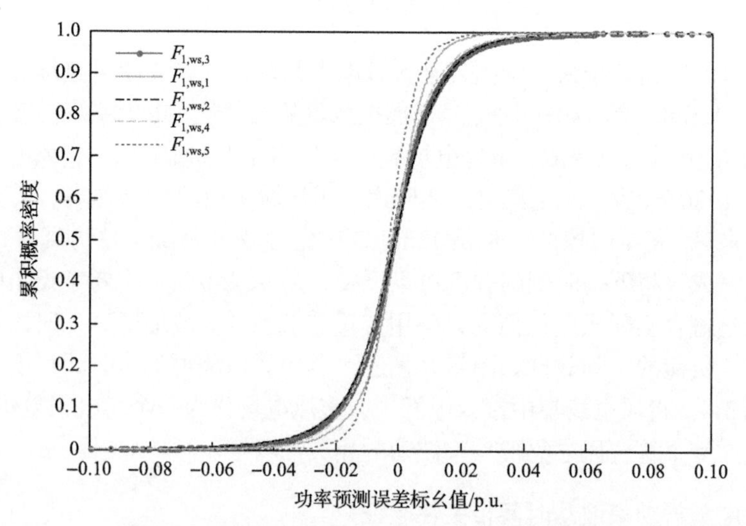

图 5-7 风电集群时间尺度为 15min 的误差分区图

I_ε 之间的关系，ε 为 700 之后 I_ε 基本维持不变，选取 $\varepsilon \in [700,1000]$ 均可。

以 ε 取 900 为例，选取确定的 ε 之后，建立的多元高斯分布的逆变换风电集群功率波动概率密度和历史风电功率波动拟合曲线如图 5-9 所示。可以看出选取最优的 ε 得到的联合分布函数对应的逆变换的风电功率波动曲线，与历史风电功率波动曲线最为接近，其中在风电集群功率波动标幺值为 0 附近，t location-scale 拟合曲线尖峰不足，选取的多元高斯分布逆变换得到的功率波动模型虽然不能完

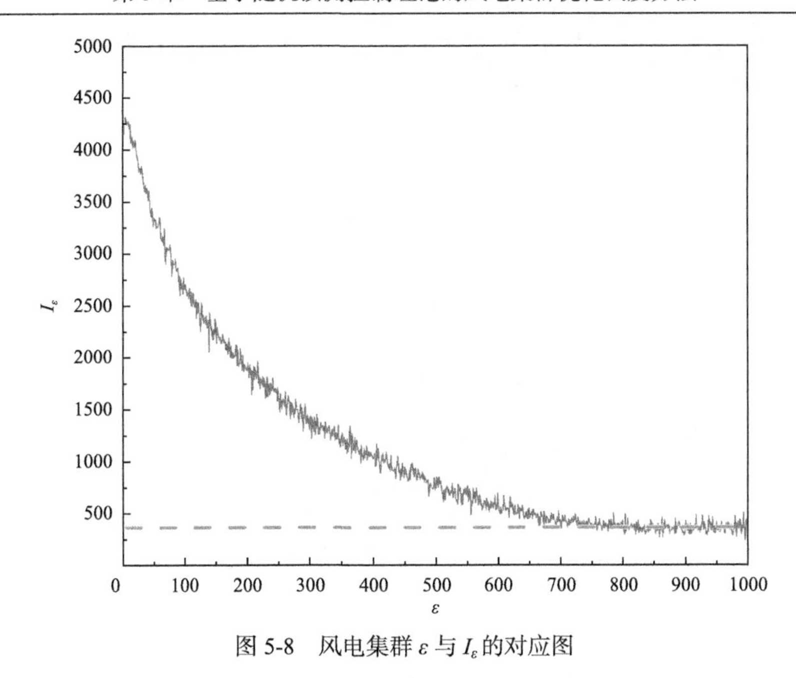

图 5-8　风电集群 ε 与 I_ε 的对应图

全吻合，但仍能较真实地反映实际功率波动的尖峰特性，且在非尖峰区域与 t location-scale 一致，均能很好地拟合风电功率波动数据特征，故选取的拟合风电功率波动相关性具有有效性。

5.4.2　随机模型预测控制方法验证

考虑风电集群波动时间相关性生成多个波动场景，相比于仅仅考虑风电场各个时间尺度独立的误差分布生成的随机场景而言，计及相关性的风电集群场景能够确定在某一点对应误差带上哪一点误差权重最大，因此生成的曲线的可靠性更高。

如图 5-10 和表 5-1 所示，将所提的调度方法 SMPC-FTC 与传统 SMPC（SMPC 未考虑各个时间尺度的相关性，将其称为传统 SMPC 方法）进行对比。SMPC-FTC 调度曲线能够很好地反映实际风电的最大功率曲线，可以明显减少弃风现象，在时间点为 35～43 时，SMPC-FTC 方法不能完全跟踪风电的最大功率，这主要是由于此时负荷数据较小，风电出力形势较好，但由于火电机组的深度调峰能力不够且已达到最小出力状态，SMPC-FTC 已经使风电的消纳最大化，但仍无法完全消纳风电。传统 SMPC 没有考虑各个时间尺度的相关性，造成其优化的典型风电集群功率场景曲线波动很大（如 29 点、34 点、85 点），又因火电的调整灵活性不足（爬坡率）的限制不能满足传统 SMPC 生成的场景波动特点，整体上对风电的消纳效果欠佳。

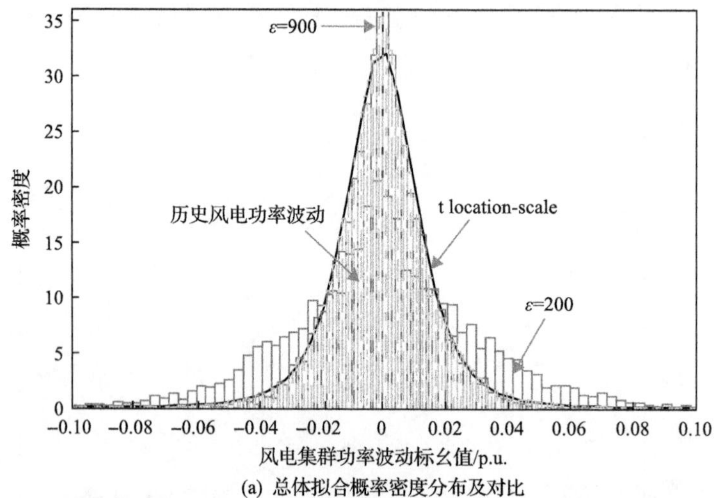

(a) 总体拟合概率密度分布及对比

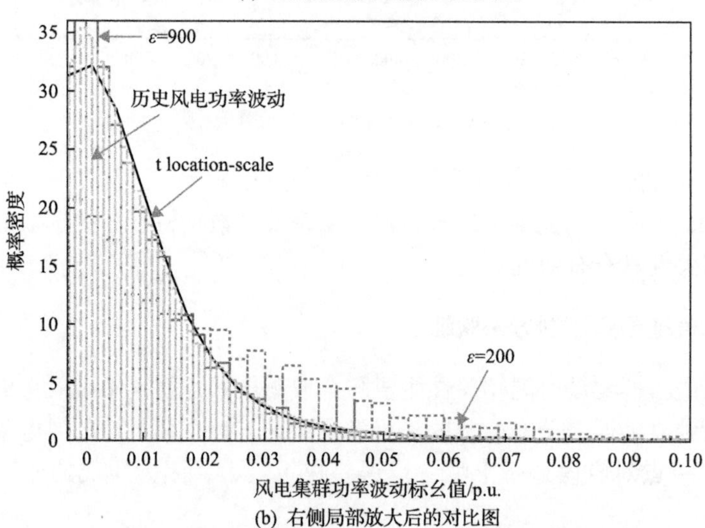

(b) 右侧局部放大后的对比图

图 5-9　最优 ε 对应的逆变换风电集群功率波动概率密度与历史风电功率波动数据对比图

表 5-1　各个调度曲线各个指标对比表

调度曲线	std/MW	r/(MW·h)	调度偏差/(MW·h)
传统 SMPC	156.5064	35.4167	48.1667
SMPC-FTC	124.1447	19.0999	13.9795
实际风电最大功率	131.5463	—	—

一天的弃风电量 r 及波动标准差 std 的定义如下：

$$r = \frac{\Delta T}{24} \cdot \sum_{i=1}^{96} \left(P_{t+i,\text{ws},t}^{\text{p}} - P_{t+i,\text{ws}} \right), \quad P_{t+i,\text{ws},t}^{\text{p}} \leqslant P_{t+i,\text{ws}} \tag{5-24}$$

$$\text{std} = \sqrt{\frac{1}{96}\sum_{i=1}^{96}\left(P_{t+i,\text{ws},t}^{\text{p}} - \frac{1}{96}\sum_{j=1}^{96}P_{t+j,\text{ws},t}^{\text{p}}\right)^2} \tag{5-25}$$

式中，$P_{t+i,\text{ws},t}^{\text{p}}$ 为系统对风电集群下发的 $t+i$ 时刻的计划值；$P_{t+i,\text{ws}}$ 为风电集群在 $t+i$ 时刻的实际最大出力值；ΔT 为调度间隔。

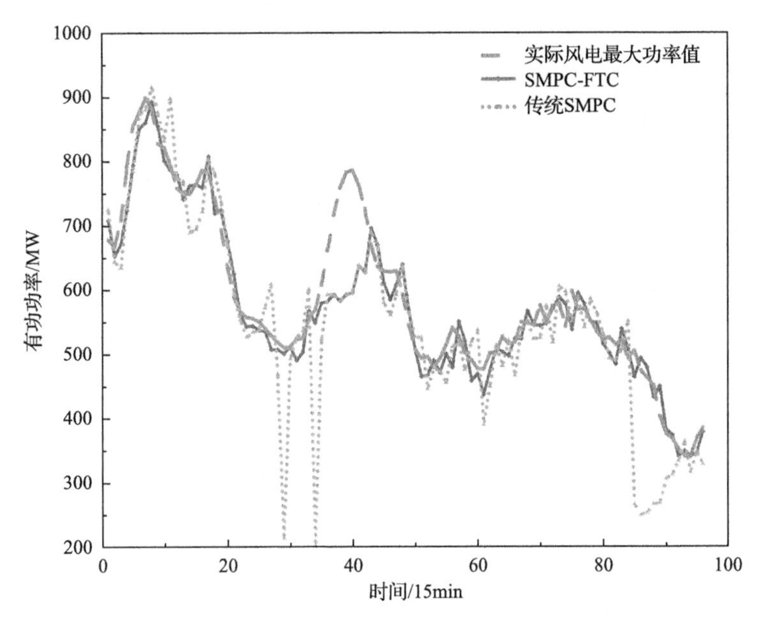

图 5-10　SMPC-FTC 与传统 SMPC 方法日内风电调度曲线对比图

图 5-11 为 SMPC-FTC 与传统 SMPC 方法下各火电机组日内调度曲线，其中 G1～G6 分别表示发电机 1～6。从图 5-11(b)看出，在时间点为 27～37 时，传统 SMPC 的风电日内调度波动幅值较大，导致传统 SMPC 在火电调节中也有较大的波动，时间点为 84～92 时火电机组波动也是同样的原因造成的，可见传统 SMPC 对火电机组的爬坡率要求更高。而从图 5-11(a)可以看出，SMPC-FTC 能够很好地拟合风电实际出力状况，平稳地调度火电机组的出力，避免了火电机组快速上坡和下坡，能够很好地适应火电机组的爬坡水平。

图 5-12(a)反映了不同调度方法对系统备用的需求情况，SMPC-FTC 对备用需求较小，这是由于考虑风电集群未来场景波动相关性之后，更能反映实际的风电出力情况，降低了风电波动性，备用需求减弱。图 5-12(b)中圈住的部分显示传统 SMPC 对备用的需求均值相对较大，这主要是因为风电数据在各个时间尺度虽然有误差概率密度曲线，但是各个时间尺度相互作用使得误差在某一点的频率加大，传统 SMPC 没有考虑波动时间相关性这一点，导致风电波动性增大，对系统的备用依赖加大。从图 5-12 中可以看出，SMPC-FTC 所得到的调度曲线的波动标准差

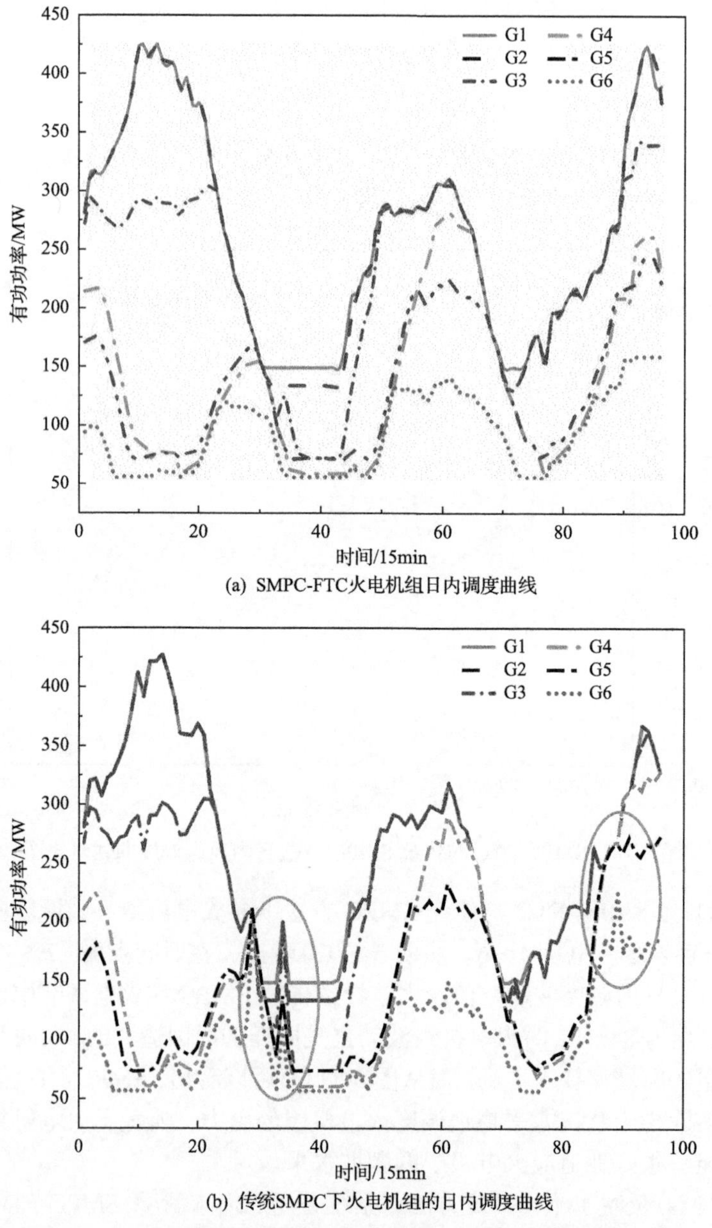

(a) SMPC-FTC火电机组日内调度曲线

(b) 传统SMPC下火电机组的日内调度曲线

图 5-11　SMPC-FTC 与传统 SMPC 方法各火电机组日内调度曲线

较小，可见 SMPC-FTC 能够很好地对风电集群进行调度，避免了调度指令的频繁大幅度调节。此外 SMPC-FTC 考虑了风电集群曲线波动相关性的特点，能够最大限度地实现对风电的消纳，虽然由于系统火电灵活度等因素的限制，某些时刻仍无法避免部分弃风，但是整体上优于传统 SMPC 方法。调度偏差指的是日内调度曲线超出实际风电功率曲线的每小时的偏差均值。总体来说，SMPC-FTC 能够提高风电的消纳水平并且使调度曲线更加平滑。

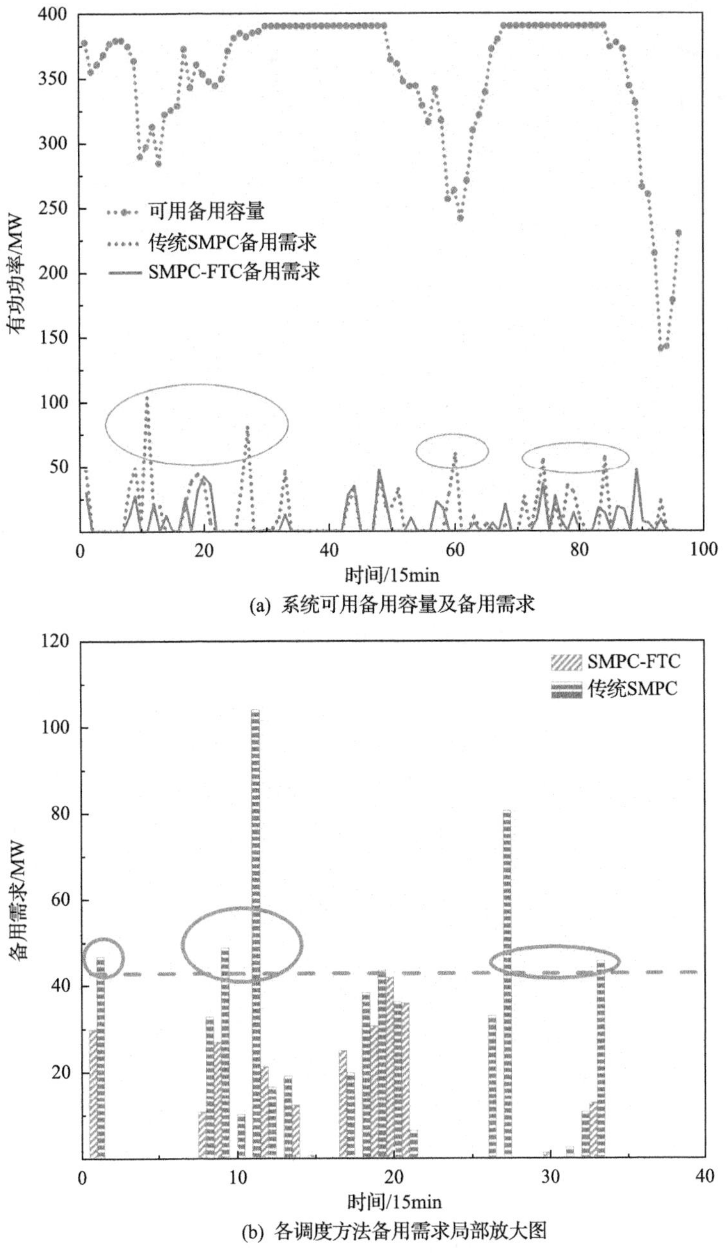

(a) 系统可用备用容量及备用需求

(b) 各调度方法备用需求局部放大图

图 5-12　间隔 15min 内各个调度方法的备用需求对比图

5.4.3　实时控制效果验证

变比例分配以各个风电场的有功功率预测最大值为依据，按照各个风场出力占调度总出力的百分比进行分配。固定比例分配按照各个风电场装机容量的百分比进行实时控制指令的分配。将 SMPC-FTC 得到的风电集群的调度指令实时下发到各个风电场中，其中将功率缺额(power shortage，PS)分配与变比例分配、固定比例分配策略进行对比，各种实时控制方法的指标对比见表 5-2。

表 5-2　各种实时控制方法的指标对比表

实时控制策略	功率缺额/%	RMSE/%	std/MW
PS 分配	1.72	5.5641	26.4381
固定比例分配	20.76	23.3707	12.4145
变比例分配	2.09	7.0842	26.4890

功率缺额的计算公式如下：

$$P_{t+1,\text{shortage}}=\frac{\left|P_{t+1,\text{ws}}-\sum_{j=1}^{N}P_{t+1,w_j}^{\text{r}}\right|}{P_{t+1,\text{ws}}\cdot P_{\text{ws}}^{\text{sum}}},\quad P_{t+1,\text{ws}}\leqslant\sum_{j=1}^{N}P_{t+1,w_j}^{\text{r}} \tag{5-26}$$

式中，P_{t+1,w_j}^{r} 为风电场 w_j 在 $t+1$ 时刻的实际控制有功功率值；$P_{t+1,\text{ws}}$ 为风电集群在 $t+1$ 时刻的实际最大出力值；$P_{\text{ws}}^{\text{sum}}$ 为风电集群的装机容量；N 为风电场的总数。

将功率缺额作为目标用于风电集群实时调控中，降低了风电功率缺额的影响，并且提高了风电的消纳能力。固定比例分配由于按照风电场容量进行分配，所以调度指令整体的波动性不大，但是功率缺额和调整的 RMSE 较大，整体而言，功率缺额分配在对单风电场进行实时调度指令分配的同时，降低了风电场频繁调整的波动性，优化了风电场的功率分配比例。

参 考 文 献

[1] 王成福，李熙娟，梁军，等. 计及预测功率的含储能风电场群优化调控方法[J]. 电网技术，2017，41(4)：1253-1260.

[2] Dupačová J, Gröwe-Kuska N, Römisch W. Scenario reduction in stochastic programming[J]. Mathematical Programming, 2003, 95(3): 493-511.

[3] Pinson P, Girard R. Evaluating the quality of scenarios of short-term wind power generation[J]. Applied Energy, 2012, 96: 12-20.

[4] Ma X Y, Sun Y Z, Fang H L. Scenario generation of wind power based on statistical uncertainty and variability[J]. IEEE Transactions on Sustainable Energy, 2013, 4(4): 894-904.

[5] 国家能源局. 国家能源局关于印发《风电发展“十三五”规划》的通知[EB/OL]. (2016-13-16) [2016-13-29]. http://www.nea.gov.cn/2016-11/29/c_135867633.htm.

第6章　多时空尺度协调的风电集群有功功率分层预测控制方法

6.1　引　　言

大规模风电集群并网后，传统的电力系统有功功率调度方法已无法保证风电功率的高消纳[1-5]，弃风限电现象频发。随着风电功率预测系统的广泛应用，风电功率预测精度对于风电有功调度计划的制定与分配起到了关键作用。因此，可以从两方面提高风电集群有功调度与分配精度：提升风电功率预测精度和改进有功调度与分配策略。本章结合 MPC 与分层原理，提出了一种基于模型预测控制的含风电集群系统有功分层调度与分配(active power hierarchical dispatch and control based on model predictive control，APHDC-MPC)策略。在整体框架方面，从时间尺度上主要分四层，包括日内调度层、实时调度层、集群优化层、单场调整层，每一层都考虑了不同分辨率的超短期风电功率预测信息。同时，为了提升风电功率预测精度，提出了一种超短期风电功率预测误差分层分析方法用于反馈校正环节。为了提高风电消纳能力和各风电场风能利用率，在集群优化层中加入了基于风电功率变化趋势和风电场发电状态的动态分群策略；在单场调整层中考虑了风电集群送出通道利用率和 AGC 机组下旋转备用空间。本章所提策略的创新性在于在电力系统有功优化调度中考虑了风电集群的有功分配，并结合 MPC 理论，利用反馈校正环节建立了一个闭环的预测控制策略，使得预测结果更接近实际值，各风电场调度分配值更精确。

由于风电集群的功率波动普遍小于单个风电场，将风电集群进行整体调度时的“似常规电源性”更高。但由于风电集群内风电场数量较多，较低的风电功率预测和控制精度是导致集群内各风电场协调问题的主要原因之一。例如，一些风电场某一时刻的风速较高，可发风电功率也较高，但是这些风电场由于不合理的调度机制和控制动作，被分配了较低的调度计划，导致风电场输出功率较低，则风电集群送出通道的剩余可利用空间也比较大。为了解决上述问题，本章提出的 APHDC-MPC 策略可精确制定合理的风电场调度计划，提高风电消纳能力。该策略的整体框架图如图 6-1 所示。

由于风电功率预测误差不可避免，因此本章基于分层原理将控制框架分为四层。在空间尺度上，从系统层到单场层逐层缩小，日内调度层和实时调度层属于

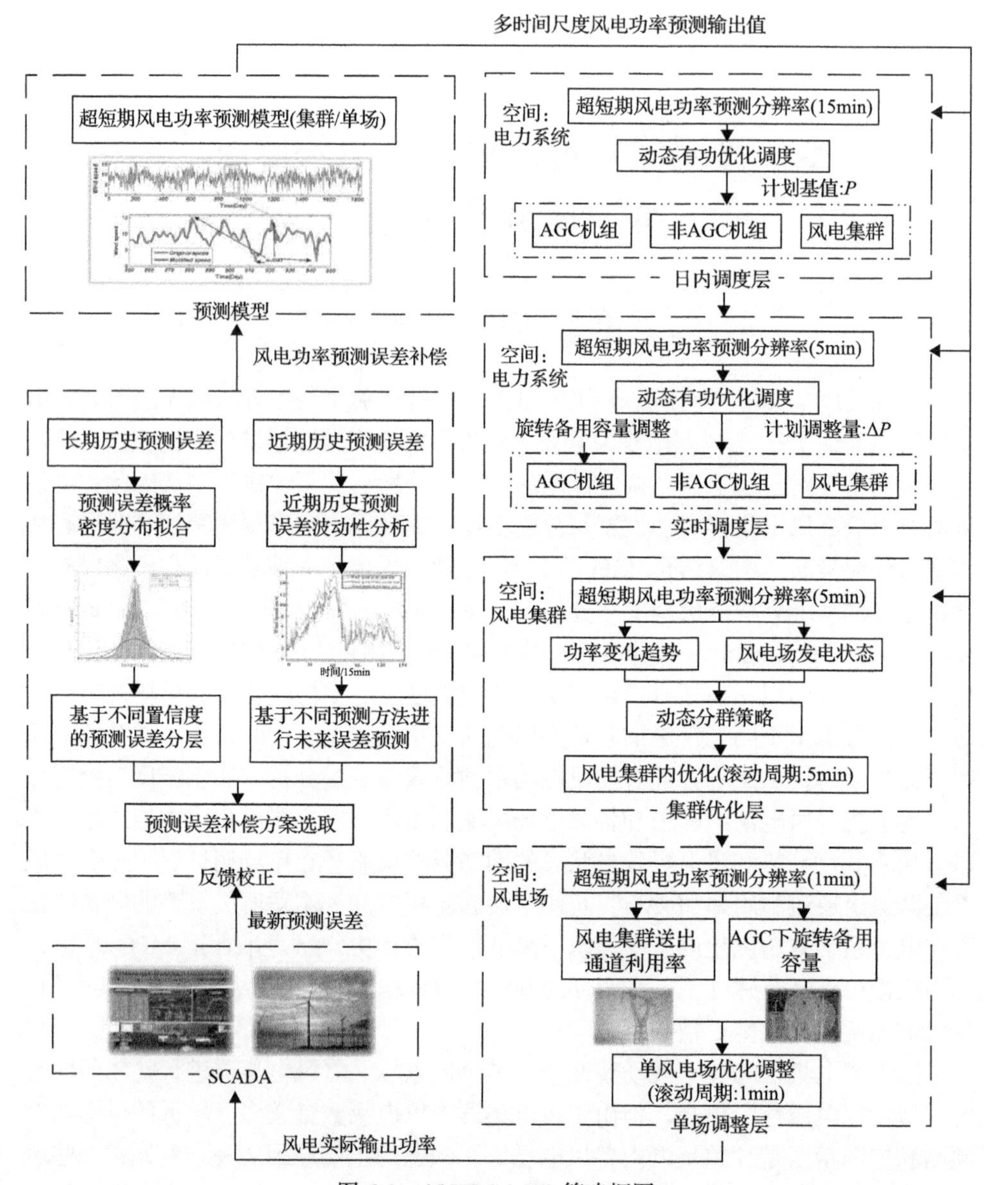

图 6-1　APHDC-MPC 策略框图

系统层，整个风电集群在系统层中被视为一个整体进行优化调度；集群优化层是集群层，主要协调风电集群内的各风电场有功功率分配；单场调整层属于单场层，主要是风电场自己进行功率调整。在时间尺度上，超短期风电功率预测数据的分辨率逐层细化，从而可使调度控制精度逐层提升，详细的时间尺度如表 6-1 所示。并且，由表 6-1 可知，从监控与数据采集系统（SCADA）中获得实时数据，通过反馈校正环节实时修正风电功率未来的预测值，使得预测值更接近实际值，进一步提高滚动优化的精度。MPC 的预测模型、滚动优化和反馈校正三个环节均在该策略中有所体现。

表 6-1　APHDC-MPC 策略各层时间尺度

层级	滚动周期	优化时域	数据分辨率	执行点数/优化点数
日内调度层	1h	4h	15min	4/16
实时调度层	15min	30min	5min	3/6
集群优化层	5min	5min	5min	1/1
单场调整层	1min	1min	1min	1/1

日内调度层主要实现未来 4h 的调度计划制定，滚动周期是 1h。优化对象包括区域电网中的所有常规机组和风电集群，并以最小化发电成本和最大化风电有功出力为优化目标。该层风电功率预测数据的分辨率为 15min，需要注意的是，未来 4h 的优化共有 16 个数据点，但是只取前 4 个点并下发给各发电厂和风电集群。

实时调度层的主要工作也是制定所有常规机组和风电集群的有功调度计划，且目标函数与日内调度层相同。但实时调度层的优化变量不是各机组和集群的计划值，而且以从日内调度层获得的优化值为基值，将计划值的调整量作为优化变量，滚动周期为 15min，优化未来 30min 的调整计划。所采用的超短期风电功率预测数据的分辨率为 5min，所以优化时域内共有 6 个数据点，每次优化后只取前 3 个点进行下发。需要注意的是，实时调度层的约束条件中加入了关于 AGC 机组出力上下限的约束以保证系统的旋转备用容量充足。

在风电集群获得了总调度值后，集群优化层将以 5min 为滚动周期执行集群内各风电场调度计划的优化分配，优化周期和数据分辨率均是 5min，所以每次都只优化未来 1 个数据点。为了提高各风电场的风能资源利用率，根据风电场功率变化趋势和发电状态，在该层中加入了以 15min 为计算周期的动态分群策略。该层的优化目标是根据分群结果合理分配各风电场调度计划，并追踪集群总调度值。

在单场调整层中，风电场基于集群优化层的优化结果进行功率自调。该层的滚动周期、优化时域和数据分辨率均为 1min。集群优化层和单场调整层中的非 AGC 机组都跟随实时调度层中接收到的调度值。在该层中，根据风电集群送出通道利用率和 AGC 下旋转备用的情况实时调整风电场调度值，实现风电场出力最大化，提高风电集群送出通道利用率。

预测模型和反馈校正在 MPC 中也起到关键作用。本章的主要工作是对调度与控制策略进行建模，而不是研究风电功率预测模型，因此滚动优化模型中用到的预测数据均是前期通过风电功率预测获得的结果，在本章中直接使用，预测模型的详细建模请参考文献[6]。同时，本章在反馈校正环节提出超短期风电功率预测误差分层分析方法，实时修正风电功率预测值，提高滚动优化环节中的预测信息输入的精度。

6.2 多层级滚动优化环节建模

6.2.1 日内调度层和实时调度层

电力系统的有功优化调度是一个考虑电网安全约束的非线性多目标优化问题[7-10]。日内调度层和实时调度层的优化变量包含了电网中的所有机组，本章将常规机组分类成 AGC 机组和非 AGC 机组。其中，AGC 机组的功率调整速度要快于非 AGC 机组，前者常用于应对风电并网所带来的不确定性。如前所述，日内调度层和实时调度层中的风电集群作为整体进行优化，所有优化变量的单位均为 MW。日内调度层的数学模型如下。

1. 日内调度层的目标函数：该层主要目标是最小化常规机组的发电成本，最大化风电集群出力

具体如下：

$$F\left(P_{i,t}^{\mathrm{NA}},P_{j,t}^{\mathrm{A}},P_{k,t}^{\mathrm{W}}\right)=\min\sum_{t=t_0+1}^{t_0+T_1}\left[F_{\mathrm{C}}\left(P_{i,t}^{\mathrm{NA}}\right)+F_{\mathrm{A}}\left(P_{j,t}^{\mathrm{A}}\right)+F_{\mathrm{W}}\left(P_{k,t}^{\mathrm{W}}\right)\right] \tag{6-1}$$

式中，$F_{\mathrm{C}}(\cdot)$ 为非 AGC 机组的发电成本；$F_{\mathrm{A}}(\cdot)$ 为 AGC 机组的发电成本；$F_{\mathrm{W}}(\cdot)$ 为风电弃风惩罚成本；T_1 为日内调度的优化时域；$P_{i,t}^{\mathrm{NA}}$、$P_{j,t}^{\mathrm{A}}$ 和 $P_{k,t}^{\mathrm{W}}$ 为各类型机组或集群在 t 时刻的优化计划。

(1)常规机组的发电成本：包括 AGC 机组和非 AGC 机组，其发电成本均为二次函数：

$$F_{\mathrm{C}}\left(P_{i,t}^{\mathrm{NA}}\right)=\sum_{i=1}^{N_{\mathrm{NA}}}\left[a_i\left(P_{i,t}^{\mathrm{NA}}\right)^2+b_iP_{i,t}^{\mathrm{NA}}+c_i\right] \tag{6-2}$$

$$F_{\mathrm{A}}\left(P_{j,t}^{\mathrm{A}}\right)=\sum_{j=1}^{N_{\mathrm{A}}}\left[a_j\left(P_{j,t}^{\mathrm{A}}\right)^2+b_jP_{j,t}^{\mathrm{A}}+c_j\right] \tag{6-3}$$

式中，N_{NA}、N_{A} 分别为非 AGC 机组、AGC 机组；a_i、b_i、c_i、a_j、b_j、c_j 为常规机组的发电成本系数。

(2)风电弃风惩罚成本：在保证电力系统安全稳定运行的时候，风电弃风有时

是被允许的。但考虑到风电对环境保护的贡献和低发电成本，电网应最大限度地消纳风电，因此在目标函数中应最大化风电出力。本章的风电弃风惩罚成本与风电发电计划和风电预测功率的差值成正比。

$$F_{\mathrm{W}}\left(P_{k,t}^{\mathrm{W}}\right)=\sum_{k=1}^{N_{\mathrm{W}}}C_{\mathrm{W}}\left(P_{k,t}^{\mathrm{W}}-\overline{P}_{k,t}^{\mathrm{WF}}\right) \tag{6-4}$$

式中，N_{W} 为风电集群的数目；$\overline{P}_{k,t}^{\mathrm{WF}}$ 为风电集群 k 在 t 时刻的预测功率；C_{W} 为计算风电弃风惩罚成本的系数。

2. 日内调度层的约束条件：调度优化过程中必须满足电力系统的安全约束

(1) 功率平衡约束：本章没有考虑电网传输过程中的功率损耗，所以整个系统的发出功率应和电网负荷保持平衡。

$$\sum_{i=1}^{N_{\mathrm{NA}}}P_{i,t}^{\mathrm{NA}}+\sum_{j=1}^{N_{\mathrm{A}}}P_{j,t}^{\mathrm{A}}+\sum_{k=1}^{N_{\mathrm{W}}}P_{k,t}^{\mathrm{W}}=D_{t}^{\mathrm{F}} \tag{6-5}$$

式中，D_{t}^{F} 为负荷预测值，因为负荷预测精度较高，所以本章认为负荷预测值即是未来优化时域的确定负荷。

(2) 常规机组出力限制约束：常规机组的功率输出应满足实际的上下限约束。

$$\begin{cases}\underline{P}_{i,t}^{\mathrm{NA}}\leqslant P_{i,t}^{\mathrm{NA}}\leqslant\overline{P}_{i,t}^{\mathrm{NA}}\\ \underline{P}_{j,t}^{\mathrm{A}}\leqslant P_{j,t}^{\mathrm{A}}\leqslant\overline{P}_{j,t}^{\mathrm{A}}\end{cases} \tag{6-6}$$

式中，$\overline{P}_{i,t}^{\mathrm{NA}}$ 和 $\underline{P}_{i,t}^{\mathrm{NA}}$ 为非 AGC 机组 i 的出力上下限；$\overline{P}_{j,t}^{\mathrm{A}}$ 和 $\underline{P}_{j,t}^{\mathrm{A}}$ 为 AGC 机组 j 的出力上下限。

(3) 风电出力限制约束：同样地，风电出力也有上下限约束。

$$\begin{cases}0\leqslant P_{k,t}^{\mathrm{W}}\leqslant\overline{P}_{k,t}^{\mathrm{WF}}\leqslant P_{k}^{\mathrm{N}}\\ \overline{P}_{k,t}^{\mathrm{WF}}=f\left(\dot{P}_{k,t-\Delta t}^{\mathrm{W}}\right)\end{cases} \tag{6-7}$$

式中，P_{k}^{N} 为风电集群 k 的装机容量；$f(\cdot)$ 为风电功率预测模型；$\dot{P}_{k,t-\Delta t}^{\mathrm{W}}$ 为用于功率预测的历史风电功率序列。

(4) 常规机组功率爬坡约束：常规机组在一个控制周期内的功率变化率是有限制的，可用式 (6-8) 表示。

$$\begin{cases}-R_{\mathrm{NA},i}^{\mathrm{down}}\cdot\Delta T\leqslant P_{i,t}^{\mathrm{NA}}-P_{i,t-\Delta t}^{\mathrm{NA}}\leqslant R_{\mathrm{NA},i}^{\mathrm{up}}\cdot\Delta T\\ -R_{\mathrm{A},j}^{\mathrm{down}}\cdot\Delta T\leqslant P_{j,t}^{\mathrm{A}}-P_{j,t-\Delta t}^{\mathrm{A}}\leqslant R_{\mathrm{A},j}^{\mathrm{up}}\cdot\Delta T\end{cases} \tag{6-8}$$

式中，$R_{\mathrm{NA},i}^{\mathrm{up}}$ 和 $R_{\mathrm{NA},i}^{\mathrm{down}}$ 分别为非 AGC 机组 i 的上爬坡率限值和下爬坡率限值；$R_{\mathrm{A},j}^{\mathrm{up}}$ 和 $R_{\mathrm{A},j}^{\mathrm{down}}$ 为 AGC 机组 j 的上爬坡率限值和下爬坡率限值，且 AGC 机组的爬坡率要快于非 AGC 机组。

(5)旋转备用容量约束：电力系统需要有足够的旋转备用容量来应对风电计划与实际功率的偏差，以及机组故障等紧急情况。

$$\begin{cases}\sum_{j=1}^{N_{\mathrm{A}}}\left(\overline{P}_{j,t}^{\mathrm{A}}-P_{j,t}^{\mathrm{A}}\right)\geqslant \mathrm{SR}_t^{+}\\ \sum_{j=1}^{N_{\mathrm{A}}}\left(P_{j,t}^{\mathrm{A}}-\underline{P}_{j,t}^{\mathrm{A}}\right)\geqslant \mathrm{SR}_t^{-}\end{cases} \tag{6-9}$$

$$\begin{cases}\overline{P}_{j,t}^{\mathrm{A}}-P_{j,t}^{\mathrm{A}}=\min\left(\overline{P}_{j,t}^{\mathrm{A}}-P_{j,t}^{\mathrm{A}},R_{\mathrm{A},i}^{\mathrm{up}}\cdot\Delta T\right)\\ P_{j,t}^{\mathrm{A}}-\underline{P}_{j,t}^{\mathrm{A}}=\min\left(P_{j,t}^{\mathrm{A}}-\underline{P}_{j,t}^{\mathrm{A}},R_{\mathrm{A},i}^{\mathrm{down}}\cdot\Delta T\right)\end{cases} \tag{6-10}$$

式中，SR_t^{+} 和 SR_t^{-} 分别为电力系统上、下旋转备用容量需求。

(6)传输断面安全约束：电网的传输断面是由几条从发电中心到负荷中心的相邻传输线构成的，在优化过程中应保证关键传输断面的传输功率不越限。

$$\underline{T}_{l,t}\leqslant\sum_{i=1}^{N_{\mathrm{NA}}}L_{l,i}P_{i,t}^{\mathrm{NA}}+\sum_{j=1}^{N_{\mathrm{A}}}L_{l,j}P_{j,t}^{\mathrm{A}}+\sum_{k=1}^{N_{\mathrm{W}}}L_{l,k}P_{k,t}^{\mathrm{W}}\leqslant\overline{T}_{l,t} \tag{6-11}$$

式中，$L_{l,i}$ 为机组 i 对断面 l 的功率转移分布因子；$\overline{T}_{l,t}$ 和 $\underline{T}_{l,t}$ 为传输断面 l 的传输功率上限和下限。

在日内调度获得优化计划之后，优化结果 $P_{i,t}^{\mathrm{NA}}$ 和 $P_{j,t}^{\mathrm{A}}$ 将作为计划基值下发至实时调度层，作为实时调度层中非 AGC 机组和 AGC 机组在计划时刻的优化出力的 $\widehat{P}_{i,t'}^{\mathrm{NA}}$ 和 $\widehat{P}_{j,t'}^{\mathrm{A}}$。其中，$t'$ 代表日内调度层中的数据时间尺度。实时调度层主要是在更精细的时间尺度下，基于日内调度层的优化结果进行计划调整，采用的风电功率预测数据时间分辨率为 5min。在实时调度层中常规机组的优化变量为功率调整量 $\Delta\widehat{P}_{i,t}^{\mathrm{NA}}$ 和 $\Delta\widehat{P}_{j,t}^{\mathrm{A}}$，而实时调度层中风电集群出力的优化变量为 $\widehat{P}_{k,t}^{\mathrm{W}}$，实时调度层的目标函数如下：

$$\begin{aligned}F\left(\Delta\widehat{P}_{i,t}^{\mathrm{NA}},\Delta\widehat{P}_{j,t}^{\mathrm{A}},\widehat{P}_{k,t}^{\mathrm{W}}\right)=\min\sum_{t=t_0+1}^{t_0+T_2}\Big[&F_{\mathrm{C}}\left(\widehat{P}_{i,t'}^{\mathrm{NA}}+\Delta\widehat{P}_{i,t}^{\mathrm{NA}}\right)\\ &+F_{\mathrm{A}}\left(\widehat{P}_{j,t'}^{\mathrm{A}}+\Delta\widehat{P}_{j,t}^{\mathrm{A}}\right)+F_{\mathrm{W}}\left(\widehat{P}_{k,t}^{\mathrm{W}}\right)\Big]\end{aligned} \tag{6-12}$$

式中，t_0为初始时刻；T_2为实时调度层的时间周期。

实时调度层的约束条件与日内调度层相同，由式(6-11)、式(6-12)组成。但在本层中，常规机组出力限制约束中的 AGC 机组出力上下限的取值与日内调度层中不同，因为要保证 AGC 机组有足够的旋转备用容量，所以 AGC 机组的出力上限取值更小，出力下限取值更大。由于风电功率的不确定性，实时调度层实现了对日内调度层的修正，并且将风电集群以整体进行优化也相对降低了优化结果的不确定性。

6.2.2　集群优化层

风电集群从实时调度层中获得调度计划值后，将在集群优化层中给各风电场分配发电计划值。在本层执行优化过程之前，考虑到风电集群风电场分布范围较广，各风电场风能资源分布情况有差异，为了充分利用各风电场风能资源和提高计划追踪精度，本层以 15min 为计算周期设置了动态分群策略，主要考虑风电功率变化趋势和风电场发电状态，既包含了实时信息也考虑了未来信息。

对于动态分群策略，首先在判断风电场功率变化趋势中，取未来 20min 的预测序列以 5min 为分群采样间隔，每点预测信息与其前后 1min 的预测值取平均值，削弱预测误差对分群判断的影响，保证预测功率的可靠性：

$$\overline{P}_{i,t+\Delta t}^{\mathrm{wfa}}=\frac{1}{3}\left(\overline{P}_{i,t+(\Delta t-1)}^{\mathrm{wf}}+\overline{P}_{i,t+\Delta t}^{\mathrm{wf}}+\overline{P}_{i,t+(\Delta t+1)}^{\mathrm{wf}}\right) \tag{6-13}$$

式中，t为当前时刻；Δt为采样时刻至本时刻时差；$\overline{P}_{i,t+\Delta t}^{\mathrm{wfa}}$为风电场$i$在$t+\Delta t$时刻的采样功率。

对采样功率处理后，进行风电场功率变化趋势的判断，提出功率趋势因子概念，如式(6-14)所示：

$$K_i=\sum_{j=1}^{4}\mathrm{sign}\left(\overline{P}_{i,t+m}^{\mathrm{wfa}}-\overline{P}_{i,t+n}^{\mathrm{wfa}}\right) \tag{6-14}$$

式中，$\mathrm{sign}(x)$为符号函数，当$x>0$时，$\mathrm{sign}(x)=1$，当$x=0$时，$\mathrm{sign}(x)=0$，当$x<0$时，$\mathrm{sign}(x)=-1$；m、n为采样时刻距离当前时刻的时间，单位为 min，与式(6-13)Δt含义相同，只是在这里中m、n取不同值，$m=5,10,15,20$，$n=0,5,10,15$；K_i为功率趋势因子，由式(6-14)可知，$\max(K_i)=4$，$\min(K_i)=-4$。

根据功率趋势因子K_i的数值大小，可判断风电场类型，当$K_i=4$时，说明$\mathrm{sign}(x)$持续等于 1，即$\overline{P}_{i,t+m}^{\mathrm{wfa}}-\overline{P}_{i,t+n}^{\mathrm{wfa}}>0$，表示风电功率在判断周期内是持续上升的，归为上爬坡群；同理当$K_i=-4$时归为下爬坡群；当$-4<K_i<4$时，表明风电

功率处于双方向波动态势。因此提出波动阈值η，经过多次试验分析，以风电场装机容量的百分之一作为波动阈值较严格且合理：

$$\begin{cases} \dot{P}_{i,T}^{\mathrm{wfa}}=\left[\hat{P}_{i,t}^{\mathrm{wfa}} \quad \hat{P}_{i,t+5}^{\mathrm{wfa}} \quad \cdots \quad \hat{P}_{i,t+20}^{\mathrm{wfa}}\right] \\ M=\max\left(\dot{P}_{i,T}^{\mathrm{wfa}}\right)-\min\left(\dot{P}_{i,T}^{\mathrm{wfa}}\right), \quad \eta=P_i^{\mathrm{N}}/100 \\ M>\eta \text{ 或 } M\leqslant\eta \end{cases} \tag{6-15}$$

式中，$\dot{P}_{i,T}^{\mathrm{wfa}}$为趋势判断功率序列；$P_i^{\mathrm{N}}$为风电场$i$的额定装机容量。动态分群判断标准如表 6-2 所示。

表 6-2 动态分群判断标准

功率趋势因子(K_i)	M与η的大小关系	分群结果
−4	≤	平稳群
	>	下爬坡群
4	≤	平稳群
	>	上爬坡群
(−4,4)	≤	平稳群
	>	振荡群

在此基础上，考虑风电场实时负荷状态作为另外一个分群标准。由于风电场装机容量与所处风速的不同，风电场间平均负荷率存在差别，而风电场效益与其负荷状态呈正相关，因此分群过程中考虑风电场负荷状态对于后续协调优化具有参考意义。风电场平均负荷率计算如下：

$$\varphi_{i,t}=\left(P_{i,t}^{\mathrm{wr}}/P_i^{\mathrm{N}}\right)\times 100\% \tag{6-16}$$

式中，$\varphi_{i,t}$为风电场i在t时刻的平均负荷率；$P_{i,t}^{\mathrm{wr}}$为风电场i在t时刻经过控制后的实际功率。当平均负荷率$\varphi_{i,t}<P_i^{\mathrm{N}}/3$时，风电场属于低负荷率群；当$\varphi_{i,t}\geqslant 2P_i^{\mathrm{N}}/3$时，风电场属于高负荷率群；否则，风电场属于中负荷率群。

最终，可将风电场分为 12 类群，如表 6-3 所示。

表 6-3 动态分群结果

编号	分群类型	编号	分群类型
1	高负荷率下爬坡群	7	高负荷率平稳群
2	中负荷率下爬坡群	8	中负荷率平稳群
3	低负荷率下爬坡群	9	低负荷率平稳群

续表

编号	分群类型	编号	分群类型
4	高负荷率上爬坡群	10	高负荷率振荡群
5	中负荷率上爬坡群	11	中负荷率振荡群
6	低负荷率上爬坡群	12	低负荷率振荡群

在每次优化过程前获得分群结果后，本层开始进行优化。常规机组将追踪实时调度层下发的调度计划，而各风电场接收到的发电计划将根据分群结果进行差异化优化，本层优化的目标函数如下：

$$F(P_{i,t}^{\mathrm{w}}) = \min \sum_{t=t_0+1}^{t_0+T_3} \left\{ \left(\widehat{P}_{k,t'}^{\mathrm{W}} - \sum_{i=1}^{n} P_{i,t}^{\mathrm{w}} \right) + \Delta P_{\mathrm{diff}}^{\mathrm{w}} \right\}$$

$$\Delta P_{\mathrm{diff}}^{\mathrm{w}} = \begin{cases} \left(\widehat{P}_{i,t}^{\mathrm{wf}} - P_{i,t}^{\mathrm{w}}\right) + \left(P_{i,t}^{\mathrm{w}} - P_{i,t-\Delta t}^{\mathrm{w}}\right), & G_{i,t} = 1,2 \\ \left(\widehat{P}_{i,t}^{\mathrm{wf}} - P_{i,t}^{\mathrm{w}}\right) + \left(P_{i,t-\Delta t}^{\mathrm{w}} - P_{i,t}^{\mathrm{w}}\right), & G_{i,t} = 4 \\ \left(\widehat{P}_{i,t}^{\mathrm{wf}} - P_{i,t}^{\mathrm{w}}\right) + \left[1 - \left(P_{i,t}^{\mathrm{w}} / P_i^{\mathrm{N}}\right)\right], & G_{i,t} = 5,6 \\ \widehat{P}_{i,t}^{\mathrm{wf}} - P_{i,t}^{\mathrm{w}}, & G_{i,t} = 3,7,8,9 \\ \alpha_i \times \left|P_{i,t}^{\mathrm{w}} - P_{i,t-\Delta t}^{\mathrm{w}}\right|, & G_{i,t} = 10,11 \\ \left|P_{i,t}^{\mathrm{w}} - P_{i,t-\Delta t}^{\mathrm{w}}\right| + \left[1 - \left(P_{i,t}^{\mathrm{w}} / P_i^{\mathrm{N}}\right)\right], & G_{i,t} = 12 \end{cases} \tag{6-17}$$

式中，n 为风电集群中风电场数量；集群总计划 $\widehat{P}_{k,t'}^{\mathrm{W}}$ 中的 t' 为实时调度层的数据时间尺度；$P_{i,t}^{\mathrm{w}}$ 为风电场 i 在 t 时刻的优化计划；$\widehat{P}_{i,t}^{\mathrm{wf}}$ 为风电场 i 在 t 时刻的 5min 分辨率的功率预测值；$G_{i,t}$ 为动态分群结果编号，与表 6-3 一致；α_i 为风电场 i 的控制权重；T_3 为集群优化层的优化时域。

式(6-17)的第一部分是满足集群总计划值，第二部分则根据分群结果的不同设置了不同的优化目标。当 $G_{i,t} = 1,2,4$ 时，风电场 i 属于高或中负荷率群，主要目标为继续最大化出力，但是应根据功率变化趋势来设置不同的变化方向；$G_{i,t} = 5,6$ 时主要是针对中负荷率上爬坡群和低负荷率上爬坡群，所以主要目标是提高风电场的负荷率；当 $G_{i,t} = 3,7,8,9$ 时，平稳群和低负荷率下爬坡群主要保证弃风最少即可，不需要设置特殊的优化目标；最下面两行主要针对振荡群，高负荷率和中负荷率振荡群通过设置权重来确保功率平稳，低负荷率振荡群则同时要考虑提高负荷率。

本层的约束条件如下：

$$\text{s.t.}\begin{cases}\sum_{i=1}^{n} P_{i,t}^{\mathrm{w}} \leqslant \widehat{P}_{k,t'}^{\mathrm{W}} \\ \underline{P}_i^{\min} \leqslant P_{i,t}^{\mathrm{w}} \leqslant \widehat{P}_{i,t}^{\mathrm{wf}} \leqslant P_i^{\mathrm{N}} \\ \left|\left(P_{i,t}^{\mathrm{w}} - P_{i,t-\Delta t}^{\mathrm{w}}\right)/P_i^{\mathrm{N}}\right| \leqslant \widehat{C}_i^{\mathrm{w}}\end{cases} \tag{6-18}$$

式中，$\underline{P}_i^{\min}$ 为风电场 i 的最小出力限值，用来保证不制定停发计划；$\widehat{C}_i^{\mathrm{w}}$ 为风电场 i 的 5min 功率波动率限制。整个约束条件主要由总调度计划跟踪、风电场出力限制和风电功率爬坡限制组成。

6.2.3　单场调整层

单场调整层的控制目标是保证风电场追踪从集群优化层下发的调度计划，当集群优化层在一个控制时域内完成一次优化时，每个风电场都获得一个 5min 分辨率的调度计划值 $\hat{P}_{i,t'}^{\mathrm{w}}$。因此在单场调整层中，根据 1min 分辨率的超短期风电功率预测信息 $\hat{P}_{i,t}^{\mathrm{wf}}$，该层将每 1min 调整一次风电场出力，所以在一次集群优化层的控制时域内，单场调整层将执行 5 次调整。该层的目标函数和约束条件如下：

$$F\left(P_{i,t}^{\mathrm{w}}\right) = \min \sum_{t=t_0+1}^{t_0+T_4} \left(\hat{P}_{i,t'}^{\mathrm{w}} - P_{i,t}^{\mathrm{w}}\right) + \left(P_{i,t}^{\mathrm{w}} - P_{i,t-\Delta t}^{\mathrm{w}}\right) \tag{6-19}$$

$$\text{s.t.}\begin{cases}P_{i,t}^{\mathrm{w}} \leqslant \hat{P}_{i,t'}^{\mathrm{w}} \\ \underline{P}_i^{\min} \leqslant P_{i,t}^{\mathrm{w}} \leqslant \hat{P}_{i,t}^{\mathrm{wf}} \leqslant P_i^{\mathrm{N}} \\ \left|\left(P_{i,t}^{\mathrm{w}} - P_{i,t-\Delta t}^{\mathrm{w}}\right)/P_i^{\mathrm{N}}\right| \leqslant \hat{C}_i^{\mathrm{w}}\end{cases} \tag{6-20}$$

式中，$\hat{C}_i^{\mathrm{w}}$ 为风电场 i 的 1min 功率波动率限制；T_4 为单场调整层的优化时域。该约束条件与集群优化层的约束条件相似。

因为风电场在 5min 内的波动变化较平缓，所以该层相对于其他层属于功率微调。在每次优化完毕后，该层获得的优化结果 $P_{i,t}^{\mathrm{w}}$ 将作为每个风电场的最终调度计划 $\tilde{P}_{i,t}^{\mathrm{w}}$，所以在每个控制时域内，风电场 i 的实际输出功率 $P_{i,t}^{\mathrm{wr}}$ 将由风电场调度计划 $\tilde{P}_{i,t}^{\mathrm{w}}$ 和风电场可发功率 $P_{i,t}^{\mathrm{wa}}$ 所决定。当 $\tilde{P}_{i,t}^{\mathrm{w}} > P_{i,t}^{\mathrm{wa}}$ 时，风电场实际输出功率将等于 $P_{i,t}^{\mathrm{wa}}$，此时风电场无法满足调度计划，需要 AGC 机组进行实时功率补偿；反之，当可发功率更大时，风电场实际输出功率将等于 $\tilde{P}_{i,t}^{\mathrm{w}}$，风电场需严格遵循调度计划。

为了让系统最大限度地消纳风电，在本层中根据风电集群送出通道利用率和

AGC 机组下旋转备用空间来制定风电场增发出力方案。风电集群送出通道是从风电集群并网点到公共电网的传输线路，本章将风电集群送出通道利用率分为三种状态：当送出通道传输功率小于传输极限的 90%时，称通道处于安全状态；当送出通道传输功率处于传输极限的 90%～95%时，称通道处于预警状态；当送出通道传输功率大于传输极限的 95%时，认为通道处于越限状态，此时应限制风电场出力。根据上述判断条件，可计算风电可增发空间：

$$\Delta P_{\mathrm{TL}}^{\mathrm{s}}=\begin{cases}95\% P_{\mathrm{TL}}^{\mathrm{lim}}-P_{k,t}^{\mathrm{WR}}, & P_{k,t}^{\mathrm{WR}}\big/P_{\mathrm{TL}}^{\mathrm{lim}}<90\% \\ 0, & 90\%\leqslant P_{k,t}^{\mathrm{WR}}\big/P_{\mathrm{TL}}^{\mathrm{lim}}\leqslant 95\% \\ 95\% P_{\mathrm{TL}}^{\mathrm{lim}}-P_{k,t}^{\mathrm{WR}}, & P_{k,t}^{\mathrm{WR}}\big/P_{\mathrm{TL}}^{\mathrm{lim}}>95\%\end{cases} \tag{6-21}$$

式中，$\Delta P_{\mathrm{TL}}^{\mathrm{s}}$ 为基于风电送出通道的可增发空间；$P_{\mathrm{TL}}^{\mathrm{lim}}$ 为风电送出通道传输极限，由各风电集群装机容量与线路参数决定；$P_{k,t}^{\mathrm{WR}}$ 为风电集群实际输出功率。虽然当通道处于安全状态时与越限状态时的公式相同，但结果的符号不同，当处于越限状态时，$\Delta P_{\mathrm{TL}}^{\mathrm{s}}<0$，风电场应向下动作以保证系统安全。

AGC 机组调整速度快，其下旋转备用不仅对于系统安全运行十分重要，也决定了系统是否有多余的空间消纳更多风电。以此为标准所确定的可增发空间如下：

$$\Delta P_{\mathrm{AGC}}^{\mathrm{s}}=\begin{cases}P_t^{\mathrm{A}}-\bar{P}_{\mathrm{AGC}}^{\mathrm{u}}, & P_t^{\mathrm{A}}>\bar{P}_{\mathrm{AGC}}^{\mathrm{u}} \\ 0, & \underline{P}_{\mathrm{AGC}}^{\mathrm{d}}<P_t^{\mathrm{A}}\leqslant\bar{P}_{\mathrm{AGC}}^{\mathrm{u}} \\ P_t^{\mathrm{A}}-\underline{P}_{\mathrm{AGC}}^{\mathrm{d}}, & P_t^{\mathrm{A}}\leqslant\underline{P}_{\mathrm{AGC}}^{\mathrm{d}}\end{cases} \tag{6-22}$$

式中，$\Delta P_{\mathrm{AGC}}^{\mathrm{s}}$ 为基于 AGC 机组下旋转备用的可增发空间；P_t^{A} 为 AGC 机组实际输出功率；$\bar{P}_{\mathrm{AGC}}^{\mathrm{u}}$、$\underline{P}_{\mathrm{AGC}}^{\mathrm{d}}$ 分别为 AGC 机组下旋转备用死区上限和下限。当 $P_t^{\mathrm{A}}>\bar{P}_{\mathrm{AGC}}^{\mathrm{u}}$ 时，表示 AGC 机组向下调整空间充足，此时 $\Delta P_{\mathrm{AGC}}^{\mathrm{s}}>0$；当 $P_t^{\mathrm{A}}<\underline{P}_{\mathrm{AGC}}^{\mathrm{d}}$ 时，表明 AGC 机组下调整空间不足，即 $\Delta P_{\mathrm{AGC}}^{\mathrm{s}}<0$，应为 AGC 机组提供下旋转备用容量。

根据集群送出通道利用率与 AGC 下旋转备空间计算的可增发空间，通过比较可得最终可增发空间：

$$\Delta P_{\mathrm{F}}^{\mathrm{s}}=\begin{cases}\min\left(\Delta P_{\mathrm{TL}}^{\mathrm{s}},\Delta P_{\mathrm{AGC}}^{\mathrm{s}}\right), & \Delta P_{\mathrm{TL}}^{\mathrm{s}}\geqslant 0,\Delta P_{\mathrm{AGC}}^{\mathrm{s}}\geqslant 0 \\ \min\left(\Delta P_{\mathrm{TL}}^{\mathrm{s}},\Delta P_{\mathrm{AGC}}^{\mathrm{s}}\right), & \Delta P_{\mathrm{TL}}^{\mathrm{s}}\leqslant 0,\Delta P_{\mathrm{AGC}}^{\mathrm{s}}\leqslant 0 \\ \Delta P_{\mathrm{TL}}^{\mathrm{s}}, & \Delta P_{\mathrm{TL}}^{\mathrm{s}}<0,\Delta P_{\mathrm{AGC}}^{\mathrm{s}}\geqslant 0 \\ \Delta P_{\mathrm{AGC}}^{\mathrm{s}}, & \Delta P_{\mathrm{TL}}^{\mathrm{s}}\geqslant 0,\Delta P_{\mathrm{AGC}}^{\mathrm{s}}<0\end{cases} \tag{6-23}$$

式(6-23)主要考虑的因素是系统安全稳定运行，当两值同大于或等于零时取较小值，优选上爬坡群和低负荷率群增发；当两值小于或等于零时取绝对值较大值，保证动作量满足两方要求，优选下爬坡群限制出力；当两值异号时，取小于零值，放弃增发而保证系统安全运行。所以当风电调度计划小于风电可发功率时，若系统具备风电可增发空间，风电场将有可能在控制时域内将风电增发至可发功率。

6.3　预测模型与反馈校正环节建模

MPC 中的反馈校正和滚动优化环节相辅相成[11,12]，反馈校正使得预测模型和滚动优化的输出在下一控制时域中更接近实际值，使得 MPC 过程形成了一个闭环。本章提出了一种超短期风电功率预测误差分层分析方法以实现反馈校正。

在误差补偿之前，需要对超短期风电功率预测误差的数值特性进行分析，主要包括幅值特性和波动特性。首先，由于功率预测误差存在不同的幅值，需要选取特定合适的概率密度分布对预测误差进行拟合，通过最大似然估计法求解拟合参数；在此基础上，根据拟合得到的概率密度分布函数，选取不同的置信水平计算风电功率预测误差的置信区间，根据置信区间可以将预测误差进行分层；通过研究历史预测误差数据，可对风电功率预测误差的波动特性进行分析，获得预测误差的波动特性，从而预测下一时刻的预测误差；结合预测误差的幅值特性和波动特性，可以综合制定未来预测模型输出的误差补偿方案。

在分析幅值特性的过程中，为了更好地拟合超短期风电功率预测误差的概率密度分布，本章通过对比选取了广义误差分布(generalized error distribution，GED)模型去拟合概率密度分布。GED 模型是一种适应性较强的概率密度分布模型，通过自身参数调整，能够对不同的峰度、腰部和尾部特性进行拟合。传统 GED 模型的概率密度分布函数如下：

$$f(x,\mu,\delta)=\frac{\mu}{\delta\cdot 2^{(\mu+1)/\mu}\cdot\Gamma(1/\mu)}\cdot\exp\left[-(1/2)\cdot\left|x/\delta\right|^{\mu}\right] \tag{6-24}$$

$$\delta=\left[\frac{2^{-2/\mu}\cdot\Gamma(1/\mu)}{\Gamma(3/\mu)}\right]^{\frac{1}{2}} \tag{6-25}$$

式中，x 为超短期风电功率预测误差的标幺值，基准值为风电场/集群的装机容量；μ 和 δ 为形状参数；$\Gamma(\cdot)$ 为伽马函数。

然而，传统 GED 模型在拟合时有轻峰重尾的特性，而超短期风电功率预测误差的概率密度分布有轻尾的特点，并且，传统 GED 模型的概率分布曲线关于 $x=0$

对称，而预测误差分布则一般具有一定的偏度，综上，传统 GED 模型的拟合效果也不是最理想的。因此，本章对传统 GED 模型进行了修正，提出了一种改进广义误差分布(improved generalized error distribution, IGED)模型，概率密度分布函数如下：

$$f\left(x,\mu,\delta,\varepsilon,\beta\right)=\frac{\mu\cdot 2^{(\mu+1)/\mu}}{\delta\cdot\Gamma(1/\mu)}\cdot\exp\left[-\left|(x-\varepsilon)/\delta\right|^{\beta}\right] \tag{6-26}$$

$$\delta=\left[\frac{2^{2-2/\mu}\cdot\Gamma(3/\mu)}{\Gamma(3/\mu)}\right]^{\frac{1}{2}} \tag{6-27}$$

式中，ε 为加入 GED 模型中的位置参数，使得曲线可以横向移动以适应预测误差分布的偏度；加入 β 使斜度参数剥离了传统 GED 模型中斜度和峰度的联系，使得曲线的斜度变化更具有灵活性；对形状参数 δ 进行修正以适应预测误差分布的尖峰轻尾特性，同时让曲线不失去腰部拟合的灵活性。

IGED 模型的参数通过极大似然估计(maximum likelihood estimation，MLE)法进行评估。为了验证模型的拟合效果，本章采用平均绝对误差(mean absolute error, MAE)和 RMSE 作为纵向误差评价指标，采用皮尔逊积矩相关系数(Pearson product-moment correlation coefficient，PPMCC)作为横向误差评价指标。纵向误差指标越小，横向误差指标越大，表明曲线拟合效果越好。详细的有效性验证将在后续的算例分析中给出。

在获得预测误差概率密度函数之后，计算累积概率密度函数，在其中选取一高一低两个置信水平(如 95%和 85%)对误差进行分层，两个置信水平可以计算得到两个置信区间，共可将预测误差分为 3 层。置信水平较小的置信区间的边界值较小，该区间构成了小误差层；置信水平较高的置信区间的边界值较大，大于小区间边界值且小于大区间边界值，构成了中误差层；大于大区间的边界值的范围则构成了大误差层。再考虑到误差存在正负，实际上在正、负每个方向上都存在 3 层。需要注意的是，置信水平的选取对于误差分层的效果比较关键，若置信水平选取得过大，则置信区间将过大，误差覆盖范围变大，使得在误差相对较大时才进行补偿，容易导致欠补偿；同理，当置信水平选取得过小时，误差覆盖范围过小，在误差相对较小时就开始补偿，从而易导致过补偿。所以，应根据具体的超短期风电功率预测误差数据选取特定的置信水平。

上述主要是对预测误差的幅值特性进行分析，在此基础上，也需对其波动特性进行分析。由于风电功率固有的波动性和不确定性[13,14]，以及预测模型存在的系统误差，风电功率预测误差也存在明显的波动性。但是，在超短期风电功率预测时间尺度下，临近时刻的预测误差存在一定的相关性。因此，通过对误差波动性进行分析，可以为误差补偿方案提供有价值的信息。本章取本时刻起至历史 2h 的误差数据，将其定义为“近期历史误差”，数据分辨率为 15min，即共 8 个数据点。为了判断预测误差的变化趋势，本章采用最小二乘法将近期历史误差拟合为一条直线，而直线的斜率 ρ 的绝对值可以衡量误差的变化趋势。同时，计算近期历史误差的方差 φ，结合变化趋势综合分析误差的波动特性。其中，样本历史误差的方差 φ_0 通过式(6-28)进行计算，作为方差的判断标准，将 $\rho_0=1$ 作为斜率的判断标准。

$$\varphi_0=\frac{1}{N_{\mathrm{e}}}\left[(e_1-\overline{e})^2+(e_2-\overline{e})^2+\cdots+(e_{N_{\mathrm{e}}}-\overline{e})^2\right] \tag{6-28}$$

式中，φ_0 为方差；$\overline{e}$ 为样本误差的平均值；$e_i(i=1,2,\cdots,N_{\mathrm{e}})$ 为样本误差；N_{e} 为样本误差总数。

在此基础上，误差预测值 $e_{t+\Delta t}$ 的预测方法将有四种情况。当 $\varphi<\varphi_0$ 且 $\rho<\rho_0$ 时，说明预测误差处于相对平稳的小幅波动状态，此时采用滑动平均(moving average，MA)法对下一时刻的误差 $e_{t+\Delta t}$ 进行预测；当 $\varphi>\varphi_0$ 且 $\rho<\rho_0$ 时，此时误差处于变化趋势相对平稳的大幅波动状态，因此采用加权滑动平均(weighted moving average，WMA)法进行误差预测，越靠近下一时刻的近期误差值权重越大；当 $\varphi<\varphi_0$ 且 $\rho>\rho_0$ 时，说明误差处于非平稳小幅波动状态，采用 ARMA 方法进行预测，并加大前一时刻误差值权重；当 $\varphi>\varphi_0$ 且 $\rho>\rho_0$ 时，此时误差变化趋势明显，采用线性方法进行预测。通过上述方法，在对近期历史误差波动性分析的基础上可以得到下一时刻的风电功率预测误差的预测值 $e_{t+\Delta t}$。

幅值特性分析获得了误差分层结果，波动特性分析获得了下一时刻的误差预测值，因此，结合已知的本时刻误差预测值 e_t 和下一时刻的误差预测值 $e_{t+\Delta t}$，可以根据误差值在误差层中的位置来制定补偿方案。当 $e_{t+\Delta t}$ 在小误差层中时，无论 e_t 处于哪个层，风电功率预测结果都不需要补偿以防过补偿；当 $e_{t+\Delta t}$ 和 e_t 位于同侧同层中时，由于误差波动性较小，采用等幅反向补偿，即补偿值为 $-e_{t+\Delta t}$；然而，当两者处于不同层中时，需要结合后续变化趋势进行判断：

$$\rho_e=\frac{\left|e_{t+\Delta t}-e_t\right|}{\left|\chi_{\mathrm{L}}-\chi_{\mathrm{H}}\right|} \tag{6-29}$$

式中，χ_{L} 和 χ_{H} 为两个置信区间同侧的边界值；ρ_e 为时刻 $t+\Delta t$ 后的误差变化趋势。因此，根据计算结果，误差在不同层中的补偿方案如表 6-4 所示。

基于上述的反馈校正方法，每一个控制时域该环节获得系统的最新预测误差，然后进行反馈校正，补偿后续的预测输出，使得滚动优化环节和预测模型环节的输出都更接近实际值。

表 6-4　误差在不同层中的补偿方案

误差值 e_t 和 $e_{t+\Delta t}$ 的位置	ρ_e	补偿幅值
同侧	≤1	$-e_{t+\Delta t}$
	>1	$-1.1e_{t+\Delta t}$
异侧	≤2	$-e_{t+\Delta t}$
	>2	$-1.1e_{t+\Delta t}$

6.4　算例分析

6.4.1　系统参数设定

为了验证 APHDC-MPC 策略的有效性，本章采用 IEEE RTS 系统的 76 节点网络[15]作为仿真网络，其包含 24 条母线、32 台机组和 38 条传输线。本章将该网络做了适当修改并加入风电集群。

本章所用负荷数据为 IEEE 系统中某典型日数据，并进行了数据处理，数据分辨率包括 15min 和 5min，9:00～17:00 为峰荷时段，1:00～7:00 为谷荷时段，负荷最大值和最小值分别为 2850MW 和 1596MW。

仿真网络中共含有 32 台常规机组，总装机容量为 3250MW，本章将母线 7 上的 3 台机组(共 300MW)替换成了风电集群。该风电集群数据取自某省风电基地实际数据，所取区域共包含 8 个风电场，编号为 WF1～WF8，风电场装机容量分别为 49.5MW、198.5MW、99MW、148.5MW、98MW、48MW、49.5MW 和 99MW，共计 790MW。用于拟合风电功率预测误差概率密度分布的历史数据为 2016 年 3～7 月的数据，验证 APHDC-MPC 的风电功率数据取自 2016 年某典型日。定义连接在母线 1、13 和 23 的共 10 台常规机组为 AGC 机组，总容量为 1443MW。

本章所选取的传输断面由传输线 11-13(连接母线 11 和母线 13 的传输线)、传输线 11-14、传输线 12-13、传输线 12-23 和传输线 15-24 组成。传输断面功率上下限 $\overline{T}_{l,t}$ 和 $\underline{T}_{l,t}$ 设置为 750MW 和 200MW，因为风电集群连接于母线 7，传输线 7-8 被定义为风电集群送出通道，且传输功率极限设为 350MW。式(6-11)中的功率转移分布因子 $L_{l,i}$ 定义了发电机 i 在传输线 l 上的潮流分布，需要通过直流潮流中的节点导纳矩阵进行计算，详细计算过程已在文献[16]中给出。因此，为进行潮流计算，需要定义平衡节点，本章定义母线 6 为平衡节点。

对于式(6-4)中的参数，风电弃风惩罚成本的系数 $C_{\rm W}=500$；$\underline{P}_{i,t}^{\rm NA}$ 和 $\underline{P}_{j,t}^{\rm A}$ 根据机组类型分别占机组容量的 20%、40%或 45%，$\overline{P}_{i,t}^{\rm NA}$ 和 $\overline{P}_{j,t}^{\rm A}$ 等于机组容量，但在实时调度层中，$\underline{P}_{j,t}^{\rm A}$ 和 $\overline{P}_{j,t}^{\rm A}$ 分别为机组容量的 30%和 90%；AGC 机组的上下爬坡

率 $R_{A,j}^{up}$ 和 $R_{A,j}^{down}$ 设置为每分钟调整量等于机组容量的 20%，而非 AGC 机组的上下爬坡率则为机组容量的 3%，前者快于后者；电力系统的上下旋转备用容量需求 SR_t^+ 和 SR_t^- 设为系统峰值负荷的 10%；根据国家电网有限公司规定的风电功率波动率，本章中 5min 时间尺度的 $\widehat{C}_i^w$ 设置为风电场装机容量的 1/3，1min 时间尺度的 $\hat{C}_i^w$ 设置为风电场装机容量的 1/10，然而，如果风电场容量超过 150MW，上述两个参数应分别为 50MW/min 和 15MW/min；常规发电机组的发电成本系数 a_i、b_i、c_i 取自文献[17]。所有仿真过程在 64 位个人计算机(PC)上进行，硬件参数为 Intel Dual Core 2.50GHz CPU 和 8GB RAM，采用 MATLAB 2012a 作为仿真平台，基于 YALMIP 优化工具箱进行优化。

6.4.2　反馈校正效果分析

虽然反馈校正环节是整个 MPC 过程中实时进行的一部分,但在本节中将其补偿效果单独提取出来以验证本章所提反馈校正方法的有效性。前面已提到，概率密度分布模型的选取决定着概率分布拟合的精度，本章提出了用 IGED 模型拟合预测误差概率密度分布，各拟合模型的拟合效果如图 6-2 和图 6-3 所示。经过参数评估后，IGED 模型的各参数为 μ=0.1915，ε= –0.004258，β=0.7536。由图 6-2 可知，不同的概率分布函数的拟合曲线效果不同。正态分布无论是在峰部、腰部还是尾部，拟合效果都是最差的；GED 模型在概率密度峰部的拟合效果较好，但在腰部和尾部的拟合效果较差；与 GED 模型相比，IGED 模型的拟合效果更好，提高了腰部和尾部的拟合精度。同时，本章又采用柯西分布、拉普拉斯分布和二次高斯分布对数据进行拟合，与本章所提出的 IGED 模型进行对比。结果显示，柯西分布和二次高斯分布在尾部的拟合效果偏小，而拉普拉斯分布虽然在尾部的拟合效果与 IGED 模型的拟合效果相差不多，但在峰部的拟合效果不理想。可知，无论是 MAE、RMSE 还是 PPMCC 指标，IGED 模型与其他分布模型相比，对于具有尖峰轻尾特性的超短期风电功率预测误差的拟合效果都是最好的，如表 6-5 所示。

表 6-5　概率分布模型拟合效果评估参数对比

概率分布模型	MAE	RMSE	PPMCC
GED 模型	0.2625	0.5015	0.9166
IGED 模型	0.0769	0.1547	0.9912
二次高斯分布	0.1026	0.1906	0.9905
正态分布	0.1907	0.5360	0.8916
柯西分布	0.1156	0.2165	0.9828
拉普拉斯分布	0.0862	0.2083	0.9847

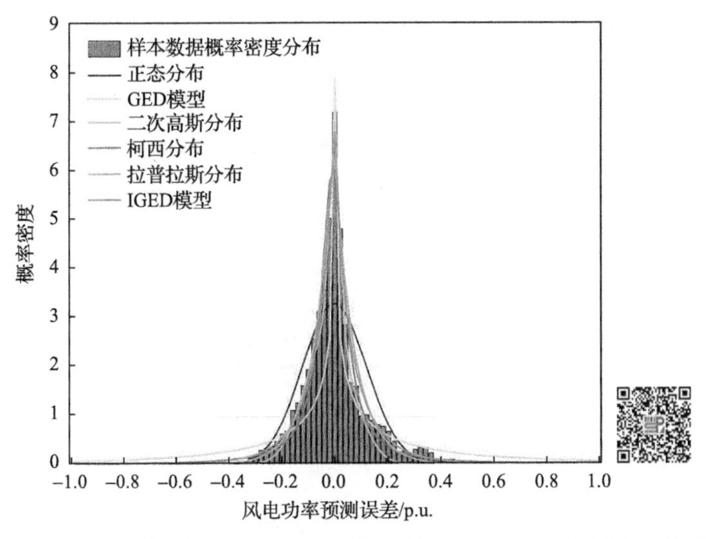

图 6-2　IGED 模型与其他概率分布模型的拟合效果对比(彩图扫二维码)

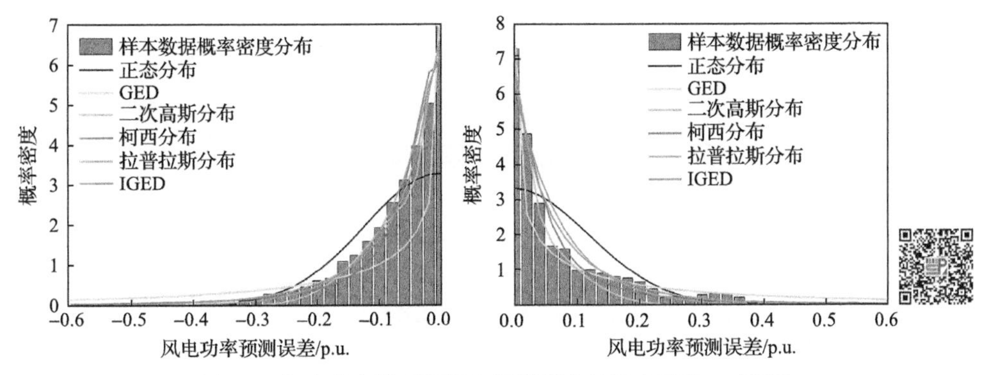

图 6-3　概率分布模型腰部和尾部拟合效果(彩图扫二维码)

基于拟合得到的概率密度分布函数,本章根据采用的样本数据特点,选取 80%和 95%两个置信水平进行误差分层。通过计算得到 80%和 95%置信水平对应的预测误差标幺值为 0.1180 和 0.2090，80%置信水平对应的置信区间为–46.1～46.1MW，95%对应的置信区间为–82.56～82.56MW，图 6-4 给出了误差分层效果。图 6-4 中将误差层基于实际功率给出，则风电功率预测值在误差层所处的位置即为预测误差的位置，反之亦然。图 6-4 中的误差波动情况包括单层内和多层的波动，不过多数情况误差处于小误差层，如图 6-4 中 15:00～23:45 时间段；也有少数误差出现在大误差层，如 13:00 左右。通过误差分层可以看出，误差在不同时段存在不同数值，波动情况剧烈，因此本章所提补偿方法可以有效补偿误差波动，图 6-4 也给出了补偿后的风电功率预测曲线。从图 6-4 中可以看出，误差补偿后的预测曲线更接近实际值。而表 6-6 给出了补偿前和补偿后预测曲线的评估指标对比情况，补偿后的 MAE 和 RMSE 指标值更小，PPMCC 则更接近 1，说明本章所提的反馈校正方法可提高预测模型输出的整体精度。然而，虽然风电功率预测值的整体预测精度得到提高了，但是图 6-4 中一些时间段的补偿仍然存在偏差，如 2:00～4:00，补偿后的预测值相比补偿前，离实际值的距离不近反远。这主要是因为在补偿过程中，经过误差波动性分析的误差预测根据不同情况使用了不同的预测模型，误差预测精度也影响着补偿精度，这在后期应进行更深入的研究。

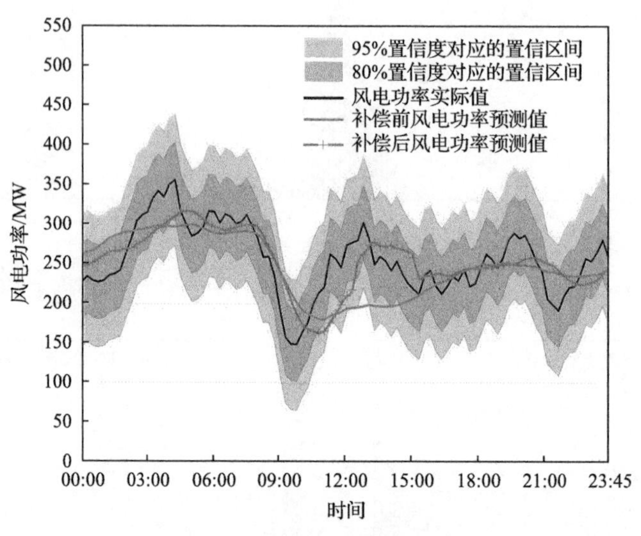

图 6-4　风电功率预测修正效果

表 6-6　补偿前后风电功率预测值比较

风电功率预测值	MAE/%	RMSE/%	PPMCC
补偿前风电功率预测值	3.81	4.78	0.6006
补偿后风电功率预测值	3.25	3.94	0.7110

6.4.3 风电控制效果分析

结合 6.4.2 节已验证的反馈校正方法，本节主要验证 APHDC-MPC 策略的整体有效性。APHDC-MPC 策略的前两层是整个系统的有功功率优化调度，本章将其与传统优化调度进行对比。图 6-5 给出了 APHDC-MPC 前两层制定的调度曲线和传统优化调度制定的调度曲线，图中的调度偏差是每一时刻调度值与功率实际值的差值。可以看出，日内调度层制定的曲线更接近风电功率实际值，整体偏差更小。之后，实时调度层在更精细的 5min 分辨率下进行计划修正，由于预测值变化较小，实时调度层的曲线与日内调度层的曲线几乎重合，除了 3:30～4:45 时段。主要是因为实时调度层的旋转备用约束进行了修改，AGC 机组的最低出力限值增大以预留更多的下旋转备用空间，而该时段刚好是负荷低谷时段，风电处于大发时段，常规机组应降低出力为风电提供足够的空间。但是，由图 6-6 可知，该时段系统的下旋转备用容量需求已达到限值，常规机组出力已不能再下降，因此实时调度层的风电调度曲线需要降低以实现系统功率平衡。

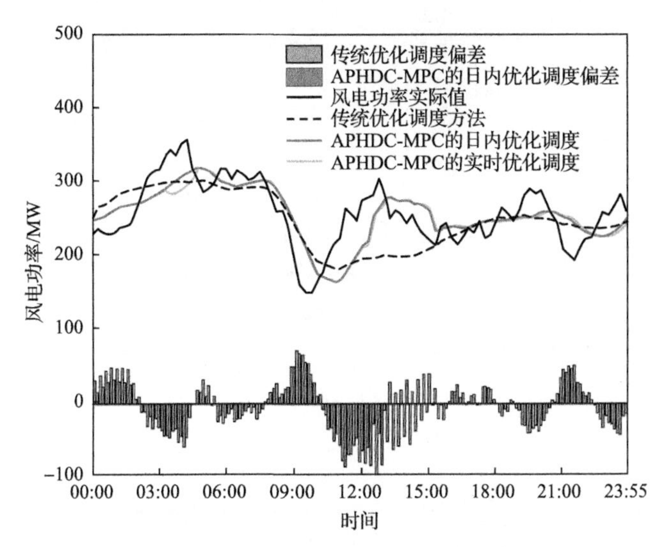

图 6-5　APHDC-MPC 的调度环节与传统优化调度对比

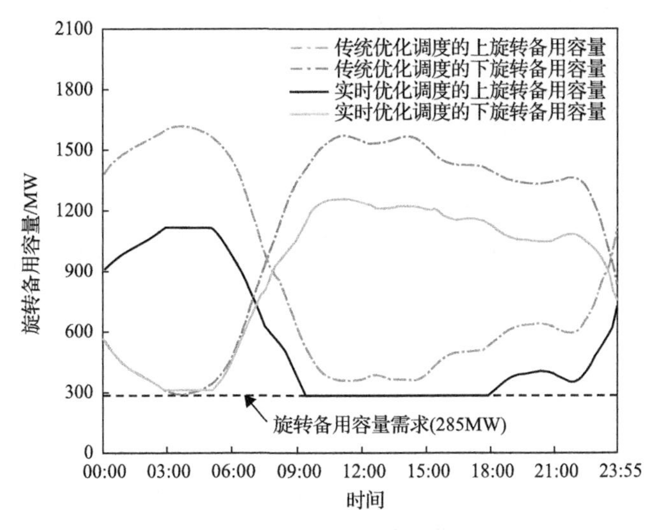

图 6-6　优化调度的旋转备用容量对比

传输断面的潮流效果如图 6-7 所示，相比于系统旋转备用容量变化图，传输断面的功率变化趋势与系统上旋转备用刚好相反，与下旋转备用相同。因为系统中常规机组的总体出力越大，系统上旋转备用越少，下旋转备用越多，传输断面上的传输功率也越大。由于 3:30～4:45 为负荷低谷时段，传输断面的传输功率也达到下限值 200MW，而在负荷高峰时段，尽管传输功率达到了高峰，但离传输断面上限值仍有足够空间。

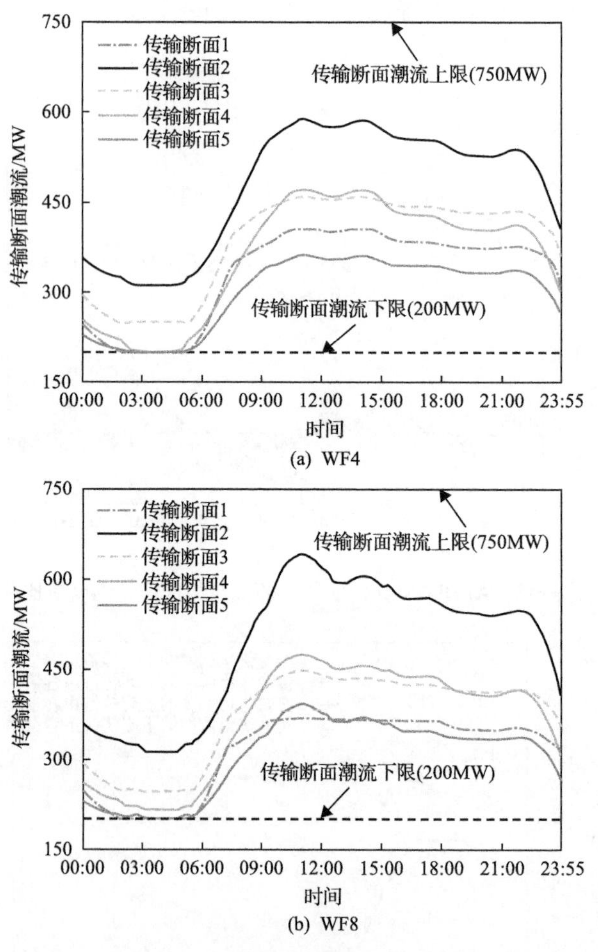

图 6-7　传输断面潮流效果对比

风电集群从实时调度层获得集群计划后，将执行集群优化层和单场调整层的指令以分配各风电场发电计划。本章采用常用的固比例分配方法和变比例分配方法与 APHDC-MPC 策略的后两层控制效果进行对比，其中，固定比例分配方法基于风电场装机容量的比例进行计划分配，变比例分配方法则根据风电功率预测值的比例进行计划分配。本节选 WF4 和 WF8 两个风电场作为典型风电场来验证计划分配效果，如图 6-8 所示。从图 6-8 可以明显看出，固定比例分配方法的结果与变比例分配方法和 APHDC-MPC 两种方法不同，主要是因为固定比例分配方法忽略了风电功率预测信息，因此无法准确反映各风电场实时的功率变化。后两种方法的结果曲线比较接近，同时，实时调度层下发的风电集群计划曲线在 3:30～4:45 时段存在下降阶段，所以变比例分配方法的各风电场结果在该时段均无法准确跟踪风电场功率预测曲线。而本章提出的 APHDC-MPC 方法的结果略有不同，因为在集群优化层中对风电场进行了动态分群，考虑了各风电场功率变化趋势和发电状态，有针对性地进行了计划分配。WF8 在该时段的分群结果是中负荷率上爬坡群，所以其发电计划在该时刻没有下降，而是准确追踪了预测曲线；而 WF4 先是中负荷率振荡群，所以在 3:00 左右的发电计划为平稳的，之后在 3:30 左右 WF4 的分群结果为中负荷率下爬坡群，综合各风电场在该时段的分群结果，风电集群调度计划中的下降阶段全部被分配至 WF4，所以 WF4 会存在如图 6-8 中的下降趋势。

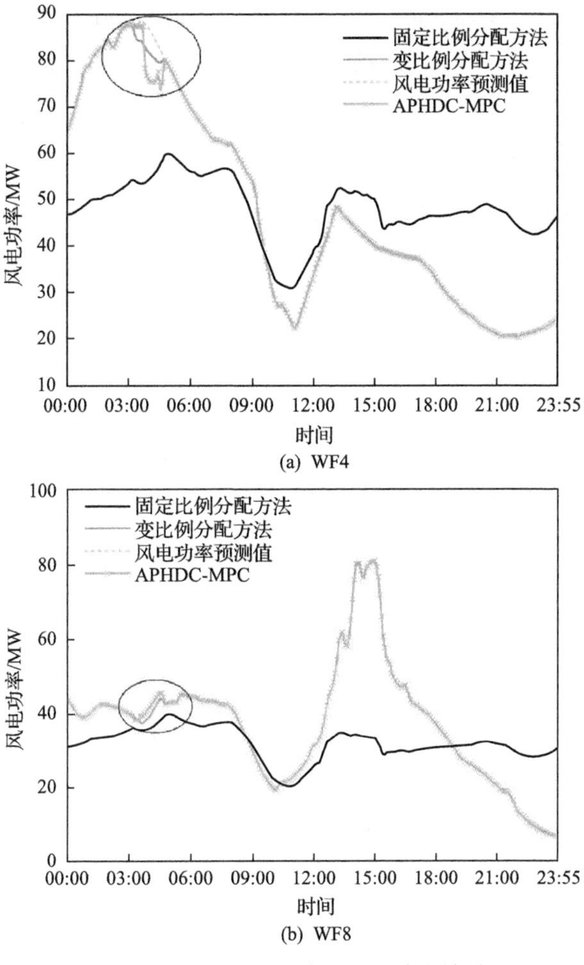

图 6-8　APHDC-MPC 与常规方法输出效果对比

表 6-7 基于两种指标给出了三种方法的控制效果，包括平均偏差率和平均波动率，其中 APHDC-MPC 方法给出的是集群优化层的结果，并未考虑单场调整层。平均偏差率表示的是风电场调度计划与实际功率的偏差，而平均波动率计算的是调度计划相邻两时刻的波动。可以看出，固定比例分配方法的平均偏差率指标的整体效果较另两种方法更差，除了 WF5 和 WF7，而平均波动率指标的效果则更好，但对于风电场控制来说，制定准确的发电计划以提高风电消纳，比限制风电场功率波动更重要；变比例分配方法与 APHDC-MPC 在两种指标的表现上比较接近，因为两种方法都考虑了风电功率预测信息，而由于仿真网络中系统备用容量充足，在全时段风电场几乎均可追踪预测曲线，所以即使 APHDC-MPC 根据动态分群结果有针对性地分配发电计划，但在该网络中效果不明显，只在特定时段明显，如 3:30～4:45 时段。同时，即使 WF4 在 APHDC-MPC 方法中在特殊时段被分配了剧烈的下降计划，但是整体的平均波动率仍小于变比例分配方法的结果，因为在整个优化过程中，风电场功率波动率均在约束条件中被限制。

表 6-7　各风电场下三种方法有功分配效果评估参数对比

评估参数	方法	WF1	WF2	WF3	WF4	WF5	WF6	WF7	WF8
平均偏差率/%	变比例分配方法	19.44	7.98	10.47	12.88	14.97	10.71	35.87	15.20
	固定比例分配方法	41.92	10.82	12.38	13.52	11.22	22.78	17.30	23.57
	APHDC-MPC	19.29	7.93	10.87	12.89	14.99	10.73	36.22	15.23
平均波动率/%	变比例分配方法	0.91	0.44	0.67	0.46	0.56	0.80	0.80	0.86
	固定比例分配方法	0.26	0.24	0.23	0.28	0.26	0.29	0.28	0.40
	APHDC-MPC	0.88	0.42	0.70	0.41	0.53	0.78	0.64	0.73

在集群优化层后，单场调整层根据风电场获得的分配计划进行实时调整，同时考虑增发可能性。因为本章主要从系统角度研究风电集群有功功率的调度与分配问题，风电场获得计划后如何达成该计划不在本章的研究范围内，本章假设只要风电场的实际功率大于或等于调度值，则风电场输出功率均可达到调度值，所以本章风电场/集群的控制后的输出功率主要由调度计划值与实际功率值决定，图 6-9 给出了风电集群经过三种方法控制后的输出功率。从图 6-9 可以看出，固定比例分配方法和变比例分配方法均无法充分利用风电场的风能资源，两条曲线与风电场实际可发功率均相差较大。而 APHDC-MPC 的控制曲线更接近实际可发功率，尽管风电功率预测误差等导致曲线仍有上升空间，但是相对于另两种方法，风电消纳水平已有显著提升。主要是因为本章所提方法在单场调整层考虑了 AGC

机组下旋转备用空间和风电集群送出通道利用率，使得系统中未充分利用的风电空间得到了利用，提高了系统的风电消纳能力。图 6-10 给出了三种方法下的 AGC 机组下旋转备用空间变化与风电集群送出通道的利用率，可以看出 APHDC-MPC 相对于另两种方法的优势，风电集群送出通道平均利用率提升超过了 10 个百分点，最高达到了 92.03%。详细分析可知，即使 AGC 机组下旋转备用仍存在足够的空间，如 3:00～4:00 或 20:00～21:00 时段，风电集群输出功率也没有提升到实际可发功率的水平，主要是因为影响提升效果的因素不只是 AGC 机组下旋转备用，此时的风电集群送出通道利用率的提升空间已经不足，再加上方法中对 1min 调节的风电功率波动率限制，从而提升效果是有限的。

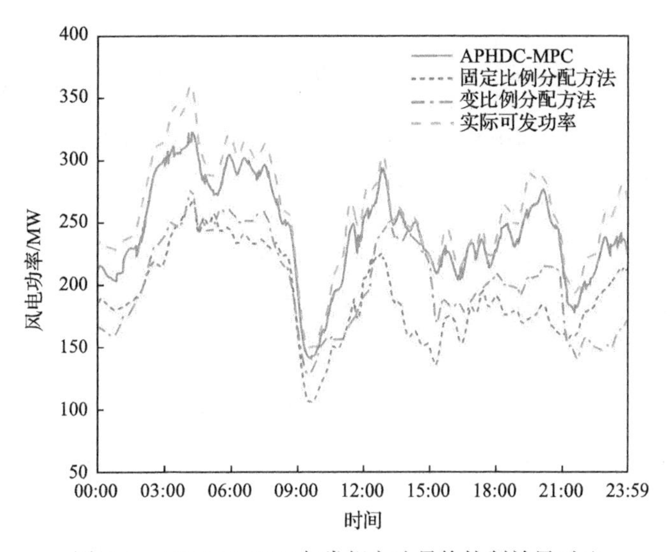

图 6-9　APHDC-MPC 与常规方法最终控制效果对比

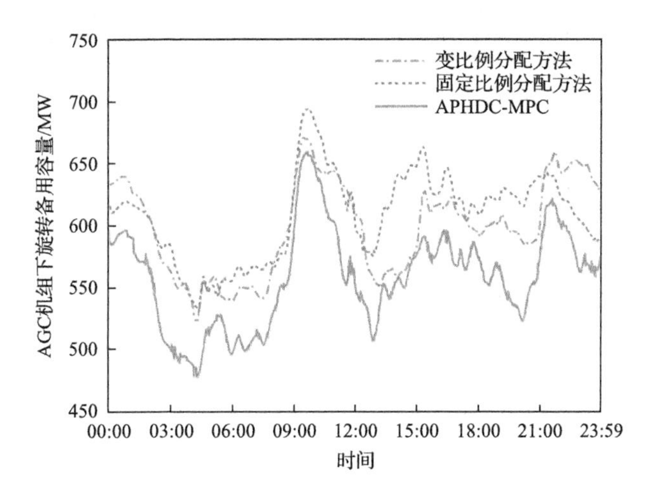

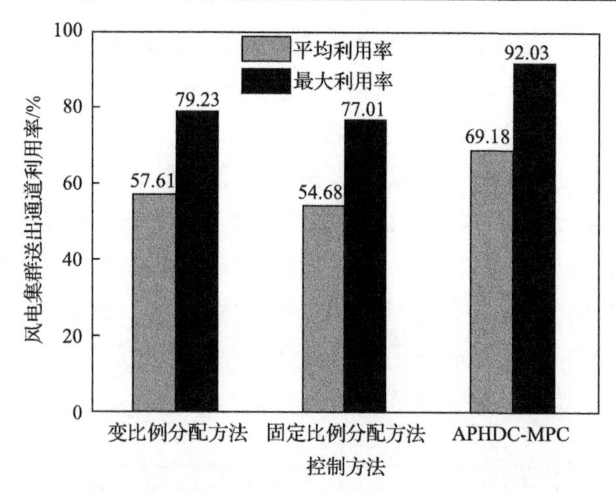

图 6-10　三种控制方法下 AGC 机组下旋转备用容量与风电集群送出通道利用率情况对比

表 6-8 给出了每个风电场的控制效果，包括可发功率利用率和可发功率相关性两个指标，前者是风电场实际输出功率与可发功率的比值，后者是计算实际输出功率与可发功率的 PPMCC。可以看出，APHDC-MPC 在两种指标上的表现明显好于另两种方法，一些风电场甚至可实现满发，如 WF4 和 WF7，而 WF1 的可发功率利用率相比于固定比例分配方法可提升 41.17 个百分点，可知本章方法能有效提升风电集群有功功率的消纳水平。

表 6-8　各风电场下三种方法最终控制效果评估参数对比

评估参数	控制方法	WF1	WF2	WF3	WF4	WF5	WF6	WF7	WF8
可发功率利用率/%	变比例分配方法	81.11	93.23	78.97	97.00	44.92	81.18	99.10	74.68
	固定比例分配方法	55.65	92.93	89.54	97.99	96.63	79.16	85.93	68.80
	APHDC-MPC	96.82	98.25	95.23	100.00	85.48	98.78	100.00	93.75
可发功率相关性	变比例分配方法	0.93	0.95	0.66	0.98	0.42	0.92	0.99	0.82
	固定比例分配方法	0.65	0.80	0.91	0.97	0.95	0.86	0.85	0.76
	APHDC-MPC	0.99	0.99	0.92	1.00	0.85	1.00	1.00	0.96

参 考 文 献

[1] Zhao Y, Ye L, Li Z, et al. A novel bidirectional mechanism based on time series model for wind power forecasting[J]. Applied Energy, 2016, 177: 793-803.

[2] 鲁宗相，黄瀚，单葆国，等. 高比例可再生能源电力系统结构形态演化及电力预测展望[J]. 电力系统自动化，2017, 41(9)：12-18.

[3] 叶林，赵永宁. 基于空间相关性的风电功率预测研究综述[J]. 电力系统自动化, 2014, 38(14): 126-135.

[4] 薛禹胜，郁琛，赵俊华，等. 关于短期及超短期风电功率预测的评述[J]. 电力系统自动化，2015，39(6)：141-151.

[5] 彭小圣, 熊磊, 文劲宇, 等. 风电集群短期及超短期功率预测精度改进方法综述[J]. 中国电机工程学报, 2016, 36(23): 6315-6326, 6596.

[6] Zhao Y, Ye L, Pinson P, et al. Correlation-constrained and sparsity-controlled vector autoregressive model for spatio-temporal wind power forecasting[J]. IEEE Transactions on Power Systems, 2018, 33(5): 5029-5040.

[7] 刘文颖, 文晶, 谢昶, 等. 考虑风电消纳的电力系统源荷协调多目标优化方法[J]. 中国电机工程学报, 2015, 35(5): 1079-1088.

[8] 赵文猛, 刘明波, 朱建全. 考虑风电随机性的电力系统厂/网双层分解协调经济调度方法[J]. 电网技术, 2015, 39(7): 1847-1854.

[9] Mayhorn E, Xie L, Butler-Purry K. Multi-time scale coordination of distributed energy resources in isolated power systems[J]. IEEE Transactions on Smart Grid, 2017, 8(2): 998-1005.

[10] Cheung K, Wang X, Chiu B C, et al. Generation dispatch in a smart grid environment[C]. Innovative Smart Grid Technologies (ISGT), Gaithersburg, 2010: 1-6.

[11] 张伯明, 陈建华, 吴文传. 大规模风电接入电网的有功分层模型预测控制方法[J]. 电力系统自动化, 2014, 38(9): 6-14.

[12] 孙舶皓, 汤涌, 仲悟之, 等. 基于分布式模型预测控制的包含大规模风电集群互联系统超前频率控制策略[J]. 中国电机工程学报, 2017, 37(21): 6291-6302.

[13] 张丽英, 叶廷路, 辛耀中, 等. 大规模风电接入电网的相关问题及措施[J].中国电机工程学报, 2010, 30(25): 1-9.

[14] Feng Y, Lin H, Ho S L, et al. Overview of wind power generation in China: status and development[J]. Renewable and Sustainable Energy Reviews, 2015, 50: 847-858.

[15] Grigg C, Wong P, Albrecht P, et al. The IEEE reliability test system-1996. A report prepared by the reliability test system task force of the application of probability methods subcommittee[J]. IEEE Transactions on Power Systems, 1999, 14(3): 1010-1020.

[16] Sun H B, Zhang B M. A systematic analytical method for quasi-steady-state sensitivity[J]. Electric Power Systems Research, 2002, 63(2): 141-147.

[17] Pandit N, Tripathi A, Tapaswi S, et al. An improved bacterial foraging algorithm for combined static/dynamic environmental economic dispatch[J]. Applied Soft Computing, 2012, 12(11): 3500-3513.

第7章　含风电的电力系统不确定性区间优化调度方法

7.1　引　　言

大规模、集群式的风电开发与并网给电力系统调度运行带来了巨大的挑战[1]，为了更好地应对风电的随机性和波动性对系统有功功率平衡造成的影响，制定含风电的电力系统优化调度方案已成为亟待解决的问题[2]。

在以往研究中，电力调度机构利用风电集群点预测信息制定调度策略，并将计算出的调度指令以一条曲线的形式下发给调控对象(风电集群、AGC 机组和非 AGC 机组)，以便协调风电集群、AGC 机组和非 AGC 机组之间输出功率的大小。例如，文献[3]和[4]研究了单台风电机组和多台风电机组的调度指令分配方法。文献[5]在考虑风电场理想输出功率特性曲线时，研究了风电场有功调度指令的固定比例分配方法和变比例分配方法，但是上述分配方法会造成较大的调度误差。文献[6]以风电场和常规机组为调度对象，提出了鲁棒优化调度模型，建立风电场和常规机组的二次规划目标函数。进一步，在风电集群方面，研究人员主要研究风电集群有功功率汇聚效应的时频特性、有功功率多时间空间尺度协调调度[7]，其中，文献[8]基于风电集群动态分群方法，建立了分层风电集群有功功率预测控制的调度策略；文献[9]～[11]提出风电机组—场站—场站群—集群多层次的间歇式电源集群控制平台框架，该平台可以保证最大有功功率在风电场与风电集群之间的协调性。除此之外，文献[12]提出一种风电场分布式模型预测控制方法，实现风电场最优有功功率控制。文献[13]将模型预测控制应用到风电场的有功功率和无功功率的协调，与传统的解耦有功和无功控制相比，该控制方案对电压变化有显著影响，防止因无功功率不足而出现潜在故障。文献[14]建立了 MPC 两阶段随机动态调度模型，该模型可以引申到大规模风电场的电网有功调度控制策略。然而，制定的调度策略依赖于风电有功功率点预测信息，无法全面提供不确定信息，容易造成调度值与实际值误差偏大，即没有处理好“同步”调度造成的误差(所谓同步调度是指有功功率升、降调度指令和风电场输出功率趋势的升、降一致，“异步”调度恰恰与“同步”调度相反)，无法满足电力系统对风电集群有功功率“友好”调度的需求，所以该调度策略需要进一步改进。

针对上述问题，本章提出含风电的电力系统不确定性区间优化调度方法，将模型预测控制的核心环节(包括预测模型、滚动优化和反馈校正)嵌入调度方法中，构建风电集群、AGC 机组和非 AGC 机组多时间尺度协调优化调度模型，通过滚动优化和反馈校正环节逐级消除预测误差对调度结果的影响，使得调度结果满足大电网的要求。

(1)含风电的电力系统多时间尺度协调调度的必要性。目前电力调度机构常采用日前-日内滚动-实时调度的多时间尺度协调的调度架构[14]，如图 7-1 所示。日前调度主要依据日前风电功率预测信息和负荷预测信息，制定未来 24h 常规机组

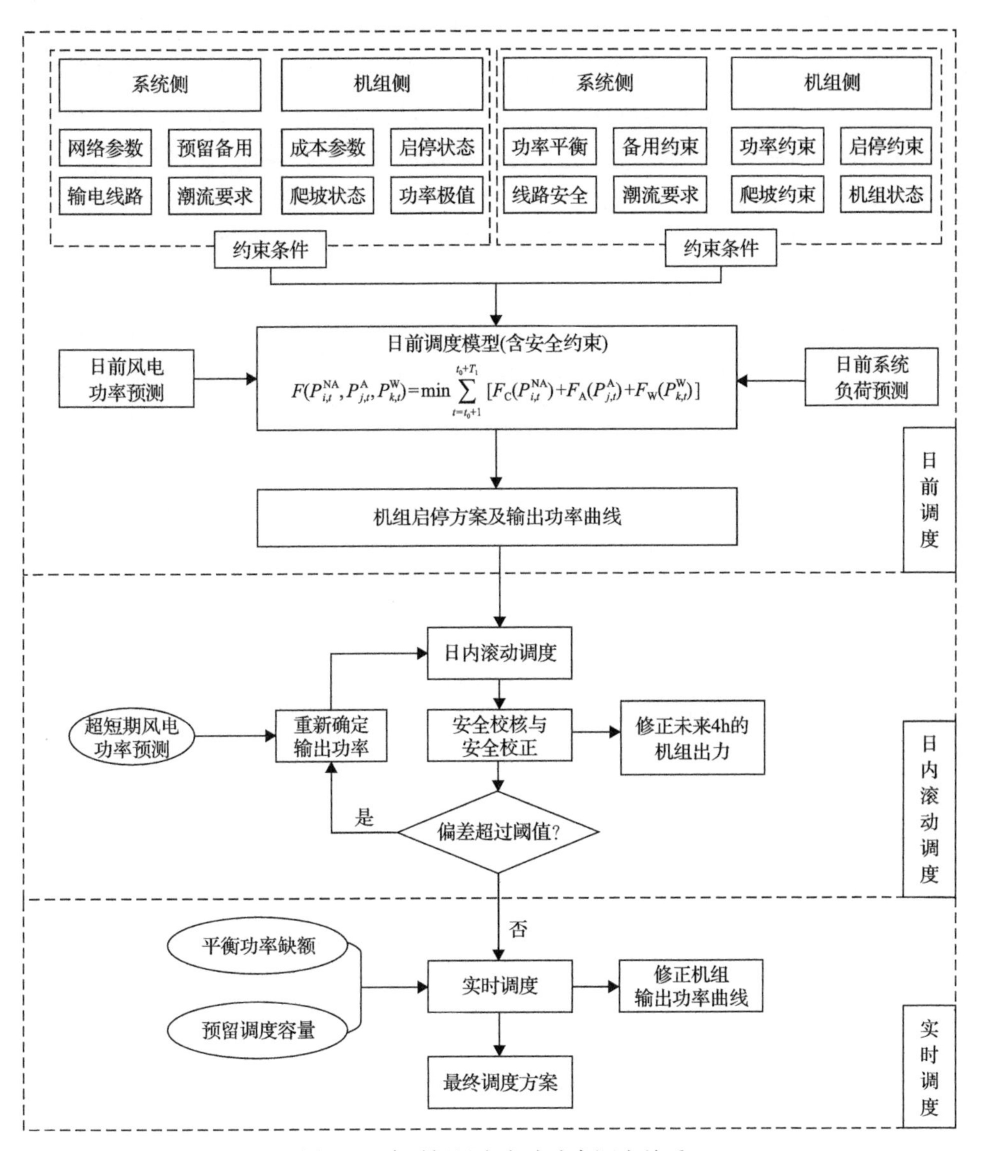

图 7-1　多时间尺度有功功率调度关系

的开机/停机和常规机组每个小时的输出功率计划，本质数学问题是一个多场景和高维度的混合整数规划问题；日内滚动调度依据超短期风电功率预测信息和日前制定的常规机组输出功率情况，安排未来 4h 内各个常规机组的输出功率，并每隔 15min 滚动刷新，本质数学问题是一个多场景和高维度的非线性规划问题；实时调度考虑功率缺额以及备用容量情况，修正常规机组输出功率计划，本质数学问题是一个单时段小规模的非线性规划问题。

当高比例风电并入大电网后，风电的快速波动性、无序间歇性和反调峰特性给电力系统的调度运行带来了新的挑战，原有调度策略为了解决风电的不确定性问题，通常采用牺牲经济性的办法，即在电力系统运行时，留有足够多的备用以应对风电并入电网带来的调度偏差，这样的策略在实际工程中易于实现，但是，受制于提供备用机组的爬坡率约束，当大规模风电并入电网时，难以有效应对风电功率快速上升或者下降的情况。

表 7-1 详细给出了含风电电力系统多时间尺度有功功率调度，结合图 7-1 可知，可以分为日前调度和日内调度 2 类[14]，日前调度时间长度为 24h，分辨率为 1h，日内调度又可以分为滚动调度、实时调度和 AGC 环节，实施对象包括日前机组、滚动机组、实时机组、风电场/集群和 AGC 机组。小时级别的滚动调度时间窗口为 4h，时间长度为 1h，分辨率为 15min，实时调度环节时间窗口为 1h，时间长度和分辨率均为 5min。滚动调度和实时调度依据超短期风电场/集群功率预测和负荷预测信息，对未来时间窗口内的执行对象输出功率进行校正，校正后的输出功率曲线仅有执行点对应的调度指令被执行，如一个时间窗口内，滚动调度和实时调度的执行点分别为 4 个和 1 个。实际工程应用中电力系统的时序调度过程中滚动调度以 15min 为周期定期启动，每次启动后制定未来若干个调度时段的调度计划。在每一次调度执行中，调度以滚动向前的方式下发给应用对象(执行对象)，其中，在一天内被调度对象执行的有功功率值，连接成调度计划轨迹曲线。当大规模风电集群并入大电网，如区域内有数十个甚至数百个风电场时，时间尺度的多样性以及风电场/集群输出功率的随机性和不确定性给优化运行带来了挑战，如何考虑风电场/集群在时间和空间的优化以及与常规机组的协调调度，已经成为当下研究的热点问题[15]。

表 7-1　含风电电力系统多时间尺度有功功率调度

多时间尺度调度	时间长度	时间窗口	分辨率	执行点	实施对象
日前调度	24h	24h	1h	24 个	日前机组 风电场/集群 AGC 机组

续表

多时间尺度调度		时间长度	时间窗口	分辨率	执行点	实施对象
日内调度	滚动调度	1h	4h	15min	4 个	日前机组 滚动机组 风电场/集群 AGC 机组
	实时调度	5min	1h	5min	1 个	滚动机组 实时机组 风电场/集群 AGC 机组
	AGC 环节	秒至分钟	秒至分钟	10s	1 个	AGC 机组

(2) 当前含风电的电力系统有功功率调度的局限性。在保证含风电的电力系统安全运行前提下尽量多地利用风电，关键在于协调常规机组、风电集群以及风电集群内各个风电场的输出功率。在集中式风电并网的背景下，风电集群内有少则几个风电场多则数十个风电场，甚至数百个风电场，传统集中式调度模式在应对大规模不确定性调度时显得有点困难，具体包括：在风电场方面，主要集中在考虑风电场理想输出功率特性曲线，在风电集群内部按固定比例分配方法（按风电场装机容量进行分配）和变比例分配方法（基于预测信息分配）的有功调度指令，依据装机容量的固定比例分配方法忽略了风电场的发电能力，依据预测信息的变比例分配方法往往因预测误差引起调度值与实际值偏差，上述两种方法尽管在实际工程中较为常见，但是常常导致风电场被分配的调度计划与可调度功率不匹配；在风电集群方面，由于各个风电场的地理位置不尽相同且控制水平参差不齐，风电集群内部风电场与外部的风电场之间会出现“高发电能力低指标”和“低发电能力高指标”的不协调问题。

为了解决风电场间的不协调调度问题，模型预测控制方法成为最有潜能的方法。然而，基于模型预测控制方法的风电集群有功功率调度仍面临如下迫切需要解决的问题。

(1) 如何合理建立风电场动态分群策略。风电场分群的目的是针对风电输出功率可能出现的波动，将未来某一时间段内输出功率趋势相近的风电场归为一群，充分利用风能资源，提高调度优化的友好性和准确性。目前，风电集群划分没有严格的定义以及严谨的数学表征，通常，风电集群划分依据为地理位置相近或者在电气连接结构相近的若干风电场构成集合并入大电网，风电集群内的各个风电场可以灵活并网、群外以汇集功率并入电网。由于风电场所处位置不同，风能资源状态也不尽相同，即使风电场在地理位置上相近时并入电网的功率特性也不相同，如何在充分利用超短期预测信息的同时保证风电场输出功率特性相近的风电场划分为同一个集群是风电集群协调调度首要考虑的问题。

(2)如何构建含风电集群区间预测信息的有功调度框架。现有含风电的电力系统多时间尺度优化调度的基础是风电场/集群点预测信息,风电场/集群将点预测信息按照一定时间间隔发送给电力调度机构，之后电力调度机构结合负荷信息以及系统其他约束，在保证输电线路安全的前提下，计算风电场、常规机组中非AGC 机组以及 AGC 机组的调度值并以指令方式下发给实施对象。然而，受制于风电功率预测技术的发展，利用点预测信息制定的多时间尺度调度策略，会出现预测功率大于调度指令和预测功率小于调度指令的情形，前者风电场有功功率控制满足系统调度指令要求，后者为了严格跟踪调度指令，风电场运行于最大功率跟踪模式，常常运行在风电送出通道线路容量极限值附近，一旦风电集群输出功率突然变大，将迫使电力系统运行受到安全隐患，如何基于点预测信息实现风电集群输出功率多时间尺度协调调度，是值得深入挖掘和讨论的热点问题。

为了实现风电集群内各个风电场输出功率的协调、风电集群与 AGC 机组以及非 AGC 机组输出功率的协调配合，本章研究工作主要聚焦风电集群有功功率多时间尺度调度方法，具体研究工作如下。

首先，建立考虑误差分布的区间风电有功功率预测模型。在风电有功功率超短期点预测信息和预测误差概率分布基础上，建立考虑误差分布的区间风电有功功率预测模型，以区间预测信息为基础制定的优化调度策略，一方面纳入了更多的风电有功功率预测信息，有利于制定风电场/集群的允许输出功率区间，规避传统调度模式的单条调度指令曲线，另一方面降低了风电集群输出功率突然变化导致越过风电送出通道安全容量的风险。

其次，提出基于预测信息的风电场动态分群方法。风电集群的划分目前没有严格的定义，一般可以归纳为在地理位置或者电网结构上相互接近且具有互补关系的若干个风电场所构成的集合。风电场集群式并入大电网，一方面可以实现群内风电输出功率并网灵活控制，另一方面可以充分利用风能资源，实现输出功率友好调度和控制。针对以某时刻单点值为分群依据判断输出功率状态，致使风电场分群考虑未来输出功率信息不全带来的偏差问题，设计以功率趋势因子为判断依据的风电场动态分群策略，充分考虑在固定时间窗内的风电集群输出功率信息而不是单一时间断面的输出功率，动态分群结果适用于所选时间段内的所有风电场。

再次，提出基于区间模型预测控制的多时间尺度优化调度方法。采用风电功率组合预测模型获得点预测信息，基于预测误差概率分布构成区间预测信息，在此基础上，将区间预测信息纳入模型预测控制理论，形成区间模型预测控制方法。基于此，构建多时间尺度风电集群与常规机组协调输出功率的调度模型，通过滚动优化和反馈校正环节逐级消除预测误差对调度结果的影响，使得调度结果满足大电网的要求。

最后，采用实际风电集群有功功率数据和改进的 IEEE-39 节点与 IEEE-118 节点标准测试系统，以实际风电集群系统有功功率数据为例，验证风电场动态分群策略的效果，证明本章提出的基于预测信息的风电场动态分群方法具有实用价值。另外，分析日前-日内滚动-实时调度等多时间尺度情形下的输出功率情况，验证区间模型预测控制方法的有效性。

7.2　含多时间尺度风电集群的有功功率区间优化调度方法

7.2.1　区间优化调度方法整体思路

在以往的含风电的电力系统有功功率优化调度研究中，风电场将日前或者超短期风电功率预测信息按照一定时间间隔发送给电力调度控制中心，之后电力调度控制中心综合考虑负荷预测信息以及系统约束，在保证输电线路安全的前提下，计算风电场、常规机组(非 AGC 机组以及 AGC 机组)的调度值并以指令方式下发给实施对象。由于时间越长，有功功率预测值误差越大，因此基于点预测信息制定的调度偏差也会随时间尺度的增加而增加。当风电集群输出功率突然变大时，将迫使电力系统运行受到安全隐患。

为此，本节制定了有功功率区间优化调度策略，如图 7-2 所示。首先，风电场发送给电力调度控制中心的有功功率预测值不再是点预测值，而是利用风电功率变权重组合预测模型获得点预测信息，并基于预测误差概率分布构成有功功率预测区间，该区间信息包含最大置信水平(99%)和最小置信水平(60%)下的有功功率预测信息。然后，电力调度控制中心在获得有功功率预测区间信息和负荷信息后，计算出 AGC 机组基点有功功率 $P_{j,t}^{\mathrm{a}}$、非 AGC 机组调节有功功率 $P_{j,t}^{\mathrm{na}}$ 及风电集群允许输出功率区间 $\left[\underline{P}_{\mathrm{clu},t}^{\mathrm{w,down}}, \overline{P}_{\mathrm{clu},t}^{\mathrm{w,up}}\right]$，并以调度指令的形式下发给 AGC 机组、非 AGC 机组和风电集群。最后，在风电集群允许输出功率区间范围内，制定风电场动态分群策略，将风电场划分为若干个群，以此达到规避风电场之间调度指令分配不均问题。

在制定的含多时间尺度风电集群的有功功率区间优化调度框架中，可以将模

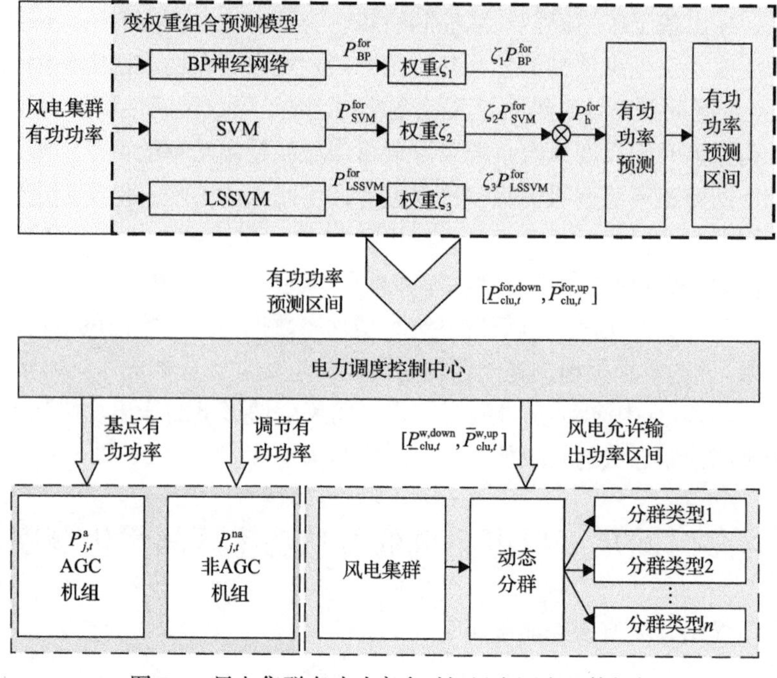

图 7-2　风电集群有功功率多时间尺度调度整体框架

型预测控制的核心环节(包括预测模型、滚动优化和反馈校正)嵌入其中，主要步骤体现在当前时刻及其对应的风电集群输出功率状态，基于预测模型，预测未来的风电集群输出功率，在当前时刻和未来时刻的约束条件下，选择求解优化算法，获得优化控制序列，并将控制序列的第一项元素用于系统的控制。

为尽量消除日前预测误差过大造成的日内调度计划偏离实际运行现象，日内计划以小时级为周期进行滚动优化，每次滚动优化中均考虑当前时间断面向后一段时间窗内的超短期风电集群功率预测信息，在满足联络线安全约束的前提下，基于 MPC 优化求取该时间窗内的所有风电场输出功率值，该时间断面仅下发向后一个时间周期的输出功率，下一个调度周期到来时，重复上述过程，采样实时的风电场输出功率运行状态进行反馈校正，基于 MPC 的滚动优化过程如图 7-3 所示。通过滚动优化和反馈校正过程，确保功率跟踪日前计划值。

7.2.2　风电集群有功功率区间预测建模

无论采用什么样的风电功率建模技术，如果仅仅给出风电功率点预测值则都不能全面反映风电的不确定性，基于风电功率点预测值制定的调度计划则无法全面评估风电功率预测误差带来的不利影响。如果在调度过程中采用风电功率区间预测的方法，一方面，可以给出风电功率预测值在服从特定误差参数分布的区间

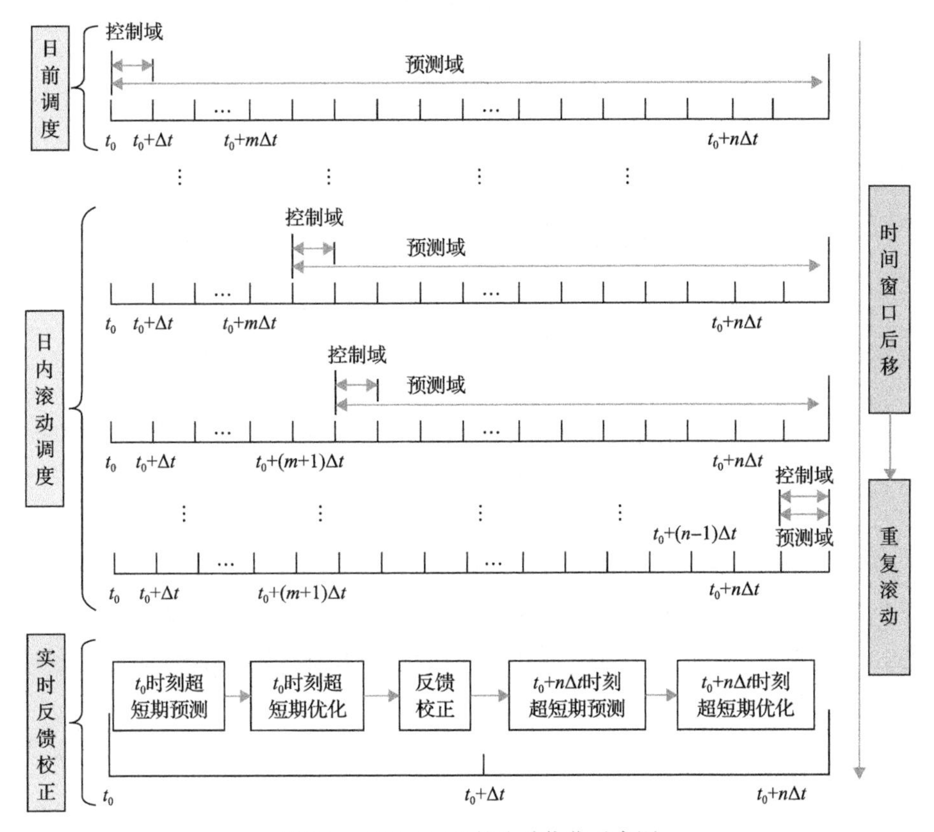

图 7-3　基于 MPC 的滚动优化示意图

范围，即一定置信水平下的置信区间，提供更多的预测信息供调度部门制定调度计划；另一方面，调度部门将基于不同置信水平制定的区间调度计划下发给各个风电场，并使风电场按照允许输出功率区间发电，不再严格跟踪以往点调度模式。该调度模式不仅提高了风电场有功功率的调度水平，而且降低了风电场应对风电功率不确定性付出的成本风险。

本节以第 2 章的风电功率组合预测模型为基础，采用方差-协方差变权重风电功率组合预测方法，其中，单个预测模型包括目前非常流行的 SVM、LSSVM 和极限学习机（extreme learning machine，ELM）。本节结合上述单个预测模型的优点，采用方差-协方差权值动态分配法组合 3 种单体预测模型，计算每个预测模型对应的方差 $\delta_i(i=1,2,3)$，根据方差求取对应单体预测模型的权重 $\zeta_i(i=1,2,3)$，将权重分别乘以相应单体预测模型的预测值，最终获得风电功率组合模型的点预测结果：

$$
\begin{cases}
P_{\mathrm{h}}^{\mathrm{for}} = \zeta_1 P_{\mathrm{BP}}^{\mathrm{for}} + \zeta_2 P_{\mathrm{SVM}}^{\mathrm{for}} + \zeta_3 P_{\mathrm{LSSVM}}^{\mathrm{for}} \\
\zeta_1 = \dfrac{1}{\delta_1\left(\dfrac{1}{\delta_1}+\dfrac{1}{\delta_2}+\dfrac{1}{\delta_3}\right)} \\
\zeta_2 = \dfrac{1}{\delta_2\left(\dfrac{1}{\delta_1}+\dfrac{1}{\delta_2}+\dfrac{1}{\delta_3}\right)} \\
\zeta_3 = \dfrac{1}{\delta_3\left(\dfrac{1}{\delta_1}+\dfrac{1}{\delta_2}+\dfrac{1}{\delta_3}\right)} \\
\delta_i = \dfrac{1}{n\left[\left(e_i^1-\overline{e}_i\right)^2+\left(e_i^2-\overline{e}_i\right)^2+\cdots+\left(e_i^n-\overline{e}_i\right)^2\right]}
\end{cases}
\tag{7-1}
$$

式中，δ_i 为预测样本对应的方差；ζ_i 为预测模型的权重，$i=1,2,3$；$P_{\mathrm{BP}}^{\mathrm{for}}$ 为 BP 神经网络风电功率预测值；$P_{\mathrm{SVM}}^{\mathrm{for}}$ 为 SVM 模型风电功率预测值；$P_{\mathrm{LSSVM}}^{\mathrm{for}}$ 为 LSSVM 模型风电功率预测值；e_i^n 为预测模型 i 在第 n 个样本的实际值和预测值的误差；$\overline{e}_i$ 为误差平均值。

基于风电功率组合模型点预测结果，构造不同置信水平下的风电功率预测区间值：

$$
\begin{cases}
\mathrm{PI} = [L^{\alpha}(p_{k,t}), U^{\alpha}(p_{k,t})] \\
L^{\alpha}(p_{k,t}) = P_{k,t}^{\mathrm{final}} - \mathrm{Dis}_{\alpha/2}\sqrt{\mathrm{var}(e)} \\
U^{\alpha}(p_{k,t}) = P_{k,t}^{\mathrm{final}} + \mathrm{Dis}_{1-\alpha/2}\sqrt{\mathrm{var}(e)} \\
e = P_{k,t}^{\mathrm{final}} - P_{k,t}^{\mathrm{real}}
\end{cases}
\tag{7-2}
$$

式中，$P_{k,t}^{\mathrm{final}}$ 为风电功率组合预测模型最后获得的点预测值；$p_{k,t}$ 为风电功率组合预测模型的预测值；$\mathrm{Dis}_{1-\alpha/2}$ 为风电功率预测误差服从某种概率分布的临界值；$\mathrm{var}(\cdot)$ 为均方差函数；$L^{\alpha}(\cdot)$ 为风电功率预测在置信水平 α 条件下的下区间；$U^{\alpha}(\cdot)$ 为风电功率预测在置信水平 α 条件下的上区间，本节中置信水平 α 取 60%～99%；e 为风电功率预测值和实际值之差。

通常，在进行风电集群有功功率调度时会出现以下情形，即风电集群预测功率大于调度计划值和风电集群预测功率小于调度计划值两种情况，对于特殊的情景，如风电集群预测功率等于调度指令，考虑到实际工程中极少出现“预测值完全匹配调度计划值”情景，本节不予考虑。当风电场输出功率值大于调度计划值时，调度中心不期望风电集群多输出有功功率，如果强行调节输出功率，则将出现功率的逆向调节情况。当风电集群输出功率值小于调度计划值时，调度部门期望风电集群增加风电有功功率，此时，若风电场出现功率下降趋势，风能资源的限制造成风电场有功功率调节能力有限，无法同步跟上调度计划上调指令，如果强行执行上调指令，势必造成风电场设备的损耗。

为了避免上述情况，需要根据风电场输出功率情况制定相应策略。风电场输出功率具有波动性，因此有必要将未来某一时间段内输出功率趋势相近的风电场划分为同一个场群，利用风能资源的互补性，有效改善调度优化效果。因此，本节采取一种基于定时间区间法的风电场有功功率动态分群策略，考虑定时间区间内的风电集群输出功率而不是单一时间断面的功率值，分群结果适用于所选时间段内的所有风电场。以风电场每 15min 向调度部门上报超短期风电功率预测数据为基础，将该时刻以及此后 4 个时刻的预测功率数据组成未来 1h 风电场输出功率趋势集，如式(7-3)所示：

$$\Omega_{P_i}^{\alpha}=\left[P_{i,t}^{\text{for},\alpha},P_{i,t+1}^{\text{for},\alpha},P_{i,t+2}^{\text{for},\alpha},P_{i,t+3}^{\text{for},\alpha},P_{i,t+4}^{\text{for},\alpha}\right] \tag{7-3}$$

$$K_i=\sum_{j=1}^{4}\text{sign}\left(P_{i,t+\Delta t}^{\text{for},\alpha}-P_{i,t}^{\text{for},\alpha}\right) \tag{7-4}$$

式中，$\Omega_{P_i}^{\alpha}$ 为置信水平 α 下风电集群输出功率预测趋势集；t 为风电集群输出风电功率时间，时间间隔为 15min；Δt 为相邻时间段长度；K_i 为风电功率趋势因子；$\text{sign}(\cdot)$ 为风电功率预测趋势判断函数，当 $P_{i,t+1}^{\text{for},\alpha}-P_{i,t}^{\text{for},\alpha}>0$ 时，$\text{sign}(\cdot)=1$；当 $P_{i,t+1}^{\text{for},\alpha}-P_{i,t}^{\text{for},\alpha}=0$ 时，$\text{sign}(\cdot)=0$；当 $P_{i,t+1}^{\text{for},\alpha}-P_{i,t}^{\text{for},\alpha}<0$ 时，$\text{sign}(\cdot)=-1$。由式(7-4)含义可知，$\max(K_i)=4$，$\min(K_i)=-4$。根据 γ_i 的数值大小，判断风电场类型，当 $\max(K_i)=4$ 时，说明 $\text{sign}(\cdot)$ 函数值在未来一段时间内持续等于 1，即 $P_{i,t+1}^{\text{for},\alpha}-P_{i,t}^{\text{for},\alpha}>0$，表示风电功率在判断周期内持续上升，定义为上坡群；同理，当 $\max(K_i)=-4$ 时，说明 $\text{sign}(\cdot)$ 函数未来一段时间内持续等于 -1，$P_{i,t+1}^{\text{for},\alpha}-P_{i,t}^{\text{for},\alpha}<0$，表示风电功率在判断周期内持续下降，定义为下坡群；当 $K_i\in(-4,4)$ 时，说明风电功率在下坡群和上坡群之间跳跃式来回摇摆，摇摆程度由预测周期内风电功率波动阈值 η 决定。

$$
\begin{cases}
\hat{P}_{i,t}^{\text{for},\alpha}=\left[P_{i,t+\Delta t}^{\text{for},\alpha},P_{i,t+2\Delta t}^{\text{for},\alpha},P_{i,t+3\Delta t}^{\text{for},\alpha},P_{i,t+4\Delta t}^{\text{for},\alpha}\right] \\
M=\max\left(\hat{P}_{i,t}^{\text{for},\alpha}\right)-\min\left(\hat{P}_{i,t}^{\text{for},\alpha}\right) \\
M>\eta \text{ 或 } M\leqslant\eta \\
\eta=\begin{cases} P_i^{\text{N}}/100, & P_i^{\text{N}}<150\text{MW} \\ 5\text{MW}, & P_i^{\text{N}}\geqslant150\text{MW}\end{cases} \\
\vartheta_{i,t}=\dfrac{P_{i,t}^{\text{real}}}{P_i^{\text{N}}}
\end{cases}
\tag{7-5}
$$

式中，$\hat{P}_{i,t}^{\text{for},\alpha}$ 为在置信水平 α 下功率变化趋势序列集合；M 为预测极值差值；η 为风电功率波动阈值；$\vartheta_{i,t}$ 为负荷率等级判断因子，表示风电场实际输出功率与其装机容量之比，以 $\sigma_1=P_{i,t}^{\text{N}}/3$、$\sigma_2=2P_{i,t}^{\text{N}}/3$ 作为负荷率等级判断因子，当负荷率等级判断因子 $\vartheta_{i,t}\leqslant\sigma_1$ 时，风电场属于低负荷率群；当 $\vartheta_{i,t}\geqslant\sigma_2$ 时，风电场属于高负荷率群；否则，风电场属于中负荷率群。风电场动态分群结果如表 6-2 所示，共有 12 个群。

7.2.3 多时间尺度滚动优化建模

MPC 采用滚动式的有限时域优化策略。根据该时刻的优化性能指标，将控制问题转化为优化问题进行求解，求解该时刻起有限时域内的最优控制序列，随着时间推移在线优化，每一时刻反复进行，在下一采样时刻重新对系统的实时状态进行采样，继续求取最优控制序列，确保滚动优化具有更好的稳定性和鲁棒性。

滚动优化建模环节仅考虑含大规模风电的电力系统有功功率优化调度，该环节建模包括风电集群和火电机组之间有功功率的协调调度，以及风电集群内各个风电场之间的有功功率协调调度，下面将对滚动优化各个环节的主要要素进行详细建模说明。

1. 决策变量描述

本节调度对象分为风电集群、风电场、非 AGC 机组和 AGC 机组，涉及的变量均为有功功率，单位均为 MW。

为了保证在风电预测区间内任一风电场输出功率的极大值满足系统的安全性要求，构建的模型中风电的输出功率需要满足允许输出功率的范围要求。在下列的约束条件中，下标的取值范围默认为 $i\in G^{\text{na}},j\in G^{\text{a}},k\in\text{clu},t\in\{1,2,\cdots,T\}$。其中 $i\in G^{\text{na}}$ 为非 AGC 机组下标集合，$j\in G^{\text{a}}$ 为 AGC 机组下标集合，$k\in\text{clu}$ 为风电场下标集合，$t\in\{1,2,\cdots,T\}$ 为调度时段个数。

1) 风电集群

风电集群 clu 在置信水平 α 下第 t 调度时段的有功功率定义为 $P_{\text{clu},t}^{\text{w},\alpha}$，允许风电集群输出功率区间的上限和下限分别为 $\overline{P}_{\text{clu},t}^{\text{w,up}}$ 和 $\underline{P}_{\text{clu},t}^{\text{w,down}}$，风电集群实际输出功率为 $P_{\text{clu},t}^{\text{w,real}}$。风电集群有功功率预测上限和下限分别为 $\overline{P}_{\text{clu},t}^{\text{for,up}}$ 和 $\underline{P}_{\text{clu},t}^{\text{for,down}}$，对应的置信水平 α 为 99% 和 60%。

2) 风电场

风电场 k 在置信水平 α 下第 t 调度时段的有功功率定义为 $P_{k,t}^{\text{w},\alpha}$，风电场允许输出功率区间的上限和下限分别为 $\overline{P}_{k,t}^{\text{w,up}}$ 和 $\underline{P}_{k,t}^{\text{w,down}}$，风电场实际输出功率为 $P_{k,t}^{\text{w,real}}$。风电场有功功率预测上限和下限分别为 $\overline{P}_{k,t}^{\text{for,up}}$ 和 $\underline{P}_{k,t}^{\text{for,down}}$，对应的置信水平 α 为 99% 和 60%。

3) 非 AGC 机组

非 AGC 机组 i 在置信水平 α 下第 t 个调度时段的有功功率定义为 $P_{i,t}^{\text{na},\alpha}$。

4) AGC 机组

AGC 机组 j 在第 t 个调度时段的基点有功功率定义为 $P_{j,t}^{\text{a}}$，上旋转备用和下旋转备用容量分别定义为 $R_{j,t}^{\alpha,\text{a+}}$ 和 $R_{j,t}^{\alpha,\text{a-}}$。依据 AGC 系统中的输出功率策略，AGC 机组 j 在第 t 个调度时段实际输出功率为 $P_{j,t}^{\text{a,real}}$，满足以下关系式：

$$P_{j,t}^{\text{a,real}}=P_{j,t}^{\text{a}}-\beta_j\left(P_{\text{clu},t}^{\text{w},\alpha,\text{real}}-P_{\text{clu},t}^{\text{w},\alpha,\text{ref}}\right) \tag{7-6}$$

式中，$P_{\text{clu},t}^{\text{w},\alpha,\text{real}}$ 为风电集群 clu 在置信水平 α 下第 t 调度时段的实际输出功率；$P_{\text{clu},t}^{\text{w},\alpha,\text{ref}}$ 为风电集群 clu 在置信水平 α 下第 t 调度时段的参考有功功率。

式(7-6)表示含大规模风电电力系统中的功率缺额由 AGC 机组按照输出功率调节因子调节，β_j 定义为输出功率调节因子，满足以下条件：

$$\sum_{j\in G^{\text{a}}}\beta_j=1,\quad \beta_j\geqslant 0 \tag{7-7}$$

2. 目标函数

1) 风电集群、AGC 机组和非 AGC 机组

区域风电集群与火电协调优化调度建模，该环节优化建模以含风电电力系统总运行成本最小为目标，主要功能是协调风电集群、AGC 机组和非 AGC 机组之

间的输出功率：

$$\begin{aligned}\min\sum_{t=1}^{T}\Bigg\{&\sum_{j\in G^{\mathrm{a}}}\mathrm{CF}_{j,t}\left(P_{j,t}^{\mathrm{a}}\right)+\sum_{i\in G^{\mathrm{na}}}\mathrm{CF}_{i,t}\left(P_{i,t}^{\mathrm{na}}\right)+\sum_{k\in\mathrm{clu}}\mathrm{CL}_{k,t}\left(\overline{P}_{\mathrm{clu},t}^{\mathrm{w},\alpha}\right)\\&+\sum_{j\in G^{\mathrm{a}}}E\left[\mathrm{CR}_{j,t}^{+}\left(P_{k,t}^{\mathrm{w,real}}\right)\right]+\sum_{j\in G^{\mathrm{a}}}E\left[\mathrm{CR}_{j,t}^{-}\left(P_{k,t}^{\mathrm{w,real}}\right)\right]\Bigg\}\end{aligned}\tag{7-8}$$

式中，$\mathrm{CF}_{i,t}(\cdot)$为第i台非 AGC 机组在时刻t的发电成本；$\mathrm{CF}_{j,t}(\cdot)$为第j台 AGC 机组在时刻t的发电成本；$\mathrm{CL}_{k,t}(\cdot)$为风电集群k在第t个调度时段的潜在弃风成本；$\mathrm{CR}_{j,t}^{+}(\cdot)$和$\mathrm{CR}_{j,t}^{-}(\cdot)$分别为 AGC 机组的向上旋转备用和向下旋转备用调节成本；$E[\cdot]$为数学期望值。总运行成本中的每一项解释如下。

(1) AGC 机组和非 AGC 机组成本。对于 AGC 机组和非 AGC 机组，计算成本公式分别如下：

$$\min_{P_{j,t}^{\mathrm{a}}}\sum_{t=1}^{T}\sum_{j=1}^{G^{\mathrm{a}}}\left[a_{j,t}\left(P_{j,t}^{\mathrm{a}}\right)^{2}+b_{j,t}P_{j,t}^{\mathrm{a}}+c_{j,t}\right]\tag{7-9}$$

$$\min_{P_{i,t}^{\mathrm{na}}}\sum_{t=1}^{T}\sum_{i=1}^{G^{\mathrm{na}}}\left[a_{i,t}\left(P_{i,t}^{\mathrm{na}}\right)^{2}+b_{i,t}P_{i,t}^{\mathrm{na}}+c_{i,t}\right]\tag{7-10}$$

式中，$a_{i,t}$、$a_{j,t}$、$b_{i,t}$、$b_{j,t}$、$c_{i,t}$和$c_{j,t}$分别为第i台非 AGC 机组和第j台 AGC 机组在时刻t的二次系数、一次系数和常系数。很明显，式(7-9)和式(7-10)为典型的凸二次函数。

(2) 弃风惩罚目标函数。本节提出的滚动调度模型允许风电集群或者风电场按照一定的比例弃风，以保证含风电电力系统运行的安全性。当$\overline{P}_{\mathrm{clu},t}^{\mathrm{w,up}}<\overline{P}_{\mathrm{clu},t}^{\mathrm{for,up}}$时，表明风电集群允许输出功率上限值小于预测上限值，这个时候要求风电弃风，需要增加经济补偿。为了最小化潜在弃风，可以在目标函数中引入弃风惩罚项。此模型中采用是二次函数惩罚项，如式(7-11)所示：

$$\mathrm{CL}_{\mathrm{clu},t}\left(\overline{P}_{\mathrm{clu},t}^{\mathrm{w,up}}\right)=M_{\mathrm{clu},t}\cdot\left(\overline{P}_{\mathrm{clu},t}^{\mathrm{for,up}}-\overline{P}_{\mathrm{clu},t}^{\mathrm{w,up}}\right)^{2}\tag{7-11}$$

式中，$M_{\mathrm{clu},t}$为风电集群 clu 在时刻t的最大允许输出功率惩罚因子，该值可以根据调度情况灵活选取。式(7-11)同样适用于风电场级别建模。

(3) AGC 机组旋转备用调节成本。风电的不确定性引起功率偏差，AGC 机组的向上或者向下旋转备用调节可以弥补功率偏差，其调节量计算公式如下：

$$\begin{cases} \mathrm{CR}_{j,t}^{+}\left(P_{\mathrm{clu},t}^{\mathrm{w},\alpha,\mathrm{real}}\right)=\gamma_{j,t}^{+}\cdot\max\left[\theta_j\cdot\left(P_{\mathrm{clu},t}^{\mathrm{w},\alpha,\mathrm{ref}}-P_{\mathrm{clu},t}^{\mathrm{w},\alpha,\mathrm{real}}\right),0\right] \\ \mathrm{CR}_{j,t}^{-}\left(P_{\mathrm{clu},t}^{\mathrm{w},\alpha,\mathrm{real}}\right)=\gamma_{j,t}^{-}\cdot\max\left[\theta_j\cdot\left(P_{\mathrm{clu},t}^{\mathrm{w},\alpha,\mathrm{real}}-P_{\mathrm{clu},t}^{\mathrm{w},\alpha,\mathrm{ref}}\right),0\right] \end{cases} \tag{7-12}$$

式中，$\gamma_{j,t}^{+}$和$\gamma_{j,t}^{-}$分别为调节成本；θ_j为调节系数。

2) 集群内风电场

通过式(7-8)～式(7-12)可以获得在置信水平α下的风电集群、AGC机组和非AGC机组在不同时间的输出功率，按照分群规则，风电集群内各个风电场属于不同的场群，在不同场群中优化风电场允许输出功率，以跟踪集群允许输出功率为目标：

$$\min\sum_{t=1}^{T}\sum_{c=1}^{C}\sum_{k=1}^{K}\left(\widehat{P}_{k,t}^{\mathrm{opt}}-\overline{P}_{\mathrm{clu},t}^{\mathrm{w},\alpha}\right)^2 \tag{7-13}$$

式中，$c=1,2,\cdots,C$为风电场动态分群的数量，本节最大分群数量为 12 个；$k=1,2,\cdots,K$为每一种分群类型内的风电场数量；$t=1,2,\cdots,T$为调度的时段；$\overline{P}_{\mathrm{clu},t}^{\mathrm{w},\alpha}$为风电集群在置信水平$\alpha$下第$t$调度时段的允许输出功率，该值通过协调AGC机组和非AGC机组获得。

3) 风电场

在单个风电场级别，在获得集群内分群类型内风电场输出功率$\widehat{P}_{k,t}^{\mathrm{opt}}$后，风电场以追踪该值为目标：

$$\min\sum_{t=1}^{T}\sum_{k=1}^{K}\left(\widehat{P}_{k,t}^{\mathrm{opt}}-\widehat{P}_{k,t}^{\mathrm{opt},\alpha}\right)^2 \tag{7-14}$$

式中，$\widehat{P}_{k,t}^{\mathrm{opt},\alpha}$为置信水平$\alpha$下的集群内分群类型内风电场输出功率。

3. 约束条件

1) 功率平衡约束

在每个调度时段，在不计网损的情况下系统总输出功率等于负荷需求：

$$\sum_{i\in G^{\mathrm{na}}}P_{i,t}^{\mathrm{na},\alpha}+\sum_{j\in G^{\mathrm{a}}}P_{j,t}^{\mathrm{a},\alpha}+\sum_{k\in\mathrm{clu}}P_{k,t}^{\mathrm{w},\alpha}=D_t \tag{7-15}$$

式中，D_t为在第t个调度时段的系统总负荷。

2) 输出功率限制约束

AGC 机组和非 AGC 机组的输出功率约束条件如下：

$$\begin{cases} \underline{P}_{i,t}^{\mathrm{na},\alpha} \leqslant P_{i,t}^{\mathrm{na},\alpha} \leqslant \overline{P}_{i,t}^{\mathrm{na},\alpha} \\ \underline{P}_{j,t}^{\mathrm{a},\alpha} \leqslant P_{j,t}^{\mathrm{a},\alpha} \leqslant \overline{P}_{j,t}^{\mathrm{a},\alpha} \end{cases} \tag{7-16}$$

其中，$\overline{P}_{i,t}^{\mathrm{na},\alpha}$ 和 $\underline{P}_{i,t}^{\mathrm{na},\alpha}$ 分别为第 i 台非 AGC 机组在置信水平 α 下第 t 个调度时段的上限输出功率和下限输出功率；$\overline{P}_{j,t}^{\mathrm{a},\alpha}$ 和 $\underline{P}_{j,t}^{\mathrm{a},\alpha}$ 分别为第 j 台 AGC 机组在置信水平 α 下第 t 个调度时段的上限输出功率和下限输出功率。

3) 爬坡速率约束

在置信水平 α 下，以相邻时间段为例，AGC 机组和非 AGC 机组的输出功率增加量约束条件如下：

$$\begin{cases} -\mathrm{RD}_{i,t}^{\mathrm{na},\alpha} \cdot \Delta T \leqslant P_{i,t}^{\mathrm{na},\alpha} - P_{i,t-1}^{\mathrm{na},\alpha} \leqslant \mathrm{RU}_{i,t}^{\mathrm{na},\alpha} \cdot \Delta T \\ -\mathrm{RD}_{j,t}^{\mathrm{a},\alpha} \cdot \Delta T \leqslant P_{j,t}^{\mathrm{a},\alpha} - P_{j,t-1}^{\mathrm{a},\alpha} \leqslant \mathrm{RU}_{j,t}^{\mathrm{a},\alpha} \cdot \Delta T \end{cases} \tag{7-17}$$

式中，$\mathrm{RD}_{i,t}^{\mathrm{na},\alpha}$ 和 $\mathrm{RU}_{i,t}^{\mathrm{na},\alpha}$ 分别为在置信水平 α 下第 i 台非 AGC 机组在时刻 t 的向下和向上爬坡速率；$\mathrm{RD}_{j,t}^{\mathrm{a},\alpha}$ 和 $\mathrm{RU}_{j,t}^{\mathrm{a},\alpha}$ 分别为在置信水平 α 下第 j 台 AGC 机组在时刻 t 的向下和向上爬坡速率；ΔT 为时段间隔。

4) 旋转备用约束

由于 AGC 机组的爬坡速率高于非 AGC 机组，因此，在置信水平 α 下，向上或者向下旋转备用由 AGC 机组承担，约束条件如下：

$$\begin{cases} 0 \leqslant \gamma_{j,t}^{\mathrm{a+},\alpha} \leqslant \mathrm{RU}_{j,t}^{\mathrm{a},\alpha} \cdot \Delta T, \quad \gamma_{j,t}^{\mathrm{a+},\alpha} \leqslant \overline{P}_{j,t}^{\mathrm{a},\alpha} - \tilde{P}_{j,t}^{\mathrm{a},\alpha} \\ \quad \sum\limits_{j \in G^{\mathrm{a}}} \gamma_{j,t}^{\mathrm{a+},\alpha} \geqslant R_t^+ \\ 0 \leqslant \gamma_{j,t}^{\mathrm{a-},\alpha} \leqslant \mathrm{RD}_{j,t}^{\mathrm{a},\alpha} \cdot \Delta T, \quad \gamma_{j,t}^{\mathrm{a-},\alpha} \leqslant \tilde{P}_{j,t}^{\mathrm{a},\alpha} - \underline{P}_{j,t}^{\mathrm{a},\alpha} \\ \quad \sum\limits_{j \in G^{\mathrm{a}}} \gamma_{j,t}^{\mathrm{a-},\alpha} \geqslant R_t^- \end{cases} \tag{7-18}$$

式中，R_t^+ 和 R_t^- 分别为在置信水平 α 下，系统在时刻 t 的向上和向下旋转备用；$\tilde{P}_{j,t}^{\mathrm{a},\alpha}$ 为实际输出功率。

5) 风电集群输出功率约束

风电集群允许输出功率的上界和下界不大于风电集群有功功率预测区间的上

界和下界。

$$\begin{cases} 0 \leqslant \overline{P}_{\mathrm{clu},t}^{\mathrm{w,up}} \leqslant \overline{P}_{\mathrm{clu},t}^{\mathrm{for,up}} \\ \underline{P}_{\mathrm{clu},t}^{\mathrm{w,down}} \leqslant \underline{P}_{\mathrm{clu},t}^{\mathrm{for,down}} \\ \underline{P}_{\mathrm{clu},t}^{\mathrm{w,down}} \leqslant \underline{P}_{\mathrm{clu},t}^{\mathrm{w}} \leqslant \overline{P}_{\mathrm{clu},t}^{\mathrm{w,up}} \end{cases} \tag{7-19}$$

6) 风电场输出功率约束

风电场允许输出功率的上界和下界不大于风电场有功功率预测区间的上界和下界。

$$\begin{cases} 0 \leqslant \overline{P}_{k,t}^{\mathrm{w,up}} \leqslant \overline{P}_{k,t}^{\mathrm{for,up}} \\ \underline{P}_{k,t}^{\mathrm{w,down}} \leqslant \underline{P}_{k,t}^{\mathrm{for,down}} \\ \underline{P}_{k,t}^{\mathrm{w,down}} \leqslant \underline{P}_{k,t}^{\mathrm{w}} \leqslant \overline{P}_{k,t}^{\mathrm{w,up}} \end{cases} \tag{7-20}$$

7.2.4　反馈校正策略建模

反馈校正和滚动优化是模型预测控制理论中最为重要的两个核心环节，反馈校正环节使得基于预测值的滚动优化结果更加可信，使得下一时刻系统输出结果接近理想值。在以往的预测中，可以获得评价指标的整体最优性能，然而，对于某个时刻的极大值或者极小值的预测往往难以满足要求，尤其是预测中出现极大偏差会对优化结果造成不利影响。

尽管组合预测相比于单一预测模型在精度方面有明显的提升,但是 MPC 依然无法保证风电功率预测值与调度计划值匹配，从而导致提前 t 时刻下发的风电场输出功率与实际有功功率之间存在偏差。因此，需要对偏差进行校正，以风电系统当前实际的有功功率值为新一轮滚动优化调度的初始值，形成闭环控制，使下一时刻的有功功率预测值更加贴合实际。

计算公式如下：

$$P_{k,t+\Delta t}^{\mathrm{int}} = P_{k,t+\Delta t}^{\mathrm{real}} \tag{7-21}$$

式中，$P_{k,t+\Delta t}^{\mathrm{int}}$ 为 $t+\Delta t$ 时刻风电场 k 的有功功率优化初始值；$P_{k,t+\Delta t}^{\mathrm{real}}$ 为 $t+\Delta t$ 时刻风电场 k 有功出力实际值。

加入该环节的优势体现在每次逐一采样时，以风电集群出力实时状态为基准点，修正预测误差，继续滚动优化。

7.3 算例仿真分析

在本节中，通过对改进的IEEE-39节点系统和改进的IEEE-118节点系统进行实验性仿真，采用西北某省风电集群现场实际数据，验证区间风电集群多时间尺度有功功率调度的效果，并对本节提出的调度方法的效果进行分析。

7.3.1 模型讨论及求解过程

1. 模型讨论

1) 讨论1：风电场/集群功率预测误差分布模型选择问题

为了构造基于预测误差分布的风电场/集群有功功率预测区间，本章在第3章误差分布的基础上，分别以最优预测误差分布构造不同置信水平下的风电预测区间，其中，在风电场级别，采用误差服从高斯分布构造不同置信水平下的预测区间，在风电集群级别，考虑到空间分散的风电场功率聚合后具有天然的平滑性，且各个风电场功率相加的预测精度高于单个风电场功率预测精度，因此，采用误差服从单高斯(Normal)分布构造不同置信水平下的预测区间。基于各个风电场功率总加的特点，使得构造的无论是单个风电场还是风电集群的功率预测区间都能很方便地用于实际工程问题。对于本节而言，引入风电集群功率预测区间是为了计算不同置信水平下调度机构下发给风电集群允许输出功率的区间值，将允许输出功率区间值按照风电场动态分群原则下发给各个风电场。实际上，多时间尺度协调的区间调度模式不仅提高了风电消纳能力，而且降低了风电越限的风险。

2) 讨论2：风电与火电目标函数简化问题

由凸优化定量可知，前述模型中所建立的风电集群和火电最小化运行成本模型也是非凸的，而现有的非线性优化求解技术无法获得该非凸模型的全局最优解。为了简化模型便于求解，本节将上述模型做了相应简化，简化后模型的公式中仅保留第一项AGC机组成本、第二项非AGC机组成本以及第三项风电成本：

$$\min_{P^{\mathrm{na}},P^{\mathrm{a}},\bar{P}_{\mathrm{clu},t}^{\mathrm{w},\alpha}} \sum_{t=1}^{T}\left[\sum_{i\in G^{\mathrm{na}}}\mathrm{CF}_{i,t}\left(P_{i,t}^{\mathrm{na}}\right)+\sum_{j\in G^{\mathrm{a}}}\mathrm{CF}_{j,t}\left(P_{j,t}^{\mathrm{a}}\right)+\sum_{k\in\mathrm{clu}}\mathrm{CL}_{k,t}\left(\bar{P}_{\mathrm{clu},t}^{\mathrm{w},\alpha}\right)\right] \tag{7-22}$$

由式(7-22)可知，前述的非凸模型被简化为二次规划模型，该目标函数是一个典型的凸二次优化函数，可以使用成熟的二次规划软件(如MATLAB+CPLEX+Mosek)求全局最优解。

3) 讨论3：时间尺度逐级细化问题

现代电力系统在实际运行中，常常采用多时间尺度调控的框架，该框架基于负荷预测信息和风电功率预测信息，由于负荷相比于风电功率更具有规律性，因此负荷的预测精度比风电功率高，在风电并网占比小的时期，主要依据负荷预测信息制定调度策略，然而，随着大规模风电并入大电网，风电并网占比逐年升高，风电因素将成为不可或缺的主要因素，在不改变原有系统多时间尺度调度的情况下，将风电功率多时间尺度区间预测信息，如超短期时间尺度(15min～4h)和日前24h 时间尺度纳入原有调度系统中，形成含大规模风电的日前-日内滚动-实时调度等多时间尺度区间优化调度模型。

2. 模型求解过程

本节所提的模型在 MATLAB2018a 中采用 CPLEX 12.5 软件包和 Mosek 求解器对日前-日内滚动-实时调度进行逐层求解。具体求解情况如图 7-4 所示。

在日前调度阶段，以系统总成本最小为目标(包括非 AGC 机组运行成本+AGC 机组旋转备用成本+潜在弃风成本)，以系统侧和机组侧约束条件为主要约束，其中系统侧约束包括功率平衡约束、备用约束、线路约束和潮流约束，机组侧包括功率约束、启停约束、爬坡约束和机组状态约束，制定日前阶段风电集群有功功率和非 AGC 机组以及 AGC 机组调度计划，时间分辨率为 1h，制定小时级的发电计划值，将该发电计划从调度中心下达到各个实施机组。

在日内滚动调度阶段，利用日内滚动预测数据以系统总成本最小为目标，以系统侧和机组侧约束为约束条件，日内阶段机组侧不考虑机组启停和机组状态约束，结合超短期风电功率预测信息(未来 15min～4h)，滚动制定未来 4h 内的调度计划，实施优化周期为 1h，采样点分辨率为 15min，求解出 AGC 机组、非 AGC 机组以及风电场/集群允许输出功率。

在实时调度阶段，时间尺度为 5min，基于日内滚动调度结果，在考虑风电有功功率波动误差基础上，AGC 机组对系统调度偏差进行修正，着重考虑负荷曲线的谷荷段和峰荷段，每 5min 执行一次，优化时域为 15min。

需要强调的是，在实施日内滚动调度和实时调度时，可以将模型预测控制理论中的滚动优化和反馈校正应用到上述两个阶段，滚动优化环节实现日内滚动调度，反馈校正实现调度值与实际值之间偏差的校正。

7.3.2　多时空风电集群调度结果分析

1. 改进的 IEEE-39 节点系统

改进 IEEE-39 节点系统：本节采用改进的 IEEE-39 节点系统验证区间调度的有效性，原始 IEEE-39 节点测试系统的详细参数从 MATPOWER 软件获得，系统含有 10 台常规火电机组，在改进的 IEEE-39 节点系统中，将 3 号机组设置为 AGC 机组并用于有功功率偏差调整，该机组仅在实时调度阶段动作，2 个典型的风电

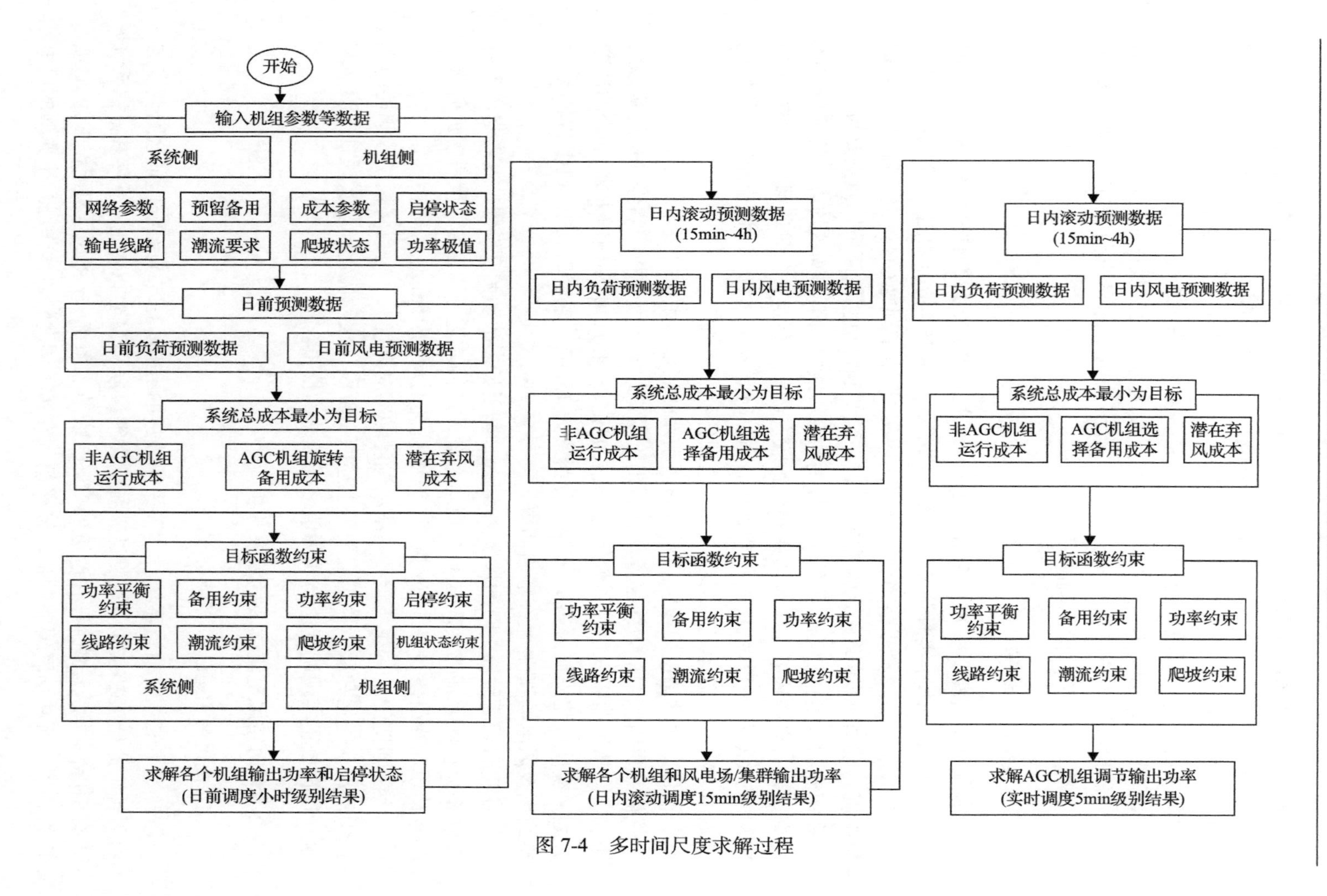

图 7-4　多时间尺度求解过程

场装机容量分别为 150MW 和 250MW，分别接入 9 节点和 19 节点。风电集群有功功率和系统负荷如图 7-5 所示，具体参数如表 7-2 所示，采用文献[16]中提到的方法进行日前风电功率预测。

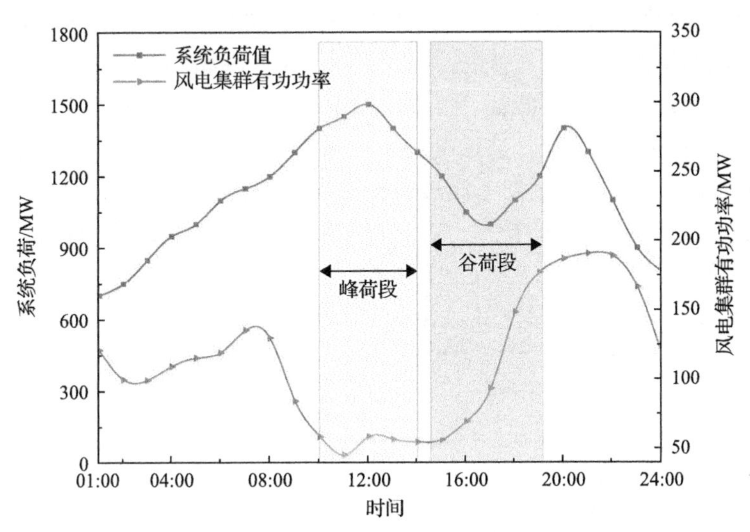

图 7-5　风电集群有功功率和系统负荷

表 7-2　改进的 IEEE-39 节点系统机组参数

机组编号	最大/最小出力/MW	起停成本/美元	成本参数 a/(美元/MW^2)、b/(美元/MW)、c/美元	最小起停时间/h	机组爬坡率/(MW/15min)
1	455/200	4500	0.00048、16.2、1000	6/6	50
2	455/150	5000	0.00031、17.3、970	5/5	50
3	150/30	550	0.002、16.6、700	5/5	25
4	150/25	560	0.00211、16.5、680	5/5	25
5	162/45	900	0.00398、19.7、350	5/5	25
6	80/20	170	0.00712、22.3、370	3/3	18
7	85/25	260	0.00079、27.7、480	3/3	20
8	55/10	30	0.00413、25.9、660	1/1	15
9	55/10	30	0.00222、27.3、665	1/1	15
10	55/10	30	0.00173、27.8、670	1/1	15

1) 日前调度结果

在日前调度实验中，调度周期为 24h，时间分辨率为 1h。采用优化软件 CPLEX 12.6 进行优化求解，仿真环境为 Intel Core i5-7500 CPU、内存为 8 GB 的个人计算机。

图 7-6 为风电场 1 和风电场 2 在日前调度中输出功率区间上界和下界分布情况，其中，这两个风电场预测区间上界和下界为各自风电场点预测曲线在置信水平 99%下计算所得，由图可知，风电输出功率的上下界之间的间隙，即为最优风电输出功率的区间。在图 7-6(a)中，在 10:00～14:00 输出功率较为平坦，这是因为在日前风电功率预测中，时间分辨率为 1h，由于获得的风电历史数据为 15min 采集一个点，1h 中共有 4 个点，因此，采用每隔 1h 采集 4 个点并取平均值，组成分辨率为 1h 的数据进行日前风电功率预测。在 16:00～24:00 时，风电场 1 先向上爬坡增加输出功率，之后向下爬坡减少输出功率，在 20:00 左右，风电允许出力区间曲线较陡，允许区间较窄，在这段时间，实际输出功率不能超过允许出力

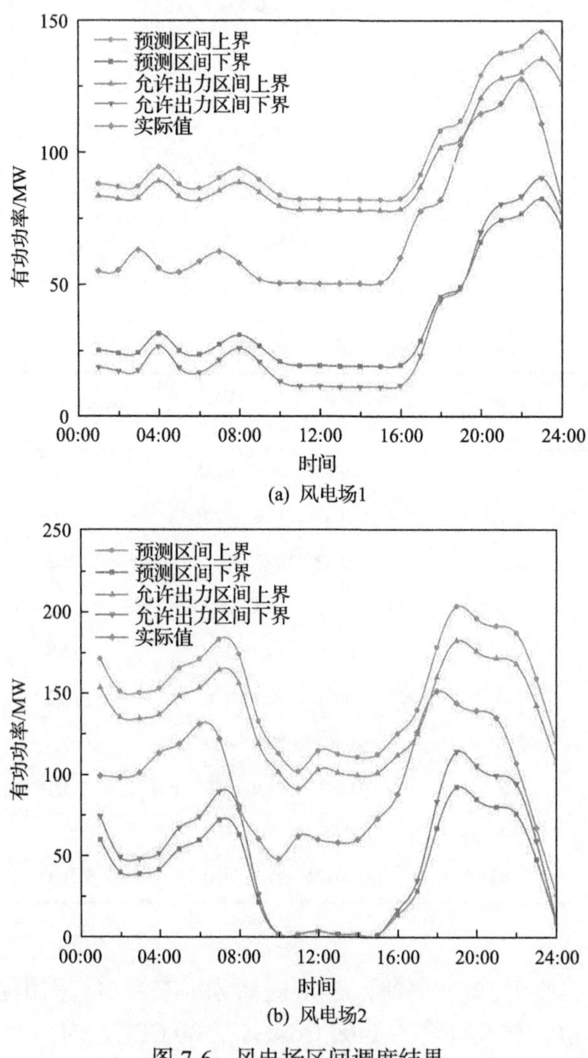

图 7-6　风电场区间调度结果

区间上界。在图 7-6(b)风电场 2 中，8:00～18:00 是一天之中输出功率较低的时段，由于下爬坡在 8:00 左右输出功率较多，因此允许出力区间变窄，这说明了风电允许出力区间的宽窄对于风电突发变化较为敏感。风电允许出力区间不仅可以直观地为调度机构提供上下边界信息，还可以提供功率突然变化的敏感时间区间，这对于大电网消纳更多的风电有很大的益处。

图 7-7 为小时级别日前机组调度结果，风电功率预测数据采用最大 99%置信水平，非 AGC 机组为常规机组，由于在该实验中仅涉及 2 个风电场，因此图中风电集群输出功率表示为 2 个风电场输出功率的总和。由于日前负荷预测相比于风电功率预测准确性高，因此，可以假设该值即为实际负荷值。在最大 99%置信水平条件下，风电集群输出功率达到最大，总的非 AGC 机组输出功率为图中黑色柱状图，点曲线为系统负荷值，超过负荷曲线部分为弃风部分。图 7-8 展示了小时级别日前各个非 AGC 机组输出功率情形，常规机组 10 和 7 在整个时段内的输出功率为一个恒定值，可以理解为带基荷的常规机组，常规机组 8 在 11:00～12:30 时段内先上爬坡增加输出功率，然后下爬坡减少输出功率，常规机组 6 在 8:00～13:00 时段内先上爬坡增加输出功率，然后下爬坡减少输出功率，常规机组 5 在 8:00～16:00 时段内先上爬坡增加输出功率，然后下爬坡减少输出功率，其余时段均保持恒定的输出功率，对于常规机组 1～4 而言，输出功率较为灵活。

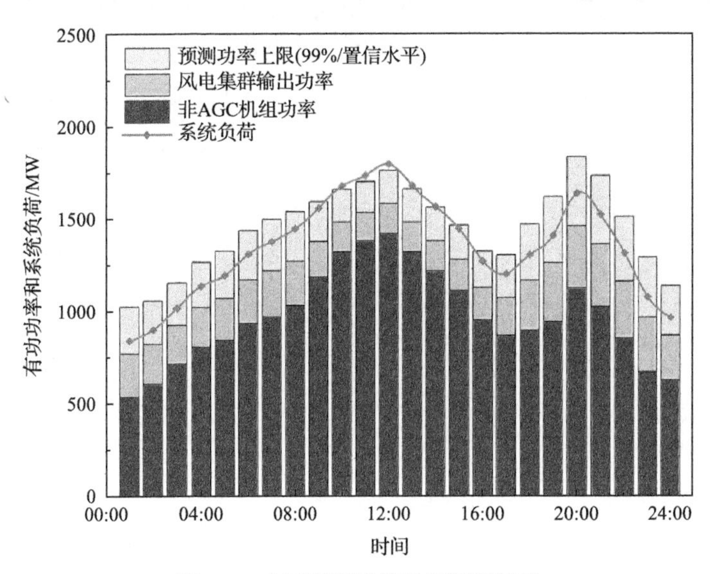

图 7-7　小时级别日前机组调度结果

2) 日内滚动和实时调度结果

在日前调度结果(开/停)基础上，以 15min 时间尺度为时段，以 4h 为一个滚动周期，则一个滚动周期内调度点个数为 16，2 次调度时间间隔 $\Delta t = 15\text{min}$，根

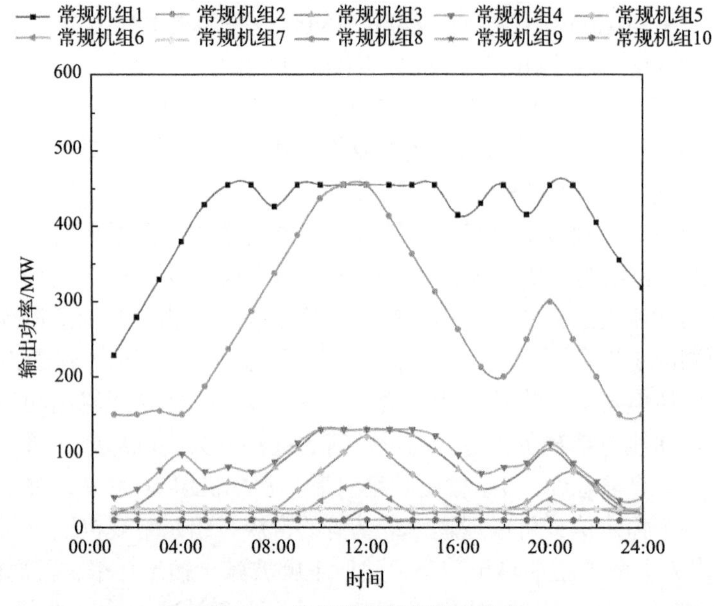

图 7-8　日前常规机组输出功率

据超短期风电功率预测结果对常规机组输出功率进行调整，完成日内滚动调度。

由图 7-9 分析可知，常规机组 10 输出功率值保持不变，达到各自机组开机最小输出功率，可以当作带基荷的常规机组，其余机组根据超短期风电集群功率预测信息和负荷，输出功率大小不同，常规机组 3 在时间段 00:00～06:00 的输出功

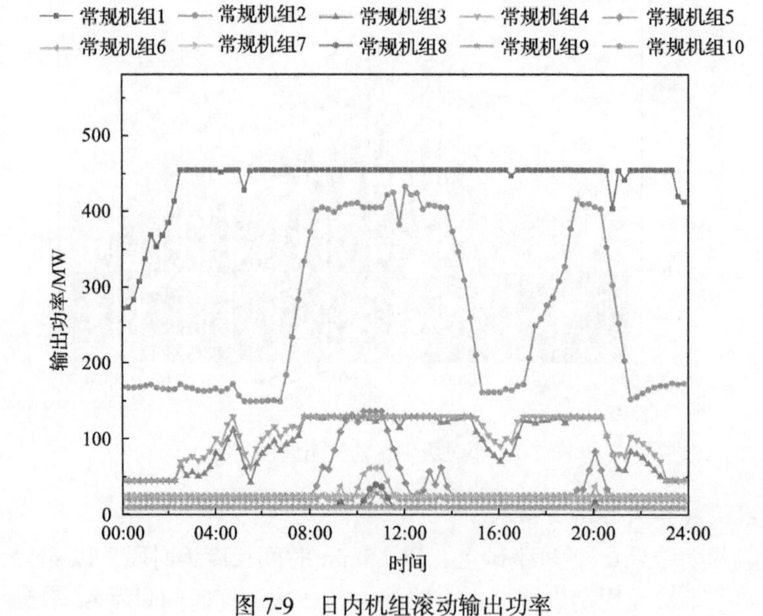

图 7-9　日内机组滚动输出功率

率较为平缓，在 06:00～08:00 时段输出功率突然向上持续增加，之后一段时间输出功率较为平稳，在 13:00～15:00 时，输出功率呈下降趋势，之后的时段至一天结束，输出功率先后经历平稳-上升-平稳-下降情形，通过对这样一个典型的常规机组分析可知，由于风电集群功率预测的不确定性，爬坡速率大的常规机组可以快速变换输出功率以应对风电的不确定性。

以第一个调度时段 00:00 为起始点，基于 MATLAB+CPLEX+Mosek 求解两个风电场日内滚动输出功率，仿真结果如图 7-10 所示。图 7-10 分别给出了在 99%

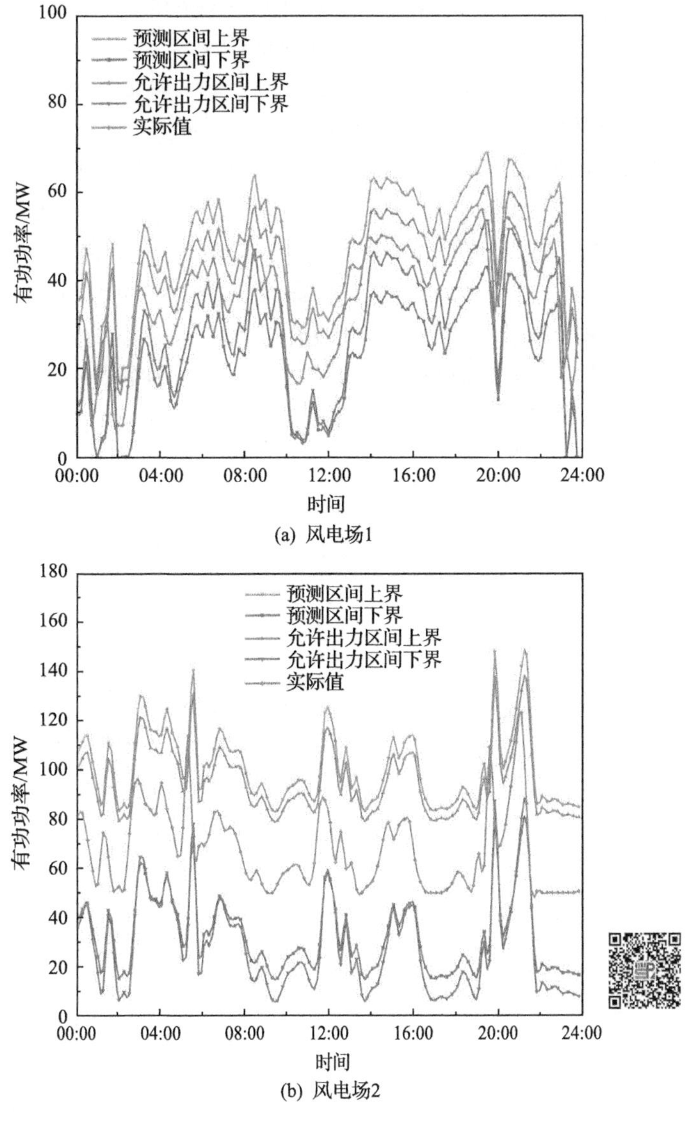

图 7-10　风电场日内滚动调度结果(彩图扫二维码)

置信水平下风电场 1 和风电场 2 的输出功率结果。在整个日内滚动调度期间，允许出力区间上限不允许超过风电场预测区间上限，风电预测区间的宽窄情况由预测误差置信水平决定，当预测区间较窄时，表明在该时间段内，风电场输出功率波动幅度较小，此时，较小的波动引起的功率偏差可以由系统平衡。当风电场输出功率波动幅度较大时，功率偏差由 AGC 机组承担，特殊地，当功率偏差超出 AGC 机组容忍的极限时，系统为了保证运行安全，无法消纳风电区间内的所有风电，就会产生弃风。

日内滚动调度为实时调度提供常规机组输出功率基准值，实时调度的时间尺度为 5min，1h 为一个滚动周期，一个滚动周期内调度点个数为 4 个，调度时间间隔 $\Delta t = 15\,\text{min}$ ，实时调度在保证机组总的输出功率的基础上微调具有快速响应的机组(如以天然气为燃料的燃气机组)的输出功率，完成实时调度。

在实时调度实验中，安排 3 号机组为 AGC 机组，其余机组为非 AGC 机组，采用最大 99%置信水平和最小 60%置信水平仿真实时调度情况。从图 7-11 可知，非 AGC 机组不参与 5min 级别输出功率的调整，风电功率预测误差导致的功率缺额部分由 AGC 机组调节，图 7-11(a)给出了最大置信水平(99%)的非 AGC 机组、AGC 机组以及风电集群输出功率结果，由图中浅灰色阴影面积可知，在 99%置信水平下，风电集群输出功率明显增多，一方面，因为 99%的置信水平下构造的风电集群预测区间上限和下限有所扩大，释放了风电集群输出功率；另一方面，在不违反约束的情况下，允许风电输出的区间也相应增加。相同的原理，图 7-11(f)给出了最小置信水平(60%)的非 AGC 机组、AGC 机组以及风电集群输出功率结果，可以发现，图中浅灰色阴影面积相比于 99%置信水平时被压缩，说明减少了风电集群输出功率。因此，考虑不同置信水平构造的风电集群预测区间上限和下限，可以提升电网消纳能力，保证运行安全。

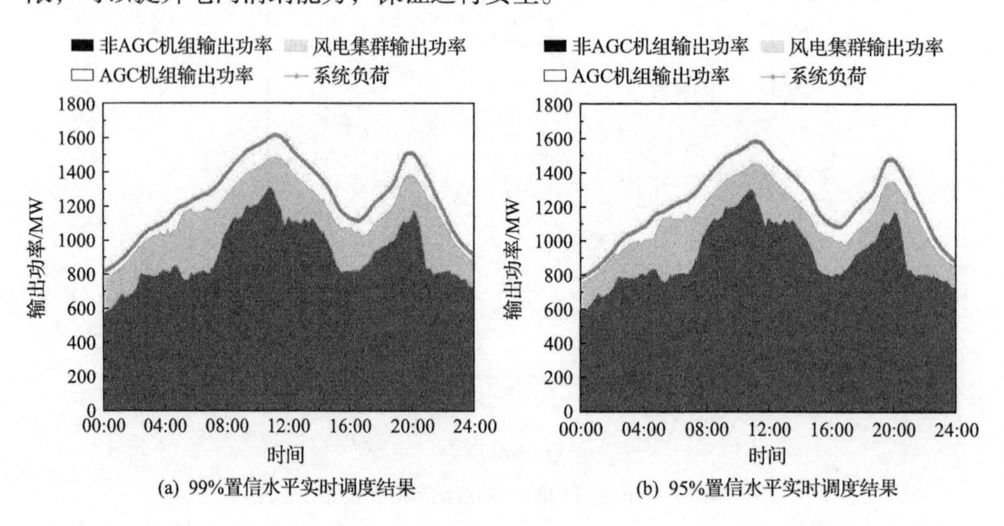

(a) 99%置信水平实时调度结果　　(b) 95%置信水平实时调度结果

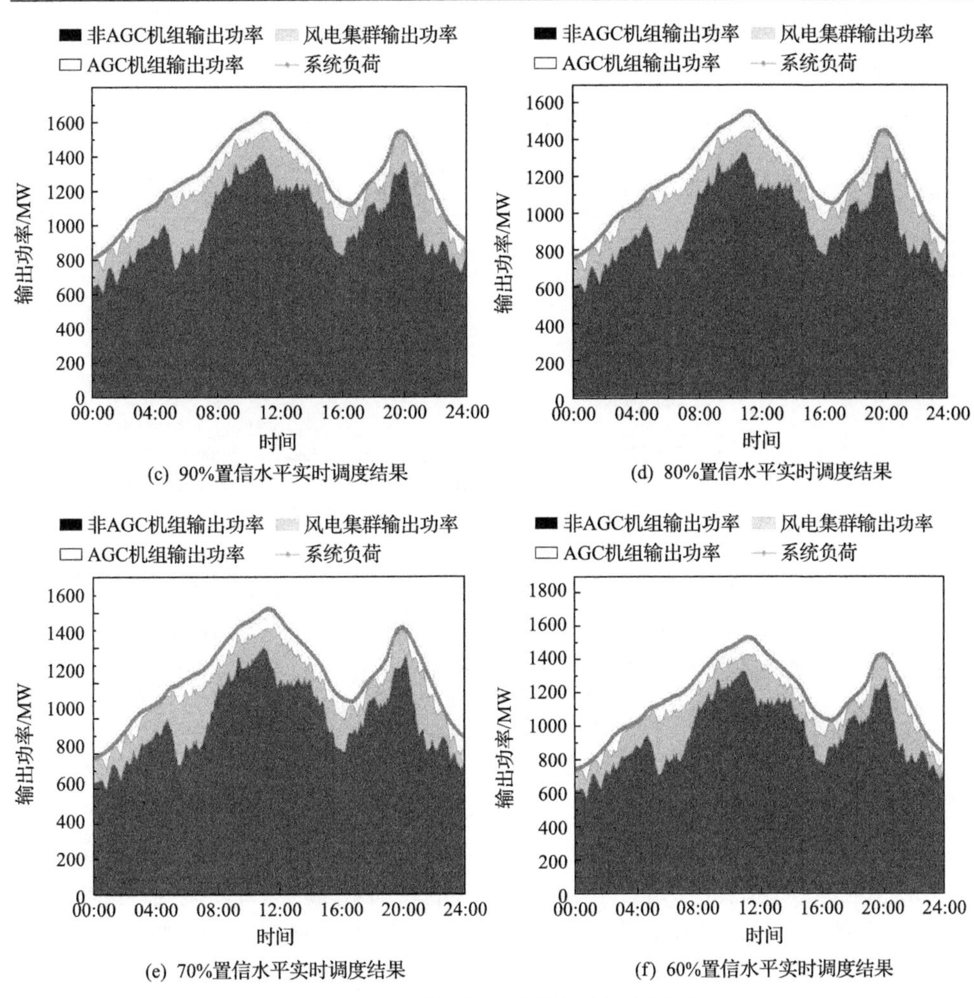

(c) 90%置信水平实时调度结果

(d) 80%置信水平实时调度结果

(e) 70%置信水平实时调度结果

(f) 60%置信水平实时调度结果

图 7-11　不同置信水平下实时调度结果

2. 改进的 IEEE-118 节点系统

改进 IEEE-118 节点测试系统：本节将通过 1 个大节点测试系统的调度结果说明多时间尺度协调的区间调度方法的有效性，实验数据包括改进的 IEEE-118 节点数据和实际的西北某省风电集群数据。设置的仿真参数如下。

(1)系统负荷。本节的系统负荷曲线根据某实际电网典型日负荷经过脱敏、放缩后得到，如图 7-12 所示。

(2)风电集群。本节将连接在母线 7 上的火电机组替换为风电集群数据，该数据包括 14 个风电场，总装机容量为 1477MW。

(3)非 AGC 机组和 AGC 机组。本节实验设置连接在母线 2、18 和 23 的为

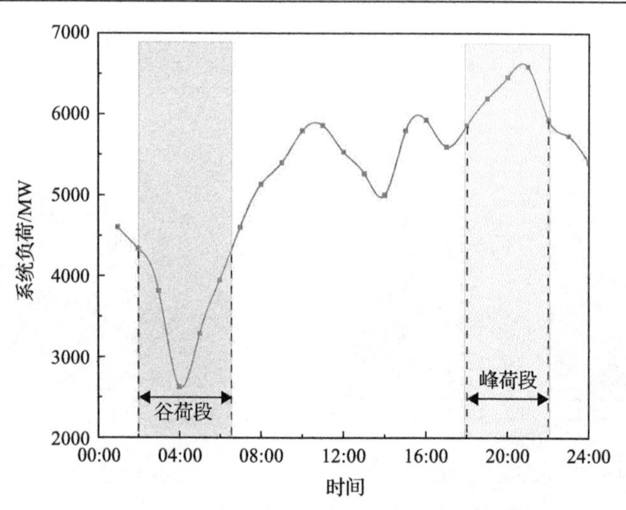

图 7-12　系统负荷曲线及其谷荷段和峰荷段

AGC 机组，用于补充功率缺额，其余机组设置为非 AGC 机组。旋转备用的设置遵循“*N*–1 原则”，取谷荷值的 10%作为上旋转备用和下旋转备用，即在本实验中系统的上旋转备用和下旋转备用分别设置为 250MW。

1) 日前调度结果

基于日前一天风电集群功率预测结果，制定日前非 AGC 机组、AGC 机组以及风电集群调度计划。以日前风电集群和常规机组调度为例，主要测试风电送出通道越限情况和常规机组协调问题，日前调度计划可以看作一个机组组合问题，主要涉及常规机组启停，是一个典型的混合整数规划问题。日前调度计划根据日前风电功率预测和负荷预测信息(日前负荷由于预测准确性高可以假设与日内等同)，以及其他功率交换和、功率平衡约束等条件，制定常规机组启停、输出功率以及风电功率调度计划，总目标是含风电集群电力系统运行总成本最小。特殊地，受制于预测技术以及未来一天气象条件等因素，日前风电功率预测精度低于超短期风电功率预测精度，预测信息的不确定性增强。因此，在本节测试时，主要验证区域风电集群与常规机组之间协调调度的有效性，测试日前风电集群区间预测以及输出功率大小，侧重于经济性。

图 7-13(a)是接在母线 7 上的风电集群功率预测区间上界和下界分布情况，其中风电集群功率预测区间上界和下界为风电集群功率点预测曲线在置信水平为 99%时计算所得，即考虑最大的误差情形。特殊地，预测区间下界出现了小于 0 的情况，这是因为基于预测误差单高斯分布构造的区间下界会出现负值。在实际工程应用中，不允许将负值风电集群功率上报给电力调度部门，因此，本节在取预测区间下界时忽略负值部分。图 7-13(b)为风电集群有功功率预测值、预测区间上界和预测区间下界对应的概率密度函数。从图 7-13(b)中可以看到，基于风电集

群有功功率预测误差分布构造的预测区间上界和下界整体分布走势情况一致，这是因为取 99%置信水平构造的预测上区间和下区间宽度一样，从而使得预测区间上界和预测区间下界的概率分布形状走势一致。当预测区间的宽度固定时，其预测误差的范围也就固定了，根据预测区间上界值和下界值，计算出风电集群允许输出功率的上界和下界，并按照风电场动态分群原则下发给各个风电场其允许输出功率上界和下界。图 7-14 给出了小时级别风电场日前区间预测结果。

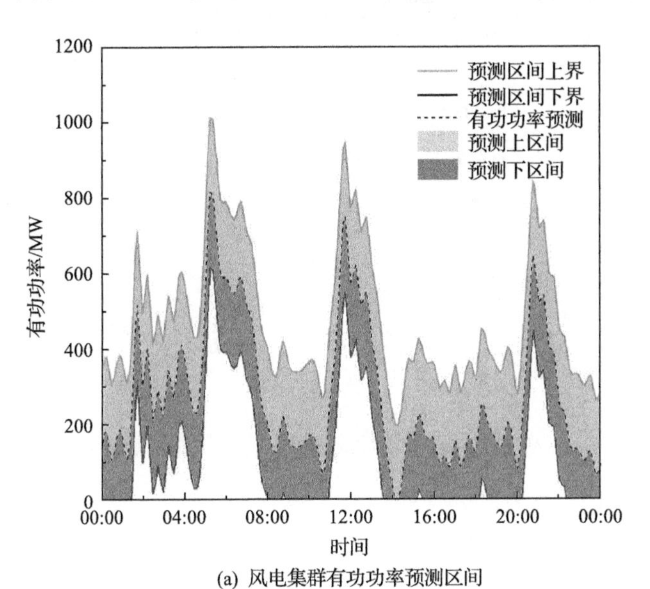

(a) 风电集群有功功率预测区间

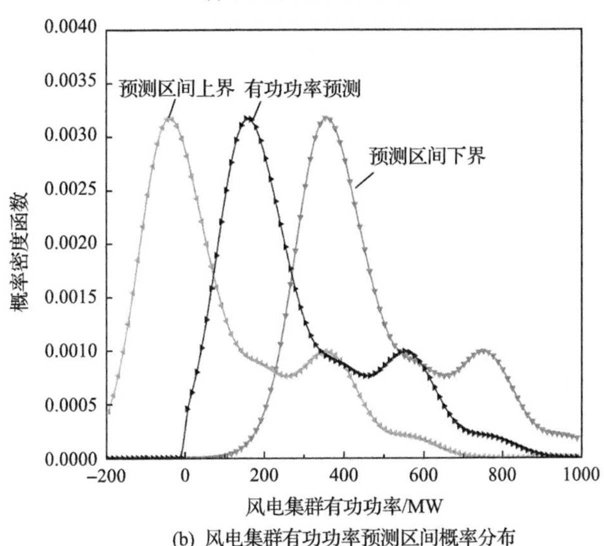

(b) 风电集群有功功率预测区间概率分布

图 7-13　小时级别的日前区间预测结果展示

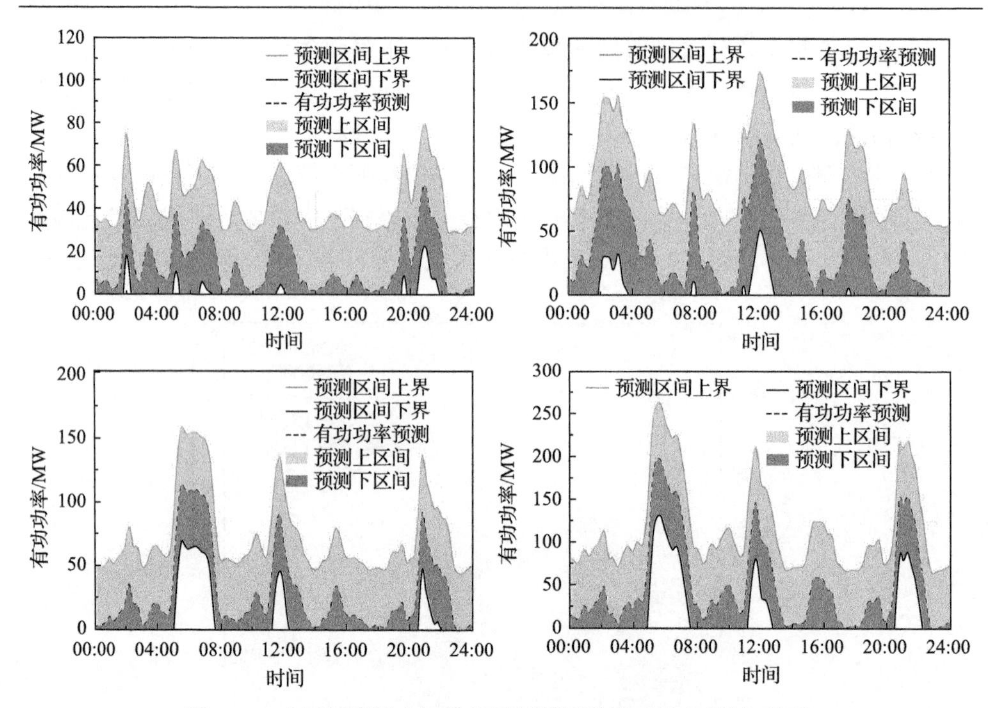

图 7-14　小时级别风电场日前区间预测结果展示(不同典型日)

图 7-15 给出了考虑最大预测功率上界(99%置信水平)和最小预测功率上界(60%置信水平)的非 AGC 机组和风电集群输出功率的结果，由图可知，非 AGC 机组承担了相当多的系统负荷，99%置信水平和 60%置信水相比，风电集群输出功率增加了很多。尤其在 00:00～07:00 负荷低谷时段，没有出现明显弃风现象，在 19:00～21:00 负荷高峰时段，出现了少许的弃风现象。由于在日前调度阶段，

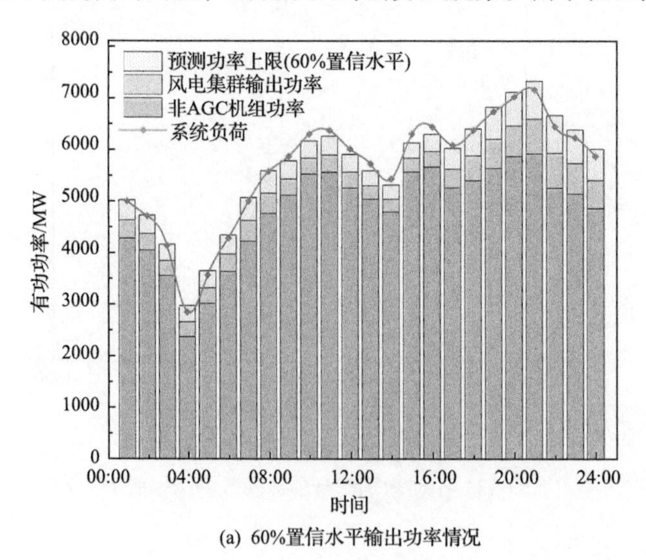

(a) 60%置信水平输出功率情况

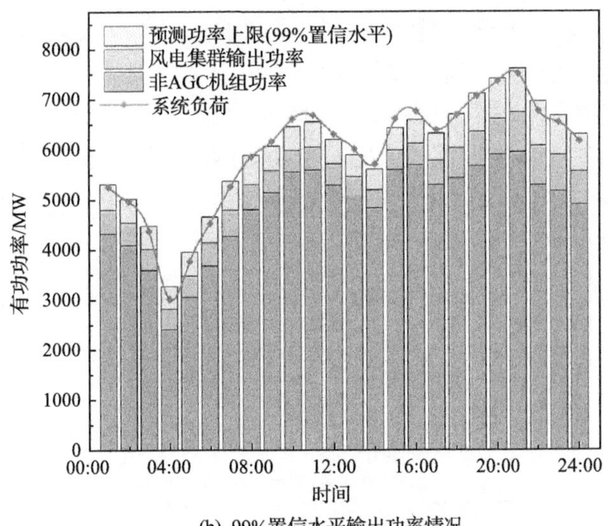

(b) 99%置信水平输出功率情况

图 7-15　小时级别日前机组调度结果

非 AGC 机组输出功率和风电集群输出功率要满足负荷相等的条件，所有 AGC 机组和风电集群在满足经济性最优的情况，达到输出功率最优。

2) 日内滚动调度仿真结果

在改进的 IEEE-118 节点计算区域风电集群和常规机组滚动调度周期内共计 16 个调度时段，即每 1h 滚动一次，每次计算未来 4h 的调度计划，每 15min 为一个调度时段。第一次滚动为 1～4h，第二次滚动为 2～5h，以此类推。基于模型预测控制理论，仅有第一个调度时段的调度被严格执行。在每一次超短期预测信息和负荷数据更新中，滚动调度以向前方式被执行 96 次，这当中被执行点组成一条日内滚动调度轨迹曲线。

风电场动态分群是协调各个风电场之间输出功率的基础，本节在文献[7]的基础上对风电场动态分群策略进行改进，风电场分群原则为式(7-5)，在滚动调度的基础上，根据风电集群中各个风电场有功功率未来 1h 的变化趋势和跟踪调度指令状态对风电场进行动态分群，分群有功功率采样时间尺度为 15min，为了便于识别，本节对每一个风电场在所属时段内进行类型标号，制定了分群准则表，风电场动态分群结果如表 6-3 所示。

图 7-16 为依据分群准则的风电场动态分群可视化结果，按照颜色的差异区分不同风电场动态分群类型，共分为 12 种风电场分群类型，从图中可以直观地看到，风电场 WF4、WF5、WF6、WF7 和 WF10 属于类型 4 的高负荷率上爬坡群，并且该分群状态持续时间最长，这表明上述风电场输出的有功功率处于高发电状态。因此，在制定有功功率调度策略时，可以考虑增加有功功率调度指令值；风电场

分群类型 10 分布较为分散，类型 10 属于振荡群，该群主要面临风电场输出功率波动偏大的问题，因此，在制定调度策略时可以考虑以最小化风电场输出功率波动为目标；从图中可以还可以看到，其他风电场分群类型分布较为分散，且分布几乎没有规律，这也再次印证了风电输出功率的波动性和非平稳性。

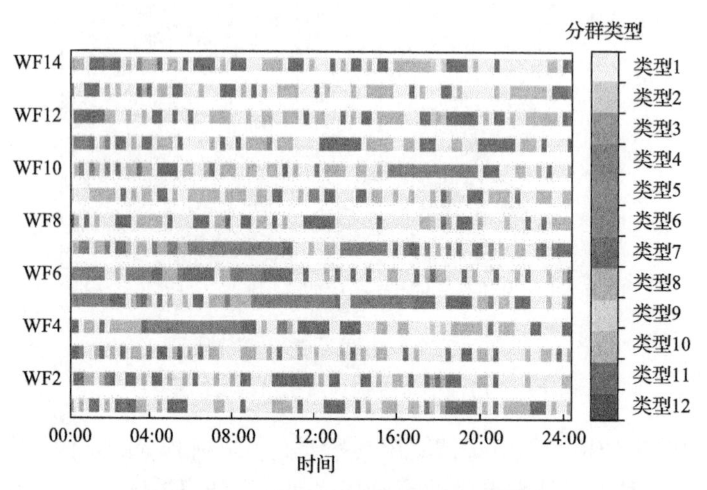

图 7-16　风电场动态分群可视化结果

图 7-17 给出了日内滚动调度时段风电集群调度计划图，图中，深色阴影部分为风电集群预测上区间，浅色阴影部分为风电集群预测下区间，图中实曲线从上到下为 60%～95%置信水平下的调度轨迹曲线，即允许风电集群输出功率曲线。由图可以看到，在滚动调度周期内，风电集群有功功率预测上界和下界为滚动调度的边界条件，风电集群输出功率曲线允许在上下界之间。在 00:00～12:00 时段内，风电集群功率波动幅度相对较小，功率波动引起的含风电电力系统小范围的功率缺额可以由其他常规机组平衡(如 AGC 机组)。因此，在这段时段内，不同置信水平下的风电集群允许输出功率曲线也相对平稳。在 12:00～15:00 时段内，预测到风电集群功率会有增加，因此，在制定滚动调度策略时，增加风电集群输出功率，在 15:00～18:00 时段内，因为有风电集群前瞻性预测信息的支持，下达允许风电集群输出功率下降指令，降低风电集群输出功率。因为考虑到风电集群输出功率受到传输断面约束限制和常规机组的协调输出功率作用，允许风电集群输出功率的曲线要贴近有功功率预测下界，保证传输断面安全。

图 7-18 为风电场级别不同置信水平区间调度结果(曲线和阴影含义同图 7-17)，在滚动调度实施阶段，由于单个风电场风电功率波动较大且在大波动时段预测精度较低，含风电电力系统的功率缺额难以平衡，因此风电场级别允许输出功率曲线很难像风电集群那样在视觉上有明显的规律性，为了保证风电厂商的收益，在配备高精度风电功率预测系统的风电场可以按照最大置信水平(即 99%置信水平)

执行调度指令，促进风电功率并网。

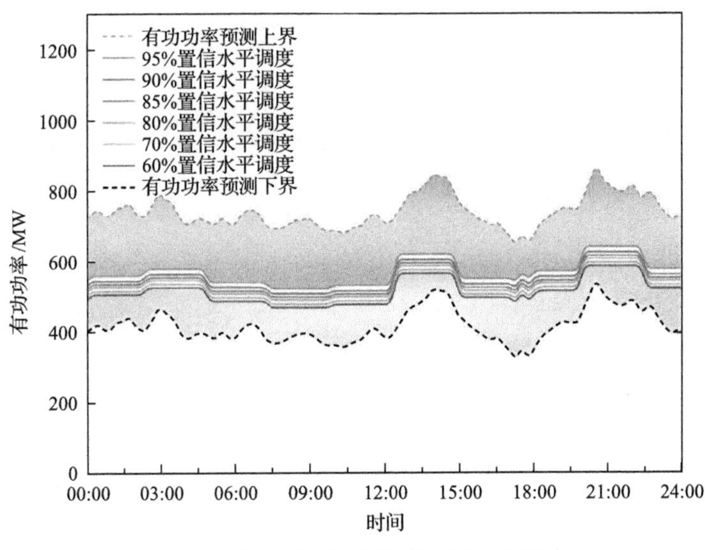

图 7-17 风电集群不同置信水平区间调度

以日内一天的首个调度时间为起点，通过求解含风电电力系统日内模型获得的风电场滚动调度计划如图 7-18 所示，可以从图中发现，有功功率预测上下界组成了允许输出功率区间(95%置信水平构造的预测区间)，在这个区间内，显示了60%～95%置信水平下的风电场允许输出功率情况，随着置信水平的增加，风电输出功率也在增加，特殊地，对于风电功率陡升陡降时段，即预测区间相对较窄时段，60%～95%置信水平下的功率变化较小，在此情况下，由于风电的易变性可能导致系统运行不安全，大幅度增加或者减少输出功率均不利于系统安全。

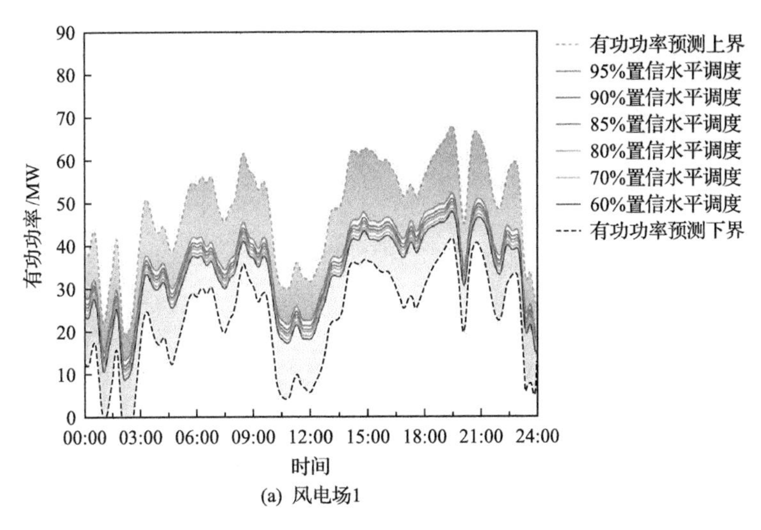

(a) 风电场1

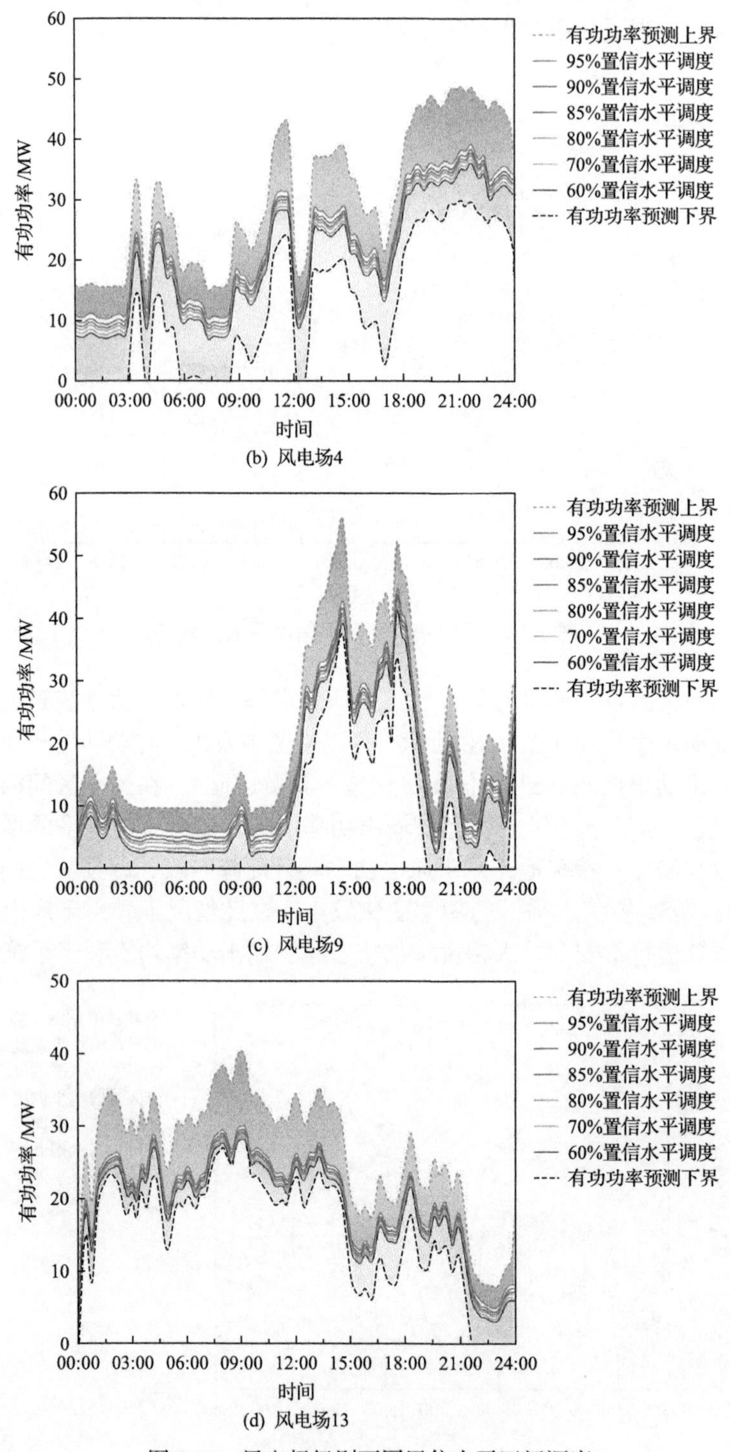

(b) 风电场4

(c) 风电场9

(d) 风电场13

图 7-18　风电场级别不同置信水平区间调度

60%置信水平下日内滚动调度阶段不同时刻风电场的调度结果如图 7-19 所示，从图中可以看出，在不同时间，获得集群调度值后，每个风电场通过本节提出的策略可以获得最优输出功率调度值。图 7-20 给出了 95%置信水平下风电场调度结果，可以看到，增大置信水平，可以提升风电输出功率。

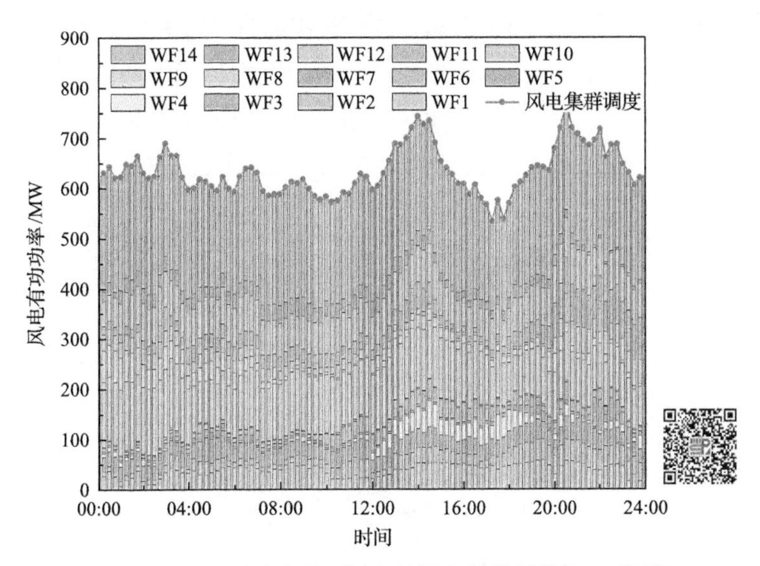

图 7-19　60%置信水平下风电场调度结果(彩图扫二维码)

柱状图从下到上为 WF1～WF14

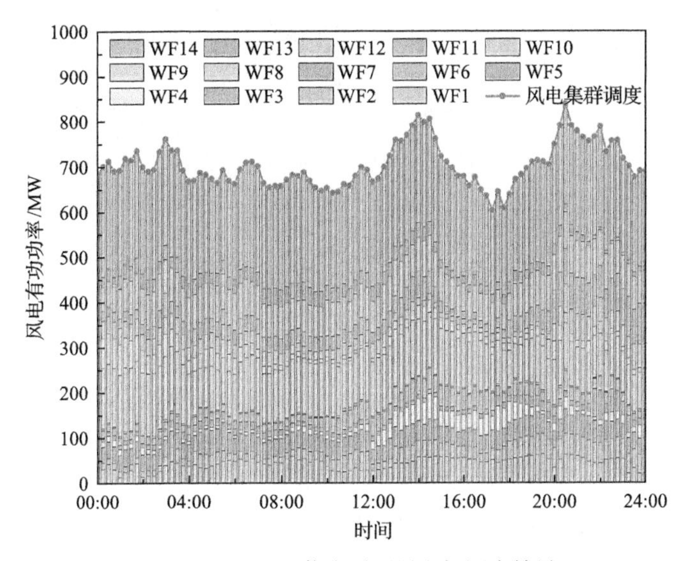

图 7-20　95%置信水平下风电场调度结果

柱状图从下到上为 WF1～WF14

旋转备用可以应对不确定性对系统安全造成的不利影响，滚动调度功率差额部分由旋转备用提供，图 7-21(a)和(b)展示了在 99%和 95%置信水平下上旋转备用结果，黑色纵向箭头指向的方向为整个系统旋转备用要求方向，一旦违反安全要求，风电就可能产生弃风现象。在实验中，AGC 机组 4#和 AGC 机组 40#分别担负旋转备用调节作用，从图中可知，本节提出的方法在置信水平为 99%和 95%时，考虑风电集群输出功率最大不确定性，可以在峰荷段内提供足够多的上旋转备用，旋转备用功率曲线依然没有违反备用要求，满足系统安全运行条件。

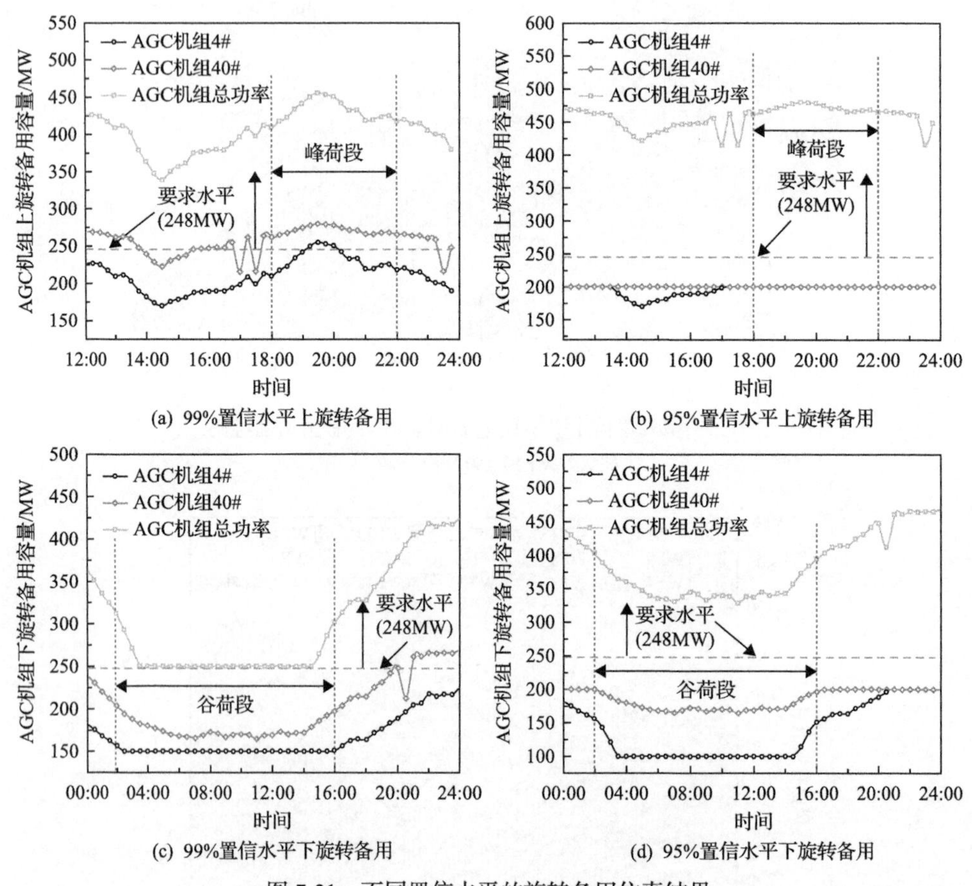

图 7-21　不同置信水平的旋转备用仿真结果

图 7-21(c)和(d)展示了在 99%和 95%置信水平的下旋转备用结果，可以看到，在最大置信水平(99%)情况下构造的风电集群预测区间更宽，包含的预测信息也更多，带来的不确定性也更大，需要 AGC 机组提供旋转备用，当处于谷荷段时，负荷曲线在谷荷段达到一天的最低点，尤其达到最低点时需要各个机组按照最小输出功率方式运行，由于风电集群功率预测的不确定性，在制定调度策略时容易

出现偏差，一旦 AGC 机组无法满足下旋转备用要求，就不得不采取弃风策略。因此，在包含最多不确定性情形下满足调度要求，在小于 99%置信水平时也可以满足要求，基于此，本节提出的区间模型预测控制方法得到的日内滚动调度结果在约束条件下均满足要求，AGC 机组下旋转备用输出功率曲线在谷荷段满足要求。当 99%置信水平下旋转备用输出功率曲线在谷荷段接近要求水平 248MW 时，在不违反备用要求水平时，扩大了风电集群输出功率区间，使风电集群允许输出功率上限相比于点调度模式功率曲线更加接近预测区间上界，扩大了风电集群输出功率范围，直接促进了风电消纳。

3) 实时调度情况分析

日内滚动调度为实时调度提供常规机组输出功率基准值，实时调度的时间尺度为 5min，1h 为一个滚动周期，一个调度周期内调度点个数为 4，调度时间间隔 $\Delta t = 5\,\text{min}$，实时调度在保证机组总的输出功率的基础上微调具有快速响应的机组的输出功率，AGC 机组、非 AGC 机组和风电集群输出功率如图 7-22 所示。

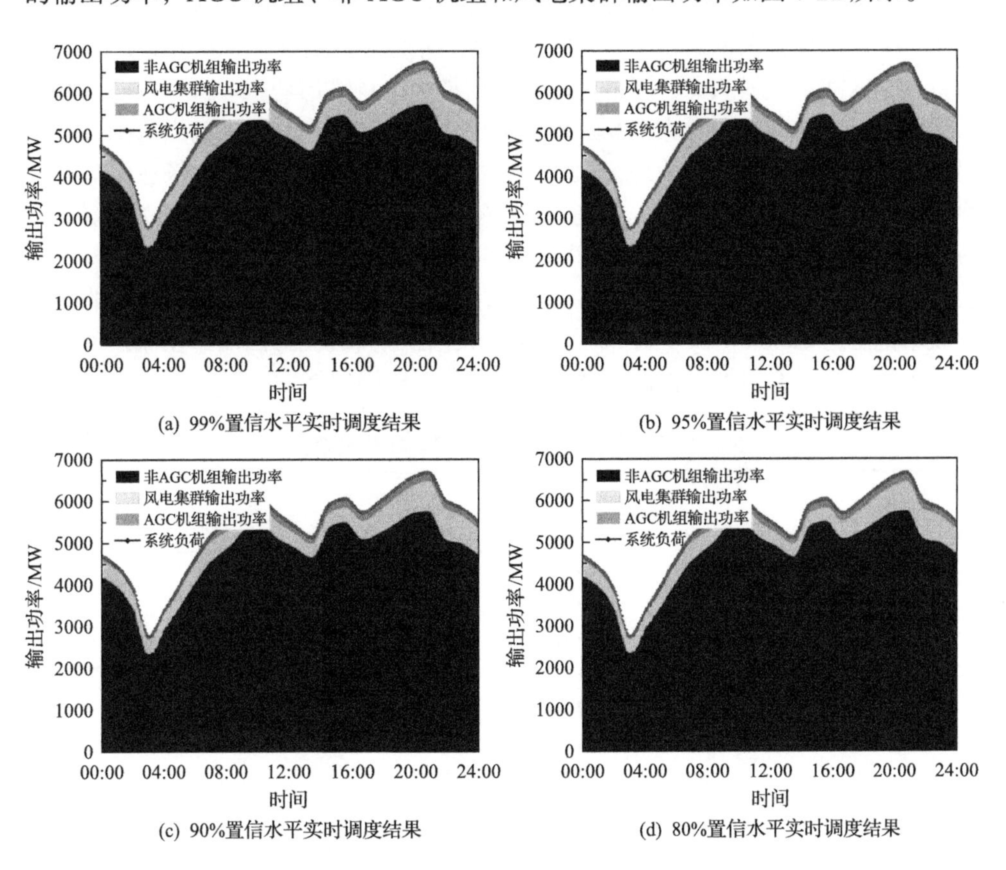

(a) 99%置信水平实时调度结果

(b) 95%置信水平实时调度结果

(c) 90%置信水平实时调度结果

(d) 80%置信水平实时调度结果

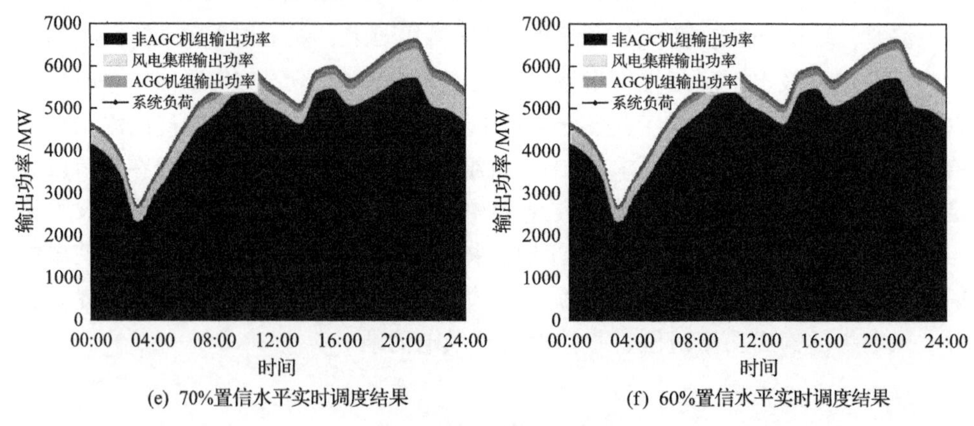

(e) 70%置信水平实时调度结果　　(f) 60%置信水平实时调度结果

图 7-22　实时调度结果

表 7-3 表示不同置信水平下不同风电场的弃风率情况，WF1～WF14 表示风电场编号，总共有 14 个风电场。弃风率为风电场允许输出功率占预测区间上界的百分比。首先，从表 7-3 中可以看到不同置信水平下风电场弃风率不同，在 95%置信水平下风电场弃风率最小，这是因为 95%置信水平下提高了风电场输出功率。一方面，区间调度模式可以降低弃风率，增加风电场输出功率；另一方面，在提高置信水平时，如果仅考虑提高风电场输出功率，忽略允许风电输出范围，则会给风电场带来潜在危险。另外，从表 7-5 中可以看到，同一个风电场在不同置信水平下的弃风率不同，以 WF1 为例，在 60%置信水平下，风电场弃风率为 17.02%，在 95%置信水平下，风电场弃风率为 14.56%，而弃风率最小的为风电场 WF7。表 7-3 最后一行为平均弃风率，可以看出，14 个风电场在不同置信水平下的平均弃风率范围为 6.84%～7.96%，可见，本节提出的区间调度方法能够在保证系统安全的条件下降低弃风率，提高滚动调度环节的风电消纳能力。

表 7-3　不同置信水平下不同风电场弃风率情况　　（单位：%）

风电场序号	置信水平					
	60	70	80	85	90	95
WF1	17.02	16.34	15.89	15.54	14.98	14.56
WF2	10.61	10.10	9.76	9.51	9.10	8.80
WF3	3.77	3.55	3.41	3.31	3.14	3.01
WF4	3.52	3.29	3.14	3.01	2.84	2.71
WF5	1.90	1.70	1.57	1.47	1.31	1.21
WF6	4.91	4.43	4.12	3.88	3.52	3.23
WF7	1.57	1.42	1.34	1.22	1.12	1.05
WF8	14.05	13.78	13.61	13.48	13.27	13.09
WF9	9.68	9.20	8.88	8.64	8.29	8.00
WF10	1.79	1.67	1.60	1.54	1.46	1.39

续表

风电场序号	置信水平					
	60	70	80	85	90	95
WF11	7.36	7.03	6.82	6.66	6.40	6.19
WF12	13.65	13.35	13.15	13.02	12.77	12.57
WF13	4.82	4.66	4.56	4.47	4.35	4.25
WF14	16.79	16.50	16.31	16.17	15.94	15.75
平均值	7.96	7.64	7.44	7.28	7.04	6.84

图 7-23 展示了不同置信水平下风电场弃风功率箱线图，横坐标为每个风电场的序号，图中矩形框的上边界框和下边界框分别表示上四分位和下四分位，方框中的横线表示中位数，实心圆点表示异常风电功率。从图中可以明显观察到，WF7 弃风功率最少，WF14 弃风功率最多，这可能跟风电场装机容量有关，WF7 在所有风电场中装机容量最小，仅为 48MW，WF14 装机容量为 250MW，结合表 7-3

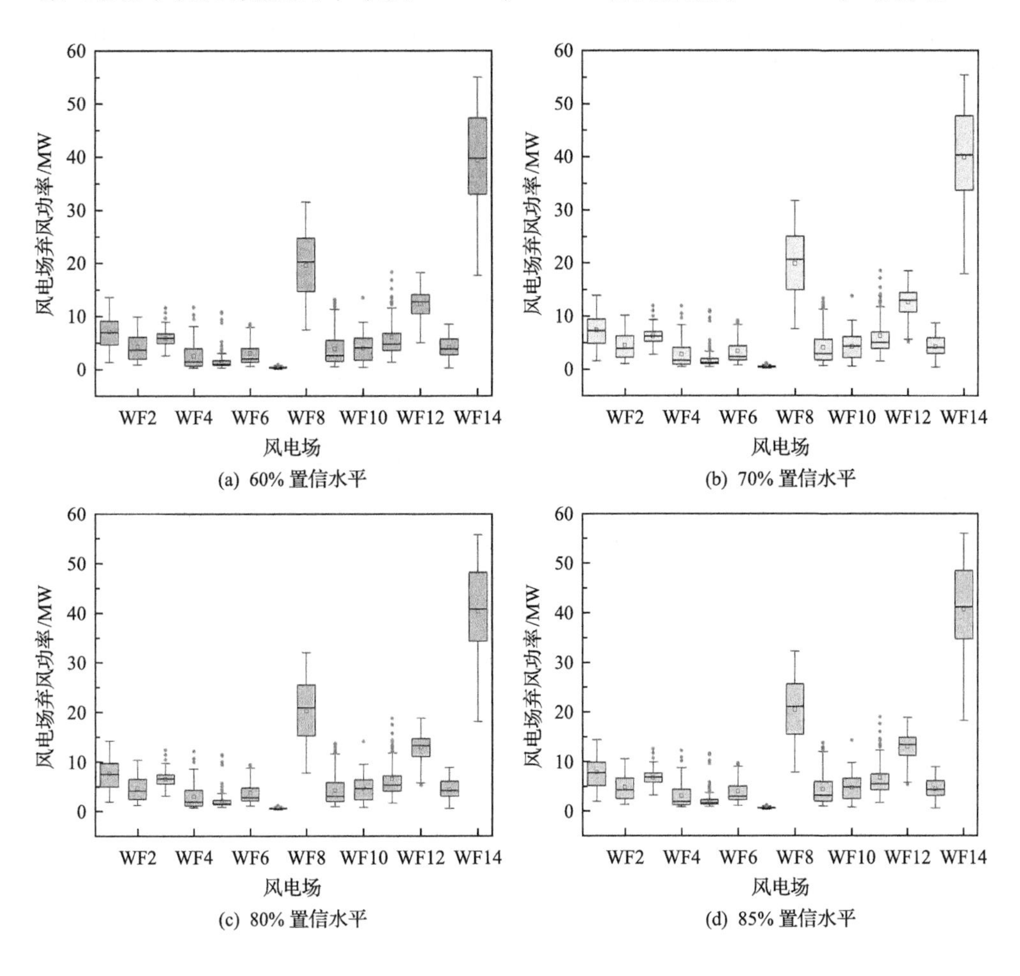

(a) 60% 置信水平

(b) 70% 置信水平

(c) 80% 置信水平

(d) 85% 置信水平

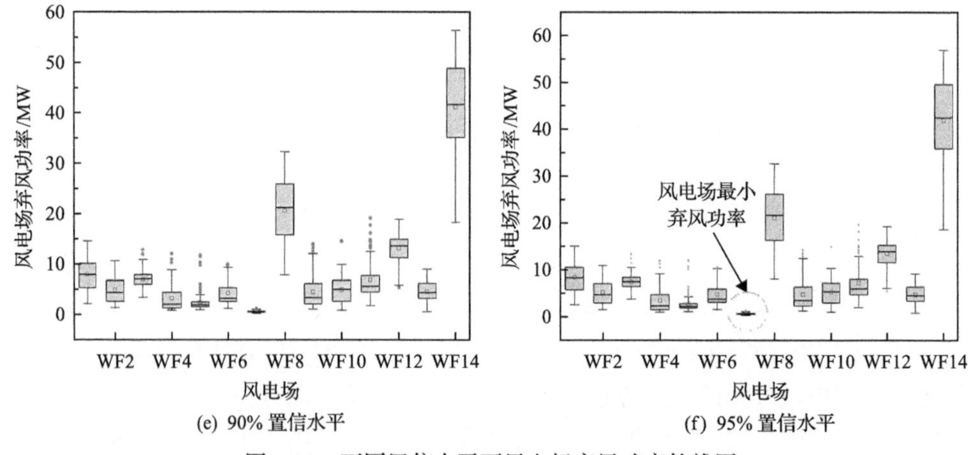

(e) 90% 置信水平　　(f) 95% 置信水平

图 7-23　不同置信水平下风电场弃风功率箱线图

可以发现，WF1、WF8 和 WF12 的整个风电场的弃风率均超过了 10%，而上述风电场的装机容量分别为 198.5MW、150MW 和 99MW，这也说明如果以风电场允许输出功率占预测区间上界的百分比定义弃风率，由于风电场装机规模和容量越大，风电功率的误差相对也会越大，这样风电场弃风率也会越大。

参 考 文 献

[1] 康重庆, 姚良忠. 高比例可再生能源电力系统的关键科学问题与理论研究框架[J]. 电力系统自动化, 2017, 41(9): 2-11.

[2] 丁明, 刘先放, 毕锐, 等. 采用综合性能指标的高渗透率分布式电源集群划分方法[J]. 电力系统自动化, 2018, 42(15): 47-52, 141.

[3] 邹见效, 李丹, 郑刚, 等. 基于机组状态分类的风电场有功功率控制策略[J]. 电力系统自动化, 2011, 35(24): 28-32.

[4] Hasanien H M. A set-membership affine projection algorithm-based adaptive-controlled smes units for wind farms output power smoothing[J]. IEEE Transactions on Sustainable Energy, 2014, 5(4): 1226-1233.

[5] Zhang J, Liu Y, Infield D, et al. Optimal power dispatch within wind farm based on two approaches to wind turbine classification[J]. Renewable Energy, 2017, 102: 487-501.

[6] 崔杨, 曲钰, 王铮, 等. 基于 Daubechies6 离散小波的风电集群功率汇聚效应的时频特性分析[J]. 中国电机工程学报, 2019, 39(3): 664-674, 946.

[7] 叶林, 张慈杭, 汤涌, 等. 多时空尺度协调的风电集群有功分层预测控制方法[J]. 中国电机工程学报, 2018, 38(13): 3767-3780, 4018.

[8] 仲悟之, 李梓锋, 肖洋, 等. 高渗透联网风电集群有功分层递阶控制策略[J]. 电网技术, 2018, 42(6): 1868-1875.

[9] 薛峰, 常康, 汪宁渤. 大规模间歇式能源发电并网集群协调控制框架[J]. 电力系统自动化, 2011, 35(22): 45-53.

[10] 翟丙旭, 王靖然, 杨志刚, 等. 调峰约束下考虑发电优先级的风电有功控制策略[J]. 电力系统自动化, 2017, 41(23): 83-88.

[11] Zhao H R, Wu Q W, Guo Q L, et al. Distributed model predictive control of a wind farm for optimal active power control-part Ⅰ: clustering-based wind turbine model linearization[J]. IEEE Transactions on Sustainable Energy, 2015,

6(3): 831-839.

[12] Zhao H R, Wu Q W, Wang J H, et al. Combined active and reactive power control of wind farms based on model predictive control[J]. IEEE Transactions on Energy Conversion, 2017, 32(3): 1177-1187.

[13] Alqurashi A, Etemadi A H, Khodaei A. Model predictive control to two-stage stochastic dynamic economic dispatch problem[J]. Control Engineering Practice, 2017, 69: 112-121.

[14] Chen H R, Xuan P Z, Wang Y C, et al. Key technologies for integration of multitype renewable energy sources-research on multi-timeframe robust scheduling/dispatch[J]. IEEE Transactions on Smart Grid, 2016, 7(1): 471-480.

[15] 姜海洋, 杜尔顺, 金晨, 等. 高比例清洁能源并网的跨国互联电力系统多时间尺度储能容量优化规划[J]. 中国电机工程学报, 2021, 41(6): 2101-2115.

[16] Lu P, Ye L, Zhao Y N, et al. Feature extraction of meteorological factors for wind power prediction based on variable weight combined method[J]. Renewable Energy, 2021, 179: 1925-1939.

第 8 章　多时间尺度协调的风电集群有功功率模型预测控制方法

8.1　引　　言

随着大规模风电以集群形式并网，由于风电具有的随机性、波动性和不确定性，大规模风电集群给电力系统的安全稳定运行带来了严峻挑战，现有的风电有功功率调度与控制方法已不适用于风电集群并网的电力系统，导致风能利用率偏低，弃风限电现象严重。传统的有功调度在优化初始阶段对未来整个优化周期进行一次全局优化，并将未来各个时刻的计划指令全部下发给火电机组或风电场并跟踪执行，这种开环调度模式在负荷预测精度高和少量风电并网预测精度高的情况下具有较大的优势[1-3]，但在风电渗透率较高的电网中，由于风电功率预测精度较低，仅依靠传统的有功调度方法无法制定精确的调度计划，从而不得不增加系统备用容量以应对风电的不确定性，这也降低了系统运行的经济性[4-6]。同时，风电集群内风电场数量众多，分布范围广，传统的风电有功功率控制方法没有深度利用多时间尺度风电功率预测信息，风电集群各风电场之间缺乏协调控制，因此，风电场有功功率指令分配不均衡导致的弃风限电、个别风电场被多分配指令的情况时有发生，风电集群内的有功指令精细化分配技术急需得到提高。

虽然风电是我国能源转型中的重要组成部分，但由于风电具有间歇性、随机性和不确定性等特性，大规模风电以集群形式并网后，给电力系统的安全稳定运行和控制带来了严峻的挑战，对调度计划的制定产生了重要影响。单风电场功率波动较大，即使风电集群存在平滑效应使得平均功率波动降低，但是由于装机容量更大，风电集群的功率波动峰值可能更大。传统的有功计划制定主要考虑负荷的波动，但大规模风电并网后，风电的不确定性往往导致风电功率计划偏离实际值较多；而传统的风电集群有功计划分配则忽略了风电功率预测信息的重要参考价值，导致风电场弃风限电现象严重。随着大规模风电集群并网，传统的调度模式和风电有功控制模式已不再能确保电力系统的安全稳定运行。

8.2　滚动优化环节建模

单风电场出力波动性强、功率预测误差大，导致单场有功优化控制能力较弱的问题逐渐突出，而集群出力波动独特的平滑效应与相关性使其波动性普遍小于单场。如图 8-1 和表 8-1 所示，某风电集群典型日的功率相对波动率绝对值均小于集群内各个风电场的功率相对波动率绝对值。因此，可以将风电集群整体作为对象进行调度，“似常规电源”性更强。但集群内风电场众多，各个风电场之间的协调配合问题突出，控制不当将导致风电场欠调与过调，从而导致风电集群送出通道裕度闲置或风电场弃风限电。

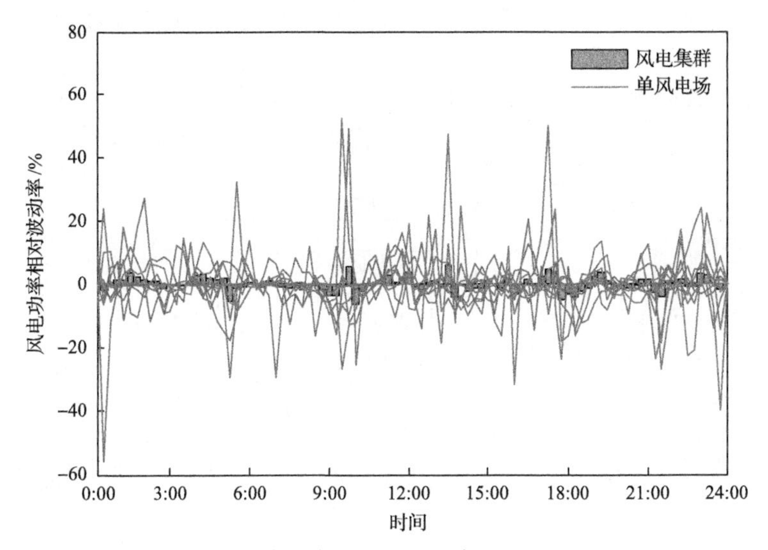

图 8-1　风电集群与单风电场功率相对波动率对比

表 8-1　风电功率相对波动率绝对值统计

风电场/集群	装机容量/MW	相对波动率绝对值/%
WF1	49.5	4.49
WF2	198.5	5.43
WF3	99	2.45
WF4	148.5	2.83
WF5	98	6.06
WF6	48	4.20
WF7	150	2.02
WF8	49.5	5.83
WF9	298	2.73
WF10	99	3.92
风电集群	1238	1.72

基于上述背景，本章将 MPC 与风电集群有功控制相结合，提出多时间尺度协调的风电集群有功模型预测控制（wind power cluster active power model predictive control，WPCAP-MPC）方法，从而提升风电集群对调度中心下发的计划曲线的追踪能力，优化集群内风能资源的利用率，从而提高风电消纳能力，WPCAP-MPC方法示意图如图 8-2 所示。目前，我国超短期风电功率预测的误差在 15%～20%[7]，考虑到功率预测误差对控制的影响，基于分层递阶控制思想，将控制过程分为区域分群调度层、群内优化分配层和单场自动执行层，每层均包含 MPC 的三个模块，即预测模型、滚动优化和反馈校正环节[8]。通过时空尺度的逐层细化和反馈校正环节的实时修正，可削弱风电功率预测误差导致的计划不准确性。

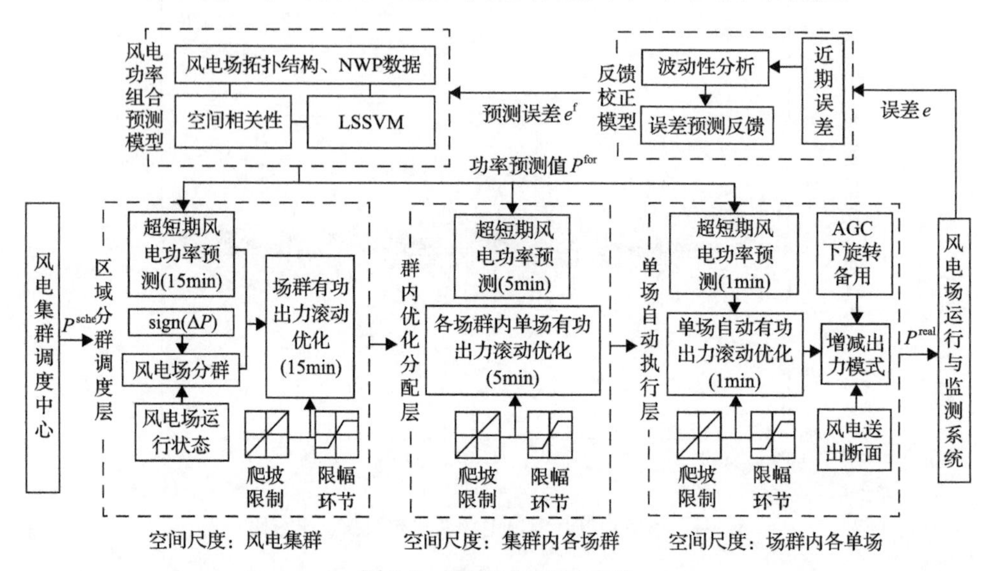

图 8-2　WPCAP-MPC 方法

为了协调优化集群内风能资源利用率，区域分群调度层中包含风电场动态分群与场群出力优化分配两个环节，并根据调度中心下发的计划值与风电功率预测值的大小选择优化模式：当计划值大于预测值时，运行于“计划功率模式”；反之，运行于“最大功率模式”。分群过程以风电功率变化趋势与风电场实时状态为参考依据，以 15min 为周期对集群内所有风电场进行分类归纳，为后期的优化控制奠定基础。区域分群调度层优化变量为场群输出功率，超短期风电功率预测值分辨率为 15min，每 15min 进行一次滚动优化，优化未来 1h 的功率输出，即未来 4 个点，每次只取第 1 个点下发；群内优化分配层根据区域分群调度层下发的场群计划值，以单场输出功率为优化变量，基于 5min 分辨率的超短期风电功率预测值，优化各场群中风电场的输出功率，滚动周期为 5min，优化未来 15min 的功率输出，即未来 3 个点，每次取第 1 个点下发；单场自动执行层根据群内优化分配层下发的风电场计划值，以单场输出功率为优化变量，滚动修正计划指标，该层超短期风电功率预测值分辨率细化为 1min，滚动周期与优化时域均为 1min。在“计划功率模式”下，为提高风电消纳能力，结合 AGC 机组的下旋转备用空间和风电场送出通道利用率，建立两种控制模式：①跟踪计划模式；②增减出力模式。其中，跟踪计划模式为正常模式，但在单场自动执行层中将实时监测风电送出通道利用率与 AGC 机组下旋转备用空间，根据可用空间裕度转换增减出力模式。

在预测模型与反馈校正环节中，基于文献[7]、[9]、[10]的研究基础，本章采用考虑空间相关性(spatial correlation，SC)的物理方法与基于 LSSVM 的统计方法建立超短期风电功率组合预测模型。在反馈校正环节，本章采用基于误差波动性分析的反馈校正方法，分析误差波动性，针对不同类型的波动，采用不同的预测方法进行误差预测，修正预测模型输出。该反馈方法主要用在区域分群调度层与群内优化分配层，由于单场自动执行层的数据时间尺度较短，采用风电场实际有功输出作为实时校正的输入，完成反馈过程。

风电集群内风电场数量众多、分布范围较广，不同风电场的风电出力存在差别，且存在出力变化趋势发生逆向转变的可能。为了提升风电集群对调度计划的追踪精度，充分协调利用各风电场风能资源，本章提出考虑风电功率未来变化趋势与风电场实时状态的动态分群策略，基于分群结果，针对各层控制目标建立协调优化模型，将相关控制约束模型化表示。

8.2.1　动态分群策略

风电场在制定发电计划时往往希望出力最大化，但由于功率变化率等限制条件，风电场存在弃风限电现象，其中，我国并网标准也对并网风电场的功率波动进行了限定[11]。若风电场之间协调不当，则会导致风电场出现“高发电能力低计划、低发电能力高计划、负荷率高增计划、负荷率低降计划”的情况。因此，在集群控制中需对风电场进行动态分群，提高后续滚动优化的准确性与合理性。

在区域分群调度层中，以风电场本时刻起至未来 20min 的超短期风电功率预测值为依据，判断风电场功率变化趋势，数据分辨率为 1min。同时考虑风电场实际运行状态，可以将风电场分为 12 类：高负荷率下爬坡群、中负荷率下爬坡群、低负荷率下爬坡群、高负荷率上爬坡群、中负荷率上爬坡群、低负荷率上爬坡群、高负荷率平稳群、中负荷率平稳群、低负荷率平稳群、高负荷率振荡群、中负荷率振荡群和低负荷率振荡群。

在判断风电场功率变化趋势时，20min 的预测序列以 5min 为分群采样间隔，其中，每点预测信息与其前后 1min 预测值取平均值，削弱预测误差对分群判断的影响，保证预测功率的可靠性，即

$$\overline{P}_{i,t+\Delta t}^{\text{for}} = \frac{1}{3}(\overline{P}_{i,t+(\Delta t-1)}^{\text{for}} + \overline{P}_{i.t+\Delta t}^{\text{for}} + \overline{P}_{i,t+(\Delta t+1)}^{\text{for}}) \tag{8-1}$$

式中，t 为当前时刻；Δt 为采样时刻至本时刻时差；$\overline{P}_{i,t+\Delta t}^{\text{for}}$ 为风电场 i 在 $t+\Delta t$ 时刻的采样功率。

对采样功率处理后，进行风电场功率变化趋势的判断，提出功率趋势因子概念，如式(8-2)所示：

$$K_i = \sum_{j=1}^{4} \text{sign}(\overline{P}_{i,t+m}^{\text{for}} - \overline{P}_{i,t+n}^{\text{for}}) \tag{8-2}$$

式中，$\text{sign}(x)$ 为符号函数，当 $x>0$ 时，$\text{sign}(x)=1$，当 $x=0$ 时，$\text{sign}(x)=0$，当 $x<0$ 时，$\text{sign}(x)=-1$；m 、n 为采样时刻距离当前时刻的时间，单位为 min，与式(8-1) Δt 含义相同，只是在本式中 m 、n 取不同值，m =5,10,15,20，n=0,5,10,15。由式(8-2)的含义可知，$\max(K_i)=4$，$\min(K_i)=-4$。

基于功率趋势因子的数值大小将风电场分为不同类型，当 $K_i=4$ 时，为上爬坡群，当 $K_i=-4$ 时，为下爬坡群，当 $-4<K_i<4$ 时，为风电功率双向波动状态。因此提出波动阈值 η，经过多次试验分析，以风电场装机容量的百分之一作为波动阈值较严格且合理，公式形式为

$$\begin{cases} \dot{P}_{i,T}^{\text{for}} = [\overline{P}_{i,t}^{\text{for}} \ \ \overline{P}_{i,t+5}^{\text{for}} \ \cdots \ \overline{P}_{i,t+20}^{\text{for}}] \\ \eta = P_i^{\text{N}}/100, \ M = \max(\dot{P}_{i,T}^{\text{for}}) - \min(\dot{P}_{i,T}^{\text{for}}) \\ M > \eta \text{ 或 } M \leqslant \eta \end{cases} \tag{8-3}$$

式中，$\dot{P}_{i,T}^{\text{for}}$ 为趋势判断功率序列；P_i^{N} 为风电场 i 的额定装机容量。动态分群判断标准如表 6-2 所示。

在此基础上，考虑风电场实时负荷状态作为另外一种分群标准。风电场效益与其负荷状态呈正相关，其负荷状态又受对应装机容量与所处风速的影响，所以研究不同集群风电场负荷状态对建模阶段的协调优化十分重要。风电场平均负荷率计算如下：

$$\varphi_{i,t} = \frac{P_{i,t}^{\text{real}}}{P_i^{\text{N}}} \times 100\% \tag{8-4}$$

式中，$\varphi_{i,t}$ 为 t 时刻风电场 i 的平均负荷率；$P_{i,t}^{\text{real}}$ 为 t 时刻风电场 i 的实际功率。以 $\sigma_1 = P_i^{\text{N}}/3$ 、$\sigma_2 = 2P_i^{\text{N}}/3$ 作为负荷率等级判断因子，当平均负荷率 $\varphi_{i,t} \leqslant \sigma_1$ 时，风电场属于低负荷率群；当 $\varphi_{i,t} \geqslant \sigma_2$ 时，风电场属于高负荷率群；否则，风电场属于中负荷率群。

8.2.2　区域分群调度层优化建模

MPC 是一种基于优化的控制算法，滚动优化是其重要环节[12-15]。但 MPC 的优化与传统离散时间系统最优控制不同，在每一个采样时刻，其优化性能指标只覆盖该时刻起的未来有限时域，是以未来有限控制量为优化变量的开环优化问题。MPC 并不把求得的最优控制量全部实施，而是把其中的当前控制量作用于系统，至下一采样时刻，优化时域随着时刻的推进同时向前滚动推移，如图 8-3 所示。

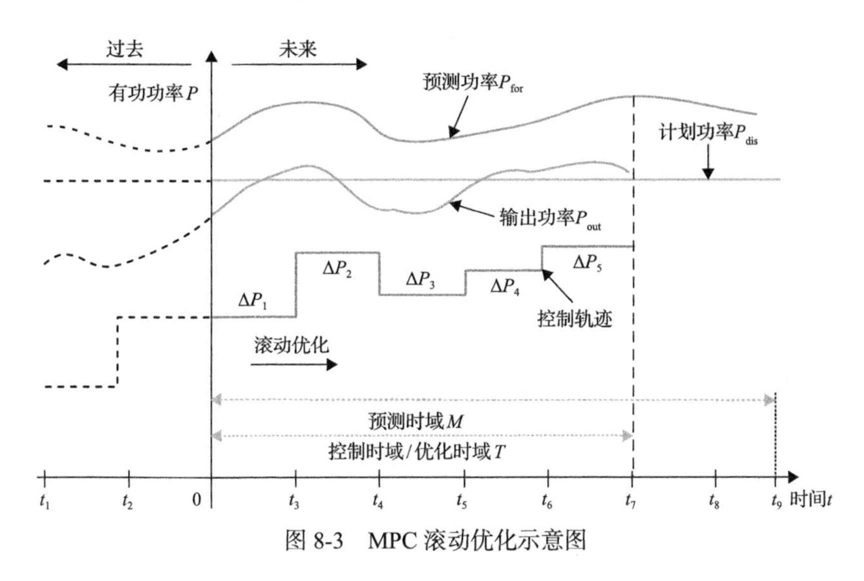

图 8-3　MPC 滚动优化示意图

区域分群调度层通过接收调度中心下发的计划值，对风电集群内的风电场进行动态分群与出力优化分配，滚动周期为 15min，以抑制风电功率波动、最大化出力为主要目标。若调度中心下发的计划值小于集群功率预测值，则运行于“计划功率模式”，此时区域分群调度层的滚动优化模型目标函数如下：

$$\begin{aligned}\min J_{\mathrm{clu}} = \sum_{t=1}^{T}\sum_{j+1}^{m}\alpha_j[\lambda_{j1}\sum_{i=1}^{n}(P_{ji,t+\Delta t}^{\mathrm{opt}} - P_{ji,t}^{\mathrm{real}})^2 \\ +\lambda_{j2}\sum_{i=1}^{n}(P_{ji,t+\Delta t}^{\mathrm{opt}} - \overline{P}_{ji,t+\Delta t}^{\mathrm{for}})^2]\end{aligned} \tag{8-5}$$

式中，m 为风电场分群类型数；n 为每类场群中风电场数量；λ_{j1}、λ_{j2}为控制权重，α_j为场群权重，其中$\lambda_{j1}+\lambda_{j2}=1$，$\alpha_1+\cdots+\alpha_m=1$，场群权重反映各场群的调整强度，权重值越大，风电场出力相对于优化目标的调整越小，而控制权重反映各场群内风电场优化指标偏度，权重值越大，对该优化目标的偏重程度越大，两种权重以集群计划值和预测功率的变化而根据经验设定；$P_{ji,t+\Delta t}^{\mathrm{opt}}$为场群 j 中风

电场 i 优化时刻的功率值；$P_{ji,t}^{\mathrm{real}}$ 为前一时刻的实际值；$\overline{P}_{ji,t+\Delta t}^{\mathrm{for}}$ 为风电场优化时刻的 15min 超短期风电功率预测值；T 为优化时域，在区域分群调度层中，每次优化未来 1h 的计划值，分辨率 Δt 为 15min，即 $T=4$，且随着 k 值变化；t 值以 Δt 为步长滚动向前推移，每次优化完毕只取 $k=1$ 时的优化结果进行下发。

约束条件主要包括以下内容。

(1) 调度计划追踪约束：

$$\sum_{j=1}^{m}\sum_{i=1}^{n} P_{ji,t+\Delta t}^{\mathrm{opt}} = P_{\mathrm{sys},t+\Delta t}^{\mathrm{dis}} \tag{8-6}$$

式中，$P_{\mathrm{sys},t+\Delta t}^{\mathrm{dis}}$ 为优化时刻风电集群计划值。

(2) 风电场出力限制约束：

$$\underline{P}_{ji}^{\min} \leqslant P_{ji,t+\Delta t}^{\mathrm{opt}} \leqslant \overline{P}_{ji,t+\Delta t}^{\mathrm{for}} \leqslant P_{ji}^{\mathrm{N}} \tag{8-7}$$

式中，P_{ji}^{N} 为风电场 i 的装机容量；$\underline{P}_{ji}^{\min}$ 为风电场 i 的最低出力阈值，以防风电场功率过低或停发。

(3) 风电场出力爬坡率约束：

$$\left|\frac{P_{ji,t+\Delta t}^{\mathrm{opt}} - P_{ji,t}^{\mathrm{real}}}{P_{ji}^{\mathrm{N}}}\right| \leqslant \overline{C}_{ji}^{\mathrm{wf}} \tag{8-8}$$

式中，$\overline{C}_{ji}^{\mathrm{wf}}$ 为风电场 i 的 15min 时间尺度的爬坡率限值。

(4) 风电集群出力爬坡率约束：

$$\left|\frac{\sum_{j=1}^{m}\sum_{i=1}^{n} P_{ji,t+\Delta t}^{\mathrm{opt}} - \sum_{j=1}^{m}\sum_{i=1}^{n} P_{ji,t}^{\mathrm{real}}}{P_{\mathrm{clu}}^{\mathrm{N}}}\right| \leqslant \overline{C}_{\mathrm{clu}} \tag{8-9}$$

式中，$P_{\mathrm{clu}}^{\mathrm{N}}$ 为风电集群的总装机容量；$\overline{C}_{\mathrm{clu}}$ 为风电集群 15min 时间尺度的爬坡率限值。

若调度中心下发的计划值大于集群功率预测值，则运行于"最大功率模式"，滚动优化以最小化预测误差为主要目标，目标函数如下：

$$\min J_{\mathrm{clu}} = \sum_{t=1}^{T}\sum_{j=1}^{m}\sum_{i=1}^{n} (P_{ji,t+\Delta t}^{\mathrm{opt}} - \overline{P}_{ji,t+\Delta t}^{\mathrm{for}})^2 \tag{8-10}$$

上述约束条件可进一步改为

$$\sum_{j=1}^{m}\sum_{i=1}^{n}P_{ji,t+\Delta t}^{\text{opt}} \leqslant \overline{P}_{\text{clu},t+\Delta t}^{\text{for}} \tag{8-11}$$

式中，$\overline{P}_{\text{clu},t+\Delta t}^{\text{for}}$ 为风电集群优化时刻的超短期风电功率预测值。

经滚动优化，集群内各风电场群优化结果为

$$\tilde{P}_{j,t+\Delta t}^{\text{opt}} = \sum_{i=1}^{n}P_{ji,t+\Delta t}^{\text{opt}} \tag{8-12}$$

该场群优化结果将作为群内优化分配层中各群的目标值。

8.2.3　群内优化分配层优化建模

区域分群调度层的优化结果下发至各类场群，执行群内优化分配层的滚动优化过程。该层考虑 5min 分辨率的超短期风电功率预测值，滚动周期为 5min，优化未来 15min 的功率输出，即在区域分群调度层两个优化时刻之间执行 3 次优化。优化模型以跟踪场群计划值、抑制功率波动和最大化出力为主要目标，其目标函数如下：

$$\min J_{\text{wfs}} = \sum_{k=1}^{T}\left[\begin{array}{l}\sum\limits_{i=1}^{n}[(P_{i,t+\Delta t}^{\text{opt}} - P_{i,t}^{\text{real}})^2] \\ +(P_{i,t+\Delta t}^{\text{opt}} - \widehat{P}_{ji,t+\Delta t}^{\text{for}})^2] + \left(\sum\limits_{i=1}^{n}P_{i,t+\Delta t}^{\text{opt}} - \tilde{P}_{j,t'+\Delta t'}^{\text{opt}}\right)^2\end{array}\right] \tag{8-13}$$

式中，$\widehat{P}_{ji,t+\Delta t}^{\text{for}}$ 为 5min 超短期风电功率预测值；$\tilde{P}_{j,t'+\Delta t'}^{\text{opt}}$ 为区域层下发给场群 j 的计划值；t'、$\Delta t'$ 对应区域分群调度层时刻与时差，本层中 Δt 为 5min。

约束条件包含场群计划追踪、风电场出力爬坡率限制等，具体公式如下：

$$\text{s.t.}\begin{cases}\sum\limits_{i=1}^{n}P_{i,t+\Delta t}^{\text{opt}} \leqslant \tilde{P}_{j,t'+\Delta t'}^{\text{opt}} \\ \underline{P}^{\min} \leqslant P_{i,t+\Delta t}^{\text{opt}} \leqslant \widehat{P}_{i,t+\Delta t}^{\text{for}} \leqslant P_i^{\text{N}} \\ \left|\dfrac{P_{i,t+\Delta t}^{\text{opt}} - P_{i,t}^{\text{real}}}{P_i^{\text{N}}}\right| \leqslant \widehat{C}_i^{\text{wf}} \\ \left|\dfrac{\sum\limits_{j=1}^{m}\sum\limits_{i=1}^{n}P_{ji,t+\Delta t}^{\text{opt}} - \sum\limits_{j=1}^{m}\sum\limits_{i=1}^{n}P_{ji,i}^{\text{real}}}{P_{\text{clu}}^{\text{N}}}\right| \leqslant \widehat{C}_{\text{clu}}\end{cases} \tag{8-14}$$

式中，$\widehat{C}_i^{\mathrm{wf}}$、$\widehat{C}_{\mathrm{clu}}$ 分别为 5min 时间尺度下风电场 i 与风电集群的出力爬坡率限值。

式(8-14)中，场群计划追踪约束符号为小于或等于，因为在 15min 的时间周期内，该层每次的优化结果不能保证与区域层向场群下发的计划值完全相等，若某类场群在某时刻的分群结果中只包含一个风电场，当优化时刻的风电功率预测值小于场群计划值时，由于约束限制，该类场群的优化结果将无法满足计划值。因此，随着预测功率的时间尺度逐层细化，风电功率的调整是细微的，此类情况产生的功率缺额可由 AGC 机组进行调节。群内优化分配层计算得到的结果 $\hat{P}_{i,t''+\Delta t''}^{\mathrm{opt}} = P_{i,t+\Delta t}^{\mathrm{opt}}$，将下发至场群内各风电场，作为下一层的跟踪目标。

8.2.4 单场自动执行层优化建模

在单场自动执行层中，风电场接收群内优化分配层每 5min 下发的调度指标，以 1min 为周期进行滚动优化，优化时域为 1min，即 T=1。该层主要以 1min 分辨率的超短期风电功率预测值进行风电场自身调整，提高控制精度。以跟踪风电场调度目标 $\hat{P}_{i,t''+\Delta t''}^{\mathrm{opt}}$ 与抑制功率波动为主要目标：

$$\min J_{\mathrm{wf}} = (P_{i,t+\Delta t}^{\mathrm{opt}} - P_{i,t}^{\mathrm{real}}) + (P_{i,t+\Delta t}^{\mathrm{opt}} - \hat{P}_{i,t''+\Delta t''}^{\mathrm{opt}})^2 \tag{8-15}$$

约束条件为

$$\mathrm{s.t.}\begin{cases} P_{i,t+\Delta t}^{\mathrm{opt}} \leqslant \hat{P}_{i,t''+\Delta t''}^{\mathrm{opt}} \\ \left|\dfrac{P_{i,t+\Delta t}^{\mathrm{opt}} - P_{i,t}^{\mathrm{real}}}{P_i^{\mathrm{N}}}\right| \leqslant \hat{C}_i^{\mathrm{wf}} \\ \underline{P}_i^{\mathrm{min}} \leqslant P_{i,t+\Delta t}^{\mathrm{opt}} \leqslant \hat{P}_{i,t+\Delta t}^{\mathrm{for}} \leqslant P_i^{\mathrm{N}} \end{cases} \tag{8-16}$$

式中，$\hat{P}_{i,t''+\Delta t''}^{\mathrm{opt}}$ 为群内层下发的调度目标；$\hat{P}_{i,t+\Delta t}^{\mathrm{for}}$ 为 1min 超短期风电功率预测值；$\hat{C}_i^{\mathrm{wf}}$ 为 1min 尺度下的风电场 i 的出力爬坡率限值。通过对风机的桨距角和转速进行控制，使风电场出力满足计划指标，场内风机控制不是本章研究重点，故不做阐述。

在单场自动执行层中，为了最大限度地消纳风电，每次优化结束将实时监测风电集群送出通道利用率与 AGC 机组下旋转备用空间，根据两者的数值大小，在“计划功率模式”下，可由“跟踪计划模式”转为“增减出力模式”，从而充分利用风电送出通道裕度，提高风电消纳能力。

本章将风电集群送出通道利用率分为三种状态：当送出通道传输功率小于传输极限的 90%时，称通道处于安全状态；当送出通道传输功率处于传输极限的 90%～

95%时，称通道处于预警状态；当送出通道传输功率大于传输极限的 95%时，认为通道处于越限状态，此时应限制风电场出力。根据上述判断条件，可计算风电可增发空间：

$$\Delta P_{\text{tas}}^{\text{spa}}=\begin{cases}95\%P_{\text{tas}}^{\text{lim}}-P_{\text{clu},t+\Delta t}^{\text{opt}}, & \dfrac{P_{\text{clu},t+\Delta t}^{\text{opt}}}{P_{\text{tas}}^{\text{lim}}}\leqslant 90\% \\ 0, & 90\%\leqslant\dfrac{P_{\text{clu},t+\Delta t}^{\text{opt}}}{P_{\text{tas}}^{\text{lim}}}\leqslant 95\% \\ 95\%P_{\text{tas}}^{\text{lim}}-P_{\text{clu},t+\Delta t}^{\text{opt}}, & \dfrac{P_{\text{clu},t+\Delta t}^{\text{opt}}}{P_{\text{tas}}^{\text{lim}}}>95\%\end{cases} \tag{8-17}$$

式中，$\Delta P_{\text{tas}}^{\text{spa}}$ 为基于风电送出通道的可增发空间；$P_{\text{tas}}^{\text{lim}}$ 为风电送出通道传输极限，由各风电集群装机容量与线路参数决定；$P_{\text{clu},t+\Delta t}^{\text{opt}}$ 为集群优化功率计划。虽然式(8-17)中通道处于安全状态时与通道处于越限状态时的公式相同，但结果的符号不同，当处于越限状态时，$\Delta P_{\text{tas}}^{\text{spa}}<0$，风电场应向下动作。

AGC 机组调整速度快，其下旋转备用对于系统安全运行十分重要，以此为标准所确定的风电可增发空间如下：

$$\Delta P_{\text{AGC}}^{\text{spa}}=\begin{cases}P_{\text{AGC}}^{\text{mar}}-P_{\text{AGC}}^{\text{dead,u}}, & P_{\text{AGC}}^{\text{mar}}>P_{\text{AGC}}^{\text{dead,u}} \\ 0, & P_{\text{AGC}}^{\text{dead,d}}<P_{\text{AGC}}^{\text{mar}}\leqslant P_{\text{AGC}}^{\text{dead,u}} \\ P_{\text{AGC}}^{\text{mar}}-P_{\text{AGC}}^{\text{dead,d}}, & P_{\text{AGC}}^{\text{mar}}\leqslant P_{\text{AGC}}^{\text{dead,d}}\end{cases} \tag{8-18}$$

式中，$\Delta P_{\text{AGC}}^{\text{spa}}$ 为基于 AGC 机组下旋转备用的可增发空间；$P_{\text{AGC}}^{\text{mar}}$ 为 AGC 机组下旋转备用裕度；$P_{\text{AGC}}^{\text{dead,u}}$、$P_{\text{AGC}}^{\text{dead,d}}$ 分别为 AGC 机组下旋转备用死区上限和下限。当 $P_{\text{AGC}}^{\text{mar}}>P_{\text{AGC}}^{\text{dead,u}}$ 时，AGC 机组下调空间充足；当 $P_{\text{AGC}}^{\text{mar}}\leqslant P_{\text{AGC}}^{\text{dead,d}}$ 时，AGC 机组下调空间不足。

比较集群送出通道利用率与 AGC 机组下旋转备用的可增发空间，得出最终可增发空间：

$$\Delta P_{\text{res}}^{\text{spa}}=\begin{cases}\min\{\Delta P_{\text{tas}}^{\text{spa}},\Delta P_{\text{AGC}}^{\text{spa}}\}, & \Delta P_{\text{tas}}^{\text{spa}}\geqslant 0,\Delta P_{\text{AGC}}^{\text{spa}}\geqslant 0 \\ \min\{\Delta P_{\text{tas}}^{\text{spa}},\Delta P_{\text{AGC}}^{\text{spa}}\}, & \Delta P_{\text{tas}}^{\text{spa}}\leqslant 0,\Delta P_{\text{AGC}}^{\text{spa}}\leqslant 0 \\ \Delta P_{\text{tas}}^{\text{spa}}, & \Delta P_{\text{tas}}^{\text{spa}}<0,\Delta P_{\text{AGC}}^{\text{spa}}\geqslant 0 \\ \Delta P_{\text{AGC}}^{\text{spa}}, & \Delta P_{\text{tas}}^{\text{spa}}\geqslant 0,\Delta P_{\text{AGC}}^{\text{spa}}<0\end{cases} \tag{8-19}$$

式(8-19)的主要考虑因素是系统安全稳定运行，当两值同大于或等于零时取较小值，优选上爬坡群和低负荷率群增发；当两值小于或等于零时取绝对值较大值，保证动作量满足两方要求，优选下爬坡群和高负荷率群限制出力；当两值异号时，取小于零的值，放弃增发而保证系统安全运行。

8.3 预测模型与反馈校正环节建模

预测模型与反馈校正均是 MPC 中不可忽视的环节。预测模型与滚动优化相辅相成，是实现优化控制的前提；反馈校正通过修正把下一步的预测和优化建立在更接近实际的基础上，使整个滚动过程实现了闭环优化。为了发挥 MPC 在线处理多约束与控制稳定能力，适应有功分层预测控制策略，本章提出了更精细化的功率预测与反馈校正模型。

8.3.1 超短期风电功率组合预测模型

风电功率预测的常用方法是利用高级智能方法预测单一风速或功率时间序列。但是这种方法往往忽略了区域风电场的地理地形数据、风向、温度、气压、粗糙度以及风电场之间空间位置关系等物理因素。空间相关性法是从风的物理特性出发，利用风速之间的空间相关性和延时性进行风电功率预测，从时空上考虑本地信息与空间相关信息。

本章采用基于空间相关性与 LSSVM 的超短期组合功率预测方法，结合了物理方法与统计方法各自的优点。其中，基于空间相关性的物理预测方法是根据风电集群内风机之间的空间位置及排布关系，计算风机之间的尾流效应，并导出各风机节点的连续微分方程，基于有限体积法(finite volume method, FVM)将网格点处的微分方程进行离散化，推导出风速空间相关矩阵，通过给定的边界条件求解上述微分方程，计算出风电功率预测值，文献[9]对预测方法有详细描述与验证过程。同时，结合 LSSVM 方法的预测结果，进行组合预测，最终的预测结果如下：

$$P_{\text{com},t}^{\text{for}} = \beta_1 P_{\text{sc},t}^{\text{for}} + \beta_2 P_{\text{lssvm},t}^{\text{for}} \tag{8-20}$$

式中，$P_{\text{com},t}^{\text{for}}$ 为预测模型组合预测结果；$P_{\text{sc},t}^{\text{for}}$ 为基于空间相关性的预测结果；$P_{\text{lssvm},t}^{\text{for}}$ 为基于 LSSVM 的预测结果；β_1 和 β_2 为权重系数，且 $\beta_1 + \beta_2 = 1$。

为了减小权重值选取对预测结果的影响，本章采用时变权系数法对 β_1 与 β_2 进行动态计算：

$$\beta_i = \left(\sum_{p=1}^{h} \gamma_{i,t-p}^2\right)^{-1} \left(\sum_{i=1}^{2}\sum_{p=1}^{h} \gamma_{i,t-p}^2\right)^{-1} \tag{8-21}$$

式中，$\gamma_{i,t-p}$ 为第 i 种预测模型在 $t-p$ 时刻的预测误差；h 表示取预测时刻前 h 个历史时刻数据进行权系数计算。本章选取 1h 作为权系数计算周期。

8.3.2　反馈校正方法

在反馈校正环节，本章采用的方法与 MPC 中的传统反馈校正不同，传统反馈校正方法基于模型实际输出值进行修正，主要是因为在传统 MPC 中，预测模型的输出是未来时刻的动作输出量，但对于风电控制中的预测模型，其输出量是未来时刻的自然风电功率值，而风电输出监测系统的功率值可能包含控制动作，如弃风等，直接修正风电功率预测值将产生偏差[16,17]。因此，本章建议在风电集群控制中，各个风电场应部署 1～3 台风机作为“自然机”而不参与风电场控制，从而每个控制时刻后系统可获取风电场不含控制量的自然功率值。在此基础上，因为在超短期预测时间尺度内，时刻较为临近的功率点预测误差波动方向具有一定的相关性，所以本章采用基于误差波动性分析的反馈校正方法对预测模型进行修正。

选取当前时刻之前的 9 个数据点的预测误差，与当前时刻计算得到的预测误差，组成“近期误差”序列，用来研究风电功率的波动特性与变化趋势，利用最小二乘法将近期误差值拟合成一条直线。拟合得到的直线斜率绝对值可以衡量误差的发展趋势，再将拟合所得直线斜率的绝对值与误差的方差值结合分析，可以得到近期误差的波动特性。

在进行波动性分析前，设置预测误差的总体方差水平 δ 和拟合直线斜率绝对值的临界值 ξ 作为衡量近期误差方差值和拟合直线斜率值的标准：

$$\delta=\frac{1}{n}[(x_1-\bar{x})^2+(x_2-\bar{x})^2+\cdots+(x_n-\bar{x})^2] \tag{8-22}$$

$$\xi=\frac{|\phi_1-\phi_2|}{4} \tag{8-23}$$

式中，n 为样本误差数量；$\bar{x}$ 为样本误差平均值；$|\phi_1-\phi_2|$ 为由拟合模型和置信水平确定的单侧置信区间临界值之差的绝对值。

当方差值小于 δ 且斜率值小于 ξ 时，说明误差处于平稳小幅波动状态，此时采用滑动平均法对下一时刻的误差进行预测；当方差值大于 δ 且斜率值小于 ξ 时，误差处于发展趋势相对平稳的大幅波动状态，此时采用加权滑动平均法进行误差预测，越靠近下一时刻的近期误差值权重越大；当方差值小于 δ 而斜率值大于 ξ 时，说明误差处于非平稳大幅波动状态，采用自回归滑动平均法进行预测，并加大前一时刻误差值权重；当方差值大于 δ 且斜率值大于 ξ 时，误差变化趋势明显，采用线性方法预测。通过上述方法，在对近期误差波动性分析的基础上可以得到下一时刻的风电功率预测误差值。

通过汇总误差值，经校正后的预测模型输出值由式(8-24)～式(8-26)决定：

$$e^{\mathrm{f}} = f(e) \tag{8-24}$$

$$\begin{cases} e = \left[e_{t-9\Delta t} \quad e_{t-8\Delta t} \quad \cdots \quad e_{t-\Delta t} \right] \\ e_{t-b\Delta t} = P^{\mathrm{real}}_{t-b\Delta t} - \overline{P}^{\mathrm{for}}_{t-b\Delta t} \end{cases} \tag{8-25}$$

$$\tilde{\overline{P}}^{\mathrm{for}}_{t+\Delta T} = \overline{P}^{\mathrm{for}}_{t+\Delta T} + E e^{\mathrm{f}} \tag{8-26}$$

式中，e、e^{f} 分别为预测误差历史序列与预测序列；$\tilde{\overline{P}}^{\mathrm{for}}_{t+\Delta T}$、$\overline{P}^{\mathrm{for}}_{t+\Delta T}$ 分别为预测时域内修正前与修正后的预测模型输出；$P^{\mathrm{real}}_{t-b\Delta t}$、$\overline{P}^{\mathrm{for}}_{t-b\Delta t}$ 分别为某历史时刻的实际输出与预测输出，b 为时间序列间隔，取 $1, 2, \cdots, 9$；E 为单位向量。

本章提出的多时间尺度协调的风电集群有功模型预测控制方法的控制框图如图 8-4 所示。

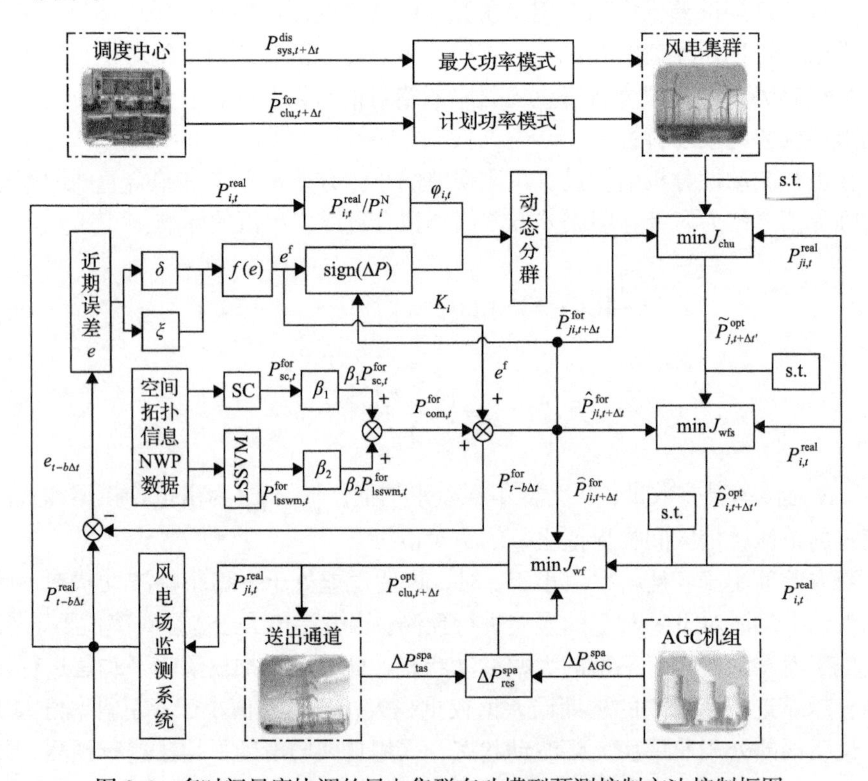

图 8-4　多时间尺度协调的风电集群有功模型预测控制方法控制框图

8.4 算例分析

本章采用我国北方某风电基地的风电集群 2016 年 3 月典型日数据对所提有功分层预测控制方法进行验证。该风电集群包含 10 个风电场，均配备风电功率预测系统，仿真参数如表 8-2 所示。风电场内机组类型均为双馈感应异步风电发电机，且机组功率均可控。

表 8-2　仿真参数选取

名目	数值/MW
风电集群送出通道极限	560
AGC 最大可用容量	800
AGC 下旋转备用空间上限	20%×800
AGC 下旋转备用空间下限	15%×800

8.4.1 动态集群划分结果分析

由于所提方法的三层控制周期分别为 15min、5min、1min，而风电机组功率响应及执行周期为秒级，故认为在 1 个最小控制周期内风电场功率可调至目标值并保持不变。

本章选取现在常用的固定比例分配方法与变比例分配方法与本章方法进行对比。其中，固定比例分配方法按风电场额定容量对风电集群内的风电功率进行分配控制，变比例分配方法按各风电场预测功率比例进行功率分配，两种算法的滚动周期均为 15min。在区域分群调度层中，各风电场根据风电场功率未来变化趋势与实时负荷状态对风电场进行分群，分群周期为 15min，分群类型编号与结果如表 6-3 所示。

8.4.2 日前优化调度结果分析

图 8-5 给出了本章方法对风电集群有功功率的控制效果，图中分别显示了区域分群调度层、群内优化分配层、单场自动执行层的优化结果。为了说明本章方法的分层与预测控制的优势，图 8-5 控制曲线是闭锁了“增减出力模式”的结果，即“计划功率模式”下始终处于“跟踪计划模式”。在 00:00～1:15、2:30～3:45、10:00～11:00 等时间段内，风电集群预测值小于集群调度值，此时控制模式在区域分群调度层中处于“最大功率模式”，风电集群以预测值为上限进行出力优化分配；在 4:00～9:00、19:15～23:45 等大多数时间段内，风电集群预测值大于集群调度值，控制模式处于“计划功率模式”，多时空尺度协调下，基于预测模型、滚

动优化和反馈校正三个环节逐层优化各风电场出力，跟踪集群调度值。其中，由区域分群调度层至单场自动执行层，时空间尺度逐层细化，控制精度逐层提高，如 15:00～17:30 和 22:30～23:45 时间段，单场自动执行层和群内优化分配层能够根据时间尺度更细化地预测信息，弥补区域分群调度层粗略的控制效果所带来的误差，并基于风电集群预测误差波动性分析的反馈校正提升了优化的可靠性，在 1min 风电波动限制的约束下，在提高优化精度的同时保证风电波动在电网可接受范围内。

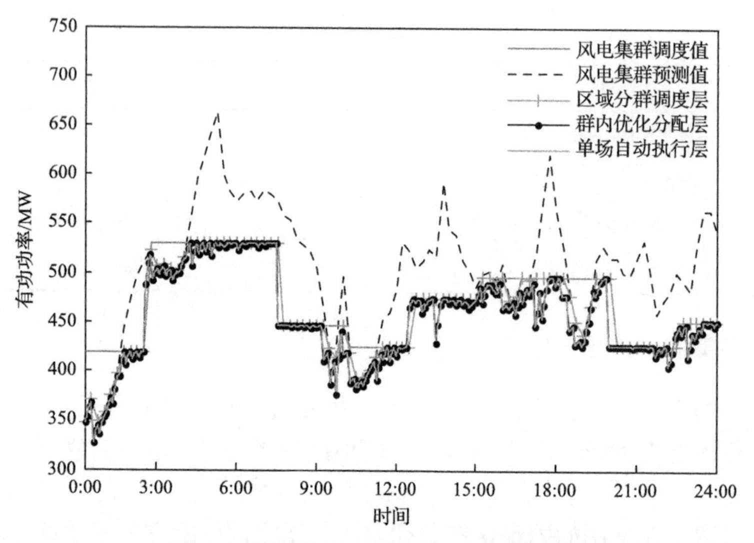

图 8-5　有功分层预测控制方法控制结果

根据系统内 AGC 机组在该典型日的出力数据，图 8-6 和表 8-3 显示了分层预测控制方法解锁增减出力模式后的控制效果。随着监测系统实时监测风电集群送出通道与 AGC 机组下旋转备用，风电集群可增加计划以充分利用风能资源，也可减小计划以保障 AGC 机组下旋转备用充足，保证系统安全运行。图 8-6(a) 中，在 00:00～11:47 时段内，尽管风电集群送出通道空间充足，但风电集群出力不增发，主要是因为 AGC 机组出力处于下旋转备用死区上限与下限之间，无多余空间；12:30～16:30 时段内，AGC 机组下旋转备用数次出现不足情况，集群出力向下动作为 AGC 机组下旋转备用腾出功率空间；16:30 时刻之后，AGC 机组下旋转备用增发空间普遍大于风电集群送出通道增发空间，风电集群增发计划转为由送出通道裕度主导，如图 8-6(b) 所示。在增减出力模式下，因为本章方法中的约束条件，集群出力变化也受 1min 波动率要求限制，满足电网接入条件。表 8-3 的数据说明了本章方法考虑增减出力模式后的控制效果比其余两种方法更好，典型日全天发电量与风电集群送出通道利用率平均值都有明显提升，且实时防止 AGC 机组下旋转备用容量不足，尽管为了支撑 AGC 机组下旋转备用会削弱风电增发效果，但可以为系统安全运行提供保障。

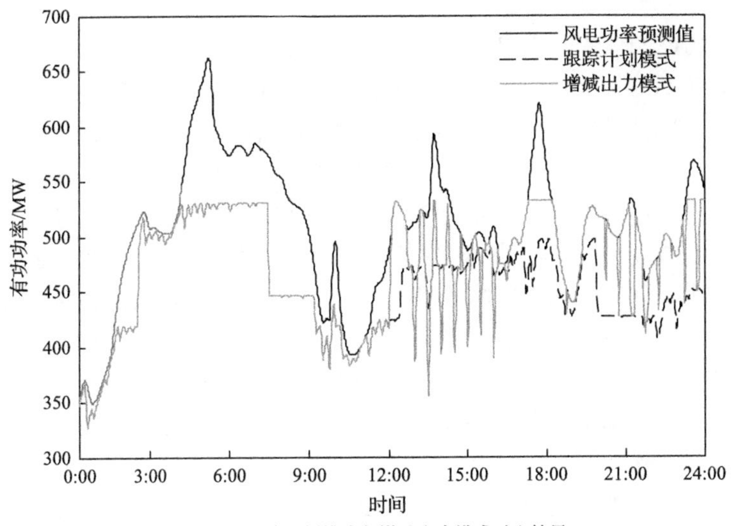

(a) 跟踪计划模式与增减出力模式对比结果

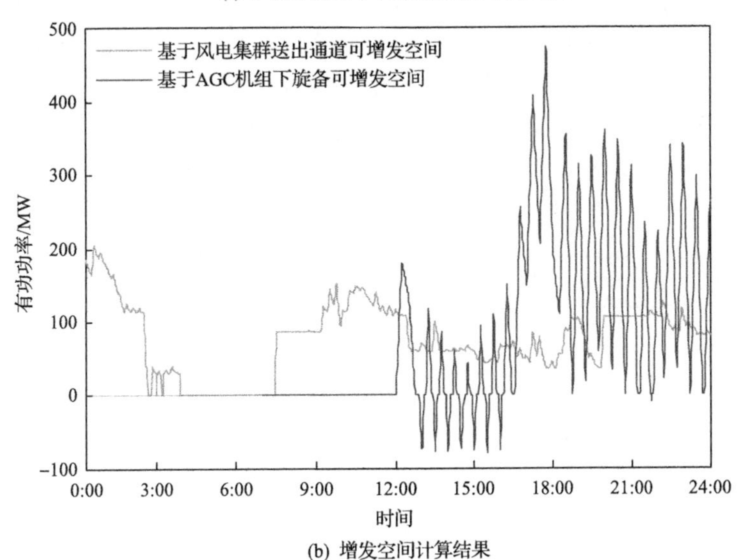

(b) 增发空间计算结果

图 8-6　增减出力模式控制结果

表 8-3　不同控制方法的控制结果对比

对比项	固定比例分配方法	变比例分配方法	本章方法
全天发电量/(MW · h)	593632.9	593322.8	655389.6
风电集群送出通道利用率平均值/%	81.32	81.31	84.19
AGC 机组下旋转备用越限次数/次	74	74	0

8.4.3　预测精度与平稳性分析

对于单场控制效果，以 WF2、WF4 和 WF10 风电场为例，图 8-7 给出了所选三个风电场在不同控制方法下的控制效果。固定比例分配方法效果在部分风电场要明显弱于变比例分配方法。因为考虑了预测信息，变比例分配方法在部分时刻能反映功率波动情况，对比整体控制效果，固定比例分配方法与变比例分配方法效果相差不大，但都要弱于本章方法。因为在区域分群调度层中包含动态分群过程，本章方法能够充分利用风电功率预测信息，在风电场间合理分配出力，如 3:45～4:30 时段内，风电场 WF2 分群结果为高负荷率上爬坡群，与固定比例分配方法、变比例分配方法相比，本章方法可充分利用预测信息，使风电场出力曲线更接近预测曲线，提升发电量和风能利用率；4:30～5:30 时段内，风电场 WF10 主要分群结果是下爬坡群与振荡群，因此本章方法出力曲线较其他两种方法下降得更为平缓，波动率更低；7:30～8:30 时段内，风电场 WF4 没有跟踪预测曲线，主要是因为此时风电场的分群结果为中负荷率振荡群与低负荷率振荡群，该类型场群以抑制波动为主要目标；而 12:00～12:30、20:00～22:30 等时段内，风电场 WF10 出力曲线与预测曲线重合，由图 8-6 可知，主要是因为此时为增减出力模式的增发出力阶段，风电场将以预测值为上限增发功率。表 8-4 给出了各个风电场在不同控制方法下的弃风率，其中弃风率为风电功率与可发功率差额占风电场装机容量的比例，可知本章方法可以充分利用各风电场的风能资源，并且弃风率方差结果表明，本章方法在集群内各个风电场之间的协调效果更好，出力分配更均匀，在满足集群计划目标的前提下，可提高风电消纳能力。

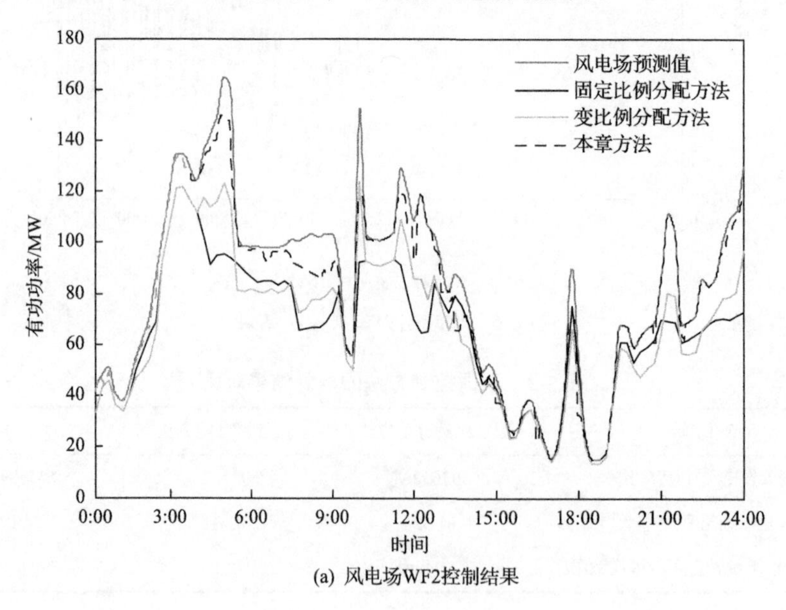

(a) 风电场WF2控制结果

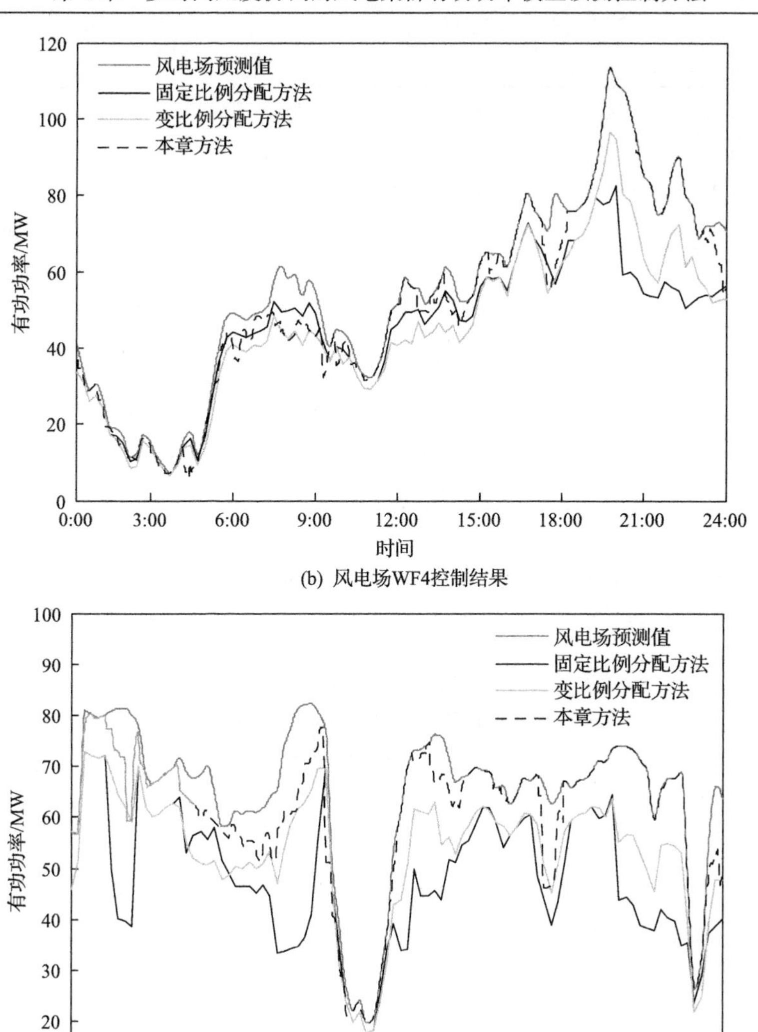

(b) 风电场WF4控制结果

(c) 风电场WF10控制结果

图 8-7　风电集群有功模型预测控制方法单场控制结果

表 8-4　不同控制方法下风电场弃风率　(单位：%)

风电场编号、平均值与方差	固定比例分配方法	变比例分配方法	本章方法
WF1	6.44	8.13	8.02
WF2	8.68	7.73	4.81
WF3	3.79	4.85	3.94
WF4	6.51	6.63	5.22

续表

风电场编号、平均值与方差	固定比例分配方法	变比例分配方法	本章方法
WF5	5.80	6.81	5.47
WF6	10.41	9.84	7.95
WF7	6.04	7.21	4.63
WF8	5.86	7.32	6.13
WF9	5.60	6.35	3.68
WF10	17.12	11.47	6.26
平均值	7.63	7.63	5.61
方差	14.37	3.47	2.25

参考文献

[1] 白永祥. 省级调度中心风电场调度管理技术支持系统关键问题研究[D]. 天津: 天津大学, 2011.

[2] 沈伟, 吴文传, 张伯明, 等. 消纳大规模风电的在线滚动调度策略与模型[J]. 电力系统自动化, 2011, 35(22): 136-140.

[3] Wang Z, Bian Q Y, Xin H H, et al. A distributionally robust co-ordinated reserve scheduling model considering CVaR-based wind power reserve requirements[J]. IEEE Transactions on Sustainable Energy, 2015, 7(2): 625-636.

[4] Alejandro J, Arce A, Bordons C. Combined environmental and economic dispatch of smart grids using distributed model predictive control[J]. International Journal of Electrical Power & Energy Systems, 2014, 54: 65-76.

[5] 赵书强, 王扬, 徐岩. 基于风电预测误差随机性的火储联合相关机会规划调度[J]. 中国电机工程学报, 2014, 34: 9-16.

[6] Lorca A, Sun X A. Adaptive robust optimization with dynamic uncertainty sets for multi-period economic dispatch under significant wind[J]. IEEE Transactions on Power Systems, 2015, 30(4): 1702-1713.

[7] 薛禹胜, 郁琛, 赵俊华, 等. 关于短期及超短期风电功率预测的评述[J]. 电力系统自动化, 2015, 39(6): 141-151.

[8] 席裕庚. 预测控制[M]. 北京: 国防工业出版社, 1993.

[9] Ye L, Zhao Y N, Zeng C, et al. Short-term wind power prediction based on spatial model[J]. Renewable Energy, 2017, 101: 1067-1074.

[10] 叶林, 朱倩雯, 赵永宁. 超短期风电功率预测的自适应指数动态优选组合模型[J]. 电力系统自动化, 2015, 39(20): 12-18.

[11] 国家市场监督管理总局, 国家标准化管理委员会. 风电场接入电力系统技术规定第 1 部分: 陆上风电: GB/T 19963.1—2021[S]. 北京: 中国标准出版社, 2021.

[12] Zhu D H, Hug G. Decomposed stochastic model predictive control for optimal dispatch of storage and generation[J]. IEEE Transactions on Smart Grid, 2014, 5(4): 2044-2053.

[13] 周任军, 闵雄帮, 童小娇, 等. 电力环保经济调度矩不确定分布鲁棒优化方法[J]. 中国电机工程学报, 2015, 35(13): 3248-3256.

[14] 于佳, 任建文, 周明. 基于机会约束规划的风-蓄联合动态经济调度[J]. 电网技术, 2013, 37(8): 2116-2122.

[15] Tewari S, Geyer C J, Mohan N. A statistical model for wind power forecast error and its application to the estimation of penalties in liberalized markets[J]. IEEE Transactions on Power Systems, 2011, 26(4): 2031-2039.

[16] Khosravi A, Nahavandi S. An optimized mean variance estimation method for uncertainty quantification of wind power forecasts[J]. International Journal of Electrical Power & Energy Systems, 2014, 61: 446-454.

[17] Zhang Z S, Sun Y Z, Gao D W, et al. A versatile probability distribution model for wind power forecast errors and its application in economic dispatch[J]. IEEE Transactions on Power Systems, 2013, 28(3): 3114-3125.

第 9 章　风电集群有功功率模型预测协调控制方法

9.1　引　　言

持续开发可再生能源是解决全球能源危机问题的关键途径之一，大规模集中式风电并网成为近年来我国风力发电的主要特征之一[1]。然而随着高渗透率风电并入大电网，其波动性、随机性和不确定性给输电断面的安全稳定运行带来了巨大的挑战，潜在的输电断面功率越限情况以及风电集群功率最优控制指令分配不均现象对电力系统的运行和控制产生显著的影响。目前，基于 MPC 方法优化的风电有功功率控制策略均以单个时间断面预测信息为基础，难以全面表征未来预测信息与当前时刻有功控制之间的联系，可总结归纳为以下三个主要问题：①风电集群输出功率不能较好地跟踪控制指令，未充分利用集群功率预测和反馈信息进行功率主动控制，不能充分利用发电空间；②多风电场之间缺乏有效的分群策略，以地理位置相近原则划分风电集群往往带来较大误差，未能充分利用各风电场风能资源；③输电断面安全和发电空间裕度难以协调，系统运行在安全性和提升发电空间之间难以平衡，往往造成风电场运行在“高能力低指标、低能力高指标”状态[2-5]。有鉴于此，本章基于 MPC 制定风电集群有功功率协调控制策略，充分利用当前时间断面以及未来多个时间断面的预测信息，制定基于功率趋势因子的风电场动态分群策略和风电集群多工况控制策略。在此基础上，搭建风电集群有功功率实时控制仿真测试平台，验证所提控制策略的有效性。

9.2　风电集群有功功率预测控制方法

针对风电集群有功功率控制效果差和输电断面功率越限等问题，本节搭建了风电集群有功功率预测控制整体框架，在该框架中将基于 MPC 理论的风电集群多步有功功率预测、风电集群功率滚动优化控制和误差反馈校正等环节有机衔接，细化每一个环节建模，具体实施过程如下：以上位机建立的多步预测模型输出的分钟级预测功率为基础，建立多工况风电集群有功功率滚动时域优化控制策略，通过仿真机计算每一个时刻风电集群的输出功率，并最终将该功率值以控制指令的形式发送到各个风电场[6,7]。为应对风电功率预测误差带来的不利影响，每次仅下发当前时段的控制指令到风电集群有功功率波动控制装置，而不是所有时段的控制指令，下一时段下发新的控制指令，其综合了最新的功率预测信息与系统运行状态信息，每一步校正实际输出功率与控制指令之间的偏差，完成有功功率校正环节，风电场接收到控制指令后输出实际有功功率，之后，上位机测量各个风电场实际输出功率[8]。风电集群有功功率预测控制仿真测试框架如图 9-1 所示。

9.2.1　风电集群有功功率预测模型

MPC 作为一种先进的控制技术已应用在多目标有功功率控制、频率控制和电压控制领域，其核心建模环节包含预测模型、滚动优化和反馈校正等，使得风电场输出功率能更好地跟踪风电有功功率指令的动态曲线，在处理多变量约束优化控制问题时，能保持较强的鲁棒性[9,10]。

风电集群有功功率预测值是制定滚动优化控制策略的基础，而预测模型的可靠性和预测精度直接影响风电集群有功功率控制效果。以往研究中常常以当前时刻 t 的实际风电功率值递推 $t+1$ 时刻的风电功率值，忽略 t 时刻之前的有功功率信息，致使预测误差偏大。为了解决风电集群功率预测中对样本输入变量选取仅依靠当前时刻导致预测精度偏低的问题，本节设计一种多步递推策略用于确定预测模型的输入变量，具体的原理如图 9-2 所示。

采用偏自相关函数表征风电功率时间序列的当前值 p_t 与其过去值 p_{t-n} 之间的相关程度，n 表示最佳输入变量的个数，即表征用风电场有功功率过去 n 个点的信息 $\{p_{t-n},\cdots,p_{t-4},p_{t-3},p_{t-2},p_{t-1},p_t\}$ 来预测提前 1 步风电功率 p_{t+1}；用风电场有功功率过去 4 个点的信息和提前 1 步预测信息来预测提前 2 步风电功率值；用风电场有功功率过去 3 个点的信息和提前 1 步预测信息以及提前 2 步预测信息来预测提前 3 步风电功率值。因此，在每次更新时输入变量个数保持不变。

假设给定的风电有功功率样本数据为 $(\tilde{p}_i,p_i)(i=1,2,3,\cdots,N)$，$N$ 为样本集的数量，$\tilde{p}_i\in\mathbf{R}^d$ 为样本集输入功率变量，d 是 $\tilde{p}_i$ 的维数，$p_i\in\mathbf{R}$ 为样本集对应的输出功率，预测模型采用基于最小二乘支持向量机模型：

$$p^{\text{pre}}=\omega^{\text{T}}\varphi(\tilde{p}_i)+b \tag{9-1}$$

式中，p^{pre} 为风电输出功率预测值；ω 为权重向量；b 为偏差；$\varphi(\tilde{p}_i)$ 为非线性映射核函数，可以将风电功率样本数据映射到高维空间。根据结构风险最小化原理，式(9-1)转换为优化问题：

$$\begin{aligned}&\min_{\omega,\xi}\frac{1}{2}\left(\omega^{\text{T}}\omega+\gamma\sum_{i=1}^{N}\xi_i^2\right)\\&\text{s.t.}\begin{cases}p_i=\omega^{\text{T}}\varphi(\tilde{p}_i)+b+\xi_i\\\gamma>0\\i=1,2,\cdots,N\end{cases}\end{aligned} \tag{9-2}$$

式中，γ 为正则化参数，可以调整预测模型复杂度和预测精度；ξ_i 为松弛变量。

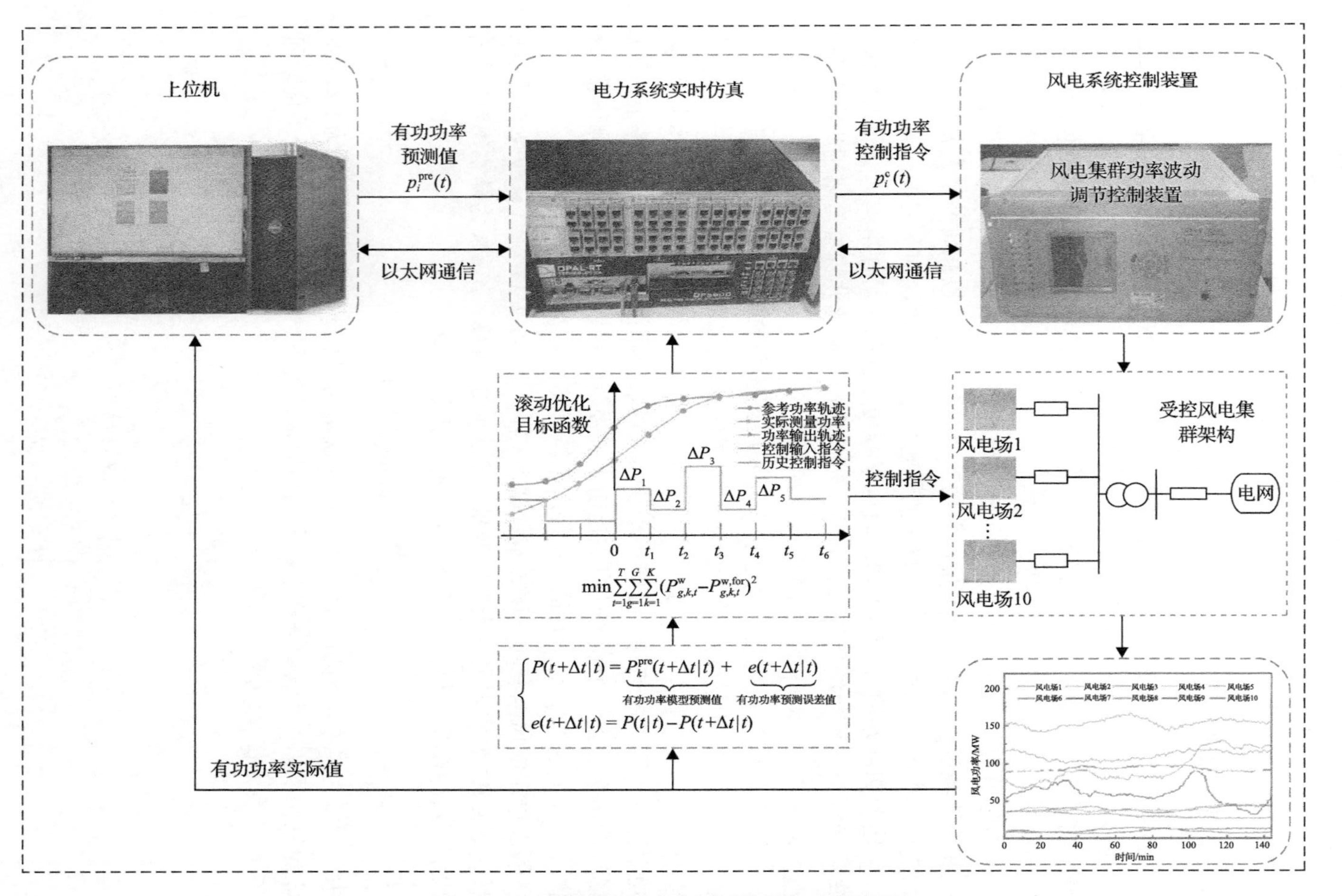

图 9-1 风电集群有功功率预测控制仿真测试框架

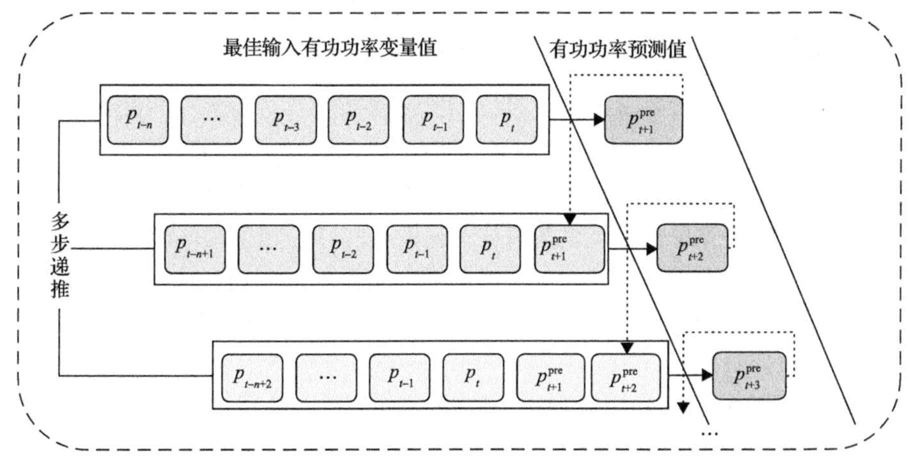

图 9-2　风电功率多步预测

为了求解式(9-2)，采用拉格朗日乘子把式(9-2)问题转化为对单一参数求解，即对拉格朗日乘子 λ_i 求极值问题：

$$L(\omega,b,\xi,\lambda)=\frac{1}{2}\left(\omega^{\mathrm{T}}\omega+\gamma\sum_{i=1}^{N}\xi_i^2\right)-\sum_{i=1}^{N}\lambda_i(\omega\varphi(\tilde{p}_i)+\xi_i+b-p_i) \tag{9-3}$$

分别对式(9-3)中参数 ω 、b、ξ、λ 求导并令导数等于 0，获得的表达式如式(9-4)所示：

$$\begin{cases}\dfrac{\partial L}{\partial \omega}=0\rightarrow\omega=\sum\limits_{i=1}^{N}\lambda_i\varphi(\tilde{p}_i)\\ \dfrac{\partial L}{\partial b}=0\rightarrow\omega=\sum\limits_{i=1}^{N}\lambda_i\\ \dfrac{\partial L}{\partial \xi_i}=0\rightarrow\lambda_i=\gamma\xi_i\\ \dfrac{\partial L}{\partial \lambda_i}=0\rightarrow\omega^{\mathrm{T}}\varphi(\tilde{p}_i)+b+\xi_i-p_i\end{cases} \tag{9-4}$$

通过求解式(9-4)，可获得风电场输出功率预测模型表达式：

$$p^{\mathrm{pre}}=\omega^{\mathrm{T}}\varphi(\tilde{p}_i)+b=\sum_{i=1}^{N}\lambda_i K(\tilde{p}_i,p)+b \tag{9-5}$$

式中，K 为核函数，本节选择高斯核函数。

因考虑到控制过程时效的要求，所以本节的预测模型采用单个预测模型提供预测信息，预测模型中的参数优化方法参见文献[11]。

9.2.2 考虑预测信息的风电场动态分群策略

风电集群中包含若干风电场，受制于风能资源时空分布特性，风电场之间存在输出功率不平衡现象，电力调控部门下发给风电场的控制指令存在超发或者保守现象，若出现“超发”指令，将给风电集群传输通道带来运行危险；若出现“保守”指令，将不能充分利用风电集群传输通道空间，不利于风电消纳[12]。为了提升风电集群有功功率控制效果，充分协调风电集群内风电场有功功率控制，本节提出基于功率趋势因子的风电场动态分群策略，基于分群结果，实现风电场有功功率协调优化控制。

以往在进行风电场有功控制时，先给调控中心上报超短期风电功率预测值（小于 4h），调控中心接收到信息后计算出控制指令并下发给风电场，之后，风电场按照最大发电模式跟踪下发的指令。由于风电功率预测存在误差，在实际实施中，风电场输出功率往往大于指令值或者小于指令值，当实际输出功率大于控制指令时，风电场运营商会受到惩罚，经济性较差，因此，不得不降低输出功率，这样便不能充分利用发电指标，难以充分利用风能资源，会导致风电场出现“高发电能力低计划、低发电能力高计划”的情况。

本节考虑控制实时性的要求，根据风电送出通道裕度划分状态，保留主要功率变化趋势，风电场动态分群的数量为 4 个。

一般来说，风电集群可以按照地理位置或网络结构相近的原则来划分为不同风电场集合。风电场集群式并入大电网，一方面可以实现群内风电输出功率并网灵活控制，另一方面可以充分利用风能资源，实现输出功率友好调度和控制[13]。针对以某时刻单点值为分群依据判断输出功率状态，致使风电场分群考虑未来输出功率信息不全带来的偏差问题，本节提出了基于功率趋势因子的风电场动态分群策略，充分考虑在固定时间窗内的风电集群输出功率信息而不是单一时间断面的输出功率，动态分群结果适用于所选时间段内的所有风电场，分别将风电集群划分为上爬坡群、下爬坡群、平稳群和振荡群。电力调控中心下发控制指令给所属群内的每一个风电场，使得下发的控制指令与风电场实际输出功率偏差变小，避免了传统“试探式”控制策略造成的风电场高发电能力低计划，最大限度地利用风能资源，提高风电场有功指令分配的准确性与合理性。具体划分步骤如下。

在动态分群过程中，以风电场 t 时刻起至未来 t+5 时刻的风电功率预测值为依据，判断风电场功率变化趋势，有功功率预测时间尺度为 1min，如式(9-6)所示：

$$\begin{aligned}K_i &= \mathrm{sign}(P_{k,t+1}^{\mathrm{for}} - P_{k,t}^{\mathrm{real}}) + \mathrm{sign}(P_{k,t+2}^{\mathrm{for}} - P_{k,t+1}^{\mathrm{for}}) \\ &\quad + \mathrm{sign}(P_{k,t+3}^{\mathrm{for}} - P_{k,t+2}^{\mathrm{for}}) + \mathrm{sign}(P_{k,t+4}^{\mathrm{for}} - P_{k,t+3}^{\mathrm{for}}) \\ &\quad + \mathrm{sign}(P_{k,t+5}^{\mathrm{for}} - P_{k,t+4}^{\mathrm{for}})\end{aligned} \tag{9-6}$$

式中，sign(·) 为符号函数，当符号函数内数值大于 0 时，$\text{sign}(\cdot)=1$，当符号函数内数值小于 0 时，$\text{sign}(\cdot)=-1$，当符号函数内数值等于 0 时，$\text{sign}(\cdot)=0$；$P_{k,t+1}^{\text{for}}$ 为风电场 k 在 t+1 时刻的预测功率；$P_{k,t}^{\text{real}}$ 为风电场 k 在 t 时刻的实际功率；$P_{k,t+1}^{\text{for}}$、$P_{k,t+2}^{\text{for}}$、$P_{k,t+3}^{\text{for}}$、$P_{k,t+4}^{\text{for}}$ 和 $P_{k,t+5}^{\text{for}}$ 分别为提前 1min、2min、3min、4min 和 5min 的预测功率；K_i 为风电场 i 的功率趋势因子，由式(9-6)的含义可知，$\max(K_i)=5$，$\min(K_i)=-5$。

表 9-1 给出了动态分群类型物理含义及表征[14]。根据功率趋势因子 K_i 的数值大小，可判断风电场所在群的类型，当 $K_i=5$ 时，说明符号函数内数值持续等于 1，即有 $P_{k,t+\Delta t}^{\text{for}}-P_{k,t}^{\text{for}}>0$，表示风电功率在判断周期内持续上升，可以归为上爬坡群，其中 Δt 为相邻时间间隔，本节取 1min 时间间隔；当 $K_i=-5$ 时，说明符号函数内数值持续等于–1，即有 $P_{k,t+\Delta t}^{\text{for}}-P_{k,t}^{\text{for}}<0$，表示风电功率在判断周期内持续下降，可以归为下爬坡群；当 $-5<K_i<5$ 时，即有 $P_{k,t+\Delta t}^{\text{for}}-P_{k,t}^{\text{for}}>0$ 和 $P_{k,t+\Delta t}^{\text{for}}-P_{k,t}^{\text{for}}<0$ 情况非同时出现，表明风电功率处于非下爬坡群和上爬坡群。因此，我们定义 $K_i\in(-5,5)$ 时为过渡群。为了进一步区分输出功率波动情况，提出功率极差值 M 和波动阈值 η 的概念，以便区分出平稳群和振荡群，用相邻时刻风电功率之差是否为“正值”或者“负值”的方式表征平稳群或者振荡群的输出功率的情况。M 取风电场趋势判断功率序列极大值和极小值差值，目的是区分持续上升或者下降时出现的小范围波动[15]，经过多次试验分析，当风电场装机容量在 150MW 以内时，η 设为风电场装机容量的百分之一，当风电场装机容量大于或等于 150MW 时，η 设为 5MW，如式(9-7)所示：

$$\begin{cases}\dot{P}_{i,T}^{\text{for}}=[\overline{P}_{i,t}^{\text{for}}\ \ \overline{P}_{i,t+5}^{\text{for}}\ \cdots\ \overline{P}_{i,t+20}^{\text{for}}]\\ \eta=P_i^{\text{N}}/100,\ M=\max(\dot{P}_{i,T}^{\text{for}})-\min(\dot{P}_{i,T}^{\text{for}})\\ M>\eta\ \text{或}\ M\leqslant\eta\end{cases}\tag{9-7}$$

$$\eta=\begin{cases}P_i^{\text{N}}/100, & P_i^{\text{N}}<150\text{MW}\\ 5\text{MW}, & P_i^{\text{N}}\geqslant 150\text{MW}\end{cases}\tag{9-8}$$

式中，$\dot{P}_{i,T}^{\text{for}}$ 为风电场趋势判断功率序列。动态分群准则表如表 9-2 所示。

表 9-1　动态分群类型物理含义及表征

编号	分群类型	物理含义及表征
1	上爬坡群	输出功率曲线呈增长趋势，有能力完成增加功率指令
2	下爬坡群	输出功率曲线呈下降趋势，有能力完成减少功率指令
3	平稳群	输出功率曲线较为平稳，容易实现有功功率控制
4	振荡群	输出功率曲线上下波动，容易导致功率控制误差和超出输电通道安全裕度

表 9-2　风电场有功功率动态分群准则表

功率趋势因子(K_i)	M与η的大小关系	分群结果
–5	≤	平稳群
	>	下爬坡群
5	≤	平稳群
	>	上爬坡群
(–5,5)	≤	平稳群
	>	振荡群

表 9-2 展示了风电场有功功率动态分群准则表，图 9-3 形象化地展示了风电场动态分群过程。由表 9-2 可知，当$K_i = 5$或者$K_i = -5$时，表示上爬坡群或者下爬坡群，当$-5 < K_i < 5$时表示过渡群，根据M与η的大小关系，划分为平稳群、振荡群。风电场功率变化趋势标准将风电集群内的风电场分为 4 类群，分群过程的执行周期为每 1min 滚动一次，随着风电功率预测值和风电场输出功率的实时变化，分群结果也动态变化。

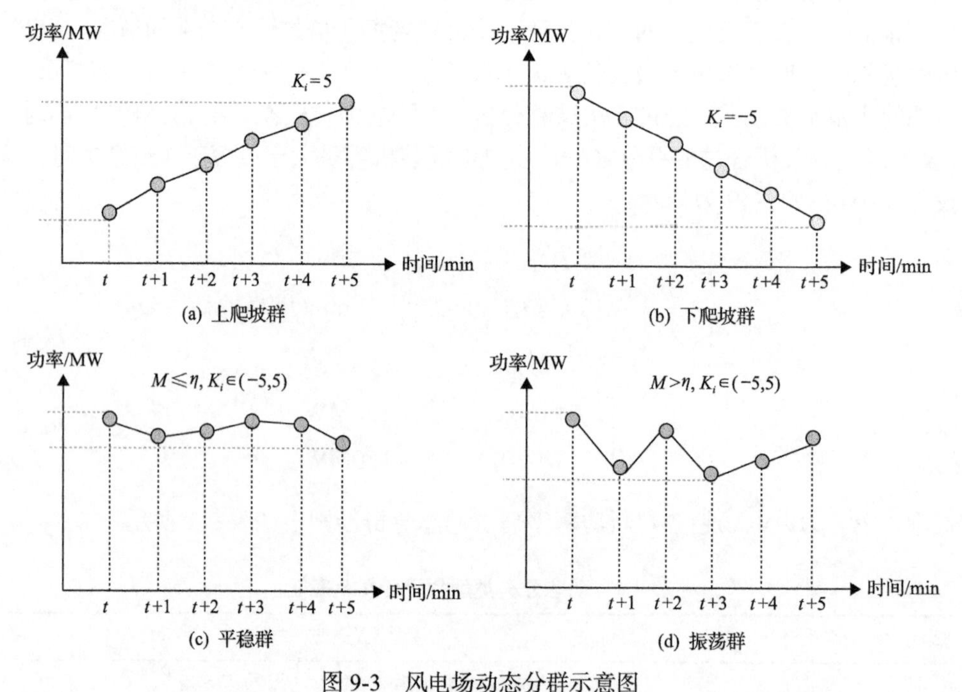

图 9-3　风电场动态分群示意图

9.2.3　风电集群有功功率滚动时域优化控制策略

本节采用的模型预测控制技术区别于现有的控制策略，将 MPC 应用到风电控制中时，每个时间步长上有功功率控制问题都会转化为二次型优化求解问题，目的是找到能在满足约束条件的同时将优化性能指标最小化的控制策略。随着风电采样系统时间不断向前变化，在每一个步长范围内反复进行优化求解得出控制策略，仅将首个控制指令下发给实施对象，在下一采样时刻重新对系统的输出功率实时状态进行采样，继续求取最优控制序列，确保滚动优化具有更好的稳定性和鲁棒性[16]。

风电场输出功率的间歇性和波动性将会给电力系统的安全稳定运行造成隐患，风电以集群式并入大电网一方面可以平滑单个风电场的波动，另一方面可以减缓因风电剧烈波动给传输通道造成的运行安全压力，进一步释放传输通道安全空间，减少弃风[17]。如图 8-1 所示，选取某风电集群典型日的功率波动与单个风电场的功率波动进行对比，可以看到，风电集群的功率波动小于集群内各个风电场的功率波动。

基于风电集群输出有功功率特性，将输电通道容量状态划分为安全区、预警区和警戒区。根据当前时刻风电集群实际发出的有功功率与集群送出断面容量之间的关系判断当前时刻风电集群为上波动还是下波动，根据波动情况判断风电集群需要下达增功率指令、降功率指令还是功率保持不变指令。

1. 风电集群上调节控制策略

风电集群有功功率的控制目标是在保证系统安全稳定的前提下尽可能地消纳风电，即尽可能地利用风电集群总输出断面容量，所以根据风电集群功率 $P_{\mathrm{clu},t}^{\mathrm{w}}$ 占断面极限值 $P_{\mathrm{clu},t}^{\mathrm{L}}$ 的百分比来判断风电集群需要增加输出功率、降低输出功率还是保持输出功率不变。

当 $P_{\mathrm{clu},t}^{\mathrm{w}} < 0.95P_{\mathrm{clu},t}^{\mathrm{L}}$ 时，风电集群为下波动，需要增加输出功率。由于该时刻风电集群最大可发功率可能达不到 $0.95P_{\mathrm{clu},t}^{\mathrm{L,max}}$，为了保证集群内风电场尽可能地多发，滚动优化以最大化风电输出为主要目标，目标函数如下：

$$\min \sum_{t=1}^{T}\sum_{g=1}^{G}\sum_{k=1}^{K}(P_{g,k,t}^{\mathrm{w}} - P_{g,k,t}^{\mathrm{w,for}})^2 \tag{9-9}$$

式中，G 为风电场分群类型数；K 为场群内风电场数量；$P_{g,k,t}^{\mathrm{w}}$ 为集群 g 中风电场 k 在时间 t 的优化功率值；$P_{g,k,t}^{\mathrm{w,for}}$ 为集群 g 中风电场 k 在时间 t 的功率预测值。

约束条件如下所述。

(1) 风电集群有功功率分配约束：

$$\sum_{t=1}^{T}\sum_{g=1}^{G}\sum_{k=1}^{K}P_{g,k,t}^{\mathrm{w}} \leqslant P_{\mathrm{clu},t}^{\mathrm{w}} \tag{9-10}$$

式中，$P_{\mathrm{clu},t}^{\mathrm{w}}$ 为风电集群在时间 t 的总输出功率值。

(2) 风电场输出功率约束：

$$\underline{P}_{g,k,t}^{\min} \leqslant P_{g,k,t}^{\mathrm{w}} \leqslant P_{g,k,t}^{\mathrm{w,for}} \leqslant P_{g,k,t}^{\mathrm{w,max}} \tag{9-11}$$

式中，$\underline{P}_{g,k,t}^{\min}$ 和 $P_{g,k,t}^{\mathrm{w,max}}$ 分别为集群 g 中风电场 k 在时间 t 的最小功率值和最大功率值。

(3) 风电场出力爬坡率约束：

$$\left|\frac{P_{g,k,t+1}^{\mathrm{w}} - P_{g,k,t}^{\mathrm{w,real}}}{P_{g,k}^{\mathrm{N}}}\right| \leqslant C_{g,k}^{\mathrm{w}} \tag{9-12}$$

式中，$P_{g,k}^{\mathrm{N}}$ 为集群 g 中风电场 k 的装机容量；$C_{g,k}^{\mathrm{w}}$ 为集群 g 中风电场 k 的爬坡率。

(4) 风电集群输出功率爬坡约束：

$$\left|\frac{\sum_{t=1}^{T}\sum_{g=1}^{G}\sum_{k=1}^{K} P_{g,k,t+1}^{\mathrm{w}} - \sum_{t=1}^{T}\sum_{g=1}^{G}\sum_{k=1}^{K} P_{g,k,t}^{\mathrm{w}}}{\sum_{g=1}^{G}\sum_{k=1}^{K} P_{g,k}^{\mathrm{N}}}\right| \leqslant C_{\mathrm{clu}}^{\mathrm{w}} \tag{9-13}$$

式中，$C_{\mathrm{clu}}^{\mathrm{w}}$ 为风电集群的爬坡率。

2. 风电集群预警控制策略

风电集群功率断面处于预警区时，在风电功率波动没有越限的情况下，下发给各集群 g 中风电场 k 在时刻 $t+1$ 的有功功率控制指令与时刻 t 的有功功率误差最小，目标函数如下：

$$\min \sum_{t=1}^{T}\sum_{g=1}^{G}\sum_{k=1}^{K} (P_{g,k,t+1}^{\mathrm{w}} - P_{g,k,t}^{\mathrm{real}})^2 \tag{9-14}$$

约束条件为

$$0.95 P_{\mathrm{clu},t}^{\mathrm{L,max}} < P_{g,k,t}^{\mathrm{w}} < 0.99 P_{\mathrm{clu},t}^{\mathrm{L,max}} \tag{9-15}$$

3. 风电集群下调节控制策略

在动态分群过程之前，需要区分风电场是否需要控制，风电集群的总装机容量为所有风电场装机容量之和，在能够充分利用输电断面容量的前提下，最理想的状态是每个风电场的发电份额是相等的。因此，每个风电场是否需要控制的判断条件即为该风电场在风电集群内装机容量的占比：

$$\varphi_k = \frac{P_{\text{clu},t}^{\text{L,max}} P_k^{\text{N}}}{\sum_{k=1}^{K} P_k^{\text{N}}} \tag{9-16}$$

式中，φ_k 为风电场 k 的可控系数。若风电集群中的风电场 k 在 t 时刻的发电占比小于或等于 φ_k，表明风电场仅发出自身所占的发电份额，不对其进行控制；若电集群中的风电场 k 在 t 时刻的发电占比大于 φ_k，表明风电场不仅发出了自身所占份额的功率，还发出部分其余风电场所占份额的功率，因此，根据 t 时刻实际的风电集群发电状况以及各风电场的预测信息，应对这部分风电场进行有功控制。对可控的风电场进行分群，依据不同的分群结果建立如下目标函数：

$$\min\left(\sum_{t=1}^{T}\sum_{g=1}^{G}\sum_{k=1}^{K} P_{k,t}^{\text{w}} - \alpha P_{\text{clu},t}^{\text{L,max}}\right)^2$$

$$\text{s.t.}\begin{cases} P_{k,t}^{\text{real}} \leqslant P_{k,t}^{\text{w}} \leqslant P_{k,t}^{\text{for}} \leqslant P_k^{\text{N}}, & G_{i,t}=1 \\ \underline{P}_k^{\text{min}} \leqslant P_{k,t}^{\text{w}} \leqslant \min(P_{k,t}^{\text{w,for}}, P_{k,t}^{\text{real}}), & G_{i,t}=2 \\ \underline{P}_k^{\text{min}} \leqslant P_{k,t}^{\text{w}} \leqslant P_{k,t}^{\text{w,for}}, & G_{i,t}=3 \\ P_{k,t}^{\text{real}} - \eta^{\text{w}} \leqslant P_{k,t}^{\text{w}} \leqslant P_{k,t}^{\text{real}} + \eta^{\text{w}}, & G_{i,t}=4 \\ \left|(P_{k,t}^{\text{w}} - P_{k,t}^{\text{real}}) / P_k^{\text{N}}\right| \leqslant C_k^{\text{w}} \end{cases} \tag{9-17}$$

式中，$P_{k,t}^{\text{w}}$ 为可控风电场 k 在时间 t 的有功功率；P_k^{N} 为风电场 k 的装机容量；$\underline{P}_k^{\text{min}}$ 为风电场 k 的最小输出功率；$G_{i,t}$ 为风电场 k 的动态分群类型；C_k^{w} 为风电场 k 的有功功率爬坡率；η^{w} 为风电场功率波动限值；α 为风电传输容量系数，范围在(0,1)，本节选择 0.95。

约束条件物理含义：第一个约束条件表述的是当风电场为上爬坡群时，有功控制指令大于或等于本时刻实际值且小于或等于预测值；第二个约束条件表述的是当风电场为下爬坡群时，有功控制指令应当小于或等于本时刻实际值和预测值之间的较小值且大于或等于最小输出功率；第三个约束条件表述的是当风电场为平稳群时不加附加约束条件，只有有功功率小于或等于预测值且大于或等于最小输出功率；第四个约束条件表述的是当风电场为振荡群时，有功功率波动不超过 η^{w}；第五个约束条件为风电场爬坡率约束。

4. 风电集群紧急控制策略

当风电集群输出有功功率在 3min 内依旧处于 $P_{\text{clu},t}^{\text{w}} > 0.99 P_{\text{clu},t}^{\text{L}}$ 时，需要启动风电集群紧急下调控制策略。风电集群内按照不同分群状态下调控制指令，所有风

电场总的下降功率超过断面极限值的 3 倍，各控制风电场按照装机容量比例分配下降功率，优化目标函数为

$$P_{k,t+1}^{\mathrm{w}} = P_{i,t}^{\mathrm{real}} - \frac{3(P_{\mathrm{clu},t}^{\mathrm{w}} - 0.99 P_{\mathrm{clu},t}^{\mathrm{L}}) P_k^{\mathrm{N}}}{\sum_{k=1}^{K} P_k^{\mathrm{N}}} \tag{9-18}$$

式(9-18)表明，当有功控制指令持续 3min 或风电集群有功功率小于或等于 $P_{\mathrm{clu},t}^{\mathrm{L}}$ 的 99%，即 $P_{\mathrm{clu},t}^{\mathrm{w}} < 0.99 P_{\mathrm{clu},t}^{\mathrm{L}}$，则恢复之前不同工况的有功控制策略。

综上分析，本节将模型预测控制理论中的预测模型、滚动优化和反馈校正等核心环节嵌套到风电集群有功功率控制策略中，在预测模型环节中，构建了风电集群有功功率超短期预测模型；在滚动优化环节，以联络线输出通道容量限制为安全约束，制定了输出功率上调节控制、下调节控制、预警控制和紧急控制等多工况控制策略，以电网调度给定的控制指令作为风电集群的参考值，保障联络线输电通道安全；在反馈校正环节，以风电系统当前实际有功功率值为新一轮滚动优化调度的初始值，使下一时刻的有功功率预测值更加贴合实际，形成闭环控制。本节提出的风电集群有功功率预测控制整体框架和策略如图 9-4 所示。

首先，对集群风电场进行超短期功率预测，建立不同风电场的超短期功率预测模型，基于风电场实际功率提出风电集群有功功率预测误差校正策略，通过对超短期预测模型进行误差分析及校正，提高风电集群有功功率的预测准确度；其次，分析不同风电场在不同时间尺度下的功率变化趋势，提出基于功率趋势因子的风电场动态分群方法，将风电场分为上爬坡群、下爬坡群、平稳群和振荡群四个变化趋势类型，利用 MPC 理论对不同类型的风电场的有功功率指令进行滚动优化分配；最后，基于风电集群输出有功功率特性，将输电通道容量状态划分为安全区、预警区和警戒区，针对不同状态分别采取上调节控制策略、预警控制策略、下调节控制策略和紧急控制策略。

9.2.4　反馈校正策略

风电场接收到滚动优化环节求解的控制指令后进行功率输出，对比风电场实际输出功率与控制指令之间的偏差，以风电系统当前时刻实际有功功率值为新一轮滚动优化的初始值，每得到一个新的采样时刻，都要通过实际测到的输出功率信息对基于预测模型的输出功率值进行修正，然后再进行新一轮优化[18-20]。不断根据系统的实际输出对预测输出功率做出修正，使得滚动优化环节不但基于模型，而且利用了反馈信息，形成闭环控制，使下一时刻风电场的输出功率更加贴合实际。计算公式如下：

$$
\begin{cases}
P(t+\Delta t\,|\,t) = \underbrace{P_k^{\text{pre}}(t+\Delta t\,|\,t)}_{\text{有功功率模型预测值}} + \underbrace{e(t+\Delta t\,|\,t)}_{\text{有功功率预测误差值}} \\
e(t+\Delta t\,|\,t) = P(t\,|\,t) - P(t+\Delta t\,|\,t)
\end{cases}
\tag{9-19}
$$

式中，$p_k^{\text{pre}}(t+\Delta t\,|\,t)$ 为风电场 k 从 t 时刻开始预测的 $t+\Delta t$ 时刻风电有功功率值；$e(t+\Delta t\,|\,t)$ 为从 t 时刻开始预测的 $t+\Delta t$ 时刻风电有功功率误差值；$P(t\,|\,t)$ 为风电场 t 时刻风电有功功率。

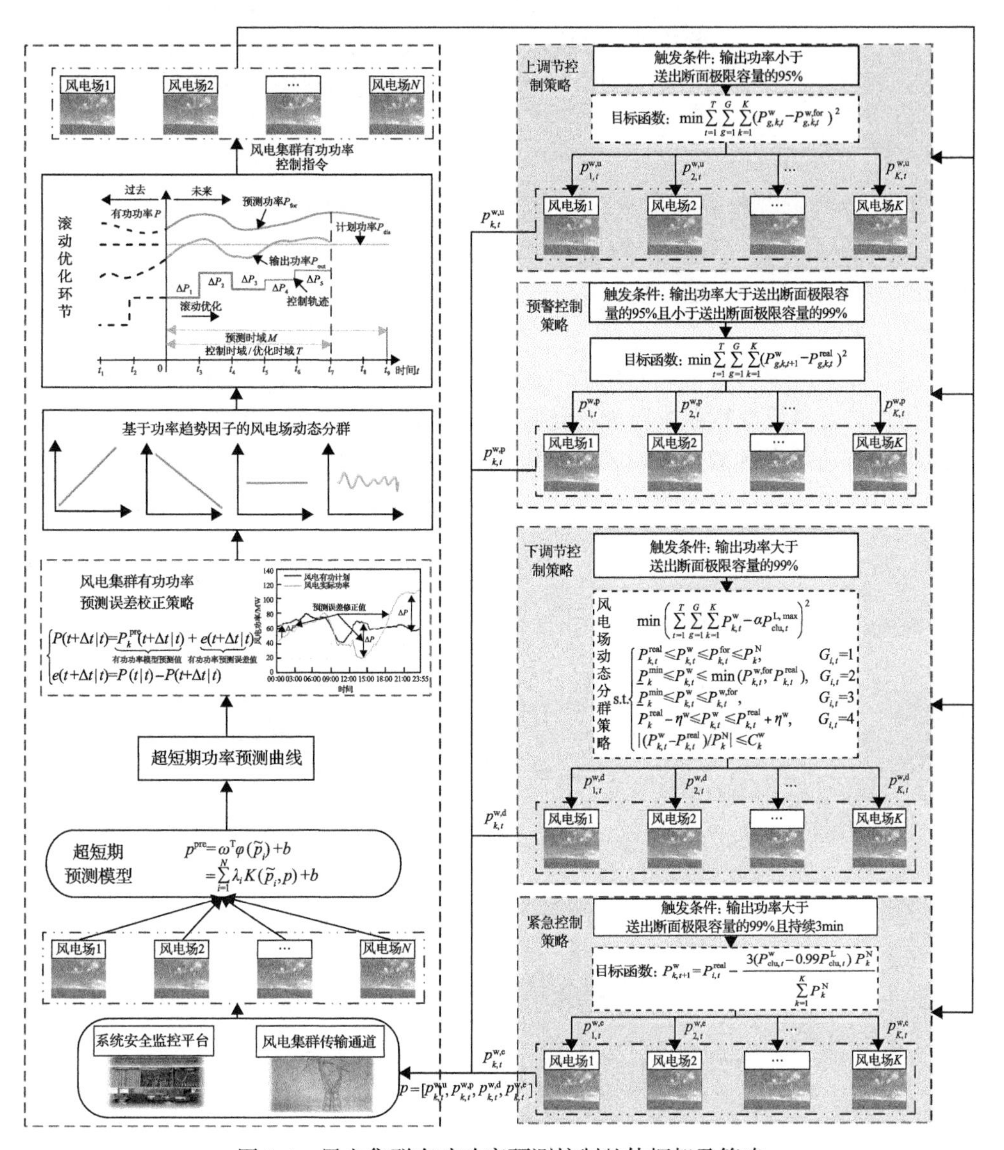

图 9-4　风电集群有功功率预测控制整体框架及策略

9.3 风电集群有功功率预测控制系统平台

9.3.1 系统架构

为了提升风电送出通道利用率，优化协调风电集群内各风电场输出功率，从而提高风能资源利用率和风电消纳能力，本节以理论建模为基础，设计了风电集群有功功率预测控制系统平台。在时间尺度上，将风电功率预测信息逐层细化；在空间尺度上，以风电场动态集群划分为基础，协调各个风电场的输出功率，逐渐提升控制精度，实现“层层递进，逐层细化”，在保障系统安全的前提下提高风电消纳能力。

9.3.2 功能展示

本节将控制策略嵌入风电集群功率波动调节控制装置(以下简称为试验样机)，实现动态分群、预测功率修正、各工况控制响应、分钟级风电功率波动的秒级响应及波动峰值抑制的功能，基于电力系统实时仿真软件 RT-LAB 搭建半实物实时仿真平台。

以冀北某区域内多个风电场某时间段内的有功功率数据为基础，基于 RT-LAB 实时仿真平台对风电集群进行建模仿真，通过 104 通信与试验样机进行连接，通过风电场有功功率预测数据输入、风电场有功功率控制指令输出、分群状态模数转换完成样机功能的验证。

9.3.3 系统通信

试验样机功能验证的半实物实时仿真系统如图 9-5 所示，由 RT-LAB 实时仿

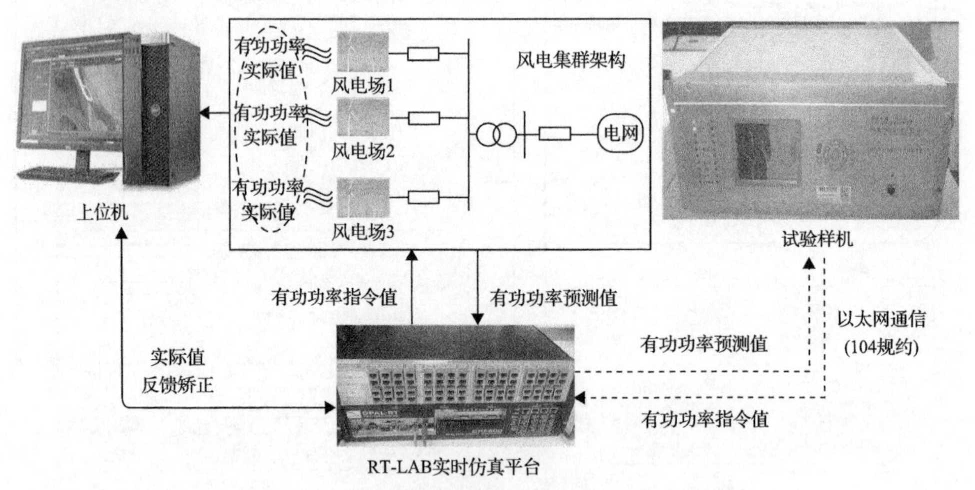

图 9-5　试验样机功能验证的半实物实时仿真系统

真平台、上位机和试验样机三部分组成。RT-LAB 实时仿真平台进行冀北某区域内多个风电场的网架结构搭建以及各个风电场有功功率预测数据的转发；试验样机接收 RT-LAB 发送的数据，经指令寻优算法进行实时计算，并输出有功功率指令值；RT-LAB 实时仿真平台和试验样机通过以太网通信(104 规约)实现数据的交换。

9.4 算例分析

为了验证本章所提策略的有效性，基于 LS-SVMlab 工具箱进行风电功率多步预测，利用预测信息进行风电场动态分群。基于 MATLAB/Simulink 搭建冀北某地区 10 个风电场的仿真模型，风电集群网架结构如图 9-6 所示，采用 2019 年 1 月典型日风电集群数据对所提模型预测控制方法进行验证。

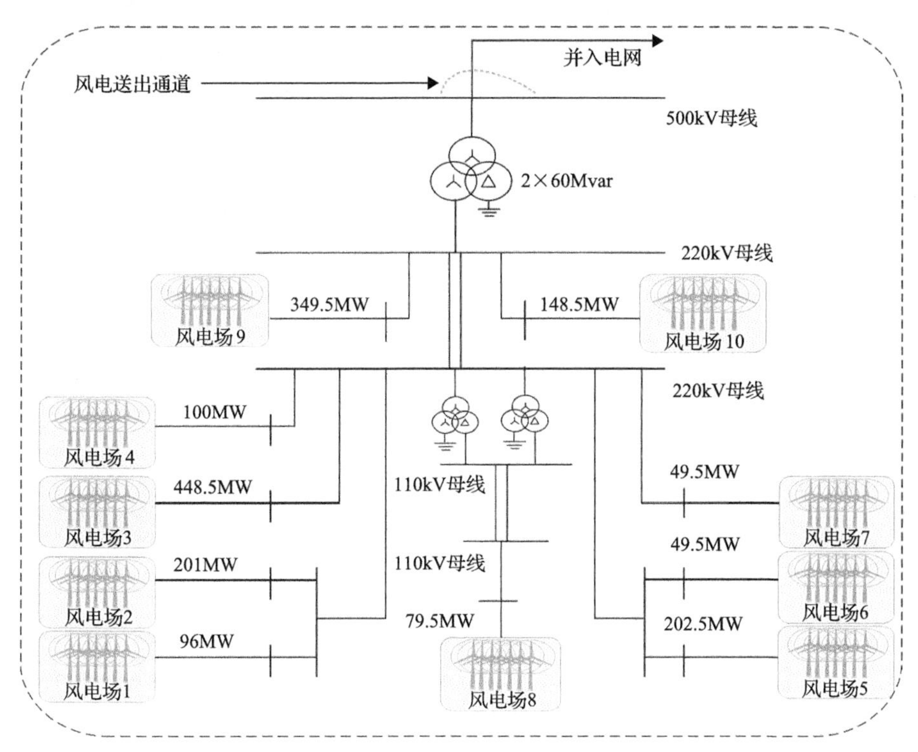

图 9-6　风电集群网架结构

9.4.1 多步递推策略结果分析

在多步递推策略中，将前一步的预测值作为下一步预测的输入变量，输入变量时间窗口不断增加，这就会导致预测时间成本增加以及过拟合等问题。因此，在建模过程中，本节设计的多步递推策略的输入变量时间窗口是固定的，不会随着输入变量的增加而增加，这样做的目的是防止每次提前一步预测会额外增加的输入变量，致使预测模型的输入与输出维度不同。

在求解过程中最主要的是建立风电场有功功率多步递推策略输入与输出之间的映射关系，为了详细说明最大输入变量数 n 对于求解预测模型时如何体现，图 9-7 展示有功功率多步递推策略。以 WF5 为例，选取 2017 年某风电场 11 月份数据为例进行提前一步实验，在模型训练阶段，用风电场有功功率的前 5 个数据 P_1～P_5 递推 P_6、用 P_2～P_6 递推 P_7，其他数据以此类推，在模型测试阶段，用风电场有功功率 P_{997}～P_{1001} 递推 P_{1002}，用 P_{1435}～P_{1439} 递推 P_{1440}。在输入输出关系确定后，基于 MATLAB 建立的 LSSVM 预测模型即可求解出风电功率预测值。

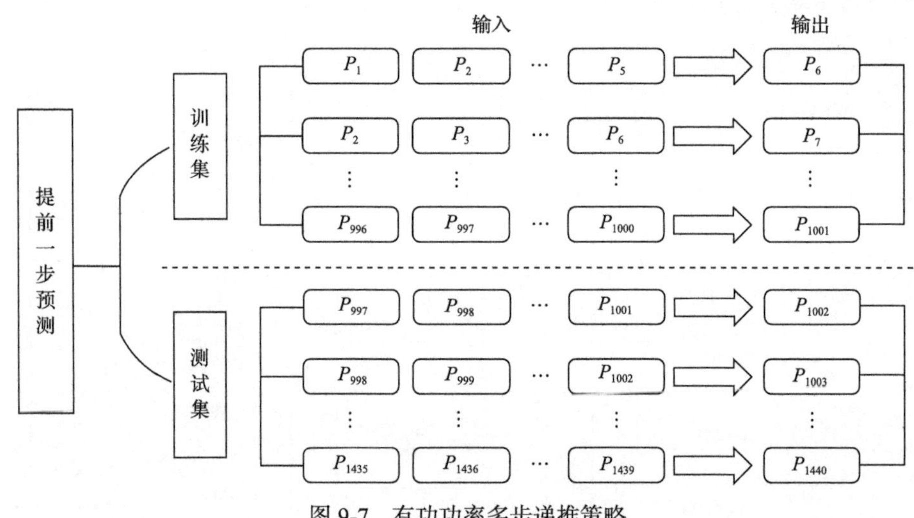

图 9-7　有功功率多步递推策略

以 WF5 为例，以 2017 年某风电场 11 月份数据为例进行提前多步实验，前 2000 个点的风电历史功率用于训练模型，剩余 880 个点用于测试。首先，采用偏自相关函数确定输入变量的个数，如图 9-8 所示，偏自相关函数值图从 5 阶开始出现拖尾现象，所以取 n 为 5，时间窗口的长度设置为 5，即用前 5 个变量来预测后面时刻的风电功率。实验中设置的最小输入变量数为 1，在 10 个风电场中最大的时滞数为 8，因此，最大输入变量数 n 设置为 8。表 9-3 展示了不同输入变量数对预测精度的影响，可以看出，在固定输入变量数时，预测精度(NRMSE 评价指标)在 15min～1h 时间尺度上小于不固定输入变量数。尽管随着时间尺度的增加，固定输入变量数和不固定输入变量数方式预测精度都在下降，但整体而言，固定输入变量数方式的预测精度高于不固定输入变量数方式。

因此，在仅考虑未来 1h 内的风电功率预测值时，固定输入变量数方法的预测结果可以接受。

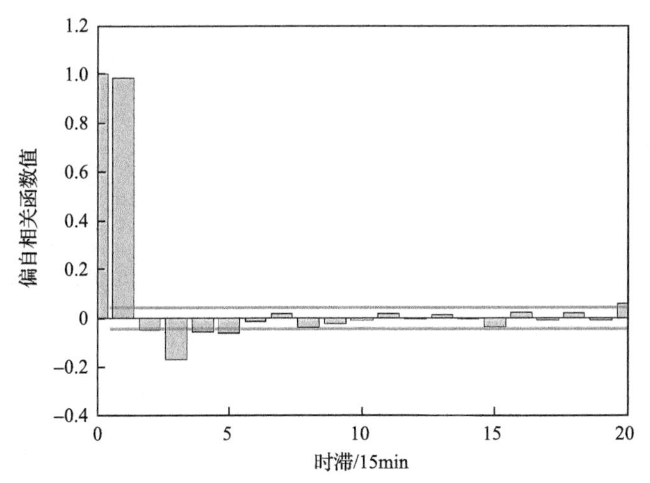

图 9-8　WF5 有功功率时间序列的偏自相关函数值

表 9-3　不同输入变量数对预测精度的影响　（单位：%）

输入变量数	提前 15min（提前 1 步）		提前 30min（提前 2 步）		提前 45min（提前 3 步）		提前 1h（提前 4 步）	
	NRMSE	NMAE	NRMSE	NMAE	NRMSE	NMAE	NRMSE	NMAE
固定输入变量数(n=5)	4.05	2.85	6.40	4.38	8.43	5.87	10.03	7.12
n=1	4.58	2.78	6.82	4.59	8.82	6.14	10.49	7.46
n=2	4.26	2.61	6.81	4.55	9.00	6.12	10.60	7.45
n=3	4.37	2.65	6.53	4.42	8.57	5.93	10.26	7.26
n=4	4.68	2.76	7.03	4.71	9.03	6.23	10.51	7.49
n=6	4.64	2.91	7.07	4.76	8.84	6.17	10.54	7.52
n=7	4.86	2.95	7.11	4.86	8.98	6.27	11.33	8.87
n=8	5.00	3.05	7.27	4.93	9.30	6.45	11.07	7.85

9.4.2　动态分群结果分析

表 9-4 为不同时间断面风电场动态分群结果，t 为时间起点，以时间断面 1 为例，t 和 $t+1$、$t+2$、$t+3$、$t+4$ 和 $t+5$ 组成一个时间集合，在这个时间集合内充分利用当前时刻和未来时刻风电功率预测信息判断风电场分群状态，表中数字表示风电场所属分群状态，可以观察到划分到振荡群的风电场最多，这也说明了风电输出功率的不稳定性，详细的不同时段风电场分群状态见图 9-9。

表 9-4　风电场动态分群结果

时间断面	WF1	WF2	WF3	WF4	WF5	WF6	WF7	WF8	WF9	WF10
时间断面 1	4	4	4	1	4	4	4	4	4	4
时间断面 2	4	4	2	4	4	4	4	2	4	4
时间断面 3	4	4	4	4	4	2	4	2	4	4
时间断面 4	4	4	4	4	4	2	2	2	4	4

注：分群结果中“1”表示上爬坡群，“2”表示下爬坡群，“3”表示平稳群；“4”表示振荡群。

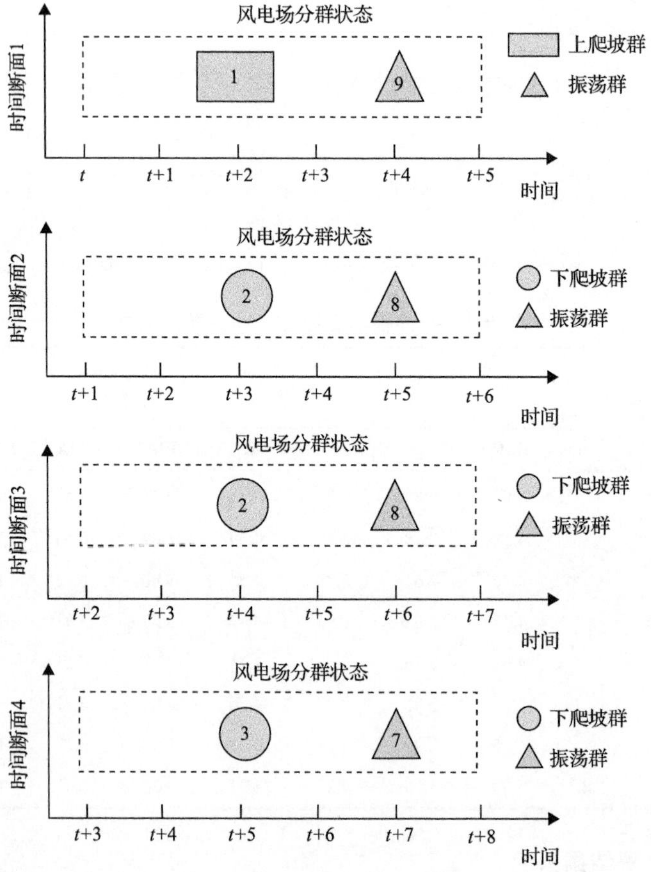

图 9-9　风电场分群结果展示

9.4.3　误差校正结果分析

图 9-10 给出了基于多步预测模型的有功功率误差校正曲线，可以看到不同的风电场(WF1～WF10)预测误差不同，有功功率误差校正也不同，预测误差校正最大的曲线为 WF2，最大有功功率误差校正量为在 7min 时的 14.47MW，远高于其

他风电场的预测误差校正量，最小预测误差校正量出现在 5min 时，为 WF8 的 0.1MW。将各个风电场的有功功率校正量与预测模型和滚动优化环节贯穿使用，可以减小因风电不确定性导致的调度指令与实际输出功率的偏差。

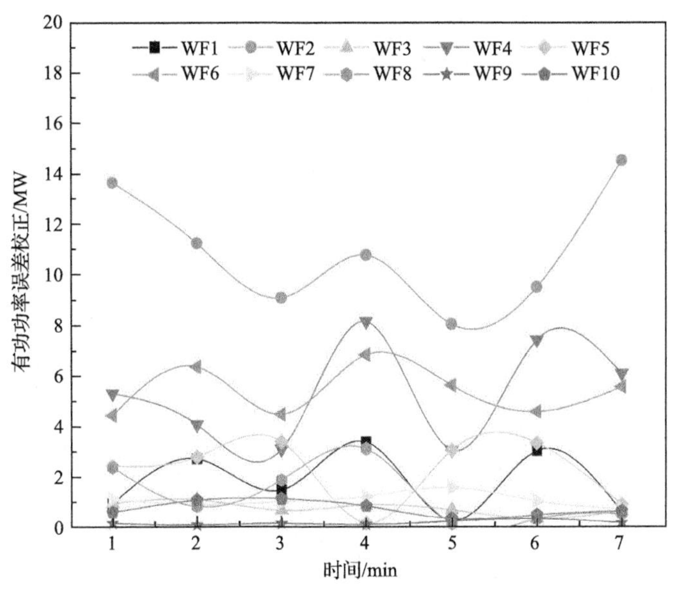

图 9-10　有功功率误差校正

9.4.4　风电场/集群有功功率控制结果分析

对于单场有功功率控制效果，以 WF2、WF4 和 WF10 风电场分钟级输出有功功率为例，图 9-11 给出了传统控制策略和本章提出的 MPC 策略下的单个风电场控制效果。传统控制策略是按照跟踪有功功率指令效果确定发电指标，忽略了预测信息，而本章提出的 MPC 策略充分利用未来输出有功功率信息和滚动优化策略，可以从图中看到，传统控制策略的有功功率控制效果明显弱于 MPC 策略。图 9-11(a)中，在一个功率波动时间窗(T=15min)内，传统控制策略在 WF2 的功率峰谷差额为 4.61MW，MPC 策略的功率峰谷差额为 1.91MW，相比于传统控制策略可抑制功率波动，MPC 方法功率峰谷差降低了 58.57%。这是因为 MPC 方法提前利用预测信息，使得有功功率控制效果明显优于传统控制策略。图 9-11(b)中，在 02:20～02:35 功率波动时间窗内，风电场 WF4 在传统控制策略下的有功功率峰谷差为 9.48MW，在 MPC 策略下峰谷差为 8.26MW，主要可能是该时段风电场的风速突变导致的。在时间段 02:27～02:35 内，传统控制策略有功功率总体呈下降趋势，为了保证传输通道不越限，采取降低功率运行策略，而 MPC 策略因为利用未来预测信息，所以输出功率保持在平稳状态，可以实现在保证安全的条件

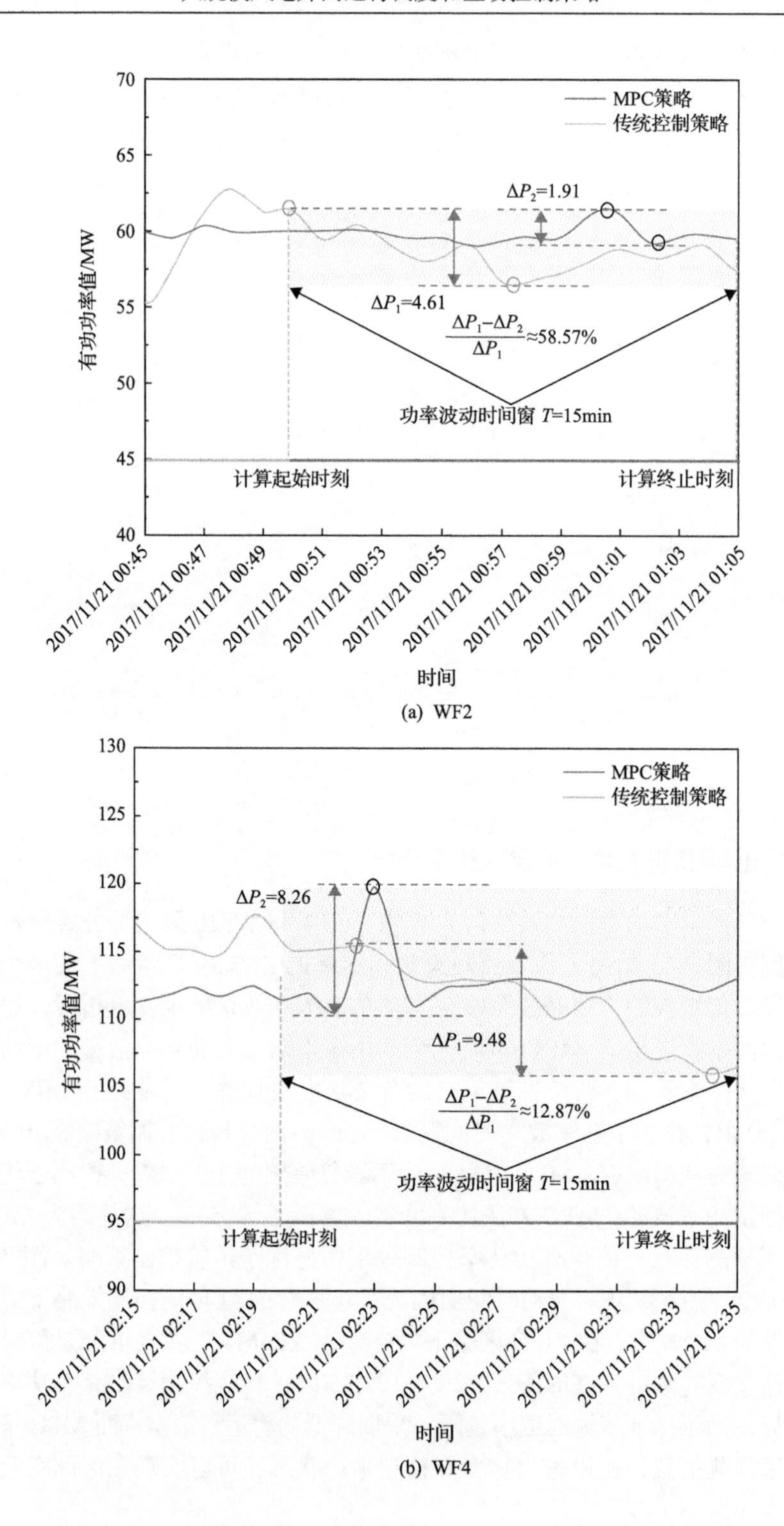

MPC策略
传统控制策略
ΔP2=1.91
ΔP1=4.61
(ΔP1−ΔP2)/ΔP1≈58.57%
功率波动时间窗 T=15min
计算起始时刻
计算终止时刻
有功功率值/MW
时间
ΔP2=8.26
ΔP1=9.48
(ΔP1−ΔP2)/ΔP1≈12.87%

(a) WF2

(b) WF4

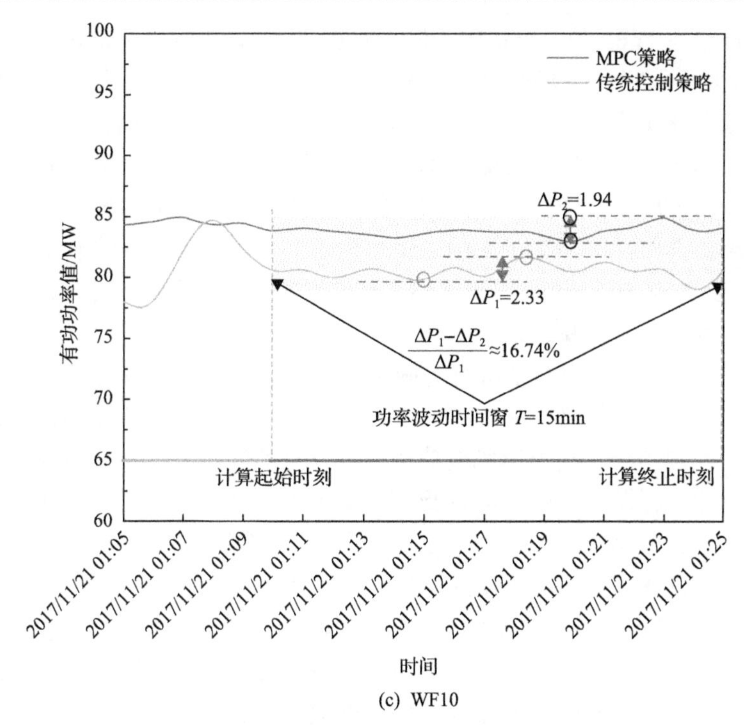

(c) WF10

图 9-11　传统控制策略和 MPC 策略的单个风电场有功功率控制结果

下，功率波动趋于平缓。图 9-11(c)中，在一个周期内，WF10 处于相对平稳的输出功率段，传统控制策略的功率峰谷差额为 2.33MW，MPC 策略的功率峰谷差额为 1.94MW，相比于传统控制策略波动，MPC 方法有功功率峰谷差值降低 16.74%。由此可知，本章方法在集群内各个风电场之间的协调控制效果优于传统控制策略。

表 9-5 给出了不同风电场峰谷差控制效果，可知，在一个周期内，MPC 策略

表 9-5　风电场不同控制策略的功率峰谷差控制效果

风电场	装机容量/MW	MPC 策略峰谷差/MW	传统控制策略峰谷差/MW	峰谷差降低百分比/%
WF1	349.5	9.36	10.72	12.69
WF2	448.5	1.91	4.61	58.57
WF3	96	7.57	8.63	12.28
WF4	201	8.26	9.48	12.87
WF5	148.5	5.72	6.41	10.76
WF6	202.5	9.26	10.38	10.79
WF7	49.5	4.27	5.49	22.22
WF8	100	6.31	7.96	20.73
WF9	49.5	4.74	5.32	10.90
WF10	79.5	1.94	2.33	16.74

的最大峰谷差为 WF1 的 9.36MW，最小峰谷差为 WF2 的 1.91MW；而传统控制策略的最大峰谷差为 WF1 的 10.72MW，最小峰谷差为 WF10 的 2.33MW，最大峰谷差降低百分比为 WF2 的 58.57%，最小峰谷差降低百分比为 WF5 的 10.76%。数据表明，相比于传统控制策略，本章所提出的方法能够更好地协调控制集群内各个风电场。表 9-5 给出的是一个功率波动时间窗（T=15min）内各个风电场的峰谷差控制效果，主要是因为基于 RT-LAB 的实验平台仿真数据分辨率设置为 50ms，即 1h 下采集 7.2×10^4 个点，限于篇幅，不易将数据全部展示，因此采用一个功率波动时间窗内的值来反映结果。

为了进一步展示风电集群降低越限风险的能力，实验中设置了 500MW 的越限值，选取传统控制策略与 MPC 策略进行对比。其中，传统控制策略基于“试探式”下发控制指令，缺乏对风电功率预测信息的利用，仅当输出功率跟踪不上控制指令时才进行调整。MPC 策略既考虑未来功率预测信息，又增加每一步的实时反馈环节，在跟踪未来输出功率趋势以及限制越限方面均优于传统控制策略。实验中风电集群的控制时间尺度为 1min，测试周期为 90min。

图 9-12 给出了 MPC 策略和传统控制策略对风电集群有功功率的控制效果，其中集群功率控制效果考虑越限情况和不越限情况。图 9-12(a)和(b)分别给出了风电送出通道 500MW 越限阈值和 1280MW 越限阈值的情况，1280MW 为风电送出通道总容量的 80%，在实际工程中，为了保证运行安全，常常设置 1280MW 为越限阈值。图 9-12(a)中浅灰色阴影区域为传统控制策略输出结果的越限区域，发生在 00:26～00:44 和 01:09～01:12 两个时段，由于该策略忽略预测信息，仅根据风电集群发电能力或者过往经验下发控制指令，使得在上述两个时段出现 18min 和 3min 的越限区域。黑色阴影区域为基于 MPC 策略的输出结果区域，发生在 00:00～00:26、00:46～01:08 和 01:13～01:30 三个时段。图 9-12(b)中黑色曲线表示预测功率输出，在时间尺度 1min 级别的预测功率输出精度可达 95%以上，因此在模拟仿真中以追踪预测值和指令控制值偏差最小为目标，从图中可以看到，在保证不越限的前提下，MPC 策略在提高风电利用率方面的性能优于传统控制策略。这是由于 MPC 策略提前预测风电集群输出功率，在风电输出功率限制线以下可以促进风电输出，提高输出功率，在接近风电输出功率限制线时，MPC 策略考虑风电预测信息、滚动优化和误差校正环节，基于误差反馈校正环节修正了预测模型，提高了预测精度，使得风电集群输出功率曲线可以较好地跟随预测曲线趋势但又不超过越限区域，相比于传统控制策略，明显促进了风电消纳，保证了系统运行安全性。

需要注意的是，本章实验结果均以冀北某风电集群实际数据为准，在仿真风电送出通道总容量的 80%时，由于从实际系统得到的数据并没有风电越限数据，因此，本章最大风电送出通道容量设置的仿真目的是测试所提策略在促进风电利用方面的有效性，以及在规避越限风险方面的优势。

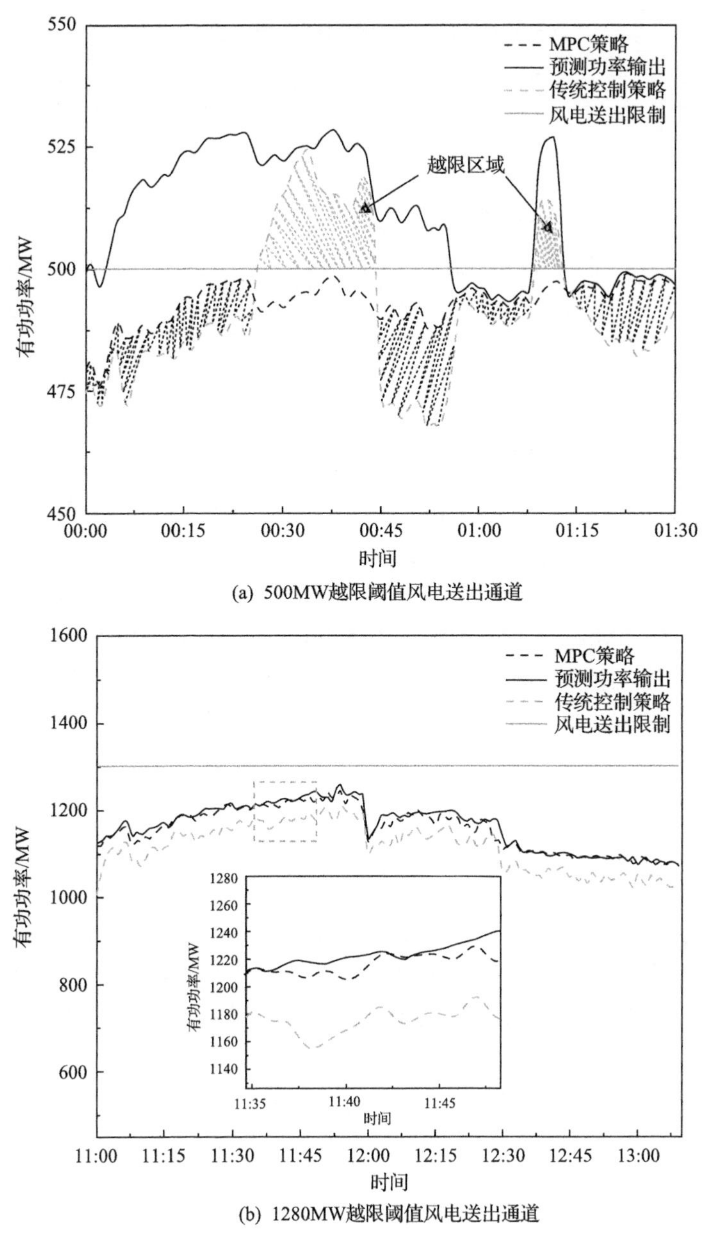

(a) 500MW越限阈值风电送出通道

(b) 1280MW越限阈值风电送出通道

图 9-12　不同方法下风电集群有功功率控制

此外，本章还将 MPC 策略和传统控制策略在风电集群输出功率上调节控制、预警控制、下调节控制和紧急控制等工况下的控制结果进行了对比，如表 9-6 所示。可以看出本章所提的 MPC 策略在不同工况下的有功功率最大控制误差均小于传统控制策略，风电越限次数明显低于传统控制策略。

表 9-6　不同控制策略的控制结果对比

控制策略	典型工况	最大控制误差/%	风电越限次数/次
传统控制策略	上调节控制	4.53	6
	预警控制	3.89	4
	下调节控制	3.68	0
	紧急控制	2.15	3
MPC 策略	上调节控制	3.61	0
	预警控制	2.73	0
	下调节控制	2.81	0
	紧急控制	1.89	0

表 9-6 选择的时间尺度为 90min，时间分辨率为 1min，控制误差仅统计所属典型工况。最大控制误差的定义为有功功率指令值与风电集群实际值之间的偏差相对于指令值的百分数，该指标可以表征输出功率跟踪控制指令的情况，数值越小，表明风电输出功率跟踪控制指令的效果越好，反之，跟踪效果越差。

从表 9-6 中给出的 4 种典型工况下不同控制策略的控制结果可以看出，MPC 策略的最大控制误差和风电越限次数均优于传统控制策略。主要原因如下。

(1)在实验仿真时长 90min 内，传统控制策略的风电越限情况在上调节控制工况、预警控制工况和紧急控制工况下出现 6 次、4 次和 3 次，而 MPC 策略均不会出现风电越限，原因是 MPC 策略将未来风电集群功率信息纳入优化控制环节，提前预判越限情况，避免输出功率越限。

(2)在有功功率最大控制误差方面，传统控制策略的上调节控制、预警控制、下调节控制和紧急控制等工况的最大控制误差分别为 4.53%、3.89%、3.68%和 2.15%，MPC 策略在上述 4 种工况下的最大控制误差分别为 3.61%、2.73%、2.81%和 1.89%，明显优于传统控制策略的控制效果。

实验与仿真结果表明，本章所提出的控制策略在实验仿真时长 90min 内的最大控制误差和越限次数均小于传统控制策略，既减小了有功功率控制误差，提升了风电集群消纳能力，又为系统安全运行提供了保障。

9.4.5　风电集群功率波动响应结果分析

图 9-13 给出了典型风电场功率波动响应时间，其中响应时间定义为风电集群有功功率波动控制装置接收到仿真机有功功率指令时间与响应时间之间的时间差。由图 9-13 可知，最低响应时间为风电场 WF1 0.50s，最高响应时间为风电场

WF10 0.97s，其余风电场的响应时间均在 1s 以内。图 9-13 典型风电场功率波动响应时间结果表明，各个风电场功率波动响应时间不同，且均能在较短的时间内完成响应，进一步可以说明，功率波动秒级响应时间是抑制波动的效率体现。

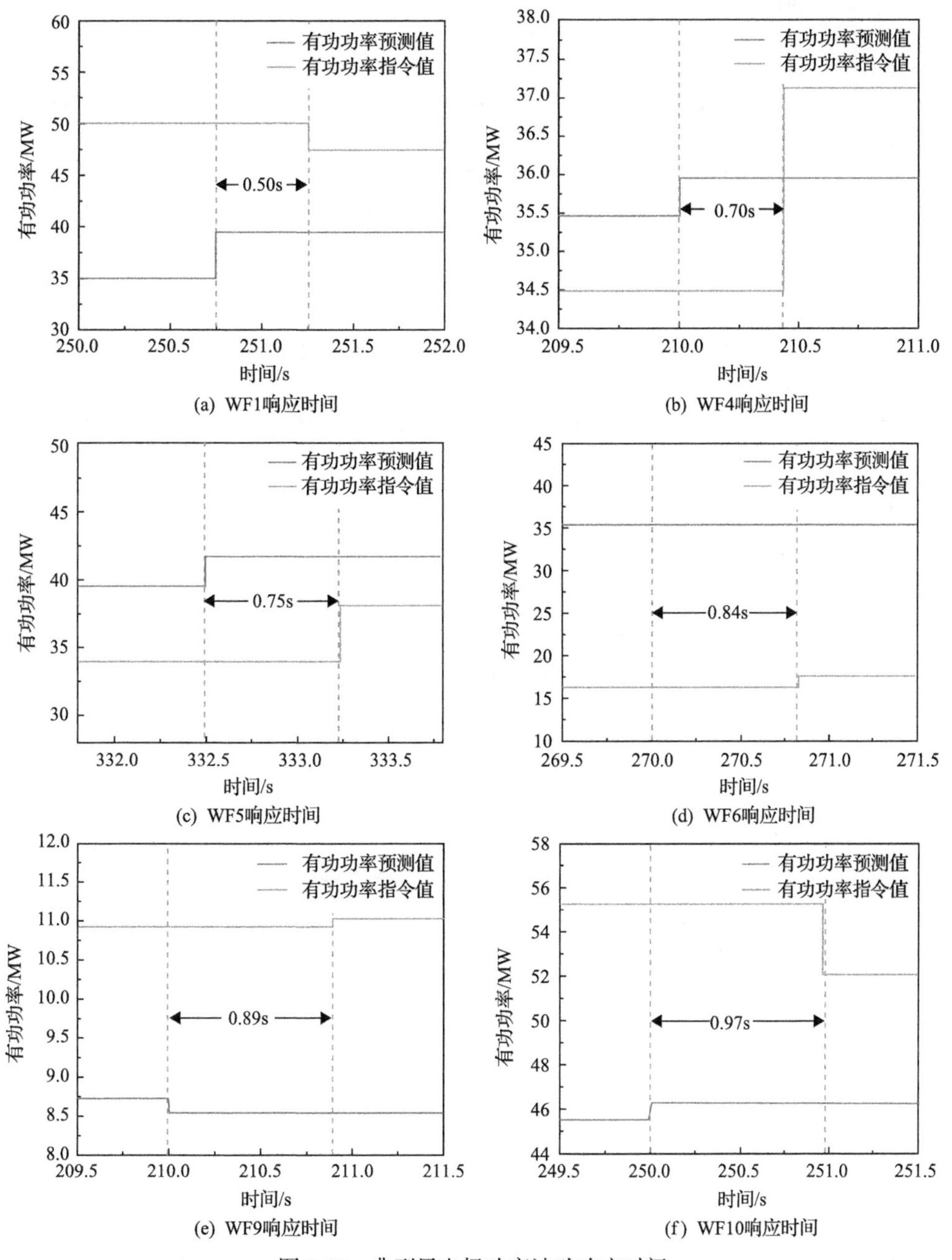

图 9-13　典型风电场功率波动响应时间

参考文献

[1] Feng Y, Lin H, Ho S L, et al. Overview of wind power generation in China: status and development[J]. Renewable & Sustainable Energy Reviews, 2015, 50: 847-858.

[2] Karthikeya B R, Schütt R J. Overview of wind park control strategies[J]. IEEE Transactions on Sustainable Energy, 2014, 5(2): 416-422.

[3] 乐健, 廖小兵, 章琰天, 等. 电力系统分布式模型预测控制方法综述与展望[J]. 电力系统自动化, 2020, 44(23): 179-191.

[4] 刘向杰, 孔小兵. 电力工业复杂系统模型预测控制——现状与发展[J]. 中国电机工程学报, 2013, 33(5):14, 79-85.

[5] Zhang J, Liu D, Li Z, et al. Power prediction of a wind farm cluster based on spatiotemporal correlations[J]. Applied Energy, 2021, 302: 117568.

[6] Currie R A F, Ault G W, Fordyce R W, et al. Actively managing wind farm power output[J]. IEEE Transactions on Power Systems, 2008, 23(3): 1523-1524.

[7] Banakar H, Ooi B T. Clustering of wind farms and its sizing impact[J]. IEEE Transactions on Energy Conversion, 2009, 24(4): 935-942.

[8] 李明节, 陈国平, 董存, 等. 新能源电力系统电力电量平衡问题研究[J]. 电网技术, 2019, 43(11): 3979-3986.

[9] 叶林, 李智, 孙舶皓, 等. 基于随机预测控制理论和功率波动相关性的风电集群优化调度[J]. 中国电机工程学报, 2018, 38(11): 3172-3183.

[10] 张伯明, 陈建华, 吴文传. 大规模风电接入电网的有功分层模型预测控制方法[J]. 电力系统自动化, 2014, 38(9): 14-16.

[11] 叶林, 陈超宇, 张慈杭, 等. 基于分布式模型预测控制的风电场参与AGC控制方法[J]. 电网技术, 2019, 43(9): 3261-3270.

[12] 崔杨, 曾鹏, 王铮, 等. 考虑碳捕集电厂能量转移特性的弃风消纳多时间尺度调度策略[J]. 中国电机工程学报, 2021, 41(3): 946-961.

[13] 叶林, 路朋, 赵永宁, 等. 含风电电力系统有功功率模型预测控制方法综述[J]. 中国电机工程学报, 2021, 41(18): 6181-6198.

[14] 孙舶皓, 汤涌, 叶林, 等. 基于随机分层分布式模型预测控制的风电集群频率控制规划方法[J]. 中国电机工程学报, 2019, 39(20): 5903-5914, 6171.

[15] 叶林, 任成, 李智, 等. 风电场有功功率多目标分层递阶预测控制策略[J]. 中国电机工程学报, 2016, 36(23): 6327-6336.

[16] Du E, Zhang N, Hodge B M, et al. The role of concentrating solar power toward high renewable energy penetrated power systems[J]. IEEE Transactions on Power Systems, 2019, 33(6): 6630-6641.

[17] 叶林, 张慈杭, 汤涌, 等. 多时空尺度协调的风电集群有功分层预测控制方法[J]. 中国电机工程学报, 2018, 8(13): 3767-3780, 4018.

[18] Ye L, Zhang C H, Tang Y, et al. Hierarchical model predictive control strategy based on dynamic active power dispatch for wind power cluster integration[J]. IEEE Transactions on Power Systems, 2019, 34(6): 4617-4629.

[19] 路朋, 叶林, 汤涌, 等. 基于模型预测控制的风电集群多时间尺度有功功率优化调度策略研究[J]. 中国电机工程学报, 2019, 39(22): 6572-6583.

[20] Lin Z W, Chen Z Y, Qu C Z, et al. A hierarchical clustering-based optimization strategy for active power dispatch of large-scale wind farm[J]. International Journal of Electrical Power and Energy Systems, 2020, 121: 106155.

第 10 章　含风电集群的互联系统超前频率控制方法

10.1　引　　言

随着风电在电力系统中的大规模接入以及风电渗透率的不断提高，仅依靠传统电源进行频率控制将无法满足系统稳定性要求[1-3]，急需风电具有与传统电源协调配合共同参与电力系统频率控制的能力[4,5]。目前相关研究主要存在以下 3 方面问题：①在风电主动参与调频的过程中，对合理运用风电场超短期预测信息的考虑尚显不足；②常规的频率控制依附于区域控制偏差(ACE)控制方法，从时间角度上看属于滞后校正控制而不利于系统的安全稳定；③集中式 MPC 不适用于大规模系统的在线滚动优化控制，DMPC 由于各控制器间缺乏协调交流而影响优化结果的全局最优性，对于 DMPC，如何进一步探索 DMPC 的分解协调算法来适应风电集群与多个常规电源进行在线滚动优化来共同调频未被充分考虑。

为此，基于 DMPC，本章提出了一种包含大规模风电集群互联系统的超前频率控制策略。首先，建立了一个考虑非线性约束的包含大规模风电集群及传统电源的多区互联系统频率响应模型；其次，提出了考虑超短期风电功率预测信息的结合拉盖尔函数的分布式模型预测控制策略，该策略依据风电预测数据对控制策略预测时域进行滚动优化，形成频率超前控制的优化机制；最后，提出了纳什均衡分解协调在线优化控制算法，解决带约束多变量复杂系统与在线滚动优化求解之间的矛盾。通过算例分析，对所提策略与算法的可行性和有效性进行了验证。

10.2　含风电集群的多区互联系统频率响应模型

10.2.1　多区域状态空间建模

为了有效地实现资源的跨区域调度，常采用直流或交流互联的方式，将多个区域电网联结起来，形成大规模多区域互联电力系统。在同步互联系统中，某一区域内发生的负荷变化将影响整个系统的频率，为此，调度中心规定各区域所有 AGC 电源都需对频率控制信号进行响应，以保证系统的频率稳定性。然而，现有 AGC 电源大部分是火电厂，难以在高风电渗透率的电力系统中完成频率控制任务。本章考虑将风电集群与传统电源配合主动参与到频率控制问题中，建立一个考虑非线性约束的包含大规模风电集群及传统电源的多区互联系统频率响应模型。

假设互联电力系统共有 N 个控制区域,涉及的参数与变量归纳总结为表 10-1,第 i 个区域的模型控制框图如图 10-1 所示。通过应用文献[4]～[9]中的虚拟惯量控制方法,风电场能够在扰动的初始阶段提供一定的惯量支撑来降低频率波动速率,因此各风电场均有各自的风电场惯性时间常数。该状态方程考虑了传统电源调速

表 10-1 参数与变量

	参数与变量	含义	单位
参数	N	互联区域个数	—
	n	传统电源非再热发电机个数	—
	m	风电集群部分风电场个数	—
	$\sigma_{1i}(\cdot),\sigma_{2i}(\cdot),\cdots,\sigma_{ni}(\cdot)$	发电机调速器死区	—
	GRC	发电机出力速率限制	p.u./min
	WFGRC	风电场出力速率限制	p.u./min
	β_i	频率偏移系数	p.u./Hz
	$R_{1i},R_{2i},\cdots,R_{ni}$	发电机下垂特性	Hz/p.u.
	$T_{g1i},T_{g2i},\cdots,T_{gni}$	发电机调速器时间常数	s
	$T_{t1i},T_{t2i},\cdots,T_{tni}$	发电机汽轮机时间常数	s
	$T_{WF1i},T_{WF2i},\cdots,T_{WFmi}$	风电场惯性时间常数	s
	H_i	系统等效惯性系数	s
	D_i	系统等效阻尼系数	p.u./Hz
	T_{ij}	联络线同步系数	p.u./Hz
	V_i	区域接口量	p.u.•Hz
状态变量	$\Delta P_{g1i},\Delta P_{g2i},\cdots,\Delta P_{gni}$	发电机调速器位置变化	p.u.
	$\Delta P_{t1i},\Delta P_{t2i},\cdots,\Delta P_{tni}$	发电机发出功率变化	p.u.
	$\Delta P_{WF1i},\Delta P_{WF2i},\cdots,\Delta P_{WFmi}$	风电场发出功率变化	p.u.
	Δf_i	区域频率变化	Hz
	$\Delta P_{tie,i}$	联络线功率变化	p.u.
控制变量	$\Delta P_{c1i},\Delta P_{c2i},\cdots,\Delta P_{cni}$	DMPC 控制器对传统电源部分下达的控制指令	p.u.
	$\Delta P_{ref1i},\Delta P_{ref2i},\cdots,\Delta P_{refmi}$	DMPC 控制器对风电集群部分下达的控制指令	p.u.
输出变量与扰动变量	ACE_i	区域控制偏差	p.u.
	ΔP_{Li}	区域负荷变化	p.u.

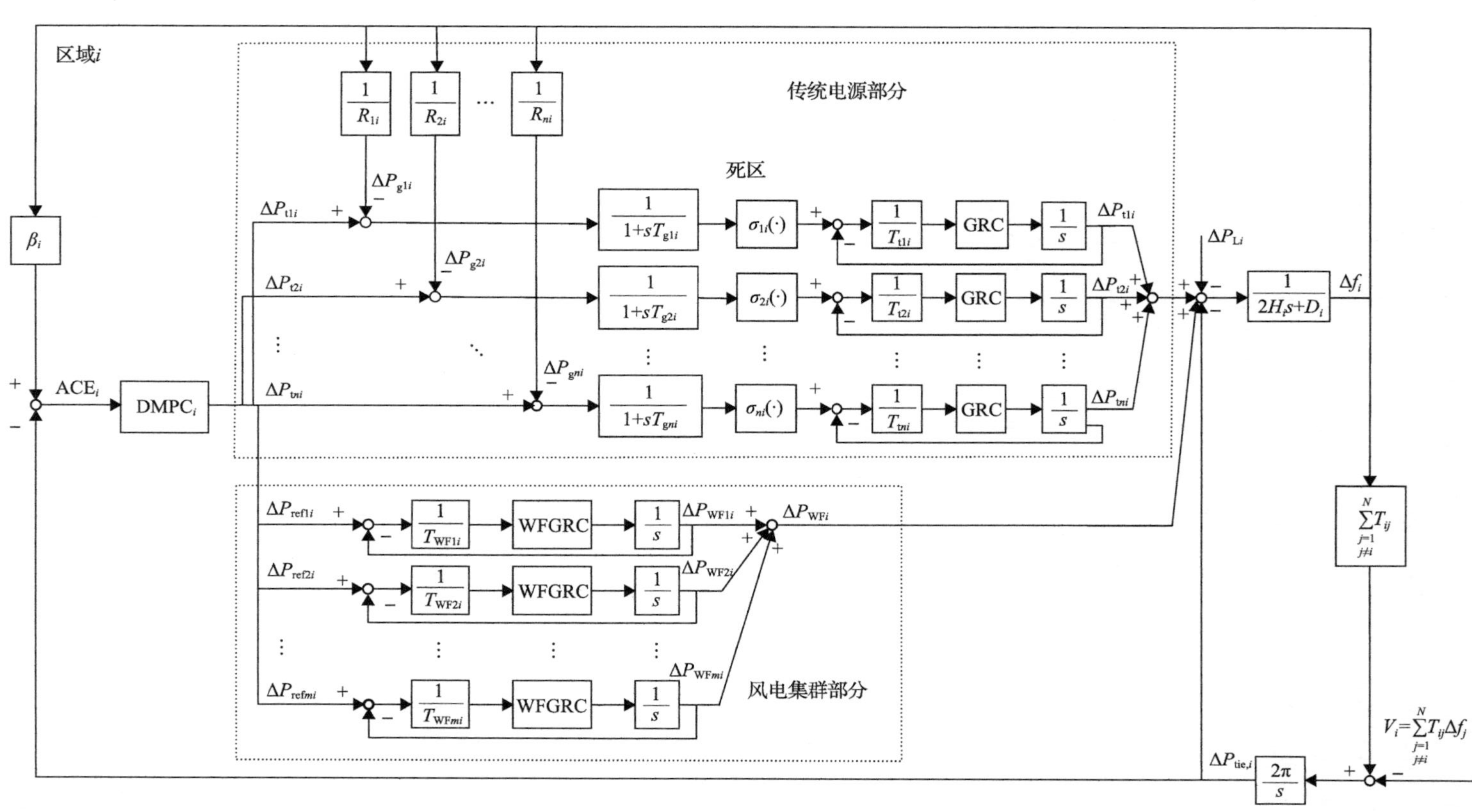

图 10-1　第i个区域的模型控制框图

器死区限制 $\sigma_i(\cdot)$、发电机出力速率限制(GRC)以及风电场出力速率限制(WFGRC)等非线性约束。在每个计算时步初始时刻，本地 DMPC 控制器通过接收本区域的 ACE 信号，经过控制器内置的控制策略与算法进行在线优化计算，得到控制时域下的最优控制序列并将本时步最优控制施加到“传统电源部分”和“风电集群部分”中，分别形成 ΔP_{ti} 和 ΔP_{WFi} 来动态补偿本时步区域负荷变化 ΔP_{Li} 和联络线功率变化 $\Delta P_{tie,i}$，从而实现风电集群与传统电源协调配合共同调频的目的。

根据图 10-1 的控制框图及拉普拉斯逆变换，可以得到下述状态方程：

$$\Delta\dot{f}_i = \frac{1}{2H_i}(\Delta P_{ti} + \Delta P_{WFi} - \Delta P_{tie,i} - \Delta P_{Li} - D_i\Delta f_i) \tag{10-1}$$

式中，$\Delta P_{ti} = \Delta P_{t1i} + \Delta P_{t2i} + \cdots + \Delta P_{tni}$；$\Delta P_{WFi} = \Delta P_{WF1i} + \Delta P_{WF2i} + \cdots + \Delta P_{WFmi}$；变量上的“·”表示是矢量。

$$\Delta\dot{P}_{tie,i} = 2\pi(\sum_{j=1, j\neq i}^{N} T_{ij}\Delta f_i - \sum_{j=1, j\neq i}^{N} T_{ij}\Delta f_j) \tag{10-2}$$

$$\Delta\dot{P}_{g1i} = \frac{1}{T_{g1i}}\left(\Delta P_{c1i} - \frac{1}{R_{1i}}\Delta f_i - \Delta P_{g1i}\right) \tag{10-3}$$

$$\Delta\dot{P}_{t1i} = \frac{\sigma_{1i}(\cdot)}{T_{t1i}}\Delta P_{g1i} - \frac{1}{T_{t1i}}\Delta P_{t1i} \tag{10-4}$$

$$\Delta\dot{P}_{WF1i} = \frac{1}{T_{WF1i}}(\Delta P_{ref1i} - \Delta P_{WF1i}) \tag{10-5}$$

在本章中，选择 ACE_i 作为区域输出变量，其既可以表征区域频率偏差，又可以表征与其他区域联络线功率与设定额定值的偏差，输出方程为

$$y_i = \beta_i\Delta f_i + \Delta P_{tie,i} \tag{10-6}$$

10.2.2　非线性约束条件处理

1. 传统电源调速器死区限制处理

参照文献[10]中的 T-S 模糊模型方法对传统电源调速器死区的非线性约束进行处理，对于传统电源有 n 机的控制区域，相应的状态方程有 2^n 种可能。该方法的好处是只需考虑 2^n 种可能的状态方程中条件最差的状态方程，并且可以把死区非线性限制转化为状态方程中的线性参数以便进行后续离散化计算。

2. 传统电源及风电场出力速率限制处理

对传统电源及风电场出力速率限制的非线性约束通过两个方面来处理。一是通过在优化函数求解最优控制序列的过程中加入对 $\Delta P_{t1i}, \Delta P_{t2i},\cdots, \Delta P_{tni}$ 及 $\Delta P_{WF1i}, \Delta P_{WF2i},\cdots, \Delta P_{WFmi}$ 等状态变量的约束条件，并将这些状态变量约束条件基于状态方程用最优控制序列表达出来,从而转化为有约束条件的二次规划问题加以解决；二是根据 MPC 优化函数的固有性质，通过调节 MPC 优化函数中内置的控制变量加权抑制参数来达到出力速率限制的效果。

10.2.3　多区域状态空间矩阵表征

将状态方程和输出方程合并，并写为矩阵形式，可得到第 i 区的连续多维状态空间表达式：

$$\begin{cases}\Delta\dot{x}_i = A_{iic}\Delta x_i + B_{iic}\Delta u_i + F_{iic}\Delta d_i + \sum\limits_{i\neq j} A_{ijc}\Delta x_j \\ y_i = C_{iic}\Delta x_i\end{cases} \tag{10-7}$$

式中，Δx_i 为 $m+2n+2$ 维状态矢量，$\Delta x_i = [\Delta f_i \vdots \Delta P_{tie,i} \vdots \Delta P_{g1i},\cdots,\Delta P_{gni} \vdots \Delta P_{t1i},\cdots, \Delta P_{tni} \vdots \Delta P_{WF1i},\cdots,P_{WFmi}]^T$；$\Delta u_i$ 为 $m+n$ 维控制矢量，$\Delta u_i = [\Delta P_{c1i},\cdots,\Delta P_{cni} \vdots \Delta P_{ref1i},\cdots,\Delta P_{refmi}]^T$；$\Delta d_i$ 为一维扰动变量，$d_i = \Delta P_{Li}$；y_i 为一维输出变量，$y_i = ACE_i$；A_{iic} 为 $(m+2n+2)\times(m+2n+2)$ 维系统矩阵；A_{ijc} 矩阵的 $(2,1)$ 元素为 $-2\pi T_{ij}$，其余元素均为 0；B_{iic} 为 $(m+2n+2)\times(m+n)$ 维控制矩阵；F_{iic} 为 $(m+2n+2)\times 1$ 维扰动矩阵；C_{iic} 为 $1\times(m+2n+2)$ 维输出矩阵。

10.3　分布式模型预测控制策略

风电集群分布式模型预测控制建模具体见 1.4.2 节，本节主要介绍网电集群主动参与调频控制建模。

1. 超短期风电功率组合预测算法

在本章中，超短期风电功率预测是研究风电集群主动参与调频的基础，超短期风电功率预测的数据是后续研究的输入量。参考文献[11]的方法利用基于回归功率曲线优化(ORPC)模型、LSSVM 模型和在线极端学习机(OS-ELM)模型的 3 种单体预测方法对仿真时域内风电场输出功率进行预测，分辨率为 1min。在此基础上，采用文献[12]中时变权系数法每 4h 对单体预测结果动态分配其权系数实现对单体预测模型的组合预测，从而提高超短期风电功率预测精度。

$$P_{\text{pre}Ri}=\lambda_{1Ri}P_{\text{OPRC}Ri}+\lambda_{2Ri}P_{\text{LSSVM}Ri}+\lambda_{3Ri}P_{\text{OS-ELM}Ri} \tag{10-8}$$

式中，$P_{\text{pre}Ri}$ 为第 i 区第 R 个风电场超短期功率预测值；$P_{\text{ORPC}Ri}$ 为相应 ORPC 模型功率预测值；$P_{\text{LSSVM}Ri}$ 为相应 LSSVM 模型功率预测值；$P_{\text{OS-ELM}Ri}$ 为相应 OS-ELM 模型功率预测值；λ_{1Ri}、λ_{2Ri} 和 λ_{3Ri} 为模型权重系数且 $\lambda_{1Ri}+\lambda_{2Ri}+\lambda_{3Ri}=1$。

2. 可变约束条件的判断

由于 DMPC 控制器每隔 1min 都能取得风电场有功功率实际数据，因此通过 ARIMA 模型对 15min 时窗下的功率预测值生成以 1min 为分辨率的预测功率序列：

$$[P_{k,Ri} \quad P_{k+1,Ri} \quad \cdots \quad P_{k+15,Ri}] \tag{10-9}$$

式中，k 为当前时步；i 为区域标号；$R=1,2,\cdots,m$；$P_{k,Ri}$ 为当前时步风电场有功功率实际值。

将同一区域相同时步下 m 个风电场的功率预测值求和，取得第 i 区风电集群层面的以 1min 为分辨率的预测功率序列：

$$[P_{k,i} \quad P_{k+1,i} \quad \cdots \quad P_{k+15,i}] \tag{10-10}$$

将风电场预测功率序列式(10-9)中的 2 元素减去 1 元素得到当前时步各风电场未来 1min 的有功出力趋势 $\Delta P_{k+1,Ri}$，将区域风电集群预测功率序列式(10-10)中的 2 元素减去 1 元素得到当前时步区域风电集群未来 1min 的有功出力趋势 $P_{k+1,i}$。

$$\begin{cases}\Delta P_{k+1,Ri}=P_{k+1,Ri}-P_{k,Ri}\\ \Delta P_{k+1,i}=\sum\limits_{R=1}^{m}\Delta P_{k+1,Ri}=\sum\limits_{R=1}^{m}P_{k+1,Ri}-\sum\limits_{R=1}^{m}P_{k,Ri}\end{cases} \tag{10-11}$$

本章中，风电参与调频的基本原则为当 $\Delta P_{k+1,Ri}>0$ 时，该风电场可通过场内风机桨距角控制等措施使其运行在追踪参考功率的工作模式并使其出力运行在 $[0,\Delta P_{k+1,Ri}]$ 区间，从而具备一定的调频能力；当 $\Delta P_{k+1,Ri}<0$ 时，该风电场失去调频能力，出力只能取 $P_{k+1,Ri}$。在风电集群层面，当 $\Delta P_{k+1,i}>0(<0)$ 时，集群中由于空间分布的原因也有可能出现某个或某些风电场 $\Delta P_{k+1,Ri}<0(>0)$，因此定义 $\Delta P_{k+1,i\max}$ 及 $\Delta P_{k+1,i\min}$，对于 $\Delta P_{k+1,Ri}>0$ 的项取 $\Delta P_{k+1,Ri}$ 求和得到 $\Delta P_{k+1,i\max}$，对于 $\Delta P_{k+1,Ri}<0$ 的项取 0 求和得到 $\Delta P_{k+1,i\min}$。通过判断 $\Delta P_{k+1,i\max}$、$\Delta P_{k+1,i\min}$ 与当前计算时步该区 $\Delta P_{\text{L}i}+\Delta P_{\text{tie},i}$ 之间的关系形成相应的当前时步对 $\Delta P_{\text{ref}Ri}$ 的附加约束条件，判断如下。

(1)若 $\Delta P_{k+1,i\max}<\Delta P_{\text{L}i}+\Delta P_{\text{tie},i}$，附加约束为 $\Delta P_{\text{ref}Ri}=\Delta P_{k+1,Ri}$，此时风电集群工

作在 MPPT 方式，尽量给传统电源减轻调频压力。

(2) 若 $\Delta P_{k+1,i\min} \leqslant \Delta P_{\mathrm{L}i} + P_{\mathrm{tie},i} \leqslant \Delta P_{k+1,i\max}$，附加约束为对于 $\Delta P_{k+1,Ri} > 0$ 的项，取 $0 < \Delta P_{\mathrm{ref}Ri} < \Delta P_{k+1,Ri}$；对于 $\Delta P_{k+1,Ri} < 0$ 的项，取 $\Delta P_{\mathrm{ref}Ri} = \Delta P_{k+1,Ri}$，此时风电集群工作在追踪参考功率方式，传统电源在此时不动作，节省成本。

(3) 若 $\Delta P_{k+1,i\min} > \Delta P_{\mathrm{L}i} + \Delta P_{\mathrm{tie},i}$，附加约束为对于 $\Delta P_{k+1,Ri} > 0$ 的项，取 $\Delta P_{\mathrm{ref}Ri}=0$；对于 $\Delta P_{k+1,Ri} < 0$ 的项，取 $\Delta P_{\mathrm{ref}Ri}=\Delta P_{k+1,Ri}$，此时风电集群工作在最小功率方式，防止过调给传统电源造成额外负担。

将 DMPC 策略用流程图的方式进行描述，如图 10-2 所示。在 k 时步末，DMPC 控制器通过反馈校正环节取得风电场有功功率实际数据进一步得到 $P_{k+1,i}$ 的实际值，用此值取代区域风电集群预测功率序列式(10-10)中的 2 元素对区域风电集群预测功率模型进行反馈校正，并用式(10-10)中的 3 元素减去 2 元素得到 $k+1$ 时步的区域风电集群未来 1min 的有功出力趋势 $\Delta P_{k+2,i}$，与 $k+1$ 时步的 $\Delta P_{\mathrm{L}i} + \Delta P_{\mathrm{tie},i}$ 进行比较重新进入上述判断环节，再进行滚动优化，以此循环滚动直至遍历整个仿真时域。

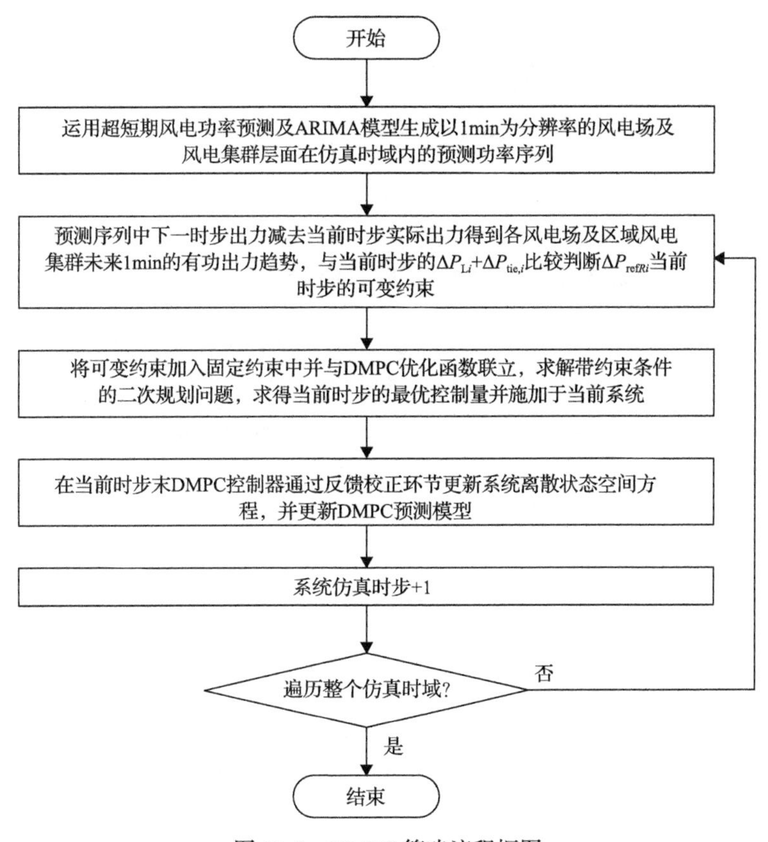

图 10-2　DMPC 策略流程框图

10.4 考虑纳什均衡的分解-协调控制算法

10.4.1 纳什均衡优化方法

在 DMPC 策略的设计中加入拉盖尔函数可以减少系统参数个数，但对于优化函数式(1-20)而言该函数仍然属于考虑全局变量的高维集中在线优化问题，不仅具有多变量在空间方面的叠加，还具有控制时域及输出时域在时间方面的叠加，在线优化计算负担重。为了减轻在线优化计算负担，考虑将全局优化函数分解到 N 个区，由多控制变量多输出变量的全局优化问题转化为 N 个多控制变量单输出变量的预测控制优化子问题，由 N 个区内各自的 DMPC 控制器对区域内的预测控制子问题进行优化做出各自的决策，而这些子优化问题之间存在关联，从而形成一个耦合优化过程。因此，借助博弈论中纳什优化的概念，提出一种考虑纳什均衡的分解协调控制算法，使各区 DMPC 控制器的决策通过通信系统与其他区域的 DMPC 控制器进行协调，通过寻找纳什平衡点使各区优化控制达到局部最优，进而确定全区在本计算时步的最优控制序列。

将优化函数式(1-20)改写为

$$\min_{\eta} J = \sum_{i=1}^{N} J_i = \sum_{i=1}^{N} (\eta_i^{\mathrm{T}} \Omega \eta_i + 2\eta_i^{\mathrm{T}} \Phi_i) \tag{10-12}$$

式中，η_i 为第 i 区的最优控制拉盖尔系数。

将第 i 区的连续状态空间式(10-7)以 t_{d} 进行离散化：

$$\Delta x_i(k+1) = A_{ii\mathrm{d}} \Delta x_i(k) + B_{ii\mathrm{d}} \Delta u_i(k) + F_{ii\mathrm{d}} \Delta d_i(k) + \sum_{i \neq j} A_{ij\mathrm{d}} \Delta x_j(k) \tag{10-13}$$

式中，$u_i(k)$ 为 $m+n$ 维控制列向量，因此将 $B_{ii\mathrm{d}}$ 矩阵分块为 $B_{ii\mathrm{d}} = [B_1 \quad B_2 \quad \cdots \quad B_{m+n}]$，并根据式(10-13)推导出 k 时刻的预测模型：

$$\begin{aligned}\Delta x_i(k+\alpha | k) = & A_{ii\mathrm{d}}^{\alpha} \Delta x_i(k) + \phi_i(\alpha)^{\mathrm{T}} \eta_i \\ & + A_{ii\mathrm{d}}^{\alpha-1} F_{ii\mathrm{d}} \Delta d_i(k) + C_{ii\mathrm{d}} \sum_{i \neq j} A_{ii\mathrm{d}}^{\alpha-1} A_{ij\mathrm{d}} \Delta x_j(k)\end{aligned} \tag{10-14}$$

式中，$\alpha = 1,2,\cdots,N_{\mathrm{P}}$；$\phi_i(\alpha)^{\mathrm{T}} = \sum_{\beta=0}^{m+n-1} A_{ii\mathrm{d}}^{\alpha-\beta-1} [B_1 L_1(\beta)^{\mathrm{T}} \quad B_2 L_2(\beta)^{\mathrm{T}} \quad \cdots \quad B_{m+n} L_{m+n}(\beta)^{\mathrm{T}}]$；$\eta_i^{\mathrm{T}} = [\eta_1^{\mathrm{T}} \quad \eta_2^{\mathrm{T}} \quad \cdots \quad \eta_{m+n}^{\mathrm{T}}]$。

第 i 区的优化函数为

$$\begin{aligned}\min_{\eta_i} J_i &= \sum_{\alpha=1}^{N_P}[y_i(k+\alpha|k)^{\mathrm{T}} Q_i y_i(k+\alpha|k)] + \eta_i^{\mathrm{T}} R_{\mathrm{L}i}\eta_i \\ &= \eta_i^{\mathrm{T}}[\sum_{\alpha=1}^{N_P}\phi_i(\alpha)C_{ii\mathrm{d}}^{\mathrm{T}}Q_i C_{ii\mathrm{d}}\phi_i(\alpha)^{\mathrm{T}} + R_{\mathrm{L}i}]\eta_i \\ &\quad + 2\eta_i^{\mathrm{T}}\{[\sum_{\alpha=1}^{N_P}\phi_i(\alpha)C_{ii\mathrm{d}}^{\mathrm{T}}Q_i C_{ii\mathrm{d}}A_{ii\mathrm{d}}^{\alpha}]\Delta x_i(k) \\ &\quad + [\sum_{\alpha=1}^{N_P}\phi_i(\alpha)C_{ii\mathrm{d}}^{\mathrm{T}}Q_i C_{ii\mathrm{d}}A_{ii\mathrm{d}}^{\alpha-1}F_{ii\mathrm{d}}]\Delta d_i(k) \\ &\quad + [\sum_{\alpha=1}^{N_P}\phi_i(\alpha)C_{ii\mathrm{d}}^{\mathrm{T}}Q_i C_{ii\mathrm{d}}\sum_{i\neq j}A_{ii\mathrm{d}}^{\alpha-1}A_{ij\mathrm{d}}]\Delta x_j(k)\}\end{aligned} \tag{10-15}$$

10.4.2　分解-协调控制方法

由式(10-13)可知，第 i 区的优化函数和与其互联的区域中的状态变量 $\Delta x_j(k)$ 有关，因此是一个耦合优化问题，需要各区控制器之间的协调配合。因此，制定考虑纳什均衡的分解协调控制算法步骤。

(1)假设初始状态 $\Delta x_i(k)^{(1)}$ 均为 0，迭代次数 $\mathrm{num}=1$。

(2)根据式(10-15)及相应区的约束条件计算各区最优控制拉盖尔系数 $\eta_i^{(\mathrm{num})}$。

(3)根据计算出来的 $\eta_i^{(\mathrm{num})}$ 和式(10-14)计算各区的 $\Delta x_i(k)^{(\mathrm{num}+1)}$。

(4)通过通信系统将各区的 $\Delta x_i(k)^{(\mathrm{num})}$ 数据共享，返回式(10-15)计算各区最优控制拉盖尔系数 $\eta_i^{(\mathrm{num}+1)}$。

(5)假设第 i 区最优控制拉盖尔系数 η_i 为 z 维列向量，检验迭代结束条件 $\left\|\eta_i^{(\mathrm{num}+1)}-\eta_i^{(\mathrm{num})}\right\|=\sqrt{\left|\eta_{1i}^{(\mathrm{num}+1)}-\eta_{1i}^{(\mathrm{num})}\right|^2+\dots+\left|\eta_{zi}^{(\mathrm{num}+1)}-\eta_{zi}^{(\mathrm{num})}\right|^2}\leqslant\varepsilon$，其中 $i\in[1,N]$，ε 取值为 10^{-8}，若 N 区均满足迭代结束条件，则此时系统处于纳什均衡状态，返回 $\eta_i^{(\mathrm{num}+1)}$，通过式(1-25)计算各区当前时步最优控制量，不满足则 $\mathrm{num}=\mathrm{num}+1$，并返回(3)。

10.5　算 例 分 析

10.5.1　系统参数设定

本章采用 3 区互联系统结构，分区 1 风电集群部分含有 3 个相近风电场，容量分别为 172MW、121MW 和 202MW，分区 3 风电集群部分含有 2 个相近风电场，容量分别为 242MW 和 214MW，利用其 2016 年 3 月 4 日各风电场实测风速等数据运用超短期风电功率组合预测及 ARIMA 模型生成以 1min 为分辨率的风电场在仿真时域内的预测功率序列数据，如图 10-3 所示。表 10-2 证明了本章中组合预测算法的预测误差较单体预测算法低。

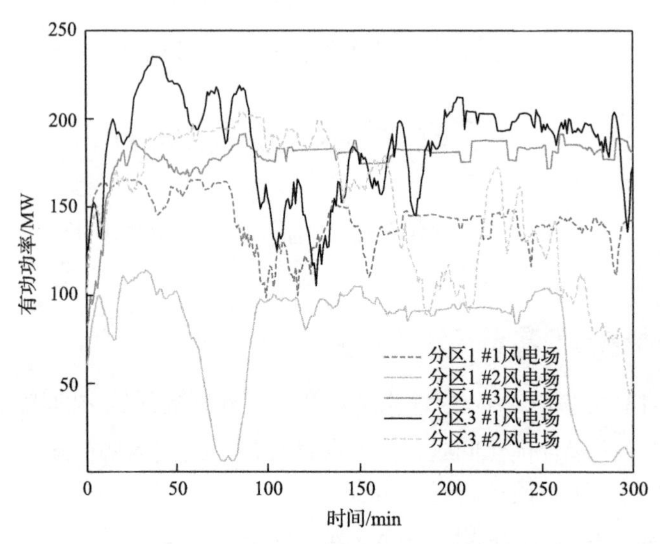

图 10-3　风电场预测功率序列数据

表 10-2　预测算法预测误差比较

预测算法	组合预测	LSSVM	BP 神经网络
RMSE/%	7.89	10.26	12.73

3 区中各含一台传统电源，传统电源容量与各风电场装机容量及相关参数设置如表 10-3 所示，采用的功率基准值为 1000MV · A。DMPC 每时步时长 t_d 为 1min，控制时域 N_C 为 20min，预测时域 N_P 为 50min，总仿真时域为 300min，每个控制变量对应的拉盖尔函数极点及函数个数均定为 0.5 和 10，优化函数中的误差权对角阵为 N 维单位阵 I_N，控制权矩阵为 n_2 维对角阵，对角阵元素均为 0.3。为了证明本章所提出的控制策略的有效性和优越性，设置了两个算例分析，分别考虑了负荷突增扰动和负荷随机扰动。

根据表 10-3 的算例参数以及图 10-1 的多区互联系统频率响应控制框图，使用梅逊公式求出了各区的传递函数，从而生成如图 10-4 所示的各区控制系统的伯德(Bode)图。根据图 10-4 的 0dB 线和 180°线，可得到各区的幅值裕量和相角裕量分别为 2.4914dB 和 26.0716°、1.7986dB 和 22.7531°以及 3.2096dB 和 24.7886°，从稳定裕量上看，此闭环控制系统是稳定的。

表 10-3　仿真算例参数

参数	分区 1	分区 2	分区 3
传统电源容量/p.u.	0.6	0.8	0.6
传统电源出力速率限制/(p.u./min)	0.008	0.008	0.008
β_i / (p.u./Hz)	0.3483	0.3473	0.3180
R_i / (Hz/p.u.)	3	3	3.3
T_{gi} /s	0.8	0.6	0.7
T_{ti} /s	10.0	10.2	9.7
风电场出力速率限制/(p.u./min)	0.006	—	0.006
T_{WFi} /s	2.2/3.3/2.5	—	2.5/3.4
$2H_i$ /s	18.0	19.5	18.7
D_i / (p.u./Hz)	0.015	0.014	0.015
T_{ij} / (p.u./Hz)	T_{12} =0.20 T_{13} =0.25	T_{21} =0.20 T_{23} =0.12	T_{31} =0.25 T_{32} =0.12

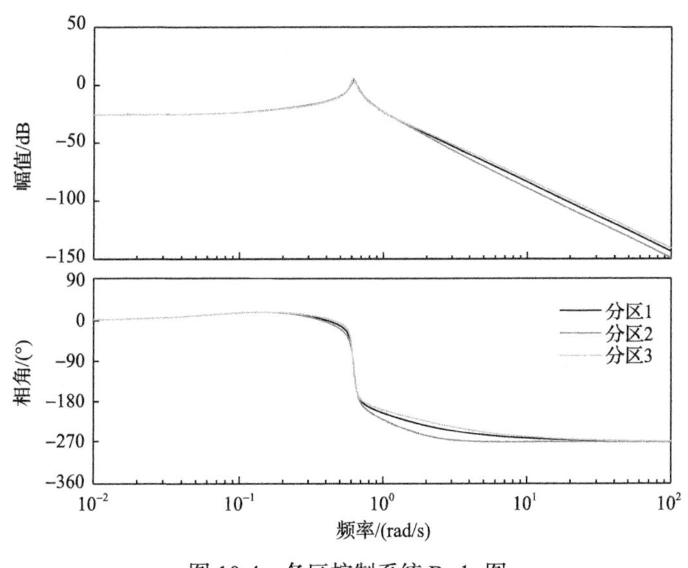

图 10-4　各区控制系统 Bode 图

10.5.2　考虑负荷突增扰动的结果分析

为了能明确体现本章提出的 DMPC 方法和集中式 MPC、分散式 MPC 方法效果的差别，假设 3 个区域分别产生不同的负荷突增扰动情况，设定为分区 1 在 50min 时突增 50MW 负荷扰动，分区 2 在 150min 时突增 30MW 负荷扰动以及分区 3 在 200min 时突增 40MW 负荷扰动。

图 10-5 为各区系统受到负荷突增扰动后的区域频率偏差曲线。由图 10-5 可知，当负荷突增时，各区域由于功率缺额从而系统频率下降，则需要电源增加有功功率弥补缺额，而一个区域的负荷突增会导致 3 区系统的各个区域频率下降，如在仿真时间为 50min 时，分区 1 的负荷突增，分区 2、分区 3 的负荷不变，此时图 10-5(b)和(c)所示的频率同样有所下降，但相比于图 10-5(a)的下降幅值较小，分区 2、分区 3 负荷突增后的系统频率变化情况也是相似的。由此可知，当系统中一个区域负荷变化时，本区域的频率会受到影响，而其余相连的区域的频率也会受到相对较小的影响，因此各区域的电源都需要同时增发不同的有功功率进行调频。通过区域频率偏差幅值对比可知，无论是本区域系统负荷突增扰动造成的频率偏差，还是其他区域负荷突增扰动造成相对较小的频率偏差，分散式 MPC 与 DMPC 的控制效果都要明显优于集中式 MPC，而且由于前两种方法在计

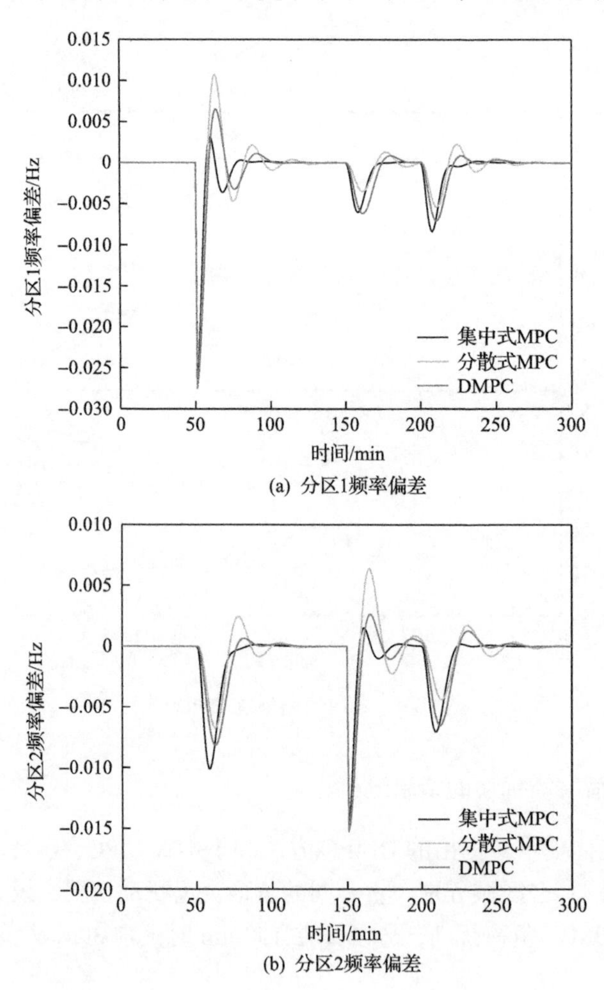

(a) 分区1频率偏差

(b) 分区2频率偏差

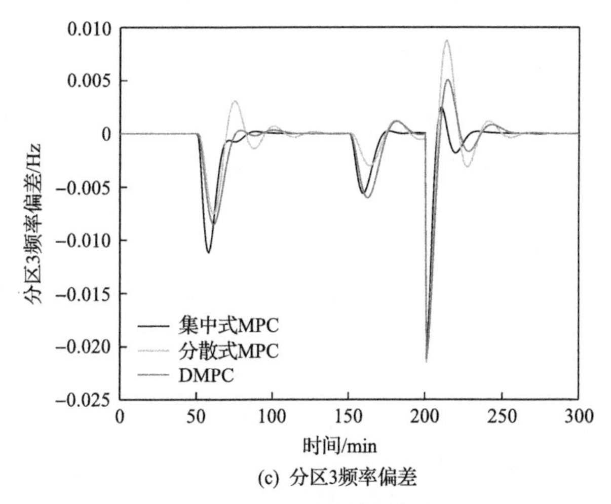

(c) 分区3频率偏差

图 10-5　各区频率偏差曲线

算过程中，将一个 3 区系统的控制问题分成了 3 个子控制问题，每个子控制问题由一个子控制器计算，降低了计算成本，并且 3 个控制器并行计算，计算时间约为集中式MPC方法的四分之一，可有效地保证控制的实时性。相较于分散式MPC，DMPC 方法在区域频率受到扰动时的控制效果更优，而且频率的恢复速度也要快于分散式 MPC，这是由于分散式 MPC 在计算过程中仅考虑了区域交换功率的信息，获取的信息量不足，而 DMPC 方法通过高速通信能够获得其他区域的所有信息，将这些信息都运用在控制计算中，能够实现更精确的控制。

图 10-6 显示了 DMPC 方法作用后各区的传统电源和风电场有功功率控制量曲线。可以看出，DMPC 方法可以根据区域内风电预测功率合理地控制各风电场输出，使区域风电集群部分与区域内传统电源协调配合共同参与调频，从而减小区域传统电源的调频压力。

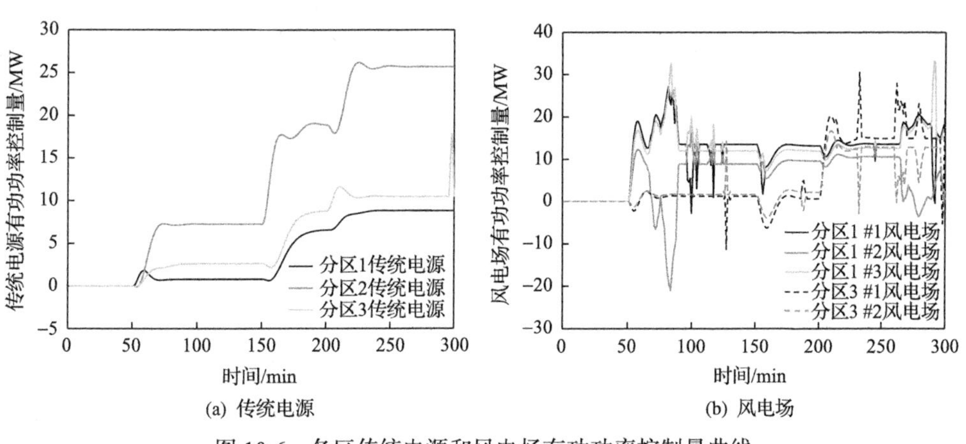

图 10-6　各区传统电源和风电场有功功率控制量曲线

10.5.3　考虑负荷随机扰动的结果分析

在此仿真算例中，在分区 1 和分区 3 引入负荷随机扰动因素，将扰动在仿真时域内分为两个阶段：第一阶段为 1～200min 时域，考虑到图 10-3 的风电场预测功率数据，并为了遍历可变约束的所有场景来证明方法的鲁棒性及有效性，将扰动设置为–30～30MW 且以 1min 为分辨率的均匀分布随机数序列；第二阶段为 201～300min 时域，为了证明方法对扰动以及状态变量的平抑效果将扰动设置为 0。

本章所提出的考虑纳什均衡的分解协调算法、考虑全局变量的高维集中算法在每个时步在线优化所用的计算求解时间以及时步内总频率调整时间如表 10-4 所示，其中计算求解时间为整个仿真时域且多次仿真后的时步平均数据。由表 10-4 可知，时步内总频率调整时间小于 1min，因此可以达到当前时步内频率超前控制的效果。分解协调算法所用计算求解时间较高维集中算法可缩短 20.59%，可以进一步指出，当区域、传统电源以及风电集群数目继续增大时，分解协调算法能节约更高比例的时间，且分解协调算法可在多台计算机上并列运行完成计算流程，更适合工程实际应用情况。

表 10-4　算法计算求解时间及时步内总频率调整时间

算法	计算求解时间/s	时步内总频率调整时间/s
分解协调	2.187	约 42
高维集中	2.754	约 43

图 10-7 显示了在 DMPC 作用下各区频率偏移量、联络线功率波动量以及各区 ACE 偏差量曲线。在扰动第一阶段 1～200min 时域内，DMPC 方法可以根据区域内风电预测功率合理控制各风电场输出，使区域风电集群部分与区域内传统

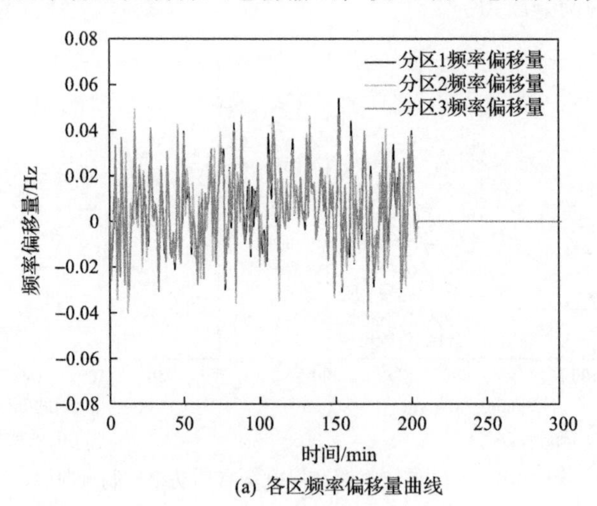

(a) 各区频率偏移量曲线

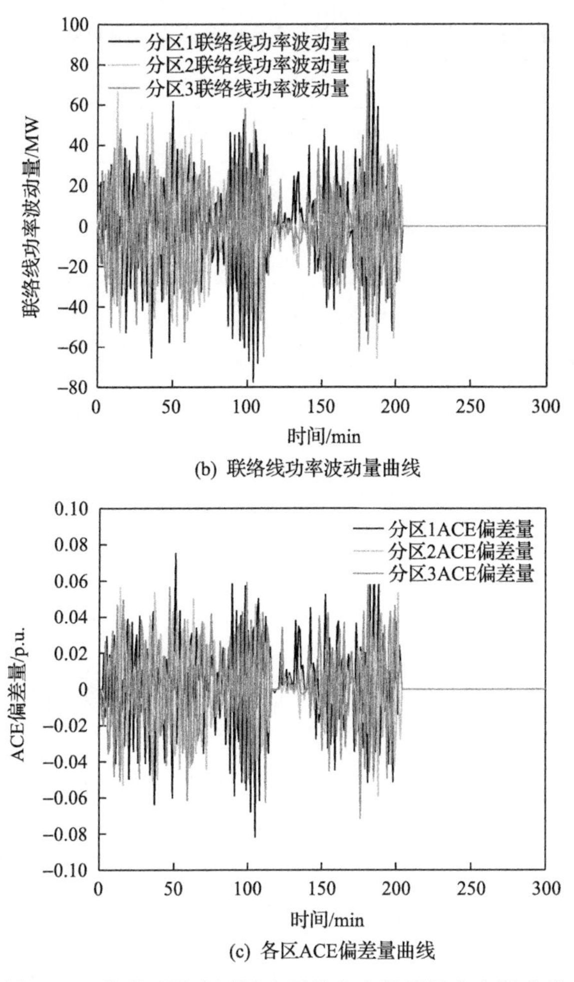

(b) 联络线功率波动量曲线

(c) 各区ACE偏差量曲线

图 10-7　仿真时域内区域主要状态变量及输出变量曲线

电源协调配合共同参与调频，从而抑制扰动的影响，在各风电场发生分钟级功率波动以及负荷扰动的情况下能够将各区频率偏移量控制在–0.08～0.08Hz 范围内，同时将联络线功率波动量及各区 ACE 偏差量抑制在合理范围内；在扰动第二阶段 201～300min 时域内，DMPC 方法能够在 5 个时步内将扰动影响彻底平抑，将频率偏移维持在零轴附近，并使区间功率传输以及各区 ACE 维持在预设额定值附近。

表 10-5 对 DMPC 策略与传统 PI 控制、集中式 MPC 及分散式 MPC 方法在扰动第一阶段 1～200min 时域内的频率偏移量的 RMSE 进行了统计，可以证明 DMPC 策略在风电集群功率波动与负荷扰动的情况下，在频率控制方面比传统控制更具优势。

表 10-5 不同控制方法下各区频率偏移量 RMSE 比较 (单位：%)

控制方法	分区 1	分区 2	分区 3
DMPC	1.72	1.79	1.71
传统 PI 控制	5.87	6.06	5.79
集中式 MPC	5.12	5.19	5.11
分散式 MPC	3.43	3.51	3.40

图 10-8 给出了各区风电集群内各风电场在 DMPC 作用下各时步的最优控制量，该量由各时步下在线优化计算的控制时域内最优控制序列的第一个元素组成，可以看出各风电场的出力都控制在预设的风电场出力约束–60～60MW 区间内。

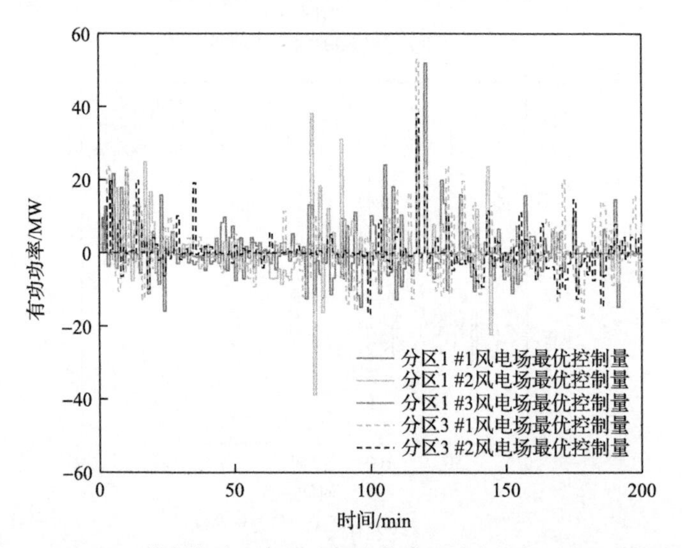

图 10-8 DMPC 控制方法下各风电场在仿真时域内的各时步最优控制量

表 10-6 假设分区 1 和分区 3 的风电集群不参与调频而仅由各区传统电源承担调频任务，在此场景下与本章中风电主动参与调频策略对传统电源无须动作次数及传统电源在仿真时域内控制量绝对值平均数进行统计比较，证明在风电主动参与调频场景下各区传统电源控制量绝对值平均数更小，并且在一些时步中风电集群可运行在追踪参考功率模式完全承担调频任务而使传统电源在该时步无须动作，因此整体运行成本更低。

表 10-6 运行成本比较

电源	传统电源无须动作次数/次	传统电源控制量绝对值平均数/MW
风电主动参与调频		
分区 1 传统电源	15	7.3

续表

电源	传统电源无须动作次数/次	传统电源控制量绝对值平均数/MW
	风电主动参与调频	
分区 2 传统电源	15	6.9
分区 3 传统电源	15	7.2
	风电不参与调频	
分区 1 传统电源	0	8.1
分区 2 传统电源	0	7.9
分区 3 传统电源	0	8.2

参考文献

[1] Zhao Y N, Le L, Li Z, et al. A novel bidirectional mechanism based on time series model for wind power forecasting[J]. Applied Energy, 2016, 177: 793-803.

[2] 薛禹胜, 郁琛, 赵俊华, 等. 关于短期及超短期风电功率预测的评述[J]. 电力系统自动化, 2015, 39(6): 141-151.

[3] 叶林, 滕景竹, 蓝海波, 等. 变尺度时间窗口和波动特征提取的短期风电功率组合预测[J]. 电力系统自动化, 2017, 41(17): 29-36.

[4] 赵晶晶, 吕雪, 符杨, 等. 基于双馈感应风力发电机虚拟惯量和桨距角联合控制的风光柴微电网动态频率控制[J]. 中国电机工程学报, 2015, 35(15): 3815-3822.

[5] 付媛, 王毅, 张祥宇, 等. 变速风电机组的惯性与一次调频特性分析及综合控制[J]. 中国电机工程学报, 2014, 34(27): 4706-4716.

[6] Zheng Y, Li S, Qiu H. Networked coordination-based distributed model predictive control for large-scale system[J]. IEEE Transactions on Control Systems Technology, 2013, 21(3): 991-998.

[7] Variani M H, Tomsovic K. Distributed automatic generation control using flatness-based approach for high penetration of wind generation[J]. IEEE Transactions on Power Systems, 2013, 28(3): 3002-3009.

[8] Chang-Chien L R, Lin W T, Yin Y C. Enhancing frequency response control by DFIGs in the high wind penetrated power systems[J]. IEEE Transactions on Power Systems, 2011, 26(2): 710-718.

[9] Liu Y, Jiang L, Wu Q H, et al. Frequency control of DFIG based wind power penetrated power systems using switching angle controller and AGC[J]. IEEE Transactions on Power Systems, 2017, 32(2): 1553-1567.

[10] Leea H J, Jin B P, Jooc Y H. Robust load-frequency control for uncertain nonlinear power systems: a fuzzy logic approach[J]. Information Sciences, 2006, 176(23): 3520-3537.

[11] 叶林, 任成, 李智, 等. 风电场有功功率多目标分层递阶预测控制策略[J]. 中国电机工程学报, 2016, 36(23): 6327-6336.

[12] 叶林, 朱倩雯, 赵永宁. 超短期风电功率预测的自适应指数动态优选组合模型[J]. 电力系统自动化, 2015(20): 12-18.

第11章 多时空尺度协调的分层分布式风电集群频率控制方法

11.1 引言

高渗透率风电集群的接入给电力系统频率稳定性带来了不利影响。目前相关研究主要存在三方面问题[1]：①将风电集群有功控制方法应用到提高系统频率稳定性的研究还不多[2]；②将风电集群参与到一次调频、二次调频甚至三次调频过程中，并同时考虑风电集群与传统 AGC 电源协同调频的经济性及安全性目标的研究尚显不足[3]；③将模型预测控制理论的分层思想和分布式思想有机结合的研究目前还没有。

针对以上问题，根据大系统控制论分层递阶控制框架，本章提出一种基于 H-DMPC 的风电集群在三次调频层、二次调频层及一次调频层的多时空尺度协调变粒度综合频率控制策略[4]。在时间尺度上逐层细化预测时域、控制时域以及风电功率预测值，在空间尺度上将风电参与调频的空间范围逐层细化为全区风电集群、分区风电集群及动态分类单场，并在各层建立有针对性优化目标的滚动优化模型[5]。根据系统实时运行状态建立反馈校正环节，实现综合频率控制策略的闭环运行。该控制策略使风电集群协同传统 AGC 电源共同参与系统调频，兼顾了系统的经济性及安全性目标，考虑了电网拓扑结构及频率在电力系统内的动态时空分布[6]。

11.2 多时空尺度协调风电集群频率控制方法

11.2.1 分层分布式模型预测控制原理

在包含风电集群的大型互联电网中，由于随时间变化的不平衡功率在各 AGC 机组和风电场中的重新分配，因此系统频率呈现明显的时空分布特性[7]。基于这个事实，本章的研究思路在于如何解决以下两方面问题：①如何将随时间变化的不平衡功率在传统 AGC 电源和风电场中动态经济、安全分配；②如何维持系统的频率稳定性，将系统频率的时空波动维持在合理范围内。

为了解决上述问题，本章考虑通过 H-DMPC 控制器实现风电集群与传统 AGC 电源协调配合共同参与调频，协调风电集群参与三种调频之间的时空关系，包括启动时间顺序、调频持续时间及调频作用范围[8]。

H-DMPC 控制器是多时空尺度协调风电集群综合频率控制策略的核心，由三次调频控制器、二次调频控制器及一次调频控制器三部分组成。各部分的作用如下所述。

(1) 三次调频控制器：使风电参与三次调频的控制器，作用范围为全区传统 AGC 电源和风电集群，启动时间间隔为 15min，在 AGC 运行备用和风电功率预测约束下优化 15min 内传统 AGC 电源及风电集群的经济运行功率参考值，平抑 15min 级大幅度的负荷波动，提高系统运行经济性[9]。

(2) 二次调频控制器：使风电参与二次调频的控制器，作用范围为分区传统 AGC 电源和风电场，启动时间间隔为 1min，在三次调频确定的经济运行基点的基础上进行分区二次调频来平抑 1min 级较大幅度的负荷波动，提高系统安全性及静态频率稳定性，快速恢复频率偏移，减小频率静态偏差[10]。

(3) 一次调频控制器：使风电参与一次调频的控制器，作用范围为分类风电场，启动时间间隔为 1min，通过虚拟下垂控制以风机降/升转速的方式使风电场具有短暂调频的能力，实时平抑小幅值随机负荷波动，提高系统安全性及暂态频率稳定性，阻止频率突变，从而使二次调频控制器有足够的时间调节发电功率来重建系统功率平衡[11]。

H-DMPC 控制器在时间和空间尺度上的协调关系分别如图 11-1 和图 11-2 所示。

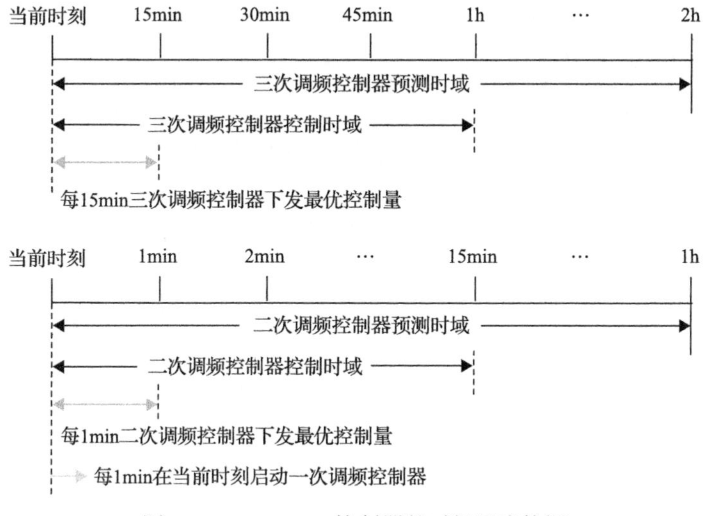

图 11-1　H-DMPC 控制器的时间尺度协调

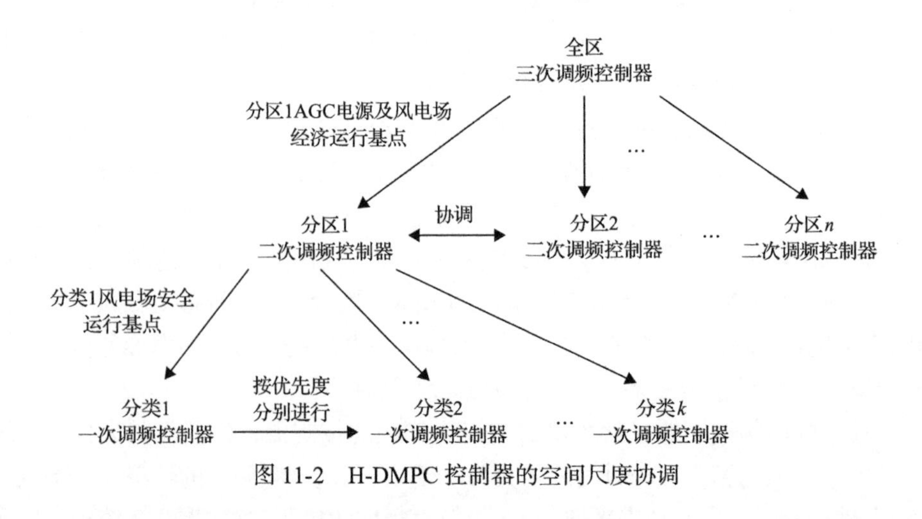

图 11-2　H-DMPC 控制器的空间尺度协调

11.2.2　综合频率控制因素分析

综合频率控制框架主要分为三层 MPC 结构，分别为三次调频层、二次调频层及一次调频层，在每个控制层均包括预测模型、滚动优化和反馈校正环节[12]。在三次调频层，依据 15min 分辨率的风电预测数据，在考虑电网拓扑结构的基础上建立全区经济性最优目标，以 2h 为预测时域、1h 为控制时域，每 15min 通过三次调频控制器滚动优化全区风电集群及传统 AGC 电源的经济运行基点并下发，三次调频层主要应对的是 15min 级的全区负荷波动；在二次调频层，依据 1min 分辨率的风电预测数据，在分区平均系统频率增广模型(ASFAM)上建立分区安全性最优目标，以 1h 为预测时域、15min 为控制时域，每 1min 通过二次调频控制器滚动优化分区各风电场及传统 AGC 电源在三次调频每 15min 下发的经济运行基点基础上的动态安全运行基点调整量，二次调频层主要应对的是 1min 级的分区负荷波动；在一次调频层，依据 1min 分辨率的风电预测数据及风电场实时运行数据，每 1min 对分区各风电场进行动态分类及优先度排序，通过一次调频控制器对分类风电场内风机升/降转速的方式进行控制优化，协同传统 AGC 电源的一次调频功能实时平抑不可预测的负荷小幅值随机波动[13]。根据电网及风电集群实时运行状态，通过电网运行状态反馈及预测数据校正环节分别建立对三次调频层、二次调频层及一次调频层的反馈校正，形成闭环调频框架结构。综合频率控制框架如图 11-3 所示。

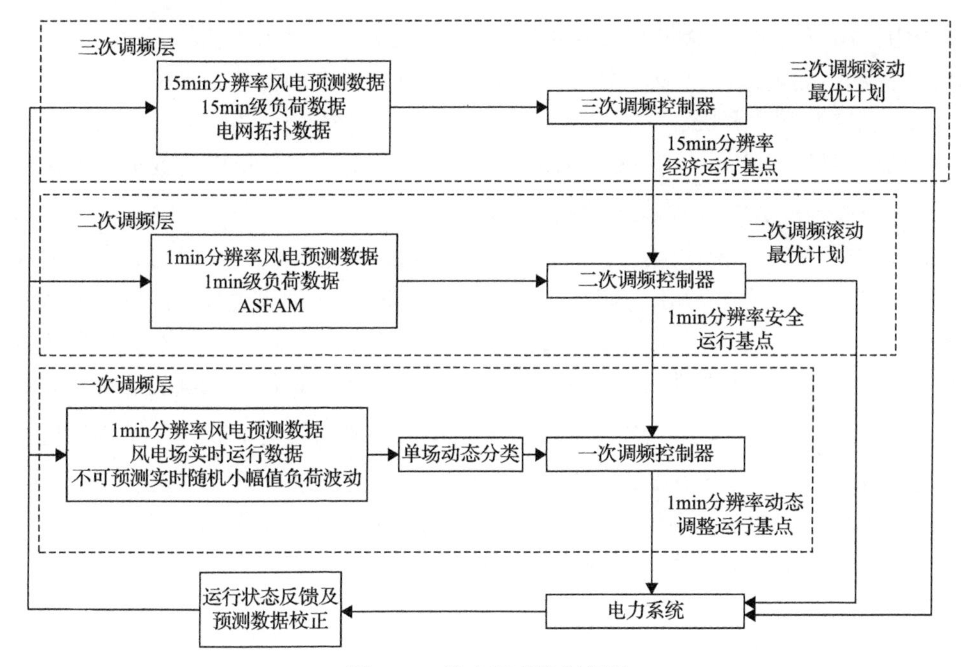

图 11-3　综合频率控制框架

11.3　分层分布式模型预测控制器建模

H-DMPC 控制器对三层 MPC 结构的滚动优化环节实施控制，分别通过各自性能指标的最优值来确定未来控制作用，但并不把优化求得的最优控制逐一实施，而只将当前时刻最优控制增量作用于系统，到下一采样时刻，各自的优化时域随着时刻的推进同时向前滚动推移[14]。

11.3.1　全区三次调频控制器建模

三次调频控制器考虑了系统网络拓扑结构，每 15min 确定未来 15min 内全区传统 AGC 电源及风电集群的经济运行功率基点，滚动计算时步为 15min，其滚动优化目标函数如下：

$$\min J_{\text{thi}} = \sum_{k=1}^{T}\left[\lambda_1\left(\sum_{\alpha=1}^{N_{\text{G}}} M_{\text{G}\alpha}(k) + \sum_{\beta=1}^{N_{\text{W}}} M_{\text{W}\beta}(k)\right)^2 + \lambda_2 \sum_{\gamma=1}^{z}\left(0.95P_{\text{tie},\gamma}^{\text{lim}} - P_{\text{tie},\gamma}(k)\right)^2 + \lambda_3 P_{\text{loss}}^2(k)\right] \tag{11-1}$$

式中，T 为控制时域，在三次调频层控制时域为 1h，即每次优化计算未来 1h 的控制作用，且该层滚动计算时步 Δt 为 15min，因此 $T=4$，随着 k 值的变化，时间以计算时步 Δt 向前滚动推移，每次优化结束后只将 $k=1$ 的优化结果施加于系统；λ_1、λ_2、λ_3 为目标函数各项的控制权重，且 $\lambda_1+\lambda_2+\lambda_3=1$；目标函数的第一项表示发电成本最小，$N_G$ 为全区传统 AGC 电源数量，N_W 为全区风电场数量，$M_{G\alpha}(k)$ 为时段 k 内传统 AGC 电源 α 的发电成本，$M_{G\alpha}(k)=K_f(a_{t\alpha}\Delta P_{G\alpha}^2(k)+b_{t\alpha}\Delta P_{G\alpha}(k)+c_{t\alpha})$，其中 K_f 为燃料价格，$a_{t\alpha}$、$b_{t\alpha}$、$c_{t\alpha}$ 为耗量特性曲线参数，$\Delta P_{G\alpha}(k)$ 为时段 k 内 AGC 电源 α 的有功出力调整量；$M_{W\beta}(k)$ 为时段 k 内风电场 β 的发电成本，$M_{W\beta}(k)=K_w\Delta P_{W\beta}(k)$，其中 K_w 为风电场单位出力调节成本，$\Delta P_{W\beta}(k)$ 为时段 k 内风电场 β 的有功出力调整量；目标函数的第二项表示尽量使用风电集群送出联络线容量，z 为从风电集群密集区域至负荷密集区域的联络线个数，$P_{tie,\gamma}^{lim}$ 为风电集群送出联络线 γ 的传输极限，$P_{tie,\gamma}(k)$ 为时段 k 风电集群送出联络线 γ 的传输容量；目标函数的第三项表示系统网损，$P_{loss}(k)$ 为时段 k 全区系统网损。目标函数的第二项和第三项均考虑了系统电网拓扑，涉及网络潮流计算。

约束条件主要包括以下内容。

(1) 功率平衡约束：

$$\sum_{\alpha=1}^{N_G}\Delta P_{G\alpha}(k)+\sum_{\beta=1}^{N_W}\Delta P_{W\beta}(k)=\Delta P_L(k)+\Delta P_{loss}(k) \tag{11-2}$$

式中，$\Delta P_L(k)$ 及 $\Delta P_{loss}(k)$ 分别为全区 15min 分辨率负荷变化量及网损变化量，即在每个优化时段均保持功率的动态平衡。

(2) 网络潮流等式约束：

$$P_{G\mu}(k)-P_{L\mu}(k)-U_\mu\sum_{\nu\in\mu}U_\nu(G_{\mu\nu}\cos\theta_{\mu\nu}+B_{\mu\nu}\sin\theta_{\mu\nu})=0,\quad \mu=1,2,\cdots,N_{node} \tag{11-3}$$

式中，N_{node} 为系统节点数；$P_{G\mu}(k)$ 为时段 k 节点 μ 的有功输出；$P_{L\mu}(k)$ 为时段 k 节点 μ 的有功负荷；U_μ 为节点 μ 电压幅值；$\theta_{\mu\nu}=\theta_\mu-\theta_\nu$ 为节点 μ 与节点 ν 电压相角差；$G_{\mu\nu}$、$B_{\mu\nu}$ 为系统节点导纳矩阵第 μ 行第 ν 列元素的实部与虚部；ν 为与 μ 相邻的所有节点。

$$P_{loss}(k)=\sum_{\mu=1}^{n}U_\mu\sum_{\nu\in\mu}U_\nu(G_{\mu\nu}\cos\theta_{\mu\nu}+B_{\mu\nu}\sin\theta_{\mu\nu}) \tag{11-4}$$

$$P_{tie,\gamma}(k)=U_\mu^2G_{\mu\nu}-U_\mu U_\nu(G_{\mu\nu}\cos\theta_{\mu\nu}+B_{\mu\nu}\sin\theta_{\mu\nu}) \tag{11-5}$$

式中，μ、ν 分别为联络线 γ 的起止节点。

(3)传统 AGC 电源 15min 调节速率限制约束：

$$\left|\frac{\Delta P_{\mathrm{G}\alpha}(k)}{P_{\mathrm{G}\alpha}^{\mathrm{N}}}\right| \leqslant C_{\mathrm{G}}^{\mathrm{lim},15} \tag{11-6}$$

式中，$P_{\mathrm{G}\alpha}^{\mathrm{N}}$ 为传统 AGC 电源 α 的装机容量；$C_{\mathrm{G}}^{\mathrm{lim},15}$ 为传统 AGC 电源 15min 调节速率限制。

(4)风电场 15min 调节速率限制约束：

$$\left|\frac{\Delta P_{\mathrm{W}\beta}(k)}{P_{\mathrm{W}\beta}^{\mathrm{N}}}\right| \leqslant C_{\mathrm{W}}^{\mathrm{lim},15} \tag{11-7}$$

式中，$P_{\mathrm{W}\beta}^{\mathrm{N}}$ 为风电场 β 的装机容量；$C_{\mathrm{W}}^{\mathrm{lim},15}$ 为风电场 15min 调节速率限制。

(5)风电集群 15min 调节速率限制约束：

$$\left|\frac{\sum_{\beta=1}^{N_{\mathrm{W}}} \Delta P_{\mathrm{W}\beta}(k)}{P_{\mathrm{cluster}}^{\mathrm{N}}}\right| \leqslant C_{\mathrm{cluster}}^{\mathrm{lim},15} \tag{11-8}$$

式中，$P_{\mathrm{cluster}}^{\mathrm{N}}$ 为风电集群总装机容量；$C_{\mathrm{cluster}}^{\mathrm{lim},15}$ 为风电集群 15min 调节速率限制。

(6)传统 AGC 电源调节容量限制约束：

$$P_{\mathrm{G}\alpha}^{\min} \leqslant \Delta P_{\mathrm{G}\alpha}(k) - P_{\mathrm{G}\alpha}(k-1) \leqslant P_{\mathrm{G}\alpha}^{\mathrm{N}} \tag{11-9}$$

式中，$P_{\mathrm{G}\alpha}(k-1)$ 为前一时刻传统 AGC 电源 α 的有功出力；$P_{\mathrm{G}\alpha}^{\min}$ 为传统 AGC 电源 α 最低出力阈值。

(7)风电场调节容量限制约束：

$$P_{\mathrm{W}\beta}^{\min} \leqslant \Delta P_{\mathrm{W}\beta}(k) - P_{\mathrm{W}\beta}(k-1) \leqslant P_{\mathrm{W}\beta}^{\mathrm{for}}(k) \leqslant P_{\mathrm{W}\beta}^{\mathrm{N}} \tag{11-10}$$

式中，$P_{\mathrm{W}\beta}(k-1)$ 为前一时刻风电场 β 的有功出力；$P_{\mathrm{W}\beta}^{\min}$ 为风电场 β 最低出力阈值；$P_{\mathrm{W}\beta}^{\mathrm{for}}(k)$ 为时刻 k 风电场 β 未来 15min 预测功率数值。

(8)风电集群送出联络线容量限制约束：

$$0.7P_{\mathrm{tie},\gamma}^{\mathrm{lim}} \leqslant P_{\mathrm{tie},\gamma}(k) \leqslant 0.95P_{\mathrm{tie},\gamma}^{\mathrm{lim}}, \quad \gamma = 1,2,\cdots,z \tag{11-11}$$

经过目标函数式(11-1)及约束条件式(11-2)～式(11-11)优化结束后，在滚动优化机制下只对系统施加第一个 15min 的控制最优量 $\Delta P_{\mathrm{G}\alpha}(1)$ 及 $\Delta P_{\mathrm{W}\beta}(1)$。

11.3.2　分区二次调频控制器建模

二次调频控制器考虑了文献[15]中的分区 ASFAM，在三次调频控制器每 15min 下发的经济运行基点基础上，每 1min 确定分区传统 AGC 电源及风电场动态安全运行基点调整量，滚动计算时步为 1min。首先建立分区 ASFAM 的状态空间方程：

$$\Delta\dot{f}_i = \frac{1}{2H_i}(\Delta P_{\text{t}i} + \Delta P_{\text{WF}i} - \Delta P_{\text{tie},i} - \Delta P_{\text{L}i} - D_i\Delta f_i) \tag{11-12}$$

$$\Delta\dot{P}_{\text{tie},i} = 2\pi\left(\sum_{j=1,j\neq i}^{N} T_{ij}\Delta f_i - \sum_{j=1,j\neq i}^{N} T_{ij}\Delta f_j\right) \tag{11-13}$$

$$\Delta\dot{P}_{gni} = \frac{1}{T_{gni}}\left(\Delta P_{\text{G}ni} - \frac{1}{R_{ni}}\Delta f_i - \Delta P_{gni}\right) \tag{11-14}$$

$$\Delta\dot{P}_{\text{t}ni} = \frac{1}{T_{\text{t}ni}}\Delta P_{gni} - \frac{1}{T_{\text{t}ni}}\Delta P_{\text{t}ni} \tag{11-15}$$

$$\Delta\dot{P}_{\text{WF}mi} = \frac{1}{T_{\text{WF}mi}}(\Delta P_{\text{W}mi} - \Delta P_{\text{W}mi}) \tag{11-16}$$

$$y = \beta_i\Delta f_i + \Delta P_{\text{tie},i} \tag{11-17}$$

将式(11-12)～式(11-17)合并写成矩阵形式,并以计算时步 1min 离散化处理,得到分区离散状态空间方程:

$$\begin{cases}\Delta x_i(k+1) = A_{ii\text{d}}\Delta x_i(k) + B_{ii\text{d}}\Delta u_i(k) + F_{ii\text{d}}\Delta d_i(k) + \sum\limits_{i\neq j} A_{ij\text{d}}\Delta x_j(k) \\ y_i(k) = C_{ii\text{d}}\Delta x_i(k)\end{cases} \tag{11-18}$$

式中，$i\in[1,N_{\text{area}}]$为分区序号，其中 N_{area} 为分区数目；j 为与分区 i 相连的分区序号；$n\in[1,N_{\text{G}i}]$为分区 i 传统 AGC 电源序号，其中 $N_{\text{G}i}$ 为分区 i 传统 AGC 电源数目；$m\in[1,N_{\text{W}i}]$为分区 i 风电场序号，其中 $N_{\text{W}i}$ 为分区 i 风电场数目；$\Delta x_i(k)$ 为 $N_{\text{W}i}+2N_{\text{G}i}+2$ 维状态矢量，$\Delta x_i(k)=[\Delta f_i(k)\ \Delta P_{\text{tie},i}(k)\ \Delta P_{gni}(k)\ \Delta P_{\text{t}ni}(k)\ \Delta P_{\text{WF}mi}(k)]^{\text{T}}$，$\Delta x_j(k)$ 表达式同上，相应改变下标；$\Delta u_i(k)$ 为 $N_{\text{W}i}+N_{\text{G}i}$ 维控制矢量，$\Delta u_i(k)=[\Delta P_{\text{G}ni}(k)\ \Delta P_{\text{W}mi}(k)]^{\text{T}}$，其中 $\Delta P_{\text{G}ni}(k)$ 为时段 k 分区 AGC 电源 n 有功出力调整量，$\Delta P_{\text{W}mi}(k)$ 为时段 k 分区风电场 m 有功出力调整量；$\Delta d_i(k)$ 为一维扰动变量，$\Delta d_i(k)=\Delta P_{\text{L}i}(k)$，即分区 i 1min 级负荷波动；$y_i(k)$ 为一维输出变量，即分区

i 区域控制偏差信号；$A_{ii\mathrm{d}}$ 为 $(N_{\mathrm{W}i}+2N_{\mathrm{G}i}+2)\times(N_{\mathrm{W}i}+2N_{\mathrm{G}i}+2)$ 维系统矩阵，$A_{ij\mathrm{d}}$ 矩阵的 $(2,1)$ 元素为 $-2\pi T_{ij}$，其余元素均为 0；$B_{ii\mathrm{d}}$ 为 $(N_{\mathrm{W}i}+2N_{\mathrm{G}i}+2)\times(N_{\mathrm{W}i}+N_{\mathrm{G}i})$ 维控制矩阵；$F_{ii\mathrm{d}}$ 为 $(N_{\mathrm{W}i}+2N_{\mathrm{G}i}+2)\times 1$ 维扰动矩阵；$C_{ii\mathrm{d}}$ 为 $1\times(N_{\mathrm{W}i}+2N_{\mathrm{G}i}+2)$ 维输出矩阵。

运用文献[15]提出的结合拉盖尔函数的分布式模型预测控制方法，其滚动优化目标函数为从 k 时步起预测时域 N_{P} 内输出变量趋于 0 且控制时域 N_{C} 内控制变量加权抑制：

$$\begin{aligned}\min J_{\mathrm{sec}} &= \| Y_i - 0\|_{Q_i}^2 + \|\eta_i\|_{R_{\mathrm{L}i}}^2 = \sum_{\alpha=1}^{N_{\mathrm{P}}}[y_i(k+\alpha\mid k)^{\mathrm{T}} Q_i \\ &\cdot y_i(k+\alpha\mid k)] + \eta_i^{\mathrm{T}} R_{\mathrm{L}i}\eta_i = \eta_i^{\mathrm{T}}\left[\sum_{\alpha=1}^{N_{\mathrm{P}}}\phi_i(\alpha)C_{ii\mathrm{d}}^{\mathrm{T}}Q_iC_{ii\mathrm{d}}\right. \\ &\left.\cdot\phi_i(\alpha)^{\mathrm{T}} + R_{\mathrm{L}i}\right]\eta_i + 2\eta_i^{\mathrm{T}}\left[\left(\sum_{\alpha=1}^{N_{\mathrm{P}}}\phi_i(\alpha)C_{ii\mathrm{d}}^{\mathrm{T}}Q_iC_{ii\mathrm{d}}A_{ii\mathrm{d}}^{\alpha}\right)\right. \\ &\cdot\Delta x_i(k) + \left(\sum_{\alpha=1}^{N_{\mathrm{P}}}\phi_i(\alpha)C_{ii\mathrm{d}}^{\mathrm{T}}Q_iC_{ii\mathrm{d}}A_{ii\mathrm{d}}^{\alpha-1}F_{ii\mathrm{d}}\right)\Delta d_i(k) \\ &\left.+\left(\sum_{\alpha=1}^{N_{\mathrm{P}}}\phi_i(\alpha)C_{ii\mathrm{d}}^{\mathrm{T}}Q_iC_{ii\mathrm{d}}\sum_{i\neq j}A_{ii\mathrm{d}}^{\alpha-1}A_{ij\mathrm{d}}\right)\Delta x_j(k)\right]\end{aligned} \tag{11-19}$$

式中，Y_i 为输出序列；η_i 为拉盖尔函数控制序列；Q_i、$R_{\mathrm{L}i}$ 分别为由权系数构成的误差权对角阵和拉盖尔函数下控制权对角阵。

约束条件主要包括以下内容。

(1) 分区 AGC 电源 1min 调节速率限制约束：

$$\left|\frac{\Delta P_{\mathrm{G}ni}(k)}{P_{\mathrm{G}ni}^{\mathrm{N}}}\right| \leqslant C_{\mathrm{G}}^{\mathrm{lim},1} \tag{11-20}$$

式中，$P_{\mathrm{G}ni}^{\mathrm{N}}$ 为分区 i 传统 AGC 电源 n 的装机容量；$C_{\mathrm{G}}^{\mathrm{lim},1}$ 为传统 AGC 电源 1min 调节速率限制。

(2) 分区风电场 1min 调节速率限制约束：

$$\left|\frac{\Delta P_{\mathrm{W}mi}(k)}{P_{\mathrm{W}mi}^{\mathrm{N}}}\right| \leqslant C_{\mathrm{W}}^{\mathrm{lim},1} \tag{11-21}$$

式中，$P_{\mathrm{W}mi}^{\mathrm{N}}$ 为分区 i 风电场 m 的装机容量；$C_{\mathrm{W}}^{\mathrm{lim},1}$ 为风电场 1min 调节速率限制。

(3) 分区风电集群 1min 调节速率限制约束：

$$\left|\frac{\sum_{m=1}^{N_{\mathrm{W}i}} \Delta P_{\mathrm{W}mi}(k)}{P_{\mathrm{cluster},i}^{\mathrm{N}}}\right| \leqslant C_{\mathrm{cluster}}^{\mathrm{lim},1} \tag{11-22}$$

式中，$P_{\mathrm{cluster},i}^{\mathrm{N}}$为分区 i 风电集群总装机容量；$C_{\mathrm{cluster}}^{\mathrm{lim},1}$为风电集群 1min 调节速率限制。

(4)分区 AGC 电源调节容量限制约束：

$$P_{\mathrm{G}ni}^{\min} \leqslant \Delta P_{\mathrm{G}ni}(k) - P_{\mathrm{G}ni}(k-1) \leqslant P_{\mathrm{G}ni}^{\mathrm{N}} \tag{11-23}$$

式中，$P_{\mathrm{G}ni}(k-1)$为前一时刻分区 i 传统 AGC 电源 n 的有功出力；$P_{\mathrm{G}ni}^{\min}$为分区 i 传统 AGC 电源 n 最低出力阈值。

(5)分区风电场调节容量限制约束：

$$P_{\mathrm{W}mi}^{\min} \leqslant \Delta P_{\mathrm{W}mi}(k) - P_{\mathrm{W}mi}(k-1) \leqslant P_{\mathrm{W}mi}^{\mathrm{for}}(k) \leqslant P_{\mathrm{W}mi}^{\mathrm{N}} \tag{11-24}$$

式中，$P_{\mathrm{W}mi}(k-1)$为前一时刻分区 i 风电场 m 的有功出力；$P_{\mathrm{W}mi}^{\min}$为分区 i 风电场 m 最低出力阈值；$P_{\mathrm{W}mi}^{\mathrm{for}}(k)$为时刻 k 风电场 m 未来 1min 预测功率数值。

经过目标函数式(11-19)及约束条件式(11-20)～式(11-24)优化求得最优 η_i 序列后，只对系统施加第一个 1min 的控制最优量 $\Delta P_{\mathrm{G}ni}(1)$及 $\Delta P_{\mathrm{W}ni}(1)$：

$$\begin{bmatrix} \Delta P_{\mathrm{G}ni}(1) \\ \Delta P_{\mathrm{W}mi}(1) \end{bmatrix} = \begin{bmatrix} L_1(0)^{\mathrm{T}} & O_2^{\mathrm{T}} & \cdots & O_{n_2}^{\mathrm{T}} \\ O_1^{\mathrm{T}} & L_2(0)^{\mathrm{T}} & \cdots & O_{n_2}^{\mathrm{T}} \\ \vdots & \vdots & & \vdots \\ O_1^{\mathrm{T}} & O_2^{\mathrm{T}} & \cdots & L_{\eta}(0)^{\mathrm{T}} \end{bmatrix} \eta_i \tag{11-25}$$

式中，$L_{\eta}(0)^{\mathrm{T}}$为一组标准正交基拉盖尔函数序列。

11.3.3　分类一次调频控制器建模

分类一次调频控制器由功率分配环节、转速保护模块和转速恢复环节组成。

1. 功率分配环节

功率分配环节涉及分区风电场动态分类排序及功率分配策略制定。为了提高风电场参与一次调频的能力及控制精度，本节考虑根据分区风电场实时负荷状态及 1min 分辨率风电预测功率，每 1min 对分区风电场进行动态分类形成优先度排序，使分类单风电场依据功率分配策略按优先度排序依次参与一次调频，从而提高一次调频层滚动优化的准确性和针对性。

1) 分区风电场动态分类排序

通过系统状态反馈环节每 1min 向一次调频层反馈风电运行数据，根据风电场当前时刻 k 的有功出力，每 1min 计算当前时刻 k 分区 i 风电场 m 的负荷率：

$$\delta_{mi}(k) = \frac{P_{\mathrm{W}mi}(k)}{P_{\mathrm{W}mi}^{\mathrm{N}}} \times 100\% \tag{11-26}$$

根据分区风电场当前时刻 k 的有功出力及未来 3min 的分钟级预测出力，形成含 4 个元素的风电出力序列 $[P_{\mathrm{W}mi}(k)\ P_{\mathrm{W}mi}(k+1)\ P_{\mathrm{W}mi}(k+2)\ P_{\mathrm{W}mi}(k+3)]$。采用最小二乘法对风电出力序列进行线性拟合得到当前时刻 k 分区 i 风电场 m 的拟合斜率 $\varphi_{mi}(k)$。若 $\varphi_{mi}(k)>0$，说明该风电场短时有升功率的趋势；若 $\varphi_{mi}(k)<0$，说明该风电场短时有降功率的趋势。

当前时刻 k 需要风电场短时增发功率时，选取分区 i 风电场中拟合斜率 $\varphi_{mi}(k)>0$ 的项，并按负荷率 $\delta_{mi}(k)$ 从低到高排序形成优先度序列 $A=[\Delta P_{\mathrm{W}1}^{\mathrm{pri}}(k)\ \ \Delta P_{\mathrm{W}2}^{\mathrm{pri}}(k)\ \ \cdots\ \ \Delta P_{\mathrm{W}N_A}^{\mathrm{pri}}(k)]$，其中 $N_A \leqslant N_{\mathrm{W}i}$；当前时刻 k 需要风电场短时减发功率时，选取分区 i 风电场中拟合斜率 $\varphi_{mi}(k)<0$ 的项，并按负荷率 $\delta_{mi}(k)$ 从高到低排序形成优先度序列 $B=[\Delta P_{\mathrm{W}1}^{\mathrm{pri}}(k)\ \Delta P_{\mathrm{W}2}^{\mathrm{pri}}(k)\ \ \cdots\ \ \Delta P_{\mathrm{W}N_B}^{\mathrm{pri}}(k)]$，其中 $N_B \leqslant N_{\mathrm{W}i}$。

2) 功率分配策略

将分区风电场每 1min 参与一次调频过程的原则制定为在不可预测的小幅值随机负荷增加时，风电场内风机通过降转速释放动能，短时快速增加风电场功率输出，最大增加 $\Delta P_{\mathrm{W,pri}}^{\max}$，最大增加至 $P_{\mathrm{W}mi}^{\mathrm{N}}$；在不可预测的小幅值随机负荷降低时，风电场内风机通过升转速储存动能，短时快速降低风电场功率输出，最大减少 $\Delta P_{\mathrm{W,pri}}^{\max}$，最大减少至 $P_{\mathrm{W}mi}^{\min}$。文献[16]定义了单风电场通过场内风机降/升转速的方式短时增发/减发 20%装机容量的功率，本章从安全运行的角度考虑，将单风电场短时最大增发/减发功率定为 $\Delta P_{\mathrm{W,pri}}^{\max}=0.15P_{\mathrm{W}mi}^{\mathrm{N}}$；文献[17]定义了单风电场最低出力阈值 $P_{\mathrm{W}mi}^{\min}$ 为 10%装机容量，即 $P_{\mathrm{W}mi}^{\min}=0.1P_{\mathrm{W}mi}^{\mathrm{N}}$，以防止风电场功率过低而停发。

设分区 i 风电集群当前时刻 k 参与一次调频的总功率调整空间为 $\Delta P_{\mathrm{cluster},i}^{\mathrm{pri}}(k)$，当前时刻 k 分区 i 不可预测小幅值随机负荷波动为 $\Delta P_{\mathrm{L}i}^{\mathrm{sto}}(k)$。若 $|\Delta P_{\mathrm{cluster},i}^{\mathrm{pri}}(k)|<|\Delta P_{\mathrm{L}i}^{\mathrm{sto}}(k)|$，分类一次调频控制器运行于“最大/最小功率模式”，功率差值经分区传统 AGC 电源调速器环节，在状态空间方程中形成频率差值及 ACE 控制信号，然后进入分区二次调频控制器进行处理；若 $|\Delta P_{\mathrm{cluster},i}^{\mathrm{pri}}(k)|\geqslant|\Delta P_{\mathrm{L}i}^{\mathrm{sto}}(k)|$，分类一次调频控制器运行于“计划功率模式”，此时功率分配策略如下。

$|\Delta P_{Li}^{sto}(k)|/\Delta P_{W,pri}^{max}$ 向下取整为 λ，若 $\Delta P_{Li}^{sto}(k)>0$，优先度序列 A 中的元素取值为式(11-27)，并按优先度序列 A 依次参与一次调频：

$$\begin{cases}\Delta P_{W\Omega}^{pri}(k)=\Delta P_{W,pri}^{max}=0.15P_{Wmi}^{N}, & \Omega=1,2,\cdots,\lambda \\ \Delta P_{W(\lambda+1)}^{pri}(k)=\Delta P_{Li}^{sto}(k)-\lambda\Delta P_{W,pri}^{max} & \\ \Delta P_{W\mho}^{pri}(k)=0, & \mho=\lambda+2,\cdots,N_A\end{cases} \tag{11-27}$$

若 $\Delta P_{Li}^{sto}(k)<0$，优先度序列 B 中的元素取值为式(11-28)，并按优先度序列 B 依次参与一次调频：

$$\begin{cases}\Delta P_{W\Omega}^{pri}(k)=-\Delta P_{W,pri}^{max}=-0.15P_{Wmi}^{N}, & \Omega=1,2,\cdots,\lambda \\ \Delta P_{W(\lambda+1)}^{pri}(k)=\Delta P_{Li}^{sto}(k)+\lambda\Delta P_{W,pri}^{max} & \\ \Delta P_{W\mho}^{pri}(k)=0, & \mho=\lambda+2,\cdots,N_B\end{cases} \tag{11-28}$$

2. 转速保护模块和转速恢复环节

风电场通过场内风机降/升转速的方式短时增加/减少功率输出后，为了保证风电场的安全运行及 H-DMPC 控制器整体的顺利运行，需要对参与一次调频功率分配环节的风电场依次进行转速恢复，使其场内风机转速快速恢复至最大功率跟踪状态。转速恢复环节本质上是一个 PI 控制器，文献[2]、[18]对此均有详述，本章不再赘述。

转速保护模块是触发风电场退出功率分配环节而进行转速恢复环节的开关，触发信号是风电场参与功率分配环节且动作后，$\Delta P_{W}^{pri}(k)$ 逐渐趋于 0 且在 0 的上邻域。根据功率分配环节的分区风电场动态分类排序，在转速保护模块的作用下，分类分区风电场会在不同时间依次退出一次调频，使转速恢复环节可以依次有序开始，从而避免分区风电场同时进行转速恢复造成系统频率的二次波动。

分类一次调频控制器及分区二次调频控制器的启动时间均为 1min，但是二者的作用时间不同。文献[1]、[2]、[18]认为风电场参与一次调频的作用时间大约为 10s，转速恢复环节作用时间为 10～20s，因此分类一次调频控制器总作用时间为 20～30s。文献[15]计算出了 DMPC 控制器开始作用时间大约为第 40s，即分区二次调频控制器作用时间为 1min 内的后 20s，可以在一次调频控制器控制完毕且分区风电场转速恢复结束后再控制风电场进行相关控制动作，时间协调关系如图 11-4 所示，后续仿真算例将对此进行证明。

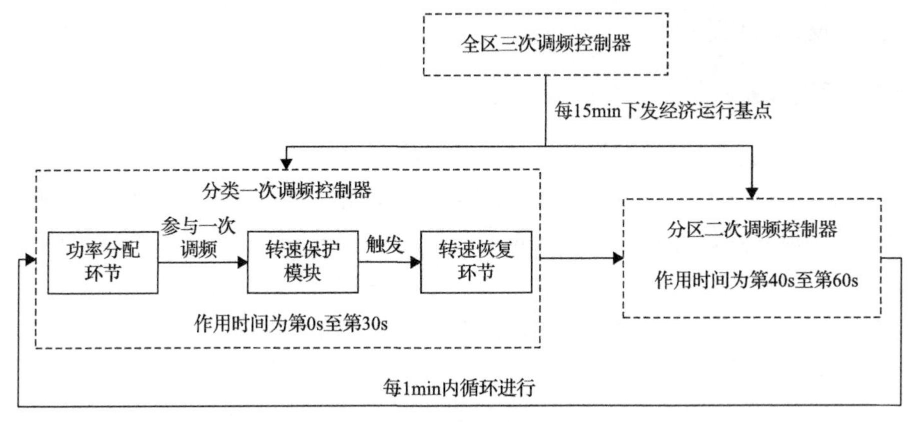

图 11-4　H-DMPC 控制器调频作用时间协调

11.4　预测模型及反馈校正环节建模

预测模型及反馈校正环节是本章提出的综合频率控制框架中的重要组成部分。预测模型为 H-DMPC 控制器提供数据输入，是实现滚动优化控制的前提；反馈校正通过风电预测误差校正及系统运行状态反馈建立整体 MPC 结构的反馈渠道，实现闭环优化控制。

11.4.1　超短期风电功率组合预测方法

本节采用基于 SC 模型和 LSSVM 模型的组合预测方法对风电功率进行预测。采用文献[19]提出的基于 SC 的物理预测方法，利用风电集群内风速之间的空间相关性和延时性导出各风电场节点的连续微分方程，使用有限体积法(FVM)将连续微分方程离散化，通过给定边界条件对微分方程进行求解得到风电预测功率，然后结合基于 LSSVM 的统计预测方法进行组合预测，组合预测公式如下：

$$P_{\mathrm{com},k}^{\mathrm{for}} = \omega_1 P_{\mathrm{sc},k}^{\mathrm{for}} + \omega_2 P_{\mathrm{lssvm},k}^{\mathrm{for}} \tag{11-29}$$

式中，$P_{\mathrm{com},k}^{\mathrm{for}}$ 为组合预测结果；$P_{\mathrm{sc},k}^{\mathrm{for}}$ 为基于 SC 模型的预测结果；$P_{\mathrm{lssvm},k}^{\mathrm{for}}$ 为基于 LSSVM 模型的预测结果；ω_1 和 ω_2 为权重系数，且 $\omega_1+\omega_2=1$。

由于在不同情况下各预测方法的预测精度不同，采用文献[20]中的时变权重法每 1h 对 ω_1 和 ω_2 进行动态计算，从而提高预测精度：

$$\omega_i = \left(\sum_{p=1}^{h} e_{i,k-p}^2\right)^{-1} \left(\sum_{j=1}^{2}\sum_{p=1}^{h} e_{j,k-p}^2\right)^{-1} \tag{11-30}$$

式中，$e_{i,k-p}$ 为第 i 种预测方法在 $k-p$ 时刻的预测误差；h 为取预测时刻前 h 个历史时刻数据进行权重计算。

11.4.2　预测误差校正及运行状态反馈

风电本身具有随机性、间歇性与波动性的出力性质，风电功率预测方法带来的系统误差、系统控制精度带来的控制误差均会对风电有功控制和系统调频控制造成影响，需要从风电预测误差校正和系统运行状态反馈两个方面将误差带来的控制影响尽量消除。

在风电功率预测误差校正方面，由式(11-31)通过风电场过去 5min 实际误差对预测模型进行校正：

$$
\begin{cases}
\tilde{P}_k^{\text{for}} = P_k^{\text{for}} + H \cdot e \\
H = [h_{k-1}\ h_{k-2}\ \cdots\ h_{k-5}] \\
h_{k-i} = \dfrac{5e_{k-i}}{\sum\limits_{i=1}^{5} e_{k-i}}, \quad i = 1,2,\cdots,5 \\
e_{k-i} = P_{k-i}^{\text{real}} - P_{k-i}^{\text{for}} \\
e = [e_{k-1}\ e_{k-2}\ \cdots\ e_{k-5}]^{\text{T}}
\end{cases}
\tag{11-31}
$$

式中，$\tilde{P}_k^{\text{for}}$、P_k^{for} 分别为校正前后的预测模型；H 为误差校正矩阵；e 为过去 5min 的误差矩阵。

在系统运行状态反馈方面，需要每隔 1min 将实测系统状态向二次调频层及一次调频层进行反馈。在二次调频层，在当前计算时步 k 对系统施加了当前最优控制量后，在当前计算时步末，二次调频控制器将通过状态检测设备的反馈，根据实测系统实际运行状态来校正式(11-18)得到下一计算时步 $k+1$ 的系统离散状态空间方程，即每隔 1min 进行一次分区状态反馈校正，在下一计算时步 $k+1$ 中基于反馈校正后的系统离散状态空间方程进行相应滚动优化计算，得到 $k+1$ 时步的最优控制量，以此循环滚动进行直至遍历整个仿真时域，从而减少风电功率预测误差及系统控制误差对控制策略制定带来的影响，提高系统控制鲁棒性；在一次调频层，通过系统状态反馈环节每 1min 向一次调频控制器反馈的风电运行数据来更新式(11-26)，确保分区风电场动态分类排序的正确性，提高系统控制精确性。

11.5　算 例 分 析

11.5.1　系统参数设定

本章采用含 8 个传统电源、10 个风电场及 19 个负荷的 IEEE-39 节点测试系统对所提控制策略进行仿真验证，算例结构如图 11-5 所示，其中虚线表示将全区分为 3 个分区。全区传统电源总装机容量为 1800MW，风电数据来自我国北方某风电基地 2016 年 3 月典型日数据，全区风电集群总装机容量为 1980MW，风电实际出力占全区负荷的 40%左右，在仿真时域 60min 内全区风电集群预测功率及负荷实际值如图 11-6 所示，其中负荷的峰谷差为 1024.99MW，各风电场装机容量如表 11-1 所示。传统电源及负荷在初始时刻 0min 的出力情况如附录所示。

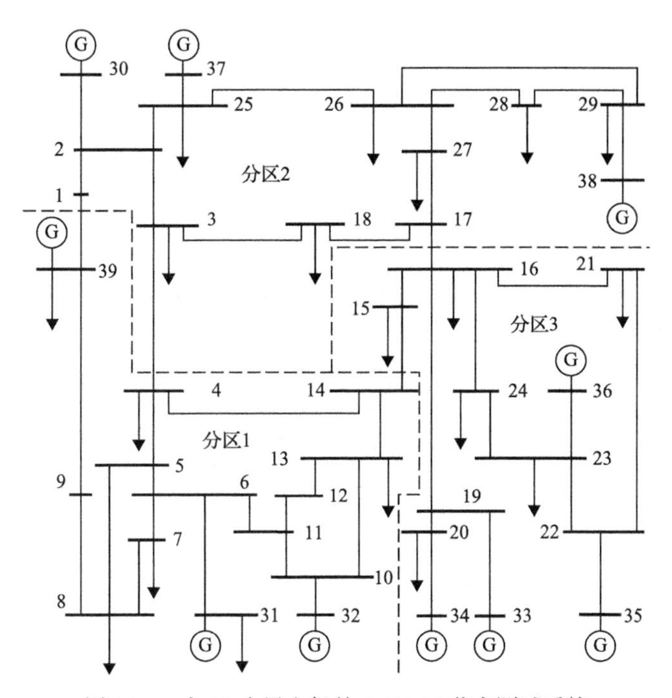

图 11-5　含 10 个风电场的 IEEE-39 节点测试系统

在 3 个分区中，分区 1 传统电源装机容量为 930MW、风电装机容量为 850MW，其中风电场 WF1、WF2 和 WF6 接入母线 13 形成分区风电集群 WFC1，WF3 和 WF4 接入母线 8 形成分区风电集群 WFC2，0min 分区负荷量为 553.5MW；分区 2 传统电源装机容量为 250MW，无风电接入，0min 分区负荷量为 862.6MW；分区 3 传统电源装机容量为 620MW，风电装机容量为 1130MW，其中风电场 WF5 和 WF8 接入母线 34 形成分区风电集群 WFC3，WF9 和 WF10 接入母线 23 形成分区风电集群 WFC4，WF7 接入母线 36，0min 分区负荷量为 613.5MW。因此，分区 1 和分区 3 为电源和风电集中区域，分区 2 为负荷集中区域。选取母线 39、38、35 上的发电机分别为各区的 AGC 电源，各机组发电特性系数如表 11-2 所示，其中燃料价格 K_{f} 为 60 美元/吨，风电场单位出力调节

成本 K_w 为 36 美元/(兆瓦时)。分区 ASFAM 参数设置如表 11-3 所示，采用的功率基准值为 1000MV · A。

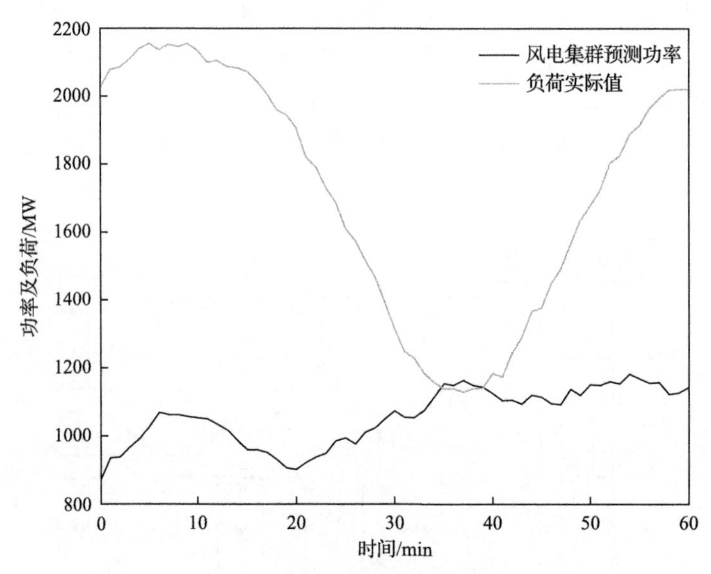

图 11-6　全区风电集群预测功率及负荷实际值曲线图

表 11-1　各风电场装机容量

风电场编号	装机容量/MW	风电场编号	装机容量/MW
WF1	170	WF6	120
WF2	120	WF7	380
WF3	200	WF8	170
WF4	240	WF9	240
WF5	220	WF10	120

表 11-2　AGC 机组发电特性参数

参数	分区 1	分区 2	分区 3
机组编号	39	38	35
$P_{G\alpha}^{min}$/WM	350	100	150
$P_{G\alpha}^{N}$/WM	480	180	300
$a_{t\alpha}$/[t/(MW²·h)]	0.00283	0.00196	0.00164
$b_{t\alpha}$/[t/(MW·h)]	0.17	0.12	0.43
$c_{t\alpha}$/(t/h)	9.41	17.93	8.33

表 11-3　分区 ASFAM 参数

参数	分区 1	分区 2	分区 3
AGC 出力速率限制/(p.u./min)	0.008	0.008	0.008
β_i/(p.u./Hz)	0.3483	0.3473	0.3180
R_i/(Hz/p.u.)	3	3	3.3
T_{gi}/s	0.8	0.6	0.7
T_{ti}/s	10.0	10.2	9.7
风电场出力速率限制/(p.u./min)	0.005	—	0.005
T_{WFi}/s	2.2/3.3/2.5	—	2.5/3.4
$2H_i$/s	18.0	19.5	18.7
D_i/(p.u./Hz)	0.015	0.014	0.015
T_{ij}(p.u./Hz)	T_{12}=0.20 T_{13}=0.25	T_{21}=0.20 T_{23}=0.12	T_{31}=0.25 T_{32}=0.12

11.5.2　频率控制效果分析

为了验证本章所提控制策略的有效性，选取固定比例分配方法与变比例分配方法进行对比。其中，固定比例分配方法是按各风电场装机容量对风电集群内的有功功率进行分配，变比例分配方法是按各风电场预测功率对风电集群内的有功功率进行分配。仿真计算采用基于MATLAB 2016b平台的YALMIP工具箱及PSAT工具箱进行求解。

1) H-DMPC 经济性验证

H-DMPC 控制器每 15min 将全区传统 AGC 电源及风电集群调整至经济运行功率基点，3 种控制方法在仿真时域 60min 内的运行成本如表 11-4 所示。由表 11-4 可知，H-DMPC 策略下系统运行经济性最好，其平均运行成本比固定比例分配方法降低 11.22%，比变比例分配方法降低 5.05%。

表 11-4　不同控制方法下 IEEE-39 节点系统运行成本（单位：美元/小时）

控制方法	0～15min	15～30min	30～45min	45～60min	平均值
H-DMPC	65832.61	38547.01	40735.00	63910.91	52256.38
固定比例分配方法	79419.15	41287.65	42632.43	72114.08	58863.33
变比例分配方法	73980.23	38801.96	40658.46	66696.28	55034.23

图 11-7 显示了不同控制方法下各区 AGC 电源的调节裕度。由于分区 1 和分区 3 有风电接入，在 15～45min 负荷降低期间，分区 1 和分区 3 在 H-DMPC 策略下可控制区域内发电成本较低的风电集群的有功输出实时平抑分区负荷波动，使

分区 AGC 电源运行在最低出力阈值，从而将分区 AGC 电源调节裕度调至最大值并获得最低的系统运行成本。从 1 区 39#AGC 电源在 H-DMPC、固定比例分配方法及变比例分配方法下调节裕度的对比可以看出，H-DMPC 控制策略下分区 AGC 电源在各时段调节裕度最大，因此 H-DMPC 控制策略经济性及安全性最好，固定比例分配方法及变比例分配方法只有在区域负荷达到谷底的 33～42min 时段内才能使分区 AGC 电源调节裕度调至最大。

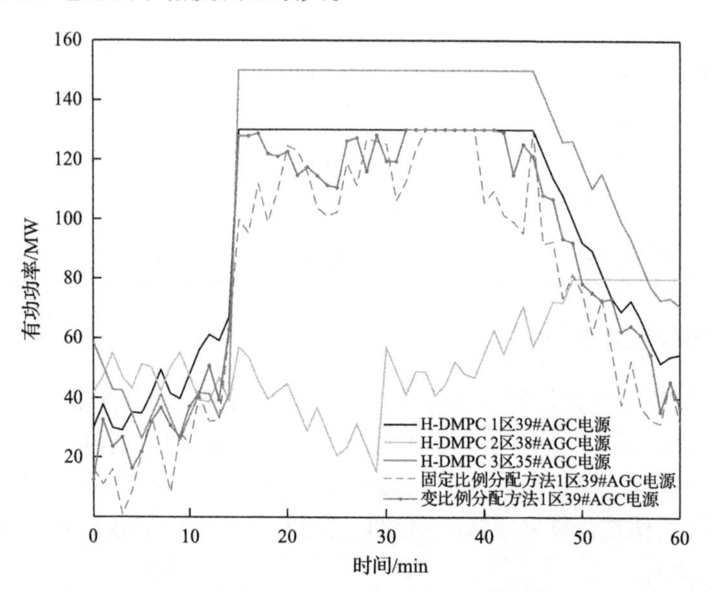

图 11-7　不同控制方法下分区 AGC 电源调节裕度对比图

2) H-DMPC 频率控制效果验证

表 11-5 给出了 H-DMPC、固定比例分配方法、变比例分配方法及不分区控制方法下各区频率偏移量及全区平均频率偏移量的 RMSE 统计，其中不分区控制方法采用的是传统 PI 控制，忽略网络影响，假定全区频率统一，将全区所有发电机转子运动方程等值聚合为单机模型。图 11-8 显示了在 H-DMPC 策略下各区频率偏移量曲线。从表 11-5 和图 11-8 可以看出，H-DMPC 策略在分钟级风电集群功率波动与负荷扰动的情况下，在频率控制方面比其他方法更具优势，能够根据区域内超短期风电预测功率合理控制各风电场输出，使分区风电集群与分区传统 AGC 电源协调配合共同参与调频，将各区频率偏移量控制在−0.08～0.08Hz 区间内，符合《电能质量 电力系统频率偏差》(GB/T 5945—2008) 中我国电力系统频率偏移量允许值为 ±0.2Hz 的规定。不分区传统 PI 控制方法效果最差，该方法仅能提供全区平均频率信息，无法考虑网络在地理上的分布不均匀性、不同分区传统电源、风电集群及其相应控制器的参数差异，以及不同分区各自的负荷特性，无法反映系统有功动态和不同分区的频率动态差异，存在一定的局限性。

表 11-5　不同控制方法下区域频率偏移量对比　(单位：%)

控制方法	分区 1	分区 2	分区 3	平均值
H-DMPC	3.04	3.08	3.03	3.05
固定比例分配方法	7.47	7.53	7.43	7.48
变比例分配方法	5.78	5.82	5.75	5.78
传统 PI 控制	—	—	—	9.02

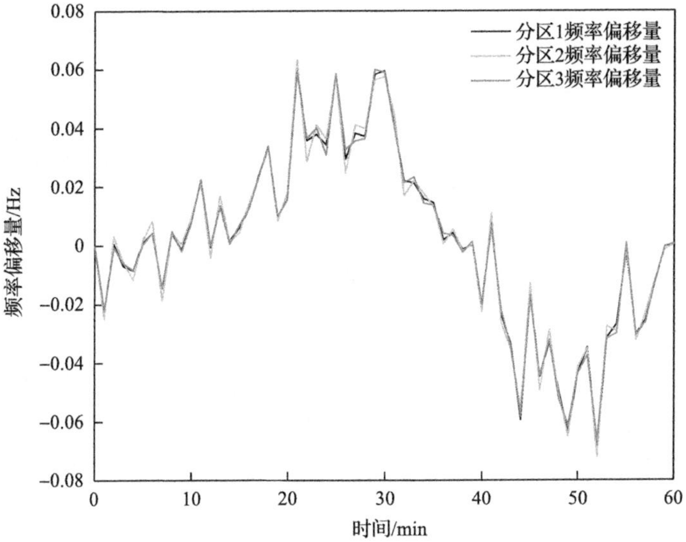

图 11-8　仿真时域内区域频率偏移量曲线

图 11-9 以第 15～16min 中 60s 内分区 1 的频率偏移量为例来证明 H-DMPC 一次调频控制器的作用以及一次、二次调频控制器的时间协调，其中分区分钟级小幅值随机负荷波动设置为−50～50MW 的均匀分布随机数序列。可以看出，一次调频控制器能够提高系统安全性及暂态频率稳定性，减小扰动初期频率变化率，阻止频率突变。在第 15～16min 内分区 1 的随机负荷波动为 −21.65MW，当前时刻需要分区 1 风电场短时减发功率，根据 11.3.3 节的一次调频控制策略，在 0～10s 通过功率分配环节形成优先度序列并控制分区风电场依次参与一次调频，此时分区 1 的优先度序列为[WF8 WF6 WF3 WF2]，WF1 的拟合斜率 $\varphi_{11}(k)>0$，因而不参与一次调频；在 10～20s，在转速保护模块的作用下，分区风电场会在不同时间依次退出一次调频而防止频率上升过快；在 42s 左右 H-DMPC 二次调频控制器开始起作用使频率逐渐下降，因此一次、二次调频控制器的作用时间在 1min 内为交替进行。一次调频控制器不作用时，在二次调频控制器作用之前频率上升较多，未给二次调频控制器留出足够时间进行频率调整，最终频率偏移量较一次调频控制器作用上升了 19.05%。

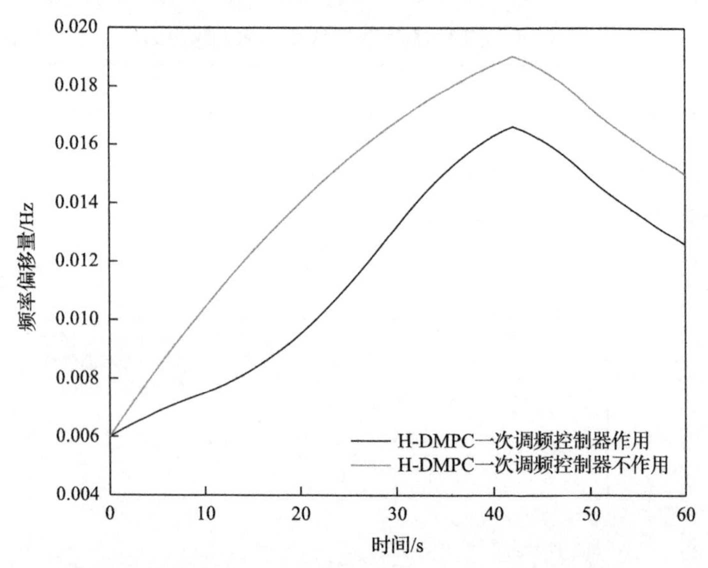

图 11-9　第 15～16min H-DMPC 一次调频控制器的作用

3)H-DMPC 风电控制效果验证

图 11-10 给出了各区风电场在 H-DMPC 策略下各时步的最优控制量，其由各时步下优化计算的控制时域内最优控制序列的第一个元素组成，可以看出，各风电场的出力都控制在预设的风电场出力约束–0.05～ 0.05p.u.区间内。

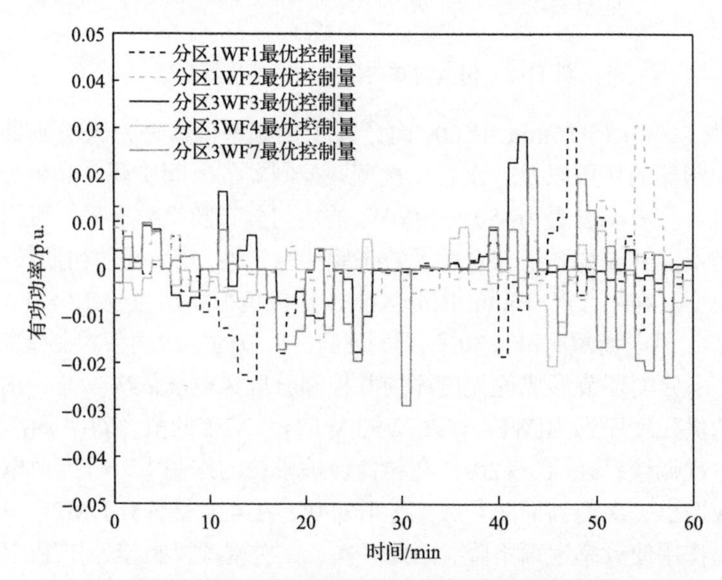

图 11-10　H-DMPC 策略下风电场各时步最优控制量

图 11-11 以分区 3 风电场 WF7 为例给出了不同控制方法下风电场的控制效果。

可以看出，在发电潜力范围内，固定比例分配方法控制效果弱于变比例分配方法，变比例分配方法在部分时刻可根据风电预测数据反映功率波动情况，但从整体上看控制效果弱于 H-DMPC。表 11-6 对不同控制方法下 WF7 的弃风率进行了统计比较，其中弃风率为各时步下风电场控制量与发电潜力的差额在仿真时域内的平均值占风电场装机容量的比例，可以看出 H-DMPC 策略下风电场弃风率相对最低，证明了 H-DMPC 对风电场控制效果的优越性。

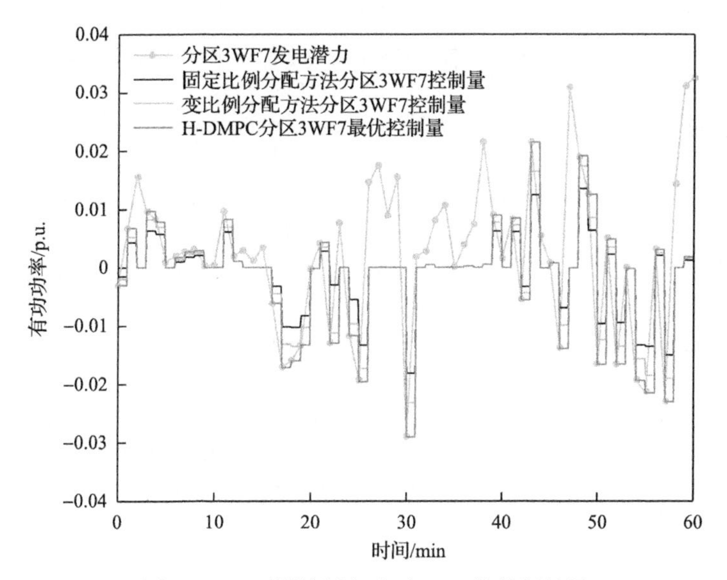

图 11-11　不同控制方法下 WF7 的控制结果

表 11-6　不同控制方法下 WF7 弃风率比较　（单位：%）

控制方法	弃风率
H-DMPC	4.0094
固定比例分配方法	6.6454
变比例分配方法	5.3160

参考文献

[1] 单煜，汪震，周昌平，等. 基于分段频率变化率的风电机组一次调频控制策略[J]. 电力系统自动化，2022, 46(11): 19-26.

[2] 孙大卫，刘辉，李蕴红，等. 风火/光火打捆系统中逆变电源调频与惯量控制对低频振荡的影响机理[J]. 中国电机工程学报, 2021, 41(17): 5947-5957.

[3] 席裕庚. 预测控制[M]. 北京：国防工业出版社, 2013.

[4] Zheng Y, Zhou J Z, Xu Y, et al. A distributed model predictive control based load frequency control scheme for multi-area interconnected power system using discrete-time Laguerre functions[J]. ISA Transactions, 2017, 68: 127.

[5] Ersdal A M, Imsland L, Uhlen K. Model predictive load-frequency control[J]. IEEE Transactions on Power Systems, 2015, 31(1): 777-785.

[6] Liu X J, Yi Z, Lee K Y. Robust distributed MPC for load frequency control of uncertain power systems[J]. Control Engineering Practice, 2016, 56: 136-147.

[7] Guo Y, Gao H, Wu Q, et al. Distributed coordinated active and reactive power control of wind farms based on model predictive control[J]. International Journal of Electrical Power & Energy Systems, 2019, 104: 78-88.

[8] 叶林, 任成, 李智, 等. 风电场有功功率多目标分层递阶预测控制策略[J]. 中国电机工程学报, 2016, 36(23): 6327-6336.

[9] 叶林, 张慈杭, 汤涌, 等. 多时空尺度协调的风电集群有功分层预测控制方法[J]. 中国电机工程学报, 2018, 38(13): 3767-3780.

[10] 张伯明, 陈建华, 吴文传. 大规模风电接入电网的有功分层模型预测控制方法[J]. 电力系统自动化, 2014, 38(9): 6-14.

[11] Abdalla Y, Kaddah S, Elhosseini M. Enhancing smart grid transient performance using storage devices -based MPC controller[J]. IET Renewable Power Generation, 2017, 11(10): 1316-1324.

[12] Mohamed T H, Morel J, Bevrani H, et al. Model predictive based load frequency control_design concerning wind turbines[J]. International Journal of Electrical Power & Energy Systems, 2012, 43(1): 859-867.

[13] Mohamed T H, Bevrani H, Hassan A A, et al. Decentralized model predictive based load frequency control in an interconnected power system[J]. Energy Conversion & Management, 2011, 52(2): 1208-1214.

[14] Shan Y, Hu J, Chan k W, et al. A unified model predictive voltage and current control for microgrids with distributed fuzzy cooperative secondary control[J]. IEEE Transactions on Industrial Informatics, 2021, 17(12): 8024-8034.

[15] 孙舶皓, 汤涌, 仲悟之, 等. 基于分布式模型预测控制的包含大规模风电集群互联系统超前频率控制策略[J]. 中国电机工程学报, 2017, 37(21): 6291-6302.

[16] Gautam D, Goel L, Ayyanar R, et al. Control strategy to mitigate the impact of reduced inertia due to doubly fed induction generators on large power systems[J]. IEEE Transactions on Power Systems, 2011, 26(1): 214-224.

[17] 李志刚, 吴文传, 张伯明. 消纳大规模风电的鲁棒区间经济调度(一)调度模式与数学模型[J]. 电力系统自动化, 2014(20): 33-39.

[18] 李军军, 吴政球. 风电参与一次调频的小扰动稳定性分析[J]. 中国电机工程学报, 2011, 31(13): 1-9.

[19] Ye L, Zhao Y, Zeng C, et al. Short-term wind power prediction based on spatial model[J]. Renewable Energy, 2017, 101: 1067-1074.

[20] 叶林, 朱倩雯, 赵永宁. 超短期风电功率预测的自适应指数动态优选组合模型[J]. 电力系统自动化, 2015(20): 12-18.

附　　录

附表　IEEE-39 节点系统数据

节点	发电机/MW	负荷/MW	节点	发电机/MW	负荷/MW	节点	发电机/MW	负荷/MW
1	—	—	14	—	—	27	—	92.70
2	—	—	15	—	72.60	28	—	68.00
3	—	238.30	16	—	42.60	29	—	93.60
4	—	165.00	17	—	—	30	16.08	—
5	—	—	18	—	118.20	31	205.28	3.00
6	—	—	19	—	—	32	273.31	—
7	—	77.10	20	—	224.40	33	235.40	—
8	—	172.30	21	—	90.40	34	—	—
9	—	—	22	—	—	35	241.20	—
10	—	—	23	—	81.70	36	—	—
11	—	—	24	—	101.80	37	45.02	—
12	—	2.80	25	—	205.90	38	138.30	—
13	—	—	26	—	45.90	39	450.20	133.30